高等教育学校系列教材
化学化工精品系列图书

有机结构波谱分析

李　颖　主编

哈爾濱工業大學出版社

内 容 简 介

本书为根据近五年波谱分析的新发展编写而成的高等教育学校系列教材。全书共7章,包括绪论、紫外-可见光谱、红外光谱、核磁共振波谱、质谱、综合解析以及实验。本书关注波谱分析新技术和新进展,着重利用基本理论建立分析方法途径,培养学生分析问题、解决问题的能力。章后附有习题,方便学生及时检查学习效果并加强其对学习内容的理解与掌握。

本书可作为高等学校应用化学、材料工程、化学工程与工艺、环境工程的本科或研究生教材,也可供广大科研人员进行谱图分析时参考,还可用作从事相关专业分析测试工作的专业技术人员的理论参考书。

图书在版编目(CIP)数据

有机结构波谱分析/李颖主编. —哈尔滨: 哈尔滨工业大学出版社, 2022.9
ISBN 978-7-5603-9646-0

Ⅰ.①有… Ⅱ.①李… Ⅲ.①波谱分析-研究 Ⅳ.①O657.61

中国版本图书馆 CIP 数据核字(2021)第 180259 号

策划编辑 王桂芝
责任编辑 杨 硕
出版发行 哈尔滨工业大学出版社
社 址 哈尔滨市南岗区复华四道街10号 邮编 150006
传 真 0451-86414749
网 址 http://hitpress.hit.edu.cn
印 刷 哈尔滨市工大节能印刷厂
开 本 787 mm×1 092 mm 1/16 印张 19.75 字数 465 千字
版 次 2022年9月第1版 2022年9月第1次印刷
书 号 ISBN 978-7-5603-9646-0
定 价 49.80元

编　委　会

顾　问　张纪梅

主　编　李　颖

副主编　董存库　刘　莹

编　委　（按编写章节顺序）

王晓清　纪妍妍　孙　玉

于子钧　王会才

前　言

运用波谱分析法可对化学中未知化合物结构进行鉴定、定性及定量分析，同时剖析化学反应机理、结构及物性。与常规的化学分析方法相比，有机结构波谱分析法具有微量、快速、准确等诸多优点，已成为化学、化工工作者必须掌握的重要工具和现代技术。

有机结构波谱分析法包括许多近代技术，内容丰富，发展迅速，种类多且范围广。本书编写的宗旨是满足学生学习波谱分析法的需要，为其进一步深入学习打下必要的基础，使读者掌握波谱分析的简单原理，能够识别简单的谱图，初步掌握运用波谱分析法解析有机化合物结构的方法。

编者在已使用多年的自编讲义的基础上，参考大量相关方向教材，编成此书。本书编写力求简明扼要，由浅入深，运用实例，便于自学。本书主要介绍紫外-可见光谱、红外光谱、核磁共振波谱与质谱的基本原理，谱图与有机化合物结构的关系，章后附有习题，书后附有仪器分析中常用的图表、数据，可供查找。

本书共分 7 章，具体编写分工如下：李颖编写第 1 ~ 3 章，董存库和王晓清编写第 4 章，刘莹和王会才编写第 5 章，第 6 章和第 7 章由编委会教师共同编写。

本书在编写过程中得到了天津工业大学的大力支持，并得到 2019 年度天津工业大学研究生教材建设校级一般项目、2021 年度天津工业大学研究生“课程思政”教学团队培育项目的资助。在此表示由衷的感谢。

由于编者学识和水平有限，书中难免存在不足之处，敬请读者批评指正。

编　者

2022 年 7 月

目 录

第1章 绪 论

1.1 光与原子、分子的相互作用

光同时具有波动性和微粒性。从波动角度看，光是一种电磁波；从量子角度看，光由各个光子组成，具有微粒性。光的波动可以解释光的传播，而光的微粒性可以解释光与原子、分子的相互作用。

满足波动性的关系式为

$$\nu\lambda = c \tag{1.1}$$

式中，ν 为光的频率(Hz)，$\nu=\dfrac{1}{\tau}$，τ 为周期(指完成一周波所需时间，单位 s/周)；λ 为波长(nm)；c 为光速，$c=3.0\times10^8$ m/s。

光也可看作高速运动的粒子，即光子或光量子。每个光子具有的能力为 E，满足普朗克方程

$$E=h\nu \tag{1.2}$$

式中，E 为光子能量；ν 为光的频率；h 为普朗克常数，$h=6.63\times10^{-34}$ J · s。

综合光的波动性与微粒性可得

$$E=hc/\lambda, \quad E=hc\bar{\nu} \tag{1.3}$$

式中，$\bar{\nu}$ 为波数(指 1 cm 中波的数目，单位 cm^{-1})，$\bar{\nu}=\dfrac{1}{\lambda}$。

即光的能量与相应的光的波长成反比，与波数及频率成正比。

1.2 分子轨道与电子跃迁

原子中有电子能级，分子中也有电子能级，分子中的电子能级即分子轨道。分子轨道是原子轨道的线性组合，由组成分子的原子轨道相互作用形成。当两个原子轨道相互作用形成分子轨道时，一个分子轨道比原来的原子轨道能量低，称为成键轨道；另一个分子轨道比原来的原子轨道能量高，称为反键轨道。分子轨道根据成键方式可分为 σ 轨道、π 轨道及 n 轨道。

σ 轨道：指围绕键轴对称排布的分子轨道(形成 σ 键)。

π 轨道：指围绕键轴不对称排布的分子轨道(形成 π 键)。

n 轨道：也称未成键轨道或非键轨道，即在构成分子轨道时，原子轨道未参与成键(是分子中未共用电子对)。

σ 轨道相互作用时，只能形成 σ 轨道。π 轨道相互作用时，据其方向和重叠情况既可能形成能量较低的 σ 轨道（两个 p 轨道头尾相接，电子云重叠较多，能量低、体系比较稳定），也可能形成能量较高的 π 轨道（两个 p 轨道电子云从侧面交盖、重叠较少，能量较高、体系稳定性较差）。含杂原子不饱和化合物中各种不同分子轨道的电子能级具有的能量情况如图 1.1 所示。

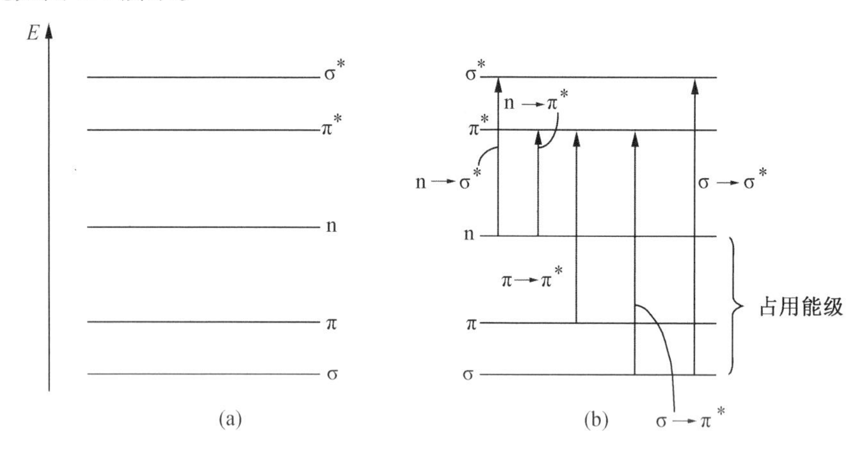

图 1.1　含杂原子不饱和化合物的电子能级及跃迁

电子跃迁的类型不同，实现这种跃迁所需的能量不同，故吸收光的波长不同。跃迁需要能量越大则吸收光波长越短，电子跃迁最大吸收峰的波长（λ_{max}）也越小。图 1.1 中，σ 为成键轨道，σ^* 为反键轨道，π 为成键轨道，π^* 为反键轨道，n 为未成键轨道。$\sigma \rightarrow \sigma^*$ 跃迁所需能量最大，而 $n \rightarrow \pi^*$ 跃迁所需能量较小，其各种不同跃迁所需能量大小为

$$\sigma \rightarrow \sigma^* > n \rightarrow \sigma^* > \pi \rightarrow \pi^* > n \rightarrow \pi^*$$

饱和烃分子中只有 σ 键，电子只能产生 $\sigma \rightarrow \sigma^*$ 跃迁。不饱和分子中既有 σ 键电子，又有 π 键电子，故既可发生 $\sigma \rightarrow \sigma^*$、$\pi \rightarrow \pi^*$ 跃迁，又可发生 $\sigma \rightarrow \pi^*$ 跃迁。含有杂原子的不饱和化合物，当 p、π 共轭时，可产生各种跃迁；当 p、π 不共轭时，不产生 $n \rightarrow \pi^*$ 跃迁，可发生 $\pi \rightarrow \pi^*$、$n \rightarrow \sigma^*$、$\sigma \rightarrow \sigma^*$ 跃迁。

1.3　分子能级与电磁波

分子内的运动有分子的平动、转动，原子间的相对振动、电子跃迁、核的自旋跃迁等形式，每一种运动都有一定的能级，原子或分子的能量是量子化的，其具有的能量称为原子或分子的能级。当原子或分子吸收一定波长的光源后，某一种运动可由低能级（基态）向高能级（激发态）跃迁，如图 1.2 所示。

当连续光源通过棱镜或光栅时，光线可被分解为各个波长的组分。对于这些不同波长的光线，只有当电磁波的能量与原子或分子中两能级之间的能量差相等时，原子或分子才可能吸收该电磁波的能量。若两能级间能量差用 ΔE 表示，则

$$\Delta E_{2,1} = E_2 - E_1 = h\nu \tag{1.4}$$

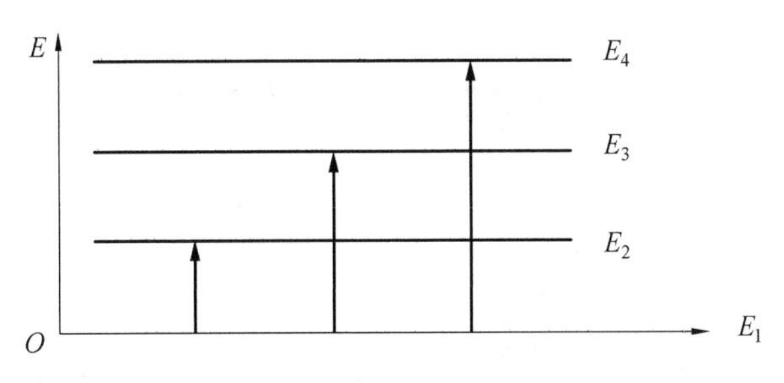

图 1.2　能级跃迁示意图

$$\Delta E_{4,1}=E_4-E_1=h\nu' \tag{1.5}$$

由于不同类型的原子、分子有不同的能级间隔，吸收的光子能量和波长也不同，因而可得到不同的吸收光谱。

分子能量由许多部分组成，分子的总能量如用 E_T 表示，则

$$E_T=E_0+E_t+E_e+E_v+E_r$$

式中，E_0 为零点能，是分子内在的能量，不随分子运动而改变；E_t 为分子平均动能，是温度的函数，它的变化不产生光谱；E_e 为电子具有的动能和势能；E_v 为分子中原子离开其平衡位置振动的能量；E_r 为分子围绕它的重心转动的能量。E_e、E_v、E_r 均为量子化的，三种能量的关系如图 1.3 所示。

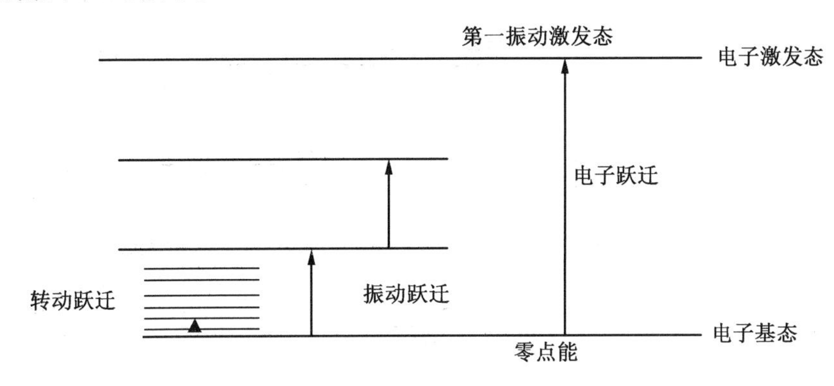

图 1.3　双原子分子能级示意图

由图 1.3 可见，$\Delta E_e>\Delta E_v>\Delta E_r$，一般 ΔE_e 为 1 ~ 29 eV（1 eV = 1.602×10^{-19} J），ΔE_v 为 0.05 ~ 1.0 eV，ΔE_r 更小。分子吸收不同能量的光后产生不同的跃迁，得到不同的谱图，根据各种谱图可以分析判断分子的结构与基团，见表 1.1。

表 1.1　分子吸收光能后的变化情况

波长/nm	波数/cm^{-1}	能量/eV	电磁波区域	分子吸收能量后的变化	光谱类型
10	10^8	124	X 射线区	分子内层电子跃迁	电子光谱
10^3	10^4	1.24	紫外光可见区	分子价电子跃迁	振动光谱
10^6	10	1.24×10^{-3}	红外区	原子间的振动和转动能级跃迁	转动光谱
10^8	10^{-1}	1.24×10^{-5}	微波区	分子中的转动动能	自旋核跃迁光谱（核磁共振）
10^{11}	10^{-4}	1.24×10^{-8}	无线电波区	自旋核在特定磁场中的跃迁	自旋核跃迁光谱（核磁共振）

1.4 朗伯-比尔定律

朗伯-比尔定律是吸收光谱的基本定律,也是吸收光谱定量分析的理论基础。该定律指出:当一束光透过溶液时,光被吸收的程度(吸光度)与溶液中光程长度及溶液的浓度有关,若吸收池厚度为 L,溶液浓度为 c,该束光入射强度为 I_0,当光束通过吸收池后,其中一部分辐射被吸收,使透射光的强度变为 I,那么,这些关系可用下式表示:

$$\lg \frac{I_0}{I}=\varepsilon \cdot c \cdot L=A \tag{1.6}$$

式中,I_0 和 I 分别为入射光及通过样品后的透射光的强度;A 为吸光度(absorbance)或称光密度;ε 为吸光系数,也称摩尔吸光系数(L/(mol · cm))。

其中,ε 表示物质对光的吸收程度,是各种物质在一定波长下的特征常数,也是鉴定化合物的重要依据。ε 变化范围较广,从量子力学的观点来看,若跃迁是完全"允许的",则 ε 值大于 10^4 L/(mol · cm);若跃迁概率低,则 ε 值小于 10^3 L/(mol · cm);若跃迁是"禁阻的",则 ε 值小于 30 L/(mol · cm)。

理论上朗伯-比尔定律只适用于单色光源,而实际应用过程中入射光源都具有一定波长宽度。该定律要求在一定测试条件下,吸光度与溶剂浓度成正比,定量分析时必须注意温度、浓度、pH 等外界因素对光谱产生的影响。

1.5 我国科学仪器发展的百年历史

2021 年中国共产党成立 100 周年,我国科学仪器的发展也经历了一百多年的历史。1901 年,上海科学仪器馆开始经销科学仪器,这是我国正规接触科学仪器的开始。1932 年,中国仪器股份有限公司成立,开始修理一些玻璃分析仪器。1950 年,我国提出设立中国仪器研制机构的建议,建立了我国第一家仪器研制机构——长春仪器馆。1956 年,《1956 ~ 1967 年科学技术发展远景规划》所确定的 57 项重大科技任务中的一项就是"仪器、计量与国家标准",提出建立新型完善的精密仪器。随后,1958 年中科院长春光机所研制的精密光学仪器,即"八大件,一个汤",在科技界引起强烈反响,为"两弹一星"及国防精密仪器研究打下了坚实的基础。

20 世纪 60 年代初,我国针对工业科学技术部分提出了"加速发展仪器仪表工业,建立仪器仪表工业体系"的科技规划。60 ~ 80 年代,为促进早期科学仪器研究、开发和生产的发展,我国相继建立了北京地质仪器厂、北京光学仪器厂、长春光学仪器厂及丹东射线仪器厂等首批专业仪器生产厂家,同时以中科院长春光机所为基础创建了上海、合肥、西安等多个光机所。中国科学院还成立了仪器委员会,为科研特需建立了真空、生物、天文、显微分析等科学仪器厂。经过大量人力、物力、科研经费的投入,我国分光光度计(1962 年)、气相色谱仪(1978 年)、质谱计(1963 年)、紫外-可见分光光度计(1978 年)、核磁共振波谱仪(1975年)等科学仪器研制成功,取得了许多研发成果。

进入20世纪90年代,我国科学仪器的发展经历过一个低潮期,引起了科学家们的高度重视,1995～2000年间相继提出了“振兴仪器仪表工业”“发展生物医学工程产业”“科学仪器属于高技术领域”及“科学仪器是信息的源头”等对策建议。五年间,我国科技攻关项目逐渐增加并将科学仪器研发工程中心列入国家工程技术中心计划项目,国家自然科学基金委员会也设立了科学仪器研究专项基金。经过经济发展的深入及民营企业的创建,科学仪器研究与产业发展逐渐走出低谷,上海相继出现了雷磁、沪江、科伟等分析仪器制造厂。

如今,我国进入了信息时代,科学仪器在经济和社会发展中均起到重要作用。2012～2020年,我国仪器仪表制造行业工业增加值呈现逐年增长的态势,2019年工业增加值增速达到10.5%。近年来,为推进科研仪器自主创新,我国开展了系列举措并获得了一定的成效。未来科学仪器发展应用拥有巨大前景潜力,应通过培养大型仪器企业等举措,实现高端科学仪器自主可控。科学仪器既是工业生产的“倍增器”,又是高新技术的“催化剂”,还是军事上的“战斗力”,时至今日中国科学仪器发展年会成功举办十五届,中国光谱仪专利申请数量已达到4 000余项。我国科学仪器在现实生活中应用十分广泛,用于科学研究的实验仪器设备、教学仪器设备、医疗诊断设备及环境、工业领域所需的检测仪器等都是体现我国综合国力的重要标志之一。先进科学仪器设备的研发是国家知识和技术的创新,也是科学创新研究主题和成就的重要体现。

本章参考文献

[1] 苏克曼,潘铁英,张玉兰. 波谱解析法[M]. 上海:华东理工大学出版社,2002.

[2] 朱为宏,杨雪艳,李晶,等. 有机波谱及性能分析法[M]. 北京:化学工业出版社,2007.

[3] 白玲,郭会时,刘文杰. 仪器分析[M]. 北京:化学工业出版社,2019.

[4] 熊维巧. 仪器分析[M]. 成都:西南交通大学出版社,2019.

[5] 陈集,朱鹏飞. 仪器分析教程[M]. 2版. 北京:化学工业出版社,2016.

[6] 金钦汉. 对于我国科学仪器发展战略的几点思考[J]. 现代科学仪器,2004(4):3-8.

[7] 林君. 现代科学仪器及其发展趋势[J]. 吉林大学学报(信息科学版),2002,20(1):1-7.

[8] 杜天旭,谢林柏. 仪器仪表的发展历程及趋势[J]. 重庆文理学院学报(自然科学版),2009,28(4):108-112.

第2章　紫外-可见光谱

2.1　紫外-可见光谱的基本原理

2.1.1　紫外-可见光谱的形成与分区

紫外-可见光谱(Ultraviolet-Visible spectroscopy,UV-Vis)是吸收光谱的一种,也是常用的快速、简便的分析方法,广泛用于生物化学、石油化工等领域。紫外光有足够的能量使分子的价电子由低能级(基态)跃迁到高能级(激发态)而得到紫外-可见光谱,又称为电子光谱。紫外-可见光谱区域是波长在10~800 nm的电磁波,分为三个区域:①10~200 nm为远紫外区,又称真空紫外区,由于在此区域内空气中的氧、氮及二氧化碳都能产生吸收,所以在此区域测定样品时,仪器的光路系统必须在真空状态下,实验应用中很少被使用。②200~400 nm为近紫外区,由于玻璃对波长300 nm的电磁波有吸收,检测中不能使用玻璃,一般用石英制品代替。③400~800 nm为可见光区。有机化合物测定中所谓的紫外光谱是指200~400 nm的近紫外区的吸收光谱。

2.1.2　紫外-可见光谱与分子结构的关系

1. 电子跃迁类型

紫外-可见光谱是由价电子能级跃迁形成的,二者之间的关系如下。有机化合物外层电子为:σ键上的σ电子;π键上的π电子;未成键的n电子。各种电子能级的能量高低顺序为$\sigma<\pi<n<\pi^*<\sigma^*$。因此电子跃迁主要有$\sigma\to\sigma^*$、$\pi\to\pi^*$、$n\to\sigma^*$和$n\to\pi^*$四种。其中,$\sigma\to\sigma^*$和$\pi\to\pi^*$属于电子从成键轨道向对应反成键轨道的跃迁,而$n\to\sigma^*$和$n\to\pi^*$是杂原子的未成键轨道被激发到反键轨道的跃迁。各种跃迁所需能量(ΔE)的大小依次为$\sigma\to\sigma^*>n\to\sigma^*>\pi\to\pi^*>n\to\pi^*$,如图2.1所示。

(1)$\sigma\to\sigma^*$跃迁。

$\sigma\to\sigma^*$跃迁是指处于成键轨道上的σ电子吸收光波能量后被激发跃迁到反键轨道。其能级差很大,跃迁需要较高的能量,相应的激发光波长较短,使其紫外吸收处于远紫外区。由于饱和碳氢化合物只含有σ单键,仅能在远紫外区观察到吸收光谱,而近紫外吸收是透明的,因此常被用作紫外测试的溶剂。

(2)$\pi\to\pi^*$跃迁。

$\pi\to\pi^*$跃迁是指不饱和键中的π电子吸收光波能量后跃迁到π^*反键轨道。其能级差比$\sigma\to\sigma^*$低,吸收波长比$\sigma\to\sigma^*$长。孤立双键的$\pi\to\pi^*$跃迁产生的吸收带位于远紫外

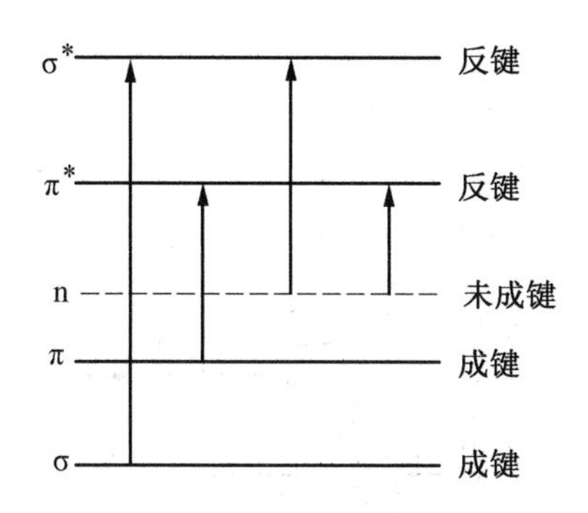

图 2.1　分子结构中电子能级跃迁示意图

区末端或 200 nm 附近，属于强吸收峰。当分子中存在共轭双键体系时，$\pi\rightarrow\pi^*$ 跃迁能量降低，紫外吸收波长红移，共轭体系越大，紫外吸收波长越长，吸收强度也随之增强。例如，乙烯的吸收带位于 164 nm，丁二烯的位于 217 nm，1，3，5-己三烯的移至 258 nm。

（3）$n\rightarrow\sigma^*$ 跃迁。

$n\rightarrow\sigma^*$ 跃迁是指氧、氮、硫、卤素等杂原子中处于未成键轨道上的 n 电子吸收光波能量后向 σ^* 轨道跃迁。当分子中含有—NH_2、—OH、—SR、—X 等基团时，就能发生这种跃迁。$n\rightarrow\sigma^*$ 跃迁所需能量比 $\sigma\rightarrow\sigma^*$ 跃迁的低，波长较 $\sigma\rightarrow\sigma^*$ 长，一般出现在 200 nm 附近。由于取代基团不同，吸收峰可能位于近紫外光区或远紫外光区。

（4）$n\rightarrow\pi^*$ 跃迁。

$n\rightarrow\pi^*$ 跃迁是指分子中处于未成键轨道上的 n 电子吸收光波能量后向 π^* 轨道跃迁。相对于之前三种跃迁，$n\rightarrow\pi^*$ 跃迁所需能量最小，吸收波长最大，一般在近紫外或可见光区有吸收。如果含有杂原子的不饱和键与其他官能团形成共轭体系，使 π 电子离域，则跃迁能量降低，其跃迁产生的吸收带发生红移，吸收强度增加。

一般情况下：$\sigma\rightarrow\sigma^*$、$n\rightarrow\sigma^*$、$\pi\rightarrow\pi^*$、$n\rightarrow\pi^*$ 四种跃迁所需能量大小顺序为 $\sigma\rightarrow\sigma^* > n\rightarrow\sigma^* > \pi\rightarrow\pi^* > n\rightarrow\pi^*$，吸收波长依次增大，只有 $n\rightarrow\pi^*$、共轭体系的 $\pi\rightarrow\pi^*$ 和部分的 $n\rightarrow\sigma^*$ 产生的吸收带位于紫外光区。

（5）荷移跃迁。

当供电子基团与受电子基团相连处于同一分子内时，或者供电子体分子与受电子体分子处于同一体系时，在紫外-可见光照射下，电子由供体向受体相联系的轨道上跃迁，这种跃迁称为电荷迁移跃迁，简称荷移跃迁。荷移跃迁可以理解为在光能辐射下的分子内或分子间的氧化-还原过程。荷移跃迁吸收的波长取决于电子供体与电子受体相应电子轨道的能量差。中心离子的氧化能力强或配体的还原能力强，则发生荷移跃迁时吸收的辐射能量小、吸收波长长。荷移跃迁的特点是跃迁概率大、吸收强度高、用于定量分析时灵敏度高。

2. 紫外-可见光谱常用术语

（1）生色基团和助色基团。

有机化合物分子结构中含有 $\pi\rightarrow\pi^*$ 或 $n\rightarrow\pi^*$ 跃迁的基团，在一定波长范围内能产生吸收谱带，该基团称为生色基团，如 C═C、C═O、—NO_2 等。生色基团是紫外-可见光谱法的主要研究对象。

某些有机化合物结构中，存在由取代反应引入的含有未成键电子的杂原子饱和基团，如—OH、—NH_2、—Cl 等。当它们与生色基团或饱和烃连接时，生色基团吸收峰波长向长波方向移动，吸收强度也增加，这种杂原子基团称为助色基团。助色基团的 n 电子易于生色基团的 π 电子形成 p-π 共轭体系，致使 $\pi \to \pi^*$ 跃迁能量降低，使生色基团的吸收波长向长波方向移动，吸收强度随之增强。

（2）蓝移和红移。

由于基团取代引起化合物结构改变或溶剂效应，生色基团的最大吸收波峰向波长增大（红光）方向移动的现象称为红移，也称为长移；反之，生色基团的最大吸收波峰向波长减小（蓝光）方向移动的现象称为蓝移，也称为短移。

（3）增色效应与减色效应。

基团取代引起化合物结构改变或其他外因条件改变时，如果使吸收峰强度增强，则称为增色效应；与之相反，如果使吸收峰强度减弱，则称为减色效应。

（4）强吸收带与弱吸收带。

在紫外-可见光谱中，一般生色基团摩尔吸光系数 $\varepsilon_{max}>10^4$ L/（mol · cm）的吸收峰为强吸收带；生色基团摩尔吸光系数 $\varepsilon_{max}<10^3$ L/（mol · cm）的吸收峰为弱吸收带。

3. 紫外-可见吸收谱带与分子结构的关系

不同电子跃迁在紫外-可见光谱的不同波段产生吸收峰的位置与强弱，与化合物的组成和结构密切相关，吸收带的位置也受空间位阻、溶剂极性及体系 pH 的影响。除了 R 带、K 带、B 带、E 带 4 种常见类型，还有荷移跃迁、配位场跃迁产生的吸收带等。

（1）R 带（基团型）。

主要由生色团结构中孤对电子 n 电子向 π^* 跃迁，即 $n \to \pi^*$ 跃迁引起的吸收带称为 R 带。吸收峰强度较弱（$\varepsilon_{max}<100$），吸收波长较长（一般在 270 nm 以上）是 R 带的显著特点，例如：丙酮在 279 nm，$\varepsilon_{max}=15$ L/（mol · cm）；乙醛在 291 nm，$\varepsilon_{max}=11$ L/（mol · cm）。如果化合物在溶剂极性减弱时吸收峰波长红移、在溶剂极性增大时吸收峰波长蓝移，该吸收带即为 R 带，由此可推断化合物结构中是否含有杂原子的不饱和基团。

（2）K 带（共轭型）。

主要含有共轭双键的化合物，由共轭大 π 键的 $\pi \to \pi^*$ 跃迁引起的吸收带称为 K 带，也称共轭型吸收带。K 带特征是吸收峰强度大，一般 $\varepsilon_{max}>10^4$ L/（mol · cm），为强吸收带，如苯乙烯、苯乙酮等具有共轭体系及生色基团的芳香族化合物的紫外-可见光谱中均会出现 K 带。并且 K 带吸收峰波长随着共轭体系的不同在紫外和可见光区都有分布，随着共轭体系的增加，出现吸收峰波长红移与增色效应。

（3）B 带（苯型）。

主要含有苯环（或杂芳环）的芳香族化合物，由环共轭 π 键的 $\pi \to \pi^*$ 跃迁引起的吸收带称为 B 带。B 带因苯环在 230 ~ 270 nm 形成一个多重吸收峰的精细结构，如图 2.2 所示，可用于识别芳香族化合物。B 带的中心吸收峰波长在 254 nm 附近，ε 约为 200 L/（mol · cm），并且苯环上一些取代的基团可引起 B 带消失。

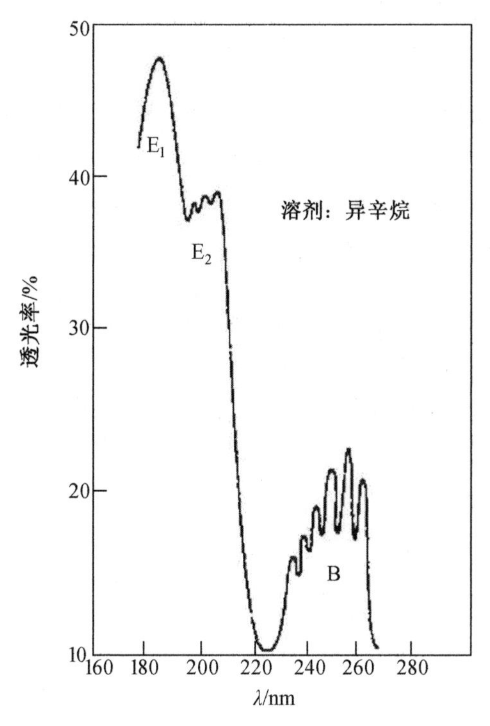

图2.2　苯的紫外-可见光谱图

(4)E带(乙烯型)。

E带主要为芳香族化合物的特征吸收带,是由苯环结构中3个双键环状共轭体系相互作用导致激发态能量发生裂分的 $\pi\to\pi^*$ 跃迁所形成的吸收带,属于强吸收带。在苯的 $\pi\to\pi^*$ 跃迁中可以观察到3个吸收带,即 E_1 带、E_2 带和B带,其中 E_1 带落在真空紫外区,一般不易观察到,如图2.2所示。

上述紫外-可见光区的主要吸收带及其特点见表2.1。

表2.1　紫外-可见光区的主要吸收带及其特点

吸收带符号	跃迁类型	波长/nm	摩尔吸光系数/(L·mol^{-1}·cm^{-1})	其他特征
R	$n\to\pi^*$	250~500	<100	溶剂极性增强,λ_{max}减小 共轭双键增多,λ_{max}增大,强度增强
K	共轭 $\pi\to\pi^*$	210~250	>10^4	溶剂极性增强,λ_{max}增大
B	芳香族C═C骨架振动及环内 $\pi\to\pi^*$	230~270 重心~256	~200	蒸汽状态出现精细结构
E	苯环内 $\pi\to\pi^*$ 共轭系统	~180(E_1) ~200(E_2)	~10^4 ~10^3	助色基团取代,λ_{max}增大;生色团取代,与K带合并

2.1.3　紫外-可见分光光度计

1.紫外-可见分光光度计基本构成

紫外-可见分光光度计基本构成包括光源、单色器、样品室、检测器和结果显示记录系统。

(1)光源。

光源在整个紫外光区或可见光区可以发射连续光谱,具有足够的辐射强度、较好的稳定性、较长的使用寿命。可见光光源一般可选择钨灯(波长范围为 320 ~ 2 500 nm)或卤钨灯(为延长灯的寿命,在钨灯中加入适量的卤素或卤化物)。紫外光光源可选择氘灯、氢灯(波长范围185 ~ 400 nm)、氙灯及汞灯。

(2)单色器。

单色器是指将光源发射的复合光分解成单色光并可从中选出任一波长单色光的光学系统,由入射狭缝、色散系统和出射狭缝组成。其中,入射狭缝是光源进入单色器的通道;色散系统是使不同波长的光以不同角度发散的组件,其核心部件为棱镜或光栅的色散元件,其作用是将复合光分解为单色光;利用透镜或凹面反射镜的聚焦装置再将分光后所得单色光聚焦至出射狭缝。

(3)样品室。

样品室放置各种类型的吸收池(比色皿)和相应的池架附件。吸收池是测定时盛放被测溶液的方形器皿,主要有石英吸收池和玻璃吸收池两种。石英吸收池在紫外及可见光区均可以使用,玻璃吸收池只能用于可见光区。

(4)检测器。

检测器是一种将光信号转换为电信号的电子器件,理想检测器的线性响应范围较宽、噪声低、灵敏度高。最新检测器为光电二极管阵列检测器,该检测器具有平行采集数据及电子扫描功能,检测速率高、波长重复性好、测量精准。

(5)结果显示记录系统。

光电检测输出的电信号很弱,需要放大处理才能显示。常用的结果显示记录系统有检流计、微安表、电位计、数字显示等。随着计算机技术的发展,紫外-可见分光光度计能够通过适配的数据台直接对数据进行处理,然后送至记录器,显示器随即显示反映波长与吸光度之间关系的紫外-可见光谱图。

2. 紫外-可见分光光度计的分类

(1)单光束分光光度计。

单光束分光光度计光路简单,成本低廉。单光束能够提供高的光通量,通过一个样品池,空白和样品需要依次测量,测量间隔的时间可从单一波长的几秒到全波长的几分钟,光源和检测器需要具有很高的稳定性。

(2)双光束分光光度计。

双光束分光光度计可克服测量空白和不同样品池之间因光源强度不稳定所引起的误差。在样品池和参比池光路前放置一个斩光器,它可将一定波长的单色光分成两束,使之交替地照射参比池和样品池后到达检测器。斩光器以一定速度旋转,使空白和样品交替完成检测,有效消除检测器灵敏度变化等因素的影响,并且自动记录、快速全波段扫描,特别适合于结构分析。

(3)双波长分光光度计。

随着科技的进步,为了满足某些分析的特殊需求,双波长、三波长分光光度计陆续被研制出来。双波长分光光度计是将从同一光源发出的光分为不同波长的两束单色光（λ_1、λ_2）。斩光器将这两束光快速、交替照射于同一吸收池，产生交换信号后到达检测器。检测过程无须参比池，$\Delta\lambda = 1 \sim 2$ nm。双波长分光光度计是利用紫外-可见分光光度计测量应用中最为实用的类型。

（4）光导纤维探头式分光光度计。

光导纤维探头式分光光度计的探头由两根相互隔离的光导纤维组成。检测过程由钨灯发射的光经过其中一根光纤传导至样品池，再经反射镜反射后经过另一个根光纤传导，通过干涉滤光片后由光电二极管将信号接收并转变为电信号。这类分光光度计能够进行原位检测，不受外界光线的影响，常用于环境和过程分析。

3. 紫外-可见分光光度计的校正

为了提高紫外-可见分光光度计检测数据的精准度，使用过程中需要对仪器进行校正，主要包括波长校正、吸光度校正和吸收池校正。

（1）波长校正。

紫外-可见分光光度计的波长校正分为可见光区波长校正和紫外光区波长校正。

①可见光区波长校正：通常采用氘灯的两根谱线、稀土玻璃的特征吸收峰（简称特征吸收峰）和某些金属元素灯的强谱线进行波长校正。

②紫外光区波长校正：采用苯蒸气在紫外光区的特征吸收峰进行校正。校正过程是将一滴纯苯液滴加入吸收池后合上盖子，待吸收池内充满饱和苯蒸气时进行紫外-可见光谱扫描，利用检测得到的紫外-可见光谱与标准光谱的特征吸收峰进行对比校正。

（2）吸光度校正。

一般采用性质稳定、规定浓度的标准有色溶液（如硫酸铜、硫酸钴铵、铬酸钾）进行校正。校正过程是在 200 ~ 400 nm 范围内对标准有色溶液进行扫描，每隔 10 nm 记录一个吸光度值，并将记录值与标准值相对比进行校正。

（3）吸收池校正。

紫外-可见分光光度计的吸收池一般配有参比池和样品池。校正过程：将两个吸收池装入相同溶液，选择溶液的最大吸收波长测定吸光度值，并再将参比池与样品池交换放置检测，应使测得的 $\Delta A<1\%$。

2.1.4　紫外-可见光谱图及光谱吸收带的影响因素

1. 紫外-可见光谱图

（1）表示方式。

紫外-可见光谱图一般用吸收曲线的方式表示，横坐标为吸收光的波长（单位 nm），纵坐标有两种不同的表示方式：一种是吸收度（A）或摩尔吸光系数（ε），紫外-可见吸收峰向上，如图 2.3 所示；另一种是透光率百分比，紫外-可见吸收峰向下，A、ε 及物质的量间服从朗伯-比尔定律。一般情况下，由于有机化合物的摩尔吸光系数变化范围很大，常用 $\lg\varepsilon$ 表示。紫外-可见光谱图中某波长处的吸收度最大，该波长用 λ_{max} 表示。根据从实验中检测到的吸光度 A 或百分透光率 $T(\%)$，再利用朗伯-比尔定律就可以计算某物质在一定波长下的摩尔吸光系数。

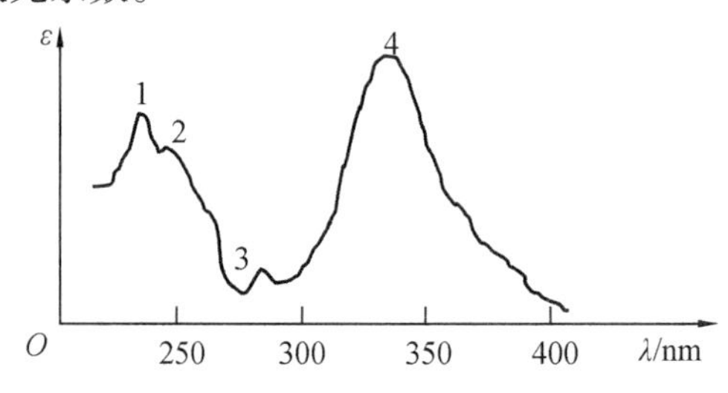

图 2.3　紫外-可见光谱示意图
1,4—吸收峰;2—肩峰;3—吸收谷

(2)溶剂的选择。

紫外-可见光谱测试一般在稀溶液中进行,制备样品溶液的理想溶剂应能溶解样品的所有组分,不易燃烧且无毒,并在测定波长区透明。选取理想溶剂需要注意以下几点:

①测试时所用溶剂要求在样品测试波长范围内没有吸收(即溶剂透明),但当光的波长减小到一定数值时,溶剂会产生明显吸收(即溶剂不透明),这种现象称为“端吸收”,样品的吸收带应处于溶剂的透明范围,不同溶剂对紫外-可见光谱的透明界限不同,表 2.2 列出了常用溶剂的透明范围下限,大于此波长时该溶剂称为透明。

表 2.2　常用溶剂的透明范围下限　　nm

溶剂	透明范围下限	溶剂	透明范围下限
水	210	丙酮	330
乙腈	210	苯	280
正己烷	210	二硫化碳	335
异辛烷	210	四氯化碳	265
环己烷	205	二氯甲烷	235
95% 乙醇	205	乙酸乙酯	205
甲醇	215	庚烷	210
乙醚	210	戊烷	200
1,4-二氧六环	230	异丙醇	205
三甲基磷酸酯	215	吡啶	305
氯仿	245	甲苯	285
四氢呋喃	220	二甲苯	290
2,2,4-三甲基戊烷	210	甲酸甲酯	260
二甲基甲酰胺	270	正丁醇	210

②测试时所用溶剂的纯度至关重要。商业上标有“光谱纯”的试剂纯度不一定达到要求,使用前要先在仪器上检查,保证测试过程中紫外-可见光区没有杂质的吸收。

③测试时样品溶液的浓度因不同样品的摩尔吸光系数不同而差异较大,必须调整浓度使其吸收峰控制在一定的吸光值范围内。定性分析测试时要求控制吸光度 A 为 0.7 ~

1.2,定量分析测试时吸光度控制在 0.2 ~0.8 范围时误差较小。

④测试时要考虑样品与溶剂之间的作用力,极性样品溶剂的极性对吸收光谱有一定影响。一般溶剂分子的极性强则与溶质分子之间的作用力强,建议采用低极性溶剂。如苯酚在气态或非极性溶剂中测试时,吸收光谱会有精细结构的小峰出现,但在极性溶剂中精细结构的小峰会减弱或消失,吸收光谱形状发生明显变化,如图 2.4 所示。

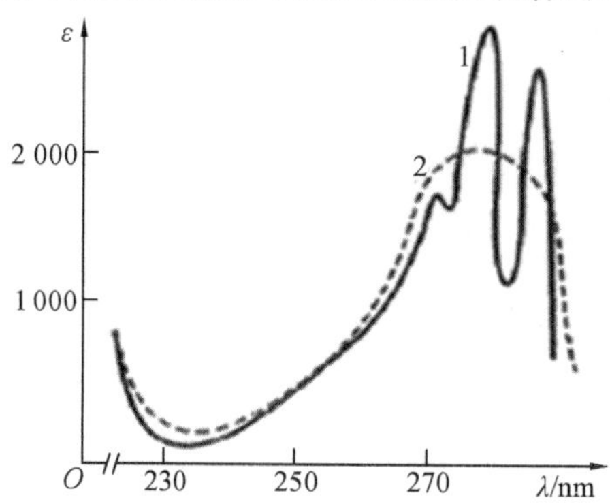

图 2.4　苯酚的紫外-可见光谱 B 吸收带

1—庚烷溶液;2—乙醇溶液

2. 紫外-可见光谱吸收带的影响因素

紫外-可见光谱中吸收峰的位置与强度取决于分子结构中的生色基团,受结构因素和外界测试条件的影响,吸收峰的位置与强度在一定范围内会发生变动。结构因素主要指共轭效应的影响,存在共轭体系的结构,吸收峰红移、吸收强度增大,反之吸收峰蓝移、吸收强度减小。外界测试条件主要包含溶剂效应与体系 pH 的影响。

(1)共轭效应。

分子结构中存在共轭体系时,共轭的 π 电子会组合成新的成键组合轨道和反键组合轨道,导致电子从成键组合轨道的最高能级跃迁到组合反键轨道的最低能级(即 $\pi\to\pi^*$ 跃迁)的能量 ΔE 减小,吸收峰红移,吸收强度增大,如图 2.5 所示。分子结构中的共轭体系越长,吸收峰红移越明显,有时会红移到可见光区,吸收峰强度更随之增大,并出现多个吸收带。

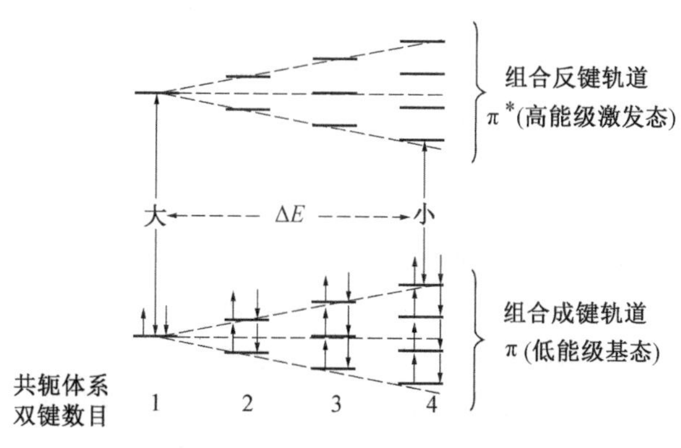

图 2.5　共轭烯烃组合轨道能级示意图

取代基的空间位阻使分子结构中的两个共轭生色基团的共轭体系受到影响,致使吸收峰位置移动,吸收峰强度随之改变。例如,反式异构结构的平面共轭效应大于顺式异构结构的,吸收峰位置红移,吸收峰强度增大,如图 2.6 所示。互变异构结构中立体位置的改变与新共轭体系的形成也会使吸收峰位置红移,吸收峰强度同样增大。

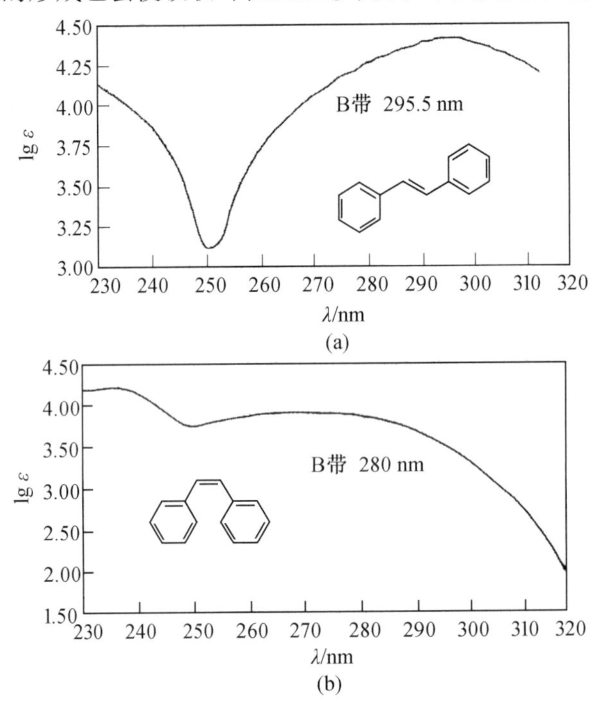

图 2.6　二苯乙烯异构体的紫外-可见光谱

(2)溶剂效应。

溶剂对紫外-可见光谱的影响很复杂,同一种物质在不同溶剂中产生的吸收峰位置、强度均会不同。$n\rightarrow\pi^*$ 跃迁和 $\pi\rightarrow\pi^*$ 跃迁受溶剂影响后的能量改变不同,使吸收带的位移也不同。通常随着溶剂极性的增加,$n\rightarrow\pi^*$ 跃迁发生蓝移,而 $\pi\rightarrow\pi^*$ 跃迁发生红移。这是由于在 $n\rightarrow\pi^*$ 跃迁的分子结构中含有未成键 n 电子,激发态的极性小于基态极性,极性溶剂体系使两者能级均降低,但基态的能级降低较多,从而导致 $n\rightarrow\pi^*$ 跃迁所需能量增加,吸收带蓝移,如图 2.7 所示。与之相反,$\pi\rightarrow\pi^*$ 跃迁过程中激发态的极性大于基态极性,极性溶剂体系同样使两者能级均降低,但激发态的能级降低较多,从而导致 $\pi\rightarrow\pi^*$ 跃迁所需能量减小,吸收带红移,如图 2.8 所示。

(3)体系 pH 的影响。

体系 pH 的改变能够引起共轭体系的延长或缩短,对具有共轭体系的有机弱酸、弱碱、酚以及烯醇的紫外-可见光谱有较大影响。如果某化合物溶液从中性变为碱性时,吸收峰发生红移,该化合物为酸性物质;如果某化合物溶液从中性变为酸性时,吸收峰发生蓝移,该化合物可能为芳胺。例如,苯酚在中性溶剂中有两个吸收带,而其在碱性溶剂中形成苯酚盐以苯氧负离子形式存在,增加了一对可以用来形成 p-π 共轭的电子对,助色效应增强,两个吸收带红移且强度增大,如图 2.9(a)所示。再如,苯胺在中性溶剂中有两个吸收带,而其在酸性溶剂中形成苯胺盐阳离子,使氮原子上的孤对电子消失,p-π 共轭效应减弱,两个吸收带蓝移且强度减弱、峰形分布变窄,如图 2.9(b)所示。

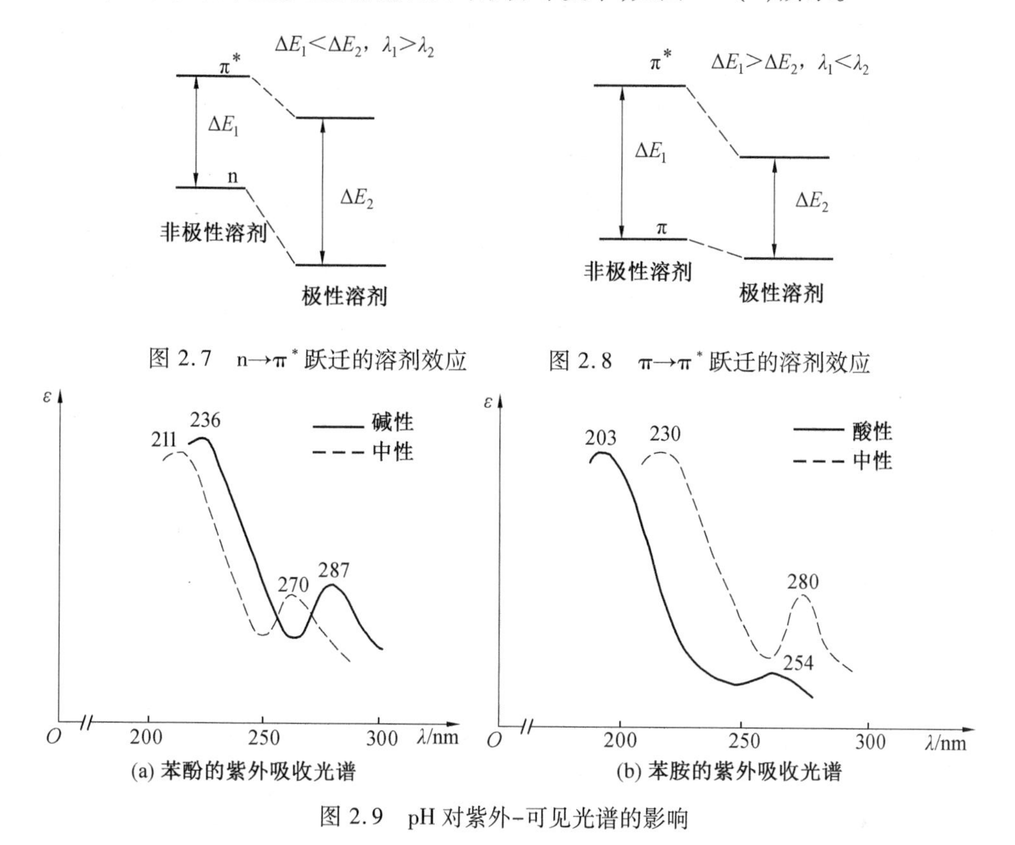

图 2.7　$n\to\pi^*$ 跃迁的溶剂效应　　图 2.8　$\pi\to\pi^*$ 跃迁的溶剂效应

图 2.9　pH 对紫外-可见光谱的影响

2.2　无机化合物与有机化合物的紫外-可见光谱

2.2.1　无机化合物的紫外-可见光谱

(1)电荷转移光谱。

一定化学条件下,很多金属离子和非金属离子在一定波长范围内,都能够产生紫外-可见光谱,且大多数无机化合物的紫外-可见光谱比较简单,多出现 1 或 2 个较宽吸收谱带,很少出现精细结构吸收峰。这是由于在络合物分子中同时存在电子供体和电子受体两部分结构,在紫外-可见光源辐射下,电子能够从供体外层轨道向受体跃迁,产生的紫外-可见光谱也称为电荷转移光谱。

许多无机金属络合物均能产生此类光谱,在络合物的电子转移过程中,金属离子是电子受体,络合体是电子供体。例如,硝酸根水溶液在波长 210 nm 左右出现一个宽峰;铁离子和硫酸根离子形成的络合物会在波长 300 nm 左右出现一个吸收峰;汞、钒、钴、铅等金属离子生成的络合物会产生明显的紫外吸收区。电荷转移光谱谱带的最大特点是摩尔吸光系数大，$\varepsilon_{max}>10^4$ L/(mol·cm)，可由此来鉴别和定量分析这些无机金属离子的含量。

(2)配位体场吸收光谱。

配位体场吸收光谱是元素周期表中第4、第5周期分别含有3d和4f轨道的过渡金属以及分别含有4f和5f轨道的镧系、锕系元素。通常认为这些轨道的能量相等处于间并态，但当配位体按照一定几何方向在金属离子周围配位时，会打破原来的轨道间并态，使能量相同的轨道裂分为若干不同能量的轨道。如果裂分后的轨道未被电子占满，当金属离子吸收一定能量的紫外-可见光后，低能态的d电子或f电子会跃迁到相应高能态的d轨道或f轨道上，这两种跃迁分别称为d→d跃迁和f→f跃迁，由于这两种跃迁必须在配位体的配位场作用下才能产生，也称为配位场跃迁。配位场跃迁谱带的特点是摩尔吸光系数小，$\varepsilon_{max}<10^2$ L/(mol·cm)，因此，配位体场吸收光谱多用于研究配合物的结构及无机配合物键合理论等方面，很少用于无机金属离子的定量分析。

2.2.2　饱和有机化合物的紫外-可见光谱

(1)饱和碳氢化合物。

饱和碳氢化合物结构中只含有单键(σ键)，只能产生$\sigma\rightarrow\sigma^*$跃迁的强吸收带。电子由σ成键轨道跃迁至$\sigma^*$反键轨道的能极差较大，跃迁需要的能量高，使紫外吸收波长很短，其$\lambda_{max}<200$ nm吸收谱带位于远紫外区(真空紫外)。例如，C—C键的强度低于C—H键，故乙烷的吸收波长比甲烷略长，甲烷和乙烷的吸收谱带分别为125 nm和135 nm。另外，环状烷烃结构中C—C键的强度由于环张力的存在而降低，$\sigma\rightarrow\sigma^*$跃迁所需能量也随之减小，致使其吸收波长比相应直链烷烃大，环越小吸收波长越大，例如，环丙烷的$\lambda_{max}=190$ nm，丙烷的$\lambda_{max}=150$ nm。然而，由于饱和碳氢化合物的吸收在远紫外范围，不能使用常规紫外-可见分光光度计进行检测，其吸收波长也不能提供结构信息，因此这类化合物的紫外-可见光谱在有机化合物中的应用价值很小。

(2)含杂原子饱和化合物。

含有O、S、N、P、X等杂原子的饱和化合物，如饱和醇、醚、卤代烷、硫化物等，杂原子含有未成键的n电子，能够产生$n\rightarrow\sigma^*$跃迁。由于n轨道能级高于σ成键轨道，$n\rightarrow\sigma^*$跃迁所需能量低于$\sigma\rightarrow\sigma^*$跃迁所需能量，可使少数$n\rightarrow\sigma^*$跃迁的吸收谱带红移至近紫外范围，但吸收强度弱，应用价值较小。一般认为含氧饱和化合物的吸收谱带在远紫外区；含硫、氮饱和化合物的吸收谱带在近紫外区。含杂原子饱和化合物的吸收波长与杂原子的性质有关，一般认为化合物的电离能随杂原子半径增大而减小，吸收谱带随之红移。例如：

CH_3NH_2：$\lambda=215.5$ nm($\varepsilon=600$ L/(mol·cm))；$\lambda=173.7$ nm($\varepsilon=2\ 200$ L/(mol·cm))。

CH_3I：$\lambda=257$ nm($\varepsilon=378$ L/(mol·cm))；$\lambda=258.2$ nm($\varepsilon=444$ L/(mol·cm))。

2.2.3　烯烃和炔烃化合物的紫外-可见光谱

(1)孤立烯烃和孤立炔烃。

孤立烯烃和孤立炔烃都含有不饱和π键，当分子吸收一定波长的光能后可发生$\sigma\rightarrow\sigma^*$跃迁和$\pi\rightarrow\pi^*$跃迁。虽然$\pi\rightarrow\pi^*$跃迁能量小于$\sigma\rightarrow\sigma^*$跃迁，但对于非共轭不饱和化合物跃迁能量依然很高，使其吸收谱带位于远紫外区，如乙烯吸收谱带在 165 nm，乙炔吸收谱带在 173 nm。然而，当孤立烯烃双键上引入助色基团时，$\pi \rightarrow \pi^*$ 跃迁能量降低，吸收谱带红移，有时会红移至近紫外光区。例如，当孤立烯烃被杂原子取代时，其结构中的 n 电子能够产生 p-π 共轭效应，使 $\pi \rightarrow \pi^*$ 跃迁能量降低（表 2.3）。同样，孤立炔烃被烷基取代后，$\pi \rightarrow \pi^*$ 跃迁吸收谱带向长波移动，使炔烃化合物除 180 nm 附近的吸收谱带外，在 220 nm 处还有一个弱吸收谱带。

表 2.3　取代基团对孤立烯烃吸收谱带的影响

取代基团	$CH_2{=}CH_2$	$CH_3{-}CH{=}CH_2$
λ_{max}/nm(ε_{max}/(L·mol^{-1}·cm^{-1}))	165(12 000)	178(9 000)
取代基团	$CH_2{=}CH{-}OCH_3$	$CH_2{=}CH{-}SCH_3$
λ_{max}/nm(ε_{max}/(L·mol^{-1}·cm^{-1}))	196(10 000)	228(8 000)

（2）共轭烯烃化合物。

一个有机化合物分子中如有多个生色基团组成的共轭体系，该体系中的两个生色基团相互影响，使其紫外-可见光谱与单一生色基团光谱相比产生明显变化。共轭体系越长，$\pi \rightarrow \pi^*$ 跃迁能量越低，λ_{max} 越红移，吸收强度越强，有时甚至可以达到可见光区范围。

图 2.10 为孤立乙烯共轭形成 1,3-丁二烯的轨道能级变化过程。孤立乙烯存在 π 成键轨道和 π^* 反键轨道两个能级，形成共轭体系后，π 成键轨道裂分为 π_1 和 π_2 两个成键轨道，而 π^* 反键轨道也裂分为 π_1^* 和 π_2^* 两个反键轨道，使得共轭烯烃的 $\pi_2 \rightarrow \pi_1^*$ 跃迁能量显然低于孤立乙烯的 $\pi \rightarrow \pi^*$ 跃迁能量，因此原有 $\pi \rightarrow \pi^*$ 跃迁的波长红移，出现相应新的吸收谱带，且吸收强度大，一般 ε_{max}>10 000 L/(mol·cm)。

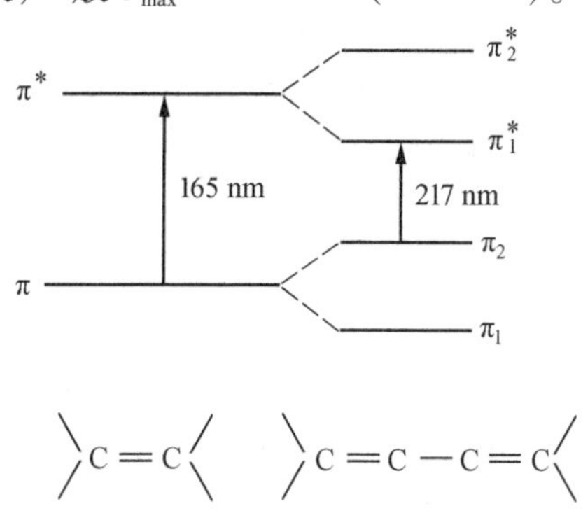

图 2.10　乙烯和 1,3-丁二烯的电子能级

表 2.4 说明随着共轭双键数目的增多，共轭体系越长，λ_{max} 越向长波方向移动，归属于 K 吸收谱带。产生此现象的原因是随着共轭双键的增加，最高占据分子轨道（成键轨道）能量升高，最低未占分子轨道（反键轨道）能量降低，致使 π 电子跃迁所需的能量 ΔE 逐渐减小。

表 2.4　共轭多烯体系 $H(CH{=}CH)_nH$ 的吸收光谱

n	λ_{max}/nm	溶剂	颜色
2	217	己烷	无色

续表2.4

n	λ_{max}/nm	溶剂	颜色
3	268	2,2,4-三甲基戊烷	无色
4	304	环己烷	无色
5	334	2,2,4-三甲基戊烷	淡黄色
6	364	2,2,4-三甲基戊烷	黄色
7	390	2,2,4-三甲基戊烷	淡橙色
8	410	2,2,4-三甲基戊烷	橙色
10	447	2,2,4-三甲基戊烷	红色

2.2.4 羰基化合物的紫外-可见光谱

1. 饱和羰基化合物

饱和羰基化合物除含有σ电子和π电子外，羰基的氧原子上含有一对孤对电子n电子，存在$\sigma\to\sigma^*$、$\pi\to\pi^*$、$n\to\sigma^*$、$n\to\pi^*$四种跃迁。前三种跃迁的能量较高，λ_{max}较小，$\sigma\to\sigma^*$跃迁在125 nm左右有吸收；$\pi\to\pi^*$跃迁在160 nm左右有吸收；$n\to\sigma^*$跃迁在180 nm左右有吸收，均在远紫外光区。而$n\to\pi^*$跃迁能量最小，吸收谱带出现在270～300 nm之间，吸收强度较弱，归属于R吸收谱带。

(1)饱和醛酮化合物。

在紫外-可见光谱中，饱和醛酮化合物只存在羰基$n\to\pi^*$跃迁的R吸收谱带。该谱带在结构鉴别上具有一定意义。当饱和醛酮羰基上有烷基取代时，$n\to\pi^*$跃迁能量略有不同，一般酮在270～280 nm之间，而醛在280～300 nm之间。这是由于酮比醛多一个烃基，形成的烷基超共轭效应使π成键轨道能级降低，π^*反键轨道能级相应升高，导致$n\to\pi^*$跃迁能量随之增加。例如，甲醛、乙醛和丙酮的λ_{max}分别为304 nm、289 nm、275 nm。另外，环酮吸收谱带的λ_{max}与环的大小有关，通常环越大λ_{max}越小，可用此特征鉴别环酮结构中环的大小。

(2)饱和酸酯等化合物。

在紫外-可见光谱中，当非环酮羰基碳上的取代基为羟基、烷氧基、卤素或氨基等助色基团时，得到羧酸、酯、酰卤、酰胺等化合物。它们的羰基与杂原子上未成键电子对产生共轭效应或诱导效应，使π成键轨道能级降低，π^*反键轨道能级相应升高，导致$n\to\pi^*$跃迁能量随之增加，R吸收谱带蓝移至205 nm附近，可用此特征来鉴别饱和醛酮与羧酸、酯、酰卤、酰胺等化合物。

2. 不饱和羰基化合物

(1)α,β-不饱和醛酮。

α,β-不饱和醛酮结构中的羰基双键与碳碳双键处于共轭状态，与孤立烯烃和饱和醛酮相比，$\pi\to\pi^*$跃迁和$n\to\pi^*$跃迁产生的K带和R带均红移。其中，$\pi\to\pi^*$跃迁产生的K带为强吸收带，λ_{max}在220 nm附近，$\lg\varepsilon>4$。而$n\to\pi^*$跃迁产生的R带为弱吸收带，

λ_{max}在 300 nm 附近，$1<\lg\varepsilon<3$。不饱和羰基化合物与共轭烯烃类似，随着共轭体系中羰基数目的增加，共轭效应增强，$\pi\to\pi^*$跃迁能量不断降低，K 吸收带强度随之增强，λ_{max}红移越明显。而 $n\to\pi^*$跃迁受共轭链增加的影响较小，且在多共轭体系中弱吸收 R 带有时不易观察或有时被强吸收 K 带所掩盖。

（2）α,β-不饱和羧酸及其衍生物。

α,β-不饱和羧酸及其衍生物与 α,β-不饱和醛酮的紫外-可见光谱相比有所不同，$n\to\pi^*$跃迁产生的 R 带蓝移，λ_{max}出现在 270 nm 附近。这是由于 α,β-不饱和羧酸及其衍生物结构中的取代基团含有 n 电子，其所占据的 p 轨道（或类 p 轨道）能够与羰基的 π 轨道形成 p-π 共轭效应，使 n 轨道能级降低，π^* 轨道能级升高，如图 2.11 所示。$n\to\pi^*$跃迁需要的能量增加，R 带的 λ_{max}蓝移。然而，烷基取代的 α,β-不饱和羧酸及其衍生物结构中存在 σ-π 共轭效应，使 $\pi\to\pi^*$跃迁需要的能量减小，K 带的 λ_{max}红移，且红移程度与取代基位置相关。

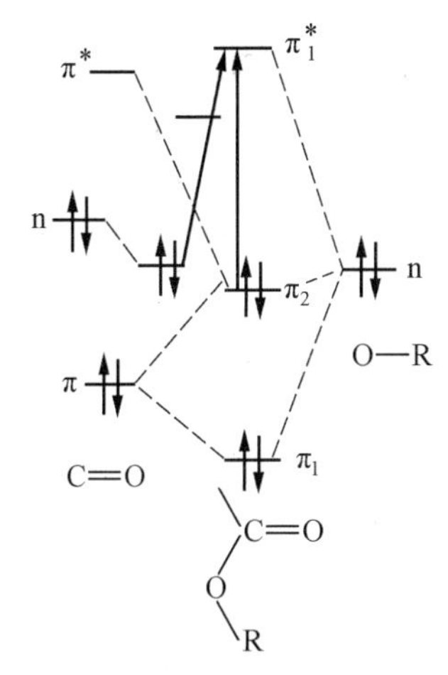

图 2.11　羧酸及其衍生物的分子轨道与电子跃迁

2.2.5　不饱和含氮化合物的紫外-可见光谱

通常不饱和含氮化合物是指不饱和 π 键与 N 相连，并具有与羧基相似电子结构的一类有机化合物，主要包括亚氨基化合物、硝基及亚硝基化合物、偶氮化合物及重氮化合物。

（1）亚氨基化合物。

亚氨基化合物是羰基（醛羰基或酮羰基）上的氧原子被氮所取代后形成的一类有机化合物，通式是 $R_2C=NR'$，其中 R 和 R'为烃基或氢。亚氨基化合物会产生 $\pi\to\pi^*$ 和 $n\to\pi^*$两种跃迁，$\pi\to\pi^*$跃迁的 λ_{max}一般出现在 172 nm 附近，即远紫外光区。$n\to\pi^*$跃迁的 λ_{max}一般出现在 240 nm 附近，形成 R 带弱吸收带。并且，酮亚胺与醛亚胺的紫外-可见光谱与饱和醛酮相似，由于酮比醛多一个烃基，形成的烷基具有超共轭效应，因此酮亚胺的 λ_{max}略发生蓝移。

（2）硝基及亚硝基化合物。

硝基及亚硝基化合物含有的 N、O 均含有孤对电子 n 和 π^*轨道。通常硝基化合物在紫外区有两个吸收带：一是 λ_{max} 出现在 200 nm 附近，即 $\pi \to \pi^*$ 跃迁形成的 K 带强吸收带（ε 值约为 50 000 L/(mol · cm)）；另一个是 λ_{max} 出现在 270 nm 附近，即 $n \to \pi^*$ 跃迁形成的 R 带弱吸收带（ε 值约为 125 L/(mol · cm)）。若化合物结构中含有与硝基共轭的双键，随着共轭效应的增强，吸收强度增加，λ_{max} 红移。亚硝基化合物含有 λ_{max} 约为 220 nm 的 $\pi \to \pi^*$ 跃迁形成的 K 带强吸收带和 λ_{max} 约为 290 nm 的 $n \to \pi^*$ 跃迁形成的 R 带弱吸收带。有时在可见光区内出现 λ_{max} 约为 675 nm 的氮原子上 $n \to \pi^*$ 跃迁形成的弱吸收。

(3)偶氮化合物及重氮化合物。

偶氮化合物结构中的偶氮基团一般呈现三个吸收带，两个分别出现在 165 nm 和 195 nm附近，第三个由 $n \to \pi^*$ 跃迁产生的吸收带出现在 360 nm 附近，偶氮化合物的颜色多为黄色。并且偶氮基 $n \to \pi^*$ 跃迁的吸收强度会随着取代基的不同而变化，顺反异构体结构的影响最大，顺式异构体的吸收强于反式异构体。重氮化合物在 250 nm 附近有强吸收带，在 350 ~ 450 nm 区有弱吸收带。

2.2.6 芳香族化合物的紫外-可见光谱

1. 苯及其衍生物

苯具有环状共轭体系，在紫外光区具有由 $\pi \to \pi^*$ 跃迁产生的 E_1、E_2、B 带三个吸收谱带。一般紫外-可见光谱仪观察不到 E_1 带，能看到 E_2 的末端吸收带和 B 带。B 带为苯的特征谱带，λ_{max} 出现在 254 nm 附近，呈现精细结构的中等强度吸收。

(1)烷基取代苯。

苯环上引入烷基时，烷基对苯环的电子结构会产生较小影响。烷基结构中的 C—H 与苯环产生的超共轭效应，会使苯环吸收带红移，吸收强度增加，B 带的精细结构特征降低。

(2)助色基团取代苯。

苯环上连接助色基团时，由于助色基团的孤对电子 n 能够与苯环形成 p-π 共轭体系，会使 E_2、B 带发生红移，吸收强度增加。当助色基团为推电子基团时，对 B 带的影响更明显，其影响取决于助色基团的推电子能力，一般推电子能力越强，影响越大。常见助色基团顺序：$—O^- > —NH_2 > —OCH_3 > —OH > —Br > —Cl > —CH_3$。

(3)生色基团取代苯。

苯环上连接生色基团乙烯基、醛基、羧基等时，由于生色基团的不饱和双键延长了苯环自身的 π-π 共轭体系，使 B 带红移明显且吸收强度增加，同时产生新的 K 吸收谱带，其通常与 E_2 重合，λ_{max} 出现在 220 ~ 250 nm。另外，当苯环上连接的生色基团含有孤对电子 n 时，取代苯的紫外-可见光谱中会出现由 $n \to \pi^*$ 跃迁引起的低强度 R 带，λ_{max} 出现在 275 ~ 330 nm 之间。因此，生色基团对苯环紫外吸收谱带的影响程度大于助色基团，并取决于生色基团本身的吸电子能力，吸电子能力越强，影响越大。常见生色基团顺序：$—NO_2 > —CHO > —COCH_3 > —COOH > —CN^-$（或—COO—）$> —SO_2NH_2 > —NH_3^+$。

2. 多核芳香族化合物

(1)多联苯化合物。

多联苯由两个或多个苯环以单键相连，其结构中的苯环处于同一个平面形成大的共轭体系,使共轭体系能量随之降低,K 带红移且强度增强,将 B 带掩盖。其中,当联苯邻位上引入大体积分子基团时,会破坏两个苯环的平面共性,共轭效应减弱,λ_{max}蓝移且吸收强度降低。而对位的多联苯,苯环越多 λ_{max}红移越明显,且吸收强度随之增强,逐渐可能进入可见光区。

(2)稠环芳烃化合物。

稠环芳烃具有线形和角形两种结构。线形结构的稠环芳烃(如萘、蒽等)对称性强,与苯环吸收谱带相似,也有 E_1 带、E_2 带和 B 带三个吸收带。随着苯环数目的增加,共轭体系延伸,三个吸收谱带的 λ_{max}红移且吸收强度随之增强,E_1 带的 λ_{max}出现在 200 nm 以上,E_2 带和 B 带的 λ_{max}可能进入可见光区域。对于角形结构的稠环芳烃(如菲等),随着苯环数目的增加,三个吸收谱带的 λ_{max}也发生红移,但程度小于线形结构的稠环芳烃。由于其紫外吸收谱带较复杂,且具有精细结构,常用于化合物的指纹鉴定。

3. 杂化芳香族化合物

芳环上的单键或双键上的碳被杂原子(O、S、N)取代时,得到五元杂环、六元杂环以及杂原子稠环的杂化芳香族化合物。呋喃、噻吩、吡咯等五元杂环化合物与环戊二烯相似,K 带的 λ_{max}出现在 200 ~ 230 nm 之间,250 nm 附近出现的吸收带类似于苯环 B 带。六元杂环化合物与带有 6 个 π 电子的苯相似,各个吸收谱带几乎重叠,如吸收谱带常有精细结构。稠杂环化合物的紫外-可见光谱与对应的稠环芳烃相似,其 K 带和 B 带均发生明显红移,且吸收强度增强。

2.3　不饱和有机化合物紫外-可见吸收波长的经验方法计算

λ_{max}值是紫外-可见光谱中反映不饱和有机化合物分子结构的重要参数。含共轭不饱和键化合物的 $\pi\rightarrow\pi^*$ 跃迁所产生的吸收带出现在近紫外光区,随着共轭体系的延伸,λ_{max}红移且强度增加,有时甚至出现在可见光区。当共轭体系中的氢核被各种基团取代后,λ_{max}发生的变化具有一定规律性。经过对大量实验数据的归纳总结与理论分析,有机化学家们建立了一些经验公式用于估算各种生色基团和共轭体系的 λ_{max}值,对鉴定和推测化合物的结构具有实用价值。

2.3.1　共轭烯烃及其衍生物的计算方法

(1)共轭二、三、四烯烃及其衍生物。

通常含有 2 ~4 个双键的共轭烯烃及其衍生物 K 带的 λ_{max}可以根据伍德沃德-菲泽(Woodward-Fieser)规则进行计算。过程如下:①选择最简单的 1,3-丁二烯作为母体,将其 K 带 λ_{max}值 217 nm 作为基值;②依据表 2.5 所列各取代基的类别、数目、位置与共轭烯烃相关的经验参数,推算出共轭烯烃及其衍生物的 λ_{max}。通过比较 λ_{max}的计算值与实测值可以分析推断共轭骨架结构的准确性。

表 2.5 计算共轭烯烃 K 带 λ_{max} 值的 Woodward–Fieser 规则(乙醇溶液) nm

母体异环或开键共轭双烯基本值	λ_{max}	双键碳原子上每一个取代基	λ_{max}
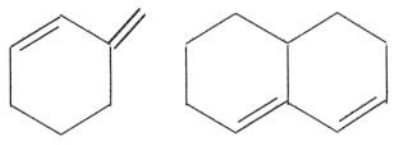	217	—R	+5
同环共轭双键	+36	—O—COR	+0
每个延伸共轭双键	+30	—OR	+6
每个环外双键	+5	—Cl、—Br	+5
每个烷基取代基或环残基	+5	—NR_2	+60

使用 Woodward–Fieser 规则进行计算时应注意:①异环共轭烯烃与同环共轭烯烃的区别;②若有多个可提供的共轭母体,优先选择 λ_{max} 值最大的共轭体系作为母体;③准确判断环外双键及共轭延伸双键的数目;④本规则不适用于芳烃化合物。

【例 2.1】 计算下列化合物的 λ_{max}。

(1) 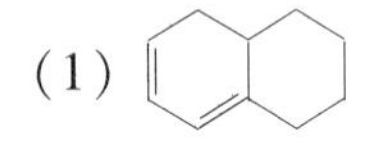

【解】

母体基数	217 nm
同环共轭双键	36 nm
环外双键	5 nm
烷基取代基(3×5)	15 nm
计算值	273 nm
实测值	271 nm

(2) 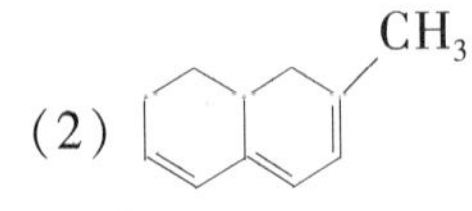

【解】

母体基数	217 nm
同环共轭双键	36 nm
环外双键	5 nm
烷基取代基(4×5)	20 nm
延伸共轭双键	30 nm
计算值	308 nm
实测值	309 nm

(3) 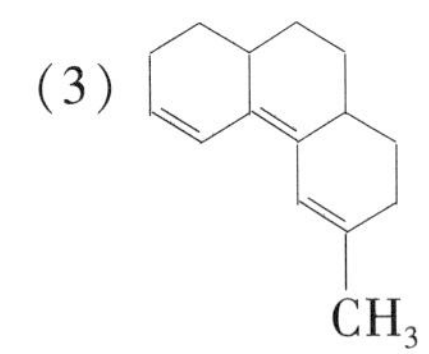

【解】

母体基数		217 nm
环外双键(2×5)		10 nm
烷基取代基(5×5)		25 nm
延伸共轭双键		30 nm
	计算值	282 nm
	实测值	284 nm

(2)共轭多烯烃及其衍生物。

Woodward-Fieser 规则仅适用于 4 个或者 4 个以下共轭烯烃体系及其衍生物的 K 带 λ_{max}值计算,对于 4 个以上双键的共轭多烯烃体系则使用菲泽-库恩(Fieser-Kuhn)规则,此规则既可预测 λ_{max}值,也可预测 ε_{max}。

$$\lambda_{max}=114+5M+N(48-1.7N)-16.5\text{Rendo}-10\text{Rexo}$$

$$\varepsilon_{max}=(1.74\times10^4)N$$

式中,M 为共轭体系上的烷基取代数;N 为共轭双键数;Rendo 为共轭体系上环内双键的个数;Rexo 为共轭体系上环外双键的个数。

【例 2.2】 计算β-胡萝卜素(β-Cartene)的 λ_{max}和 ε_{max}。

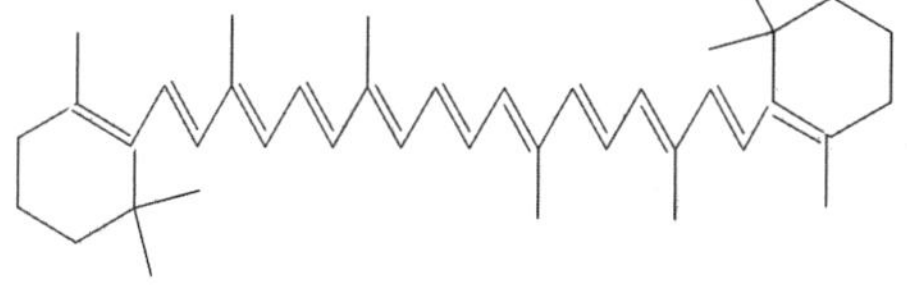

【解】 据其结构可知:$M=10$、$N=11$、Rendo=2、Rexo=0。

$$\lambda_{max}=114+5\times10+11\times(48-1.7\times11)-16.5\times2-10\times0=453.3\ (\text{计算值})$$

实测 $\lambda_{max}=452$ nm(已烷)

$$\varepsilon_{max}=(1.74\times10^4)\times11=1.91\times10^5(\text{L/mol}\cdot\text{cm})$$

实测 $\varepsilon_{max}=1.52\times10^5$ L/(mol · cm)(已烷)

依据 Fieser-Kuhn 规则,共轭多烯烃及其衍生物结构中共轭双键数越多,λ_{max}值越大。含有 8 个或 8 个以上双键的共轭多烯烃,其 λ_{max}值出现在可见光区。如β-胡萝卜素的 K 带 λ_{max}值为 453 nm,453 nm 处光为蓝绿色,由此人们看到的β-胡萝卜素通常是蓝绿色。

2.3.2　α,β-不饱和羰基化合物的计算方法

一般情况下,α,β-不饱和羰基化合物 K 带的 λ_{max}>218 nm,ε_{max}>10^4 L/(mol · cm)。随着共轭体系上取代基种类、取代位置、溶剂极性的不同,λ_{max}值发生明显变化,Woodward 和 Fieser 分析总结出适用于计算 α,β-不饱和羰基化合物的规则,见表 2.6。使用此规则进行计算时应注意:①若有多个可提供的 α,β-不饱和羰基母体时,优先选择 λ_{max}值最大的作为母体;②共轭体系中异环共轭烯烃与同环共轭烯烃的区别;③环上的羰基不能作为环外双键;④共轭体系有两个羰基时,其中之一不作为双键延伸,仅作为取代基 R 计算。

表 2.6　α,β-不饱和羰基化合物 K 带 λ_{max} 值的计算法（乙醇）

基团		对吸收带波长的贡献/nm
基本值	链状和六元环 α,β-不饱和酮	215
	五元环 α,β-不饱和酮	202
	α,β-不饱和醛	210
	α,β-不饱和酸和酯	195
增量	每增加一个共轭双键	30
	同环共轭双键	39
	环外双键	5
	烷基或环烷取代基 α	10
	烷基或环烷取代基 β	12
	烷基或环烷取代基 γ 及更高	18
助色团取代	—OH　α	35
	—OH　β	30
	—OH　δ	50
	—OAc　α,β,δ	5
	—OR　α	35
	—OR　β	30
	—OR　γ	17
	—OR　δ	31
	—SR　β	85
	—Cl　α	15
	—Cl　β	12
	—Br　α	25
	—Br　β	30
	—NR_2　β	95

注：本表数据适合乙醇为溶剂的情况，若用其他溶剂时需要校正，校正方法是用计算值减去相应溶剂的校正值，然后再与实测值比较。

【例 2.3】 计算下列化合物的 λ_{max}。

（1）

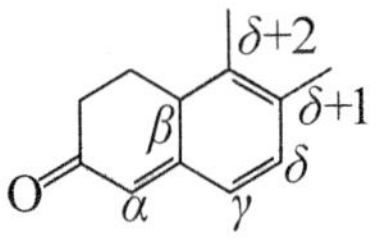

【解】

母体基数	215 nm
共轭系统延长(2×30)	60 nm
环外双键(1×5)	5 nm
同环二烯(1×39)	39 nm
β-烷基取代基(1×12)	12 nm
(δ+1)-烷基取代基(1×18)	18 nm
(δ+2)-烷基取代基(2×18)	36 nm
计算值	385 nm
实测值	388 nm

(2)

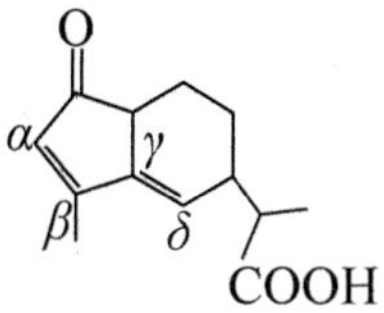

【解】

母体基数	202 nm
共轭双键延长(1×30)	30 nm
环外双键(1×5)	5 nm
β-烷基取代(1×12)	12 nm
γ-烷基取代基(1×18)	18 nm
δ-烷基取代基(1×18)	18 nm
计算值	285 nm
实测值	281 nm

2.3.3　苯甲酰基衍生物(RC_6H_4COX)的计算方法

苯甲酰基衍生物 K 带 λ_{max} 值的计算依据 Scott 规则。RC_6H_4COX 结构中 C_6H_4CO 为母体,—X 为多种基团(烷基、烷氧基或羟基等),—R 为助色基团取代基。Scott 规则见表 2.7。

表 2.7　苯甲酰基衍生物 K 带 λ_{max} 值的计算法(乙醇)　nm

X ═烷基或环基准值		246		
X ═H 基准值		250		
X ═OH 或 OR 基准值		230		
取代产生的增值	取代基	邻位	间位	对位
	烷基或环	+3	+3	+10
	—OH、—OCH_3、—OR	+7	+7	+25
	—O^-	+11	+20	+78
	—Cl	0	0	+10
	—Br	+2	+2	+15
	—NH_2	+13	+13	+58
	—NHAc	+20	+20	+45
	—$NHCH_3$	—	—	+73
	—$N(CH_3)_2$	+20	+20	+85

【例 2.4】 计算下列化合物的 λ_{max}。

(1)

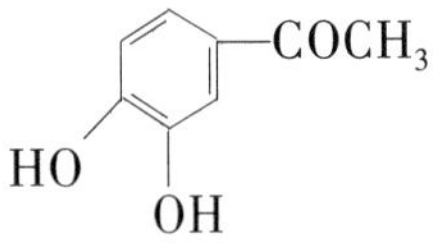

$COCH_3$

HO　OH

【解】

母体基数	246 nm
m-OH	7 nm
p-OH	25 nm
计算值	278 nm
实测值	279 nm

(2)

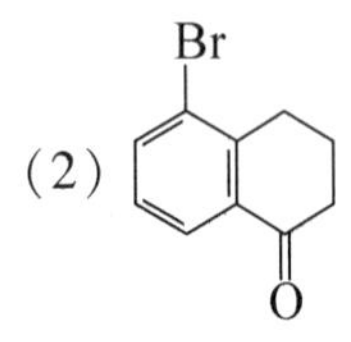

【解】

母体基数	246 nm
o-环残基	3 nm
m-Br	2 nm
计算值	251 nm
实测值	248 nm

2.4　紫外-可见光谱的应用

2.4.1　紫外-可见光谱的解析

紫外-可见光谱常用于有机化合物纯度分析、结构鉴定、定性分析与定量分析。一般紫外-可见光谱需要与物理、化学或其他光谱结合才能更准确地鉴定有机化合物的结构，解析过程包括：①确定未知结构有机化合物的分子式，计算其不饱和度；②依据紫外-可见光谱图确定吸收带及其 λ_{max} 值；③根据各类有机化合物的谱带特征推测其含有的分子基团进行结构鉴定。

(1)有机化合物不饱和度的计算。

不饱和度是反映有机化合物不饱和程度的量化指标(即缺氢程度)，常用 Ω 表示，有机化合物不饱和程度越大，Ω 值越大。Ω 为零则为饱和化合物。一般规定：每个双键或环相当于 1 个不饱和单位，每个三键相当于 2 个不饱和单位，依此类推。对于含 C、H、O、N、S、X 等各种元素的化合物，不饱和度的计算公式为

$$\Omega=碳原子数+1-氢原子数/2-卤原子数/2+三价氮原子数/2$$

【例 2.5】　计算 $C_7H_{11}N_2O_2Cl$ 的不饱和度。

$$\Omega=7+1-11/2-1/2+2/2=3$$

(2)紫外-可见光谱信息。

① 200～400 nm 紫外区透明，无吸收峰。200～400 nm 紫外区透明无吸收峰表明为饱和化合物或孤立烯烃，不含共轭体系，不含与苯环相连的发生基团，没有醛基、酮基、溴或碘。

② 210～250 nm 有强吸收峰。210～250 nm 有强吸收峰表明有 K 吸收带，含有两个双键的共轭体系。如共轭二烯烃或 α,β-不饱和醛酮等。若 260 nm、300 nm、330 nm 处有强 K 带吸收峰，则有 3 个或 3 个以上共轭体系。

③ 260～300 nm 有中强吸收峰(ε=200～1 000 L/(mol·cm))。260～300 nm 有中强吸收峰表明有 B 吸收带，化合物结构中可能含有苯环，若苯环被共轭生色基团取代，则 ε>10 000 L/(mol·cm)。

④ 250～300 nm 有弱吸收峰(ε=10～100 L/(mol·cm))。250～300 nm 有弱吸收峰表明有 R 吸收带，化合物含有简单的非共轭杂原子生色基团(如羰基)。若该基团连有长链共轭体系或多环芳烃生色基团，R 带红移且强度增加。

⑤复杂吸收峰。复杂吸收峰如化合物紫外-可见光谱上含有若干吸收峰，则可能为一长链共轭化合物或环芳烃。

(3)紫外-可见光谱解析程序。

①观察紫外-可见光谱图，确认 λ_{max}，初步预测吸收谱带类型。

②观察吸收谱带的范围，推测属于何种共轭体系及所含分子基团。

③通过已知化合物的紫外-可见光谱图对比分析计算值与实测值。

④与标准品或文献进行对比,对照标准谱图进行核对。

2.4.2　紫外-可见光谱的定性分析

紫外-可见光谱包括谱线形状、吸收峰数目、吸收峰位置和吸收强度等信息,在有机化合物的定性鉴定和结构分析中,由于其特征性不强,并且大多数简单官能团在近紫外光区透明无吸收,因此其应用具有一定的局限性。但其可辅助红外光谱、核磁共振波谱、质谱等方法进行定性鉴定以及对化合物纯度进行检验。

1. 定性鉴定

利用紫外-可见光谱对未知不饱和化合物结构进行定性鉴定的方法有两种:①经验规则计算值与实测值比较法;②未知物的紫外-可见光谱图与标准谱图进行核对的吸收光谱比较法。紫外-可见光谱曲线的形状与吸收峰的数目是进行定性鉴定的依据,而最大吸收波长 λ_{max} 及相应的 ε_{max} 是定性鉴定的主要参数。

(1)官能团的鉴定。

利用紫外-可见光谱法推测未知不饱和化合物的结构类型是最简单的一种方法,主要作用是推测官能团、分子结构中的共轭关系和共轭体系中取代基的位置、种类和数目。过程包括:①将待测样品提纯,避免杂质的干扰;②进行检测,绘制紫外-可见光谱图;③根据吸收带位置及强度推断该化合物的归属范围;④利用定性鉴定方法做进一步确认。

(2)顺反异构体的鉴定。

由于空间位阻的影响,顺式异构体的取代基在共轭烯键的同一侧,会产生空间立体障碍,影响共轭体系的平面共性,使共轭效应减弱,导致 λ_{max} 蓝移,ε_{max} 减小,λ_{max} 和 ε_{max} 值均小于反式异构体。

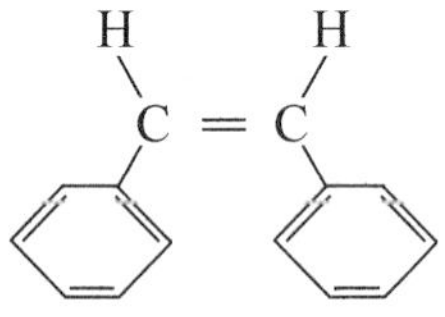

顺-1,2-二苯乙烯:λ_{max} = 280 nm;ε_{max} = 10 500 L/(mol · cm)。

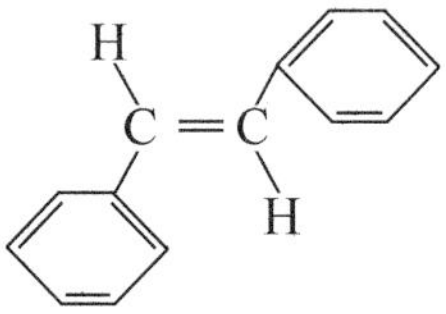

反-1,2-二苯乙烯:λ_{max} = 295.5 nm;ε_{max} = 29 000 L/(mol · cm)。

(3)互变异构体的鉴定。

通常在天然产物的分离、分析和合成过程中会得到各种结构的异构体,它们具有相同的官能团、类似的骨架结构,存在位置异构、顺反异构等结构异构体,紫外-可见光谱也被用于对某些同分异构体的鉴定。常见的异构体有酮-烯醇式、醇醛的环式-链式、酰胺的内酰胺-内酰亚胺式等。例如,乙酰乙酸乙酯具有酮式(a)和烯醇式(b)互变异构体结构:

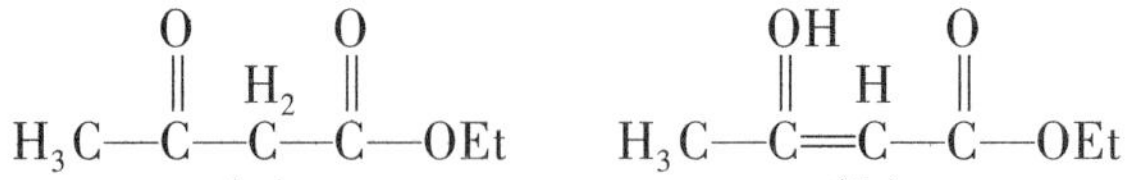

$$H_3C-\overset{O}{\overset{\|}{C}}-\overset{H_2}{C}-\overset{O}{\overset{\|}{C}}-OEt \qquad H_3C-\overset{OH}{\overset{|}{C}}=\overset{H}{C}-\overset{O}{\overset{\|}{C}}-OEt$$

(a)　　　　　　　　(b)

酮式异构体在极性溶剂中易与溶剂形成氢键，在272 nm附近形成弱吸收R带；而烯醇式异构体在非极性溶剂中易形成分子内氢键，在300 nm附近形成弱吸收R带，又由于烯醇式结构中存在π-π共轭体系，$\pi \to \pi^*$跃迁在243 nm附近形成强吸收K带，因此利用紫外-可见光谱的谱峰强度能轻易区分二者。

2. 化合物纯度的检验

紫外-可见光谱能检查化合物中是否含具有紫外吸收的杂质，若有机化合物在紫外-可见光区透明无吸收，而它所含的杂质有明显的紫外-可见光区吸收，则可利用紫外-可见光谱检验化合物的纯度。若样品和杂质的紫外-可见吸收带位置和强度不同，则可以通过差示法进行检验。例如，无水乙醇生产过程需要进行苯蒸馏，由于乙醇在紫外光区无吸收，而苯在254 nm处有中强吸收B带，故可根据此差异检验乙醇中的杂质苯含量。

工业生产上也可利用紫外-可见光谱快速、灵敏的特性鉴定物质的纯度。例如，工业上利用苯环加氢制备环乙烷，当产品中含有微量苯残留时，可在紫外-可见光谱中观察苯环B带，由此鉴定产物的纯度。又如用工业氧化乙醛制乙酸，乙醛R带出现在280 nm附近，而乙酸由于助色基团的作用R带蓝移至205 nm附近，在270～290 nm范围扫描或测定吸光度，即可鉴定是否有醛存在。

此外，利用紫外-可见光区的摩尔吸光系数也可以检测化合物的纯度。若实际样品的摩尔吸光系数小于标准样品，则样品纯度达不到标样要求。相差越大，实际样品的纯度越低。例如，菲标准样品在296 nm处有强吸收（$\lg \varepsilon = 4.10$），若工业制得菲产品的摩尔吸光系数比菲标准样品低10%，则推断样品纯度为90%，可能含有蒽、醌等杂质。

2.4.3　紫外-可见光谱的定量分析

紫外-可见光谱具有灵敏度高、准确性和重现性好等优势，被广泛应用于有机化合物含量的测定。紫外-可见光谱定量分析的依据是朗伯-比尔定律，常用的定量分析方法有标准对照法、摩尔吸光系数法、标准曲线法等。其中，标准曲线法使用最多，主要步骤如下：①将待测样品配制成一定浓度的溶液，做紫外-可见光谱，确定λ_{max}值；②将紫外光波长固定在λ_{max}处，测定一系列不同浓度待测样品标准溶液的吸光度值，以标准溶液浓度c为横坐标，吸光度值A为纵坐标绘制标准曲线；③检测未知浓度待测样品在λ_{max}处的吸光度值$A_{未}$，将其对照标准曲线找到相应浓度，计算待测样品各组分含量。

2.4.4　紫外-可见光谱在高分子材料研究中的应用

紫外-可见光谱可用于研究高分子材料的聚合过程和机理，鉴定其高分子结构中的某些官能团与添加剂，测定高分子材料的分子量及分子量分布。其也可用于研究表面活性剂的性质、药物分子结构与作用机理、测定有机弱酸或弱碱的解离常数及化学反应速率与历程等。

2.4.5　紫外-可见光谱在无机化合物分析中的应用

在一定条件下，许多金属离子和非金属离子能产生紫外-可见光谱，见表2.8，大多数无机化合物的紫外-可见光谱图比较简单，以利用紫外-可见光谱法对它们进行定量分析。例如,硝酸根在210 nm处出现宽吸收峰;Fe^{3+}和SO_4^{2-}形成络合物的λ_{max}为300 nm。另外,某些金属离子与卤素生成的络合物、某些有机试剂与无机离子生成的络合物均在紫外光区出现吸收峰,拓宽了紫外吸光法定量分析无机离子的应用范围。

表2.8　无机材料的紫外吸收λ_{max}值

被测物	试剂	介质	λ_{max}/nm
Nb(铌)	浓HCl	水	281
Bi(铋)	KBr	水	365
Sb(锑)	KI	H_2SO_4	330
Ta(钽)	邻苯三酚	HCl	325

本章习题

1. 举例说明生色基团和助色基团,并解释长移和短移。

2. 电子跃迁有哪几种类型?跃迁所需的能量大小顺序如何?具有什么结构的化合物会产生紫外-可见光谱?紫外-可见光谱有何特征?

3. 以有机化合物的官能团说明各种类型的吸收带,并指出各吸收带在紫外-可见光谱中的大概位置和各吸收带的特征。

4. 紫外-可见光谱中,吸收带的位置受哪些因素影响?

5. 下列化合物具有几种类型的价电子?在紫外光照射下发生哪些类型的电子跃迁?

乙烷　碘乙烷　丙酮　丁二烯　苯乙烯　苯乙酮

6. 某试液显色后用2.0 cm吸收池测量时,T=50.0%。若用1.0 cm或5.0 cm吸收池测量,T和A各是多少?

7. 能否用紫外-可见光谱区分下列各组化合物?并说明理由。

(1)丙烯、1,4-戊二烯、1,3-丁二烯。

(2)苯、甲苯、苯甲醛、对甲基苯乙烯。

8. 有两种异构体,α异构体的吸收峰在228 nm($\varepsilon=1.4\times10^4$ L(mol·cm)),而β异构体的吸收峰在296 nm($\varepsilon=1.1\times10^4$ L(mol·cm))。试指出这两种异构体分别属于下面两种结构中的哪一种。

(a) 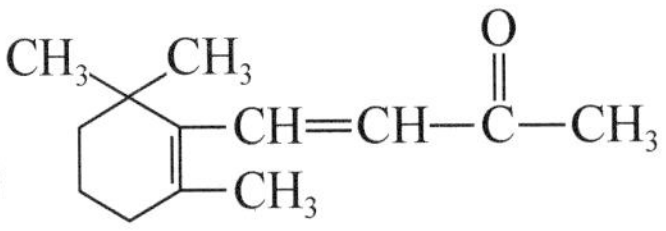 [环己烯结构:CH_3, CH_3, $-CH=CH-C(=O)-CH_3$, $-CH_3$]　(b) 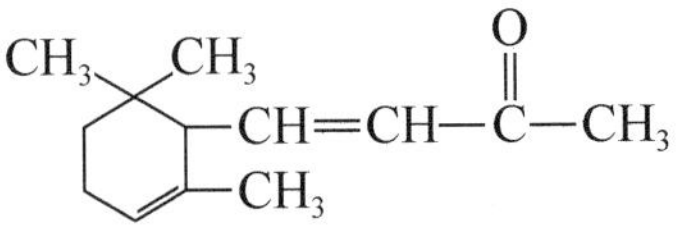 [环己烯结构:CH_3, CH_3, $-CH=CH-C(=O)-CH_3$, $-CH_3$]

9. 试计算下列化合物的λ_{max}。

(a) 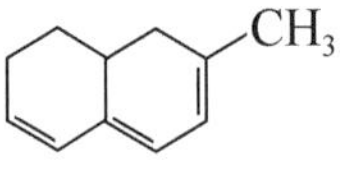 [CH_3]　(b) 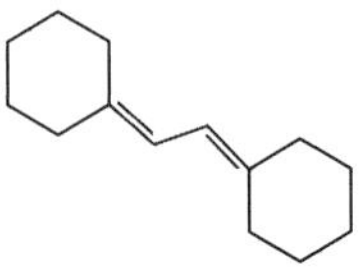　(c) 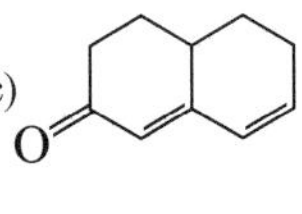 [O]

本章参考文献

[1] 苏克曼,潘铁英,张玉兰. 波谱解析法[M]. 上海:华东理工大学出版社,2002.
[2] 邓芹英,刘岚,邓慧敏. 波谱分析教程[M]. 2 版. 北京:科学出版社,2007.
[3] 常建华,董绮功. 波谱原理及解析[M]. 3 版. 北京:科学出版社,2017.
[4] 王明德. 分析化学学习指导书[M]. 北京:高等教育出版社,1988.
[5] 孙延一,吴灵. 仪器分析[M]. 武汉:华中科技大学出版社,2012.
[6] 钱晓荣,郁桂云. 仪器分析实验教程[M]. 上海:华东理工大学出版社,2009.
[7] 朱为宏,杨雪艳,李晶,等. 有机波谱及性能分析法[M]. 北京:化学工业出版社,2007.
[8] 张华.《现代有机波谱分析》学习指导与综合练习[M]. 北京:化学工业出版社,2007.
[9] 白玲,郭会时,刘文杰. 仪器分析[M]. 北京:化学工业出版社,2019.
[10] 熊维巧. 仪器分析[M]. 成都:西南交通大学出版社,2019.
[11] 朱鹏飞,陈集. 仪器分析教程[M]. 2 版. 北京:化学工业出版社,2016.
[12] 张纪梅. 仪器分析[M]. 北京:中国纺织出版社,2013.

第3章　红外光谱

3.1　红外光谱的发展

早在19世纪初期,人们便通过实验发现了红外线,但当时红外检测器和红外光谱的应用技术无法对其进行检测分析。直到19世纪末,人们利用岩盐棱镜和测热辐射计检测了20多种有机化合物的红外光谱,进而相继发现了含有甲基、羟基、羰基等官能团化合物的红外光谱。进入20世纪,随着量子理论的提出和发展,128种有机化合物和无机化合物的红外光谱被检测证实,红外光谱进入全面深入研究阶段。20世纪中期,第一台双光束自动记录式红外分光光度计和《复杂分子的红外光谱》一书相继问世。20世纪后期,随着量子力学和计算机科学的迅速发展,以光栅和干涉仪作为分光器的第二代、第三代红外分光光度计被研究开发,使红外光谱的应用范围扩大到配合物、高分子化合物及无机化合物。傅立叶变换红外光谱仪由于灵敏度高、分辨率高、扫描速度快,成为目前应用最广泛的主导机型。

近年来,采用激光器作为光源代替单色器的第四代激光红外分光光度计还未被普及应用。但是,全反射红外、显微红外、光声红外以及色谱-红外联用等检测技术被不断发展和完善。与其他学科相似,红外光谱的发现、发展与应用,不仅需要光谱理论的发展、检测技术的进步及实验数据的累积,还取决于各相关科学的进步与红外分光光度计性能的提升。相关各学科间的相互促进,理论与实践的提高均加速了科学技术的发展。例如,“好奇号”火星车上,装有由先进的原子光谱和红外光谱组成的探测仪(覆盖波长范围240~850 nm),可以实现对火星表面岩石和土壤样品元素组成的快速分析鉴定。2021年5月15日,我国首次火星探测任务“天问一号”探测器在火星乌托邦平原南部预选着陆区着陆,在火星上首次留下中国印迹,迈出了我国星际探测征程的重要一步。

3.2　红外光谱的基本原理

3.2.1　红外光谱的形成与分区

红外光谱(Infrared spectroscopy,IR)研究的是红外光照射引起分子振动和转动能级跃迁所产生的吸收光谱,它是一种分子吸收光谱,又称为振-转光谱。红外光谱分析法是测定有机化合物结构的重要的物理方法之一,可以用其对有机物进行定性和定量分析,还可以用其推断分子中化学键的强弱,测定键长、键角以及研究反应机理等。

红外光是介于可见光与微波之间的一种电磁波，其波长范围为 0.75～500 μm（即波数范围为 12 800～20 cm^{-1}）。通常光谱学家将红外光分为近红外区、中红外区、远红外区三个区域。

（1）近红外区 0.75～2.5 μm（12 800～4 000 cm^{-1}）：主要研究 O—H、N—H 和 C—H 键伸缩振动的倍频吸收或组频吸收，红外吸收峰强度较弱。适用于测定含—OH、—NH_2 或—CH 基团的水、醇、酚、胺及不饱和碳氢化合物的组成。

（2）中红外区 2.5～25 μm（4 000～400 cm^{-1}）：主要研究分子振动-转动能级的跃迁，大多数有机化合物和无机离子的基频吸收都在中红外区，特别是 2.5～15 μm（4 000～670 cm^{-1}）范围内，红外吸收最为成熟、简单，收峰强度最高。中红外区是红外光谱研究应用中最广泛的区域，也是有机化合物结构鉴定与解析的重要区域。

（3）远红外区 25～500 μm（400～20 cm^{-1}）：主要研究分子的纯转动能级的跃迁、骨架弯曲振动及晶体的晶格振动。金属-有机配体之间的红外吸收频率取决于金属原子与有机配体的类型，而二者之间的伸缩振动和弯曲振动吸收均出现在远红外区，故此区域特别适合研究无机化合物。

3.2.2　红外光谱的特点

紫外-可见光谱常用于研究不饱和有机化合物，特别是具有共轭体系的有机化合物；而红外光谱主要研究分子振动过程中偶极矩发生变化的化合物，解析红外光谱可以获得化合物的分子结构信息。红外光谱具有如下特点：

（1）红外光谱研究的是分子振动-转动能级跃迁，所需能量低。

（2）红外光谱应用范围广，对气体、液体、固体试样都可以检测分析。

（3）红外光谱不破坏样品，用量少（1～5 mg）、分析速度快。

（4）红外光谱特征性强，中红外区能够提供吸收峰的位置、强度、形状及个数，通过结合化学键合力常数、键长、键角，可以推测化合物所含官能团，确定化合物结构。

3.2.3　红外光谱产生的条件

分子吸收一定范围的红外光产生红外光谱需满足以下两个条件。

（1）红外辐射光量子具有的能量与分子发生振动能级跃迁所需能量相等。

红外光谱是由分子振动能级跃迁产生。分子在振动过程中，振动能级差（ΔE）为 0.05～1.0 eV，大于转动能极差（0.000 1～0.05 eV），致使分子的振动能级跃迁常伴随转动能级的跃迁。由量子力学证明，分子振动总能量表示为

$$E_{振} = \left(V+\frac{1}{2}\right)h\nu \tag{3.1}$$

式中，V 为振动量子数（V=0，1，2，…）；ν 为振动频率；h 为普朗克常数。

常温常压下，分子处于振动基态（V=0），$E_{振}=\frac{1}{2}h\nu$，伸缩振动频率很小。当红外光辐射光量子的能量（$E_{光}=h\nu_a$）恰好等于分子振动能级的能量差（$\Delta E_{振}=\Delta V h\nu$）时，分子吸收红外辐射能量由振动能级基态跃迁至振动能级激发态，振幅增大。因此，分子振动能级跃

迁产生红外光谱的第一条件为红外辐射频率等于振动量子数之差与分子振动频率的乘积（$\nu_a = \Delta V\nu$）。

分子振动能级是量子化的，振动能级差的大小与分子结构密切相关，如图 3.1 所示，红外吸收峰的位置取决于不同振动能级的跃迁过程，包括基频峰、倍频峰、合频峰（差频峰），其中倍频峰、合频峰又被统称为泛频峰。

①基频峰：分子由振动能级基态（$V=0$）跃迁至第一振动激发态（$V=1$）时产生的红外光谱吸收峰，属于强吸收。

②倍频峰：分子由振动能级基态（$V=0$）跃迁至第二振动激发态（$V=2$）、第三振动激发态（$V=3$）等所产生的红外光谱吸收峰，分别称为二倍频峰、三倍频峰等，属于弱吸收。实际上倍频峰的振动频率总略低于基频峰频率的整数倍，强度比基频峰弱很多，且三倍频以上的吸收峰很难检测。

③合频峰（差频峰）：红外光谱中还会产生合频峰或差频峰，又称组频峰。其是由两个或多个基频峰频率之和或之差形成的红外吸收峰，属于弱吸收。

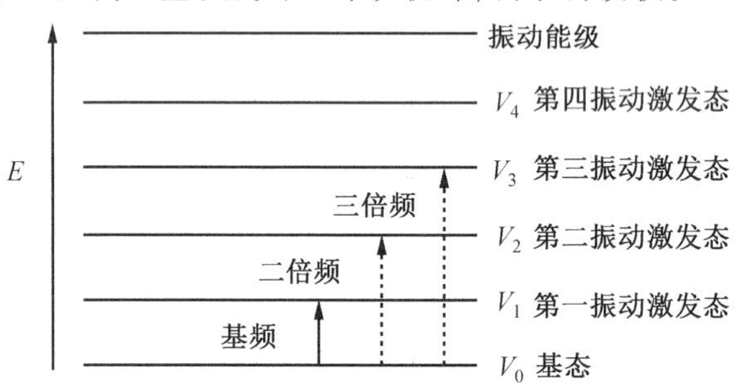

图 3.1　分子的振动能级跃迁示意图

（2）红外辐射与分子之间产生偶合作用。

分子振动能级的跃迁是由偶极矩（μ）诱导，故红外辐射与分子之间能否产生偶合作用由偶极矩的变化决定。偶极矩是描述分子极性大小的物理量，为矢量单位。分子结构中各原子的电负性不同，使各种分子的极性不同。当不同极性的分子处于电磁辐射电场时，极性分子受到交替电磁波的作用，其偶极矩增加或减少。只有当辐射频率与极性分子振动频率相匹配时，极性分子才会与红外辐射相互振动偶合，由振动能级基态跃迁至较高振动能级激发态。

红外辐射能量是通过分子偶极矩的变化与交替电磁波之间的相互偶合作用来传递的。当一定频率的红外光辐射分子时，若分子结构中某个基团的振动频率与光的频率相同，二者就会产生共振现象，共振能引起分子键长及键角的变化，随之导致分子偶极矩的变化。红外辐射能量会通过偶极矩的变化传递给分子，使该基团吸收此频率红外光后产生振动能级的跃迁，形成红外光谱。因此，分子中并非所有基团的振动都会产生红外吸收，只有发生偶极矩变化（$\Delta\mu \neq 0$）的振动才会产生红外吸收，这种振动称为红外活性的，反之称为非红外活性的。通常认为对称分子（如 N_2、O_2、Cl_2 等）没有偶极矩，无红外活性，而非对称分子具有偶极矩，有红外活性。

3.2.4 分子的基本振动类型

(1)双原子分子的振动。

在双原子分子的振动中可将分子近似看作一个简单的谐振子,如图3.2所示。两个原子(小球)由化学键连接(失重的弹簧),分子化学键的键长相当于弹簧的长度 r,双原子分子的振动只有沿化学键方向伸长或缩短这一种方式。当两个原子不同时,分子的振动会使其电荷中心与两个原子核同步振荡,受到波长连续的红外光辐射后,振动偶合作用使其红外光频率与分子振动频率一致。

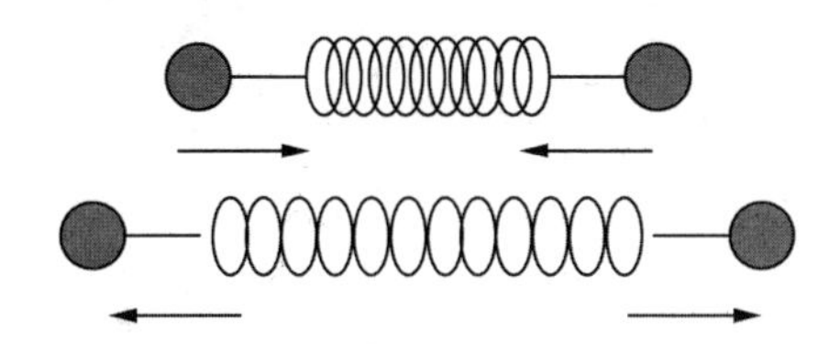

图3.2 双原子分子振动模型

根据经典力学原理(胡克定律),可推导出该简谐振动基本频率的计算公式:

$$\nu=\frac{1}{2\pi}\sqrt{\frac{K}{u}} \tag{3.2}$$

用波数表示,式(3.2)可改写为

$$\bar{\nu}=\frac{1}{2\pi c}\sqrt{\frac{K}{u}} \tag{3.3}$$

$$u=\frac{m_1 m_2}{m_1+m_2} \tag{3.4}$$

式中,c 为光速,$c=2.998\times10^{10}$ cm/s;K 为化学键的力常数(N/cm);u 为分子中原子的折合质量(g)。

由式(3.2)和式(3.3)可知,双原子分子的振动频率由分子的结构决定,即取决于化学键的力常数(表3.1)和原子的折合质量。化学键键能越强(即键的力常数 K 越大),原子折合质量越小,化学键的振动频率越大,吸收峰将出现在高波数区。通常分子的振动频率有如下规律:

①折合质量相同时,化学键的力常数越大,振动频率越大,波数越高。如:$K_{C\equiv C}>K_{C=C}>K_{C-C}$,$\nu_{C\equiv C}>\nu_{C=C}>\nu_{C-C}$。

②化学键的力常数相近时,原子质量越大,振动频率越小,波数越低。如:$\nu_{C-C}>\nu_{C-N}>\nu_{C-O}$。

③氢原子质量小,与其相连单键的折合质量均小,振动频率均出现在中红外区的高波数区。如C—H的伸缩振动在~3 000 cm^{-1},O—H的伸缩振动在3 000~3 600 cm^{-1},N—H的伸缩振动在~3 300 cm^{-1}。

④折合质量相同时,同一基团分子的弯曲振动比伸缩振动容易,弯曲振动化学键的力常数均较小,故弯曲振动的红外吸收大多出现在低波数区。

表 3.1 常见化学键的力常数

键	H—F	H—Cl	H—Br	H—I	H—O	H—O
分子力常数 K/	HF	HCl	HBr	HI	H_2O	游离
$(N \cdot cm^{-1})$	9.7	4.8	4.1	3.2	7.8	7.12
键	H—S	H—N	H—C	H—C	H—C	C—Cl
分子力常数 K/	H_2S	NH_3	CH_3X	$H_2C=CH_2$	$H_3C \equiv CH_3$	CH_3Cl
$(N \cdot cm^{-1})$	4.3	6.5	4.7~5.0	5.1	5.9	3.4
键	C—C	C=C	C≡C	C—O	C=O	C≡N
分子力常数 K $(N \cdot cm^{-1})$	4.5~5.6	9.5~9.9	15~17	5.0~5.8	12~13	16~18

(2)多原子分子的振动。

多原子分子由于原子数目增多,组成分子的化学键或基团和空间结构不同,具有复杂的分子振动形式,在红外光谱中其基本振动形式分为伸缩振动和弯曲振动两大类型。

①伸缩振动。伸缩振动是原子沿键轴方向伸长或缩短,键长发生周期性变化而键角不变的振动。当基团中原子数大于等于 3 时,由于振动偶合作用,伸缩振动可以分为对称伸缩振动和反对称伸缩振动,通常同一基团反对称伸缩的振动频率(ν_{as})高于对称伸缩的振动频率(ν_s)。图 3.3 以亚甲基为例,表示多原子分子的伸缩振动。

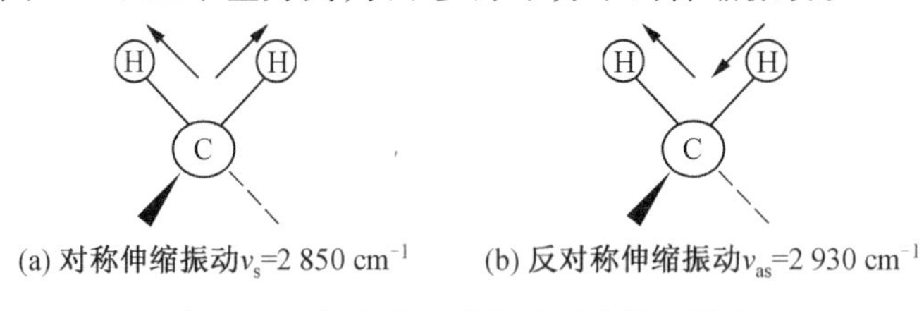

图 3.3 亚甲基的对称与反对称伸缩振动

②弯曲振动。弯曲振动又称为变形振动,通常指基团振动过程中键角发生周期性变化而键长不变。弯曲振动分为面内弯曲振动和面外弯曲振动。面内弯曲振动又分为剪式振动和面内(水平)摇摆振动;面外弯曲振动又分为面外摇摆振动和扭曲变形振动。相同基团弯曲振动的力常数小于伸缩振动,其相应的红外吸收峰出现在伸缩振动的低频区。另外,弯曲振动对环境变化比较敏感,同一振动可以在较宽的波段范围内出现。图 3.4 以亚甲基为例,表示多原子分子的弯曲振动。

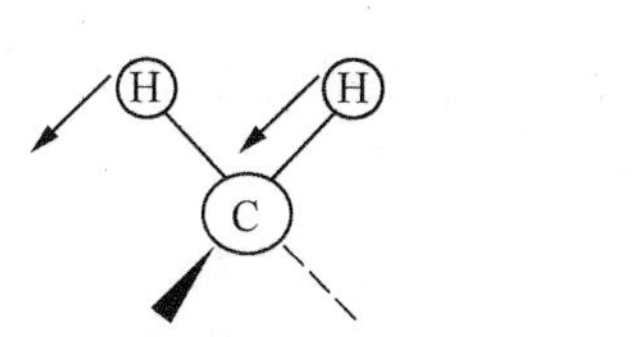

(a) 面外摇摆振动ω=1 300 cm^{-1}

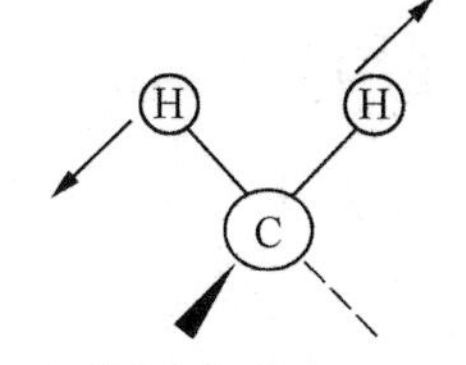

(b) 扭曲变形振动τ=1 300 cm^{-1}

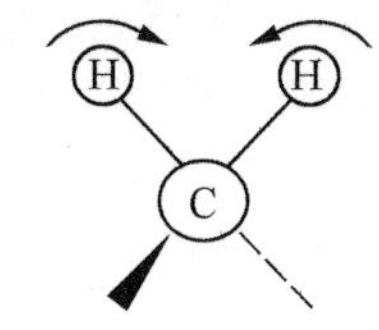

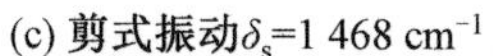

(c) 剪式振动δ_s=1 468 cm^{-1}

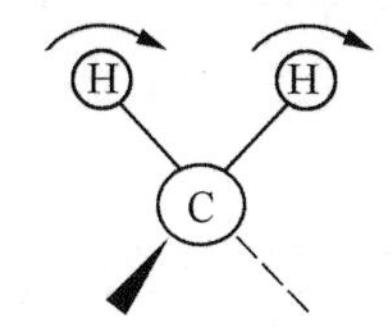

(d) 面内（水平）摇摆振动ρ=720 cm^{-1}

图 3.4　亚甲基的面外弯曲振动和面内弯曲振动

(3)常见有机官能团的特征频率。

构成有机化合物分子的官能团种类繁多,表 3.2 汇总了常见有机官能团振动的特征频率。

表 3.2　常见有机官能团振动的特征频率

基团	吸收频率/cm^{-1}	振动形式	强度
—OH 游离	3 650 ~ 3 500	伸缩振动	中、尖锐
—OH 缔合	3 400 ~ 3 200	伸缩振动	强宽
—NH_2、—NH 游离	3 500 ~ 3 300	伸缩振动	中
—CH_3	2 960±5	反对称伸缩振动	强
	2 870±10	对称伸缩振动	强
—CH_2	2 930±5	反对称伸缩振动	强
	2 850±10	对称伸缩振动	强
—CH_3	1 460±10	反对称变形振动	中
	1 380	对称变形振动	中 ~ 强
—CH_2	1 460±10	剪式振动	中
C≡N	2 260 ~ 2 240	伸缩振动	强、针状
芳环	1 600、1 580	骨架振动	可变
	1 500、1 450		
—C═O	1 928 ~ 1 580	伸缩振动	强,共轭时频率减小
—S═O	1 060 ~ 1 040	伸缩振动	强
SO_2	1 350 ~ 1 310	伸缩振动	强
	1 160 ~ 1 120		

3.2.5 红外光谱图及分区

1. 红外光谱图的表示方法

红外光谱图即用波长连续变化的红外光辐射样品时，样品分子吸收能量得到的透光率(T)或吸光度(A)对入射波长 λ(μm)或波数 $\bar{\nu}$(cm^{-1})的关系曲线。通常红外光谱图的纵坐标用 T 或 A 表示，横坐标用 λ(μm)或 $\bar{\nu}$(cm^{-1})表示。苯乙烯的红外光谱如图 3.5 所示，谱图中的红外吸收峰向下，吸收峰强度越大表示分子基团对光的吸收越多。

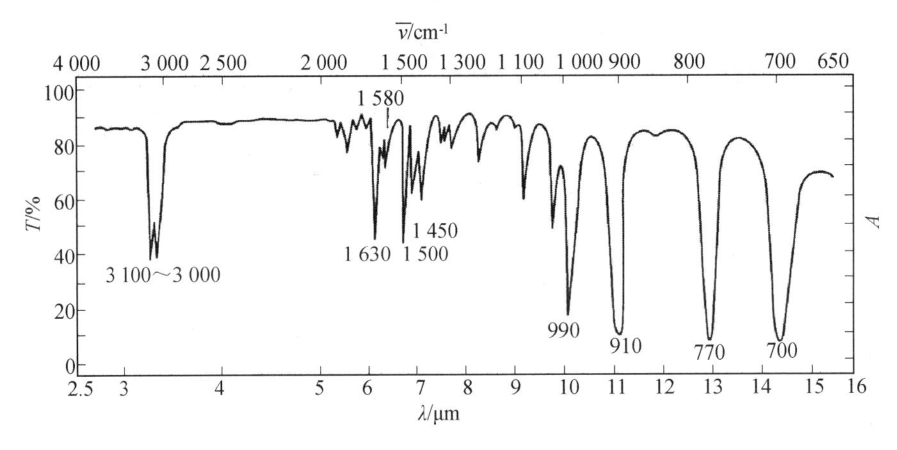

图 3.5 苯乙烯的红外光谱

(1)透光率。

$$T=\frac{I}{I_0}\times 100\% \tag{3.5}$$

式中，I_0 为入射光的强度；I 为入射光样品吸收一部分后透过光的强度；透光率 T 即透过光占入射光的百分数。

(2)吸光度。

$$A=-\lg T=\lg\frac{I_0}{I} \tag{3.6}$$

式中，A 为分子吸收光的程度，A 越大样品分子吸收光越多，A 越小吸收光越少。

(3)波长或波数。

①波数是波长的倒数：

$$\bar{\nu}=\frac{1}{\lambda} \tag{3.7}$$

式中，λ 为波长(μm(微米)，1 μm=10^{-4} cm)；$\bar{\nu}$ 为波数，cm^{-1}。

②波长、波数的换算关系：

$$波数(cm^{-1})=\frac{10^4}{波长(\mu m)}$$

【例 3.1】 若波长为 5 μm，则波数是多少？

$$波数=\frac{10^4}{5}=2\ 000\ (cm^{-1})$$

2. 红外光谱的基团频率特征区

红外光谱中吸收峰的位置和强度由基团的振动形式与所处化学环境决定。4 000～1 333 cm^{-1}区域主要是化学键和基团伸缩振动产生的吸收谱带，比较稀疏、容易辨认，常用于鉴定官能团，因此也称为官能团区。

有机化合物官能团具有一个或多个特征吸收，一般将特征区分为以下三个区域。

(1)4 000～2 500 cm^{-1}：X—H伸缩振动区，X为C、N、O、S等。

①3 650～3 200 cm^{-1}：O—H伸缩振动区，此区域是判断醇、酚、有机酸的重要依据。通常醇、酚在气态或低浓度(0.01 mol/L)非极性溶剂中以游离羟基的伸缩振动为主，出现中等强度的尖峰。当浓度增加时，羟基化合物会形成氢键相连的缔合体，使O—H伸缩振动吸收峰移向低波数，且吸收峰增强变宽。

②3 500～3 100 cm^{-1}：N—H伸缩振动区，中等强度吸收，有时会受到O—H伸缩振动的干扰。伯胺结构中NH_2的伸缩振动为双峰，吸收峰弱于羟基；仲胺为单峰，吸收峰强于羟基；叔胺在此区域无吸收。

③3 300～2 700 cm^{-1}：C—H伸缩振动区，不饱和C—H伸缩振动吸收大于3 000 cm^{-1}，饱和C—H伸缩振动吸收小于3 000 cm^{-1}，此区域是判断是否含有不饱和C—H键的重要依据。饱和C—H伸缩振动受取代基影响较小，一般可见4个吸收峰，且强而尖锐。烯烃和芳烃中不饱和C—H伸缩振动吸收位于3 100～3 000 cm^{-1}，炔烃中不饱和C—H伸缩振动吸收位于3 300 cm^{-1}。

(2)2 500～1 900 cm^{-1}：三键和累积双键伸缩振动区。

该区域主要包括C≡C、C≡N等三键的伸缩振动和C═C═C、C═C═O等累积双键的反对称伸缩振动。R—C≡CH结构中的C≡C位于2 140～2 100 cm^{-1}；非对称R—C≡C—R结构中的C≡C位于2 260～2 190 cm^{-1}；C≡N伸缩振动位于2 260～2 240 cm^{-1}，与不饱和键或芳环共轭时，该吸收峰低移至2 230～2 220 cm^{-1}。

(3)1 900～1 500 cm^{-1}：双键伸缩振动区。

①1 900～1 650 cm^{-1}：C═O伸缩振动区，此区域是判断羰基化合物的特征区，酸酐的羰基吸收因振动偶合效应呈现双吸收峰。

②1 680～1 620 cm^{-1}：烯烃C═C伸缩振动区，中等强度吸收。

③1 600～1 500 cm^{-1}：苯环骨架结构振动特征区。

3. 红外光谱的基团频率指纹区

化学键和基团因弯曲振动产生的吸收峰与特征区密切相关，分子结构稍有变化，该区域吸收就有细微差异。由于吸收峰密集、不易辨认，犹如人的指纹，因此该区域称为指纹区。

(1)1 500～1 000 cm^{-1}：此区域主要为X—Y(Y为C、O、N、卤素)单键的伸缩振动和C—H面内弯曲振动。其中1 300～1 000 cm^{-1}的C—O伸缩振动吸收最强。

(2)1 000～600 cm^{-1}：此区域是化合物顺反构型、苯环取代类型及$(CH_2)_n$存在的重要依据。比如邻、间、对二甲苯虽同是二甲苯，但它们在指纹区的吸收峰是有很大差别的，所以可以说“没有任何两个分子在指纹区的吸收峰是完全一样的，正如没有任何两个人的指纹是完全相同的一样”。

3.2.6 红外光谱的影响因素

1. 红外光谱吸收峰的数目

红外光谱往往有很多吸收峰，通常每种基本振动形式都有自身的特征吸收频率，有其相应的红外吸收峰，遵循简正振动的理论数。该理论认为分子基频振动的吸收峰数目等于分子的振动自由度，分子的总自由度等于各原子所在空间位置坐标(3个坐标 x,y,z)总和，若分子由 n 个原子构成，自由度总和($3n$)=平动自由度+转动自由度+振动自由度，即振动自由度=$3n$-(平动自由度+转动自由度)。分子结构不同，围绕 x、y、z 轴的转动自由度不同，线性分子的振动自由度=$3n-5$，非线性分子的振动自由度=$3n-6$。例如，H_2O 分子含有3个原子，振动自由度为3，红外光谱中出现3个吸收峰。

实际上，大多数化合物红外吸收峰的峰数小于理论上的振动自由度，存在的原因可能如下：

(1)分子振动过程中偶极矩没有发生变化，不产生红外吸收峰。

(2)分子不同振动形式的频率相同，重叠间并为一个吸收峰。

(3)分子振动跃迁过程中产生倍频峰和合频峰。

(4)分子基团的某种振动吸收强度较弱，仪器检测不到；某些振动吸收频率超出仪器的检测范围。

2. 红外光谱吸收频率的影响因素

有机化合物分子基团红外吸收峰的位置主要由构成其原子的质量及化学键的力常数决定。但同一种官能团红外吸收峰的位置并不固定，会受到外部环境和分子内部结构等因素的影响。

(1)外部环境的影响。

通常同一种物质的分子在不同物理状态、不同溶剂极性、不同温度或浓度、不同结晶条件下进行测试，红外光谱均会发生变化，必须考虑这些外部因素的影响。

①物态效应。

同一化合物在固态、气态和液态下的红外光谱的频率和吸收峰强度存在较大差异。气态时分子间相互作用力小，对红外光谱影响较小，但增大气压会使分子间作用力增强，吸收谱带增宽。液态时分子间出现缔合或分子内氢键，使分子相互作用增大，红外吸收峰的位置、峰数、峰强均可能发生变化。固态时由于晶体力场作用，分子与晶格发生振动偶合，使红外吸收峰相比液态时尖锐，且峰数增加。

以—COOH为例：

气态：单体为1 780 cm^{-1}；二聚体为1 730 cm^{-1}。

纯液体：二聚体为1 712 cm^{-1}(因为相互作用力稍大)。

固体：测得的频率值更低(因为相互作用力更大)。

②溶剂效应。

溶剂分子通过偶极作用、氢键作用、静电作用等方式，使溶质分子化学键的力常数发生改变，从而使分子基团红外吸收峰的位置和强度随之改变。通常溶剂的极性增强，分子极性基团伸缩振动的频率减小，峰位移向低波数，吸收峰增强。故在红外光谱检测中应尽量使用非极性溶剂。

以羧基中 C ═O 的伸缩振动频率为例：在非极性溶剂中为 1 762 cm^{-1}；在极性溶剂中为1 735 cm^{-1}；在醚中为 1 720 cm^{-1}；在醇中，溶剂极性大，伸缩振动频率变得更小。

③晶体效应。

样品分子的晶型或粒子大小不同，其红外光谱均会存在差异。原子在晶格内排列规则，相互作用均一，可致使吸收峰裂分。长链烃基结构中—CH_2—在 720 cm^{-1}处的面内（水平）摇摆振动，液体时为单峰，晶态时裂分为双峰，晶态聚乙烯的红外光谱中可以看到 720 cm^{-1}的双峰。

（2）分子内部结构的影响。

①诱导效应（I 效应）。

分子内某一基团相邻不同电负性的取代基时，静电诱导效应引起分子中电子云分布的变化，使化学键极性改变，从而引起键力常数的改变，进而使化学键或官能团的特征吸收频率发生变化，这种现象称为诱导效应，其分为供电子诱导效应（+I）和吸电子诱导效应（-I）。通常供电子基团使相邻基团吸收频率（波数）降低，吸电子基团使相邻基团吸收频率（波数）升高。

例如：烷基是供电子基团，卤素是吸电子基团，当酮羰基的一侧烷基被卤素取代后，静电诱导作用将使羰基氧原子周围的电子云移向双键，形成 $C^+—O^-$，使 C 原子上的正电荷增加，羰基极性减小，双键强度增加，力常数 K 增大，伸缩振动频率升高。取代基吸电子性能越强，频率升高越多；相同的吸电子取代基越多，频率升高越多。

$CH_3—CO—CH_3$	$CH_2Cl—CO—CH_3$	$Cl—CO—CH_3$
$\bar{\nu}_{C=O}=1\ 715\ cm^{-1}$	$\bar{\nu}_{C=O}=1\ 724\ cm^{-1}$	$\bar{\nu}_{C=O}=1\ 806\ cm^{-1}$
$Cl—CO—Cl$	$F—CO—F$	
$\bar{\nu}_{C=O}=1\ 828\ cm^{-1}$	$\bar{\nu}_{C=O}=1\ 928\ cm^{-1}$	

②共轭效应（C 效应）。

分子结构中形成 π-π 共轭或 p-π 共轭体系时，电子云密度平均化，双键略伸长、力常数减小，使双键的伸缩振动频率降低，但吸收峰增强。并且共轭链越延长，共轭化学键的频率越低，吸收峰强度越强。

例如：C ═O 与芳环上的 C ═C 共轭时形成了大 π 键—C ═C—C ═O，双键的键长比原来孤立双键的键长增加，力常数 K 减小，$\bar{\nu}_{C=O}$低移至 1 680 cm^{-1}附近。

Ph—CO—Ph	$CH_3—CO—CH_3$	$CH_3—CH=CH—CO—CH_3$
$\bar{\nu}_{C=O}=1\ 715\ cm^{-1}$	$\bar{\nu}_{C=O}=1\ 677\ cm^{-1}$	$\bar{\nu}_{C=O}=1\ 665\ cm^{-1}$

③中介效应（M 效应）。

O、N、S 等原子含有未成键的孤对电子，能与相邻不饱和 π 键形成共轭体系，这种现象称为中介效应，此效应能使不饱和基团的伸缩振动频率低移。电负性弱的原子，易失去孤对电子，中介效应强，反之中介效应弱。例如，酰氨基团中的 C ═O 因存在 p-π 共轭效应，C ═O 双键性减弱，$\bar{\nu}_{C=O}$低移至 1 680 cm^{-1}。

④氢键效应。

分子结构中若能形成氢键(X—H—Y)，氢键中的 X、Y 原子通常为 O、N 或 F，氢键作用使电子云密度平均化，使基团的伸缩振动频率向低波数位移，变形振动的频率向高波数位移，而且谱带的形状变宽。氢键越强，峰的强度越强也越宽，伸缩频率向低波数位移也越多。氢键包括分子内氢键和分子间氢键。

例如：

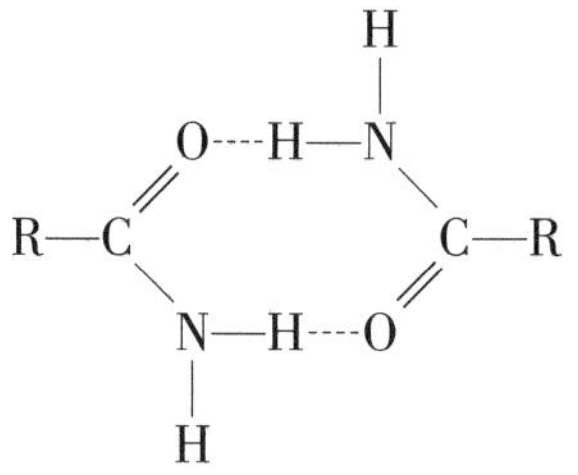

二聚体缔合会使伸缩振动的频率 $\bar{\nu}_{C=O}$下降，游离伯酰胺 $\bar{\nu}_{C=O}$ = 1 690 cm^{-1}，缔合伯酰胺 $\bar{\nu}_{C=O}$ = 1 650 cm^{-1}；弯曲振动频率 δ_{-NH}增大，游离伯酰胺 δ_{-NH} = 1 620 ~ 1 590 cm^{-1}，缔合伯酰胺 δ_{-NH} = 1 650 ~ 1 620 cm^{-1}。

⑤空间效应。

空间效应是指分子结构中各基团空间位置的阻碍作用，使分子的几何形状发生变化，从而使电子效应或杂化状态发生改变，导致吸收峰位移。

空间效应包括环张力效应和空间位阻效应等。

a. 环张力效应。环张力效应是指形成环状分子时，键角的变化产生键的弯曲，随着环的缩小，键角减小，键的弯曲程度随之增大，环张力也随之增加。如环丙烷的伸缩振动在 3 060 ~ 3 030 cm^{-1}，而环己烷的伸缩振动基本与饱和—CH_2—的频率一致。

b. 空间位阻效应。空间位阻效应是指分子中存在的较大基团对相邻基团的位阻作用。通常共轭体系的共平面性质被偏离或破坏时，共轭受到限制，使原化学键的吸收频率增高，吸收强度降低。

例如：在 α,β-不饱和酮类化合物中，共轭双键邻位取代基的位阻作用使 C ═C 与 C ═O之间的共轭效应减弱，取代基越多，频率越移向高波数。

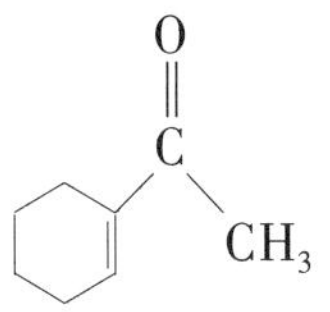

$\bar{\nu}_{C=O}$ = 1 663 cm^{-1} 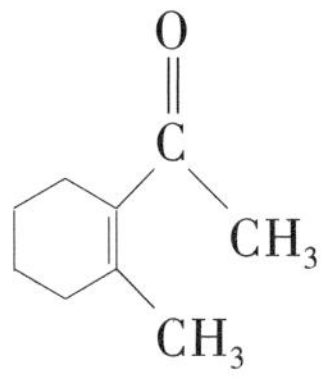　　$\bar{\nu}_{C=O}$ = 1 686 cm^{-1} 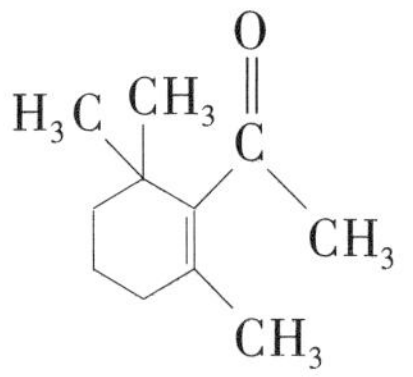　　$\bar{\nu}_{C=O}$ = 1 693 cm^{-1}

又如：由于空间位阻使分子间羟基不容易缔合，因而—OH 频率升高，形成氢键时 $\bar{\nu}_{-OH}$向低波数位移。

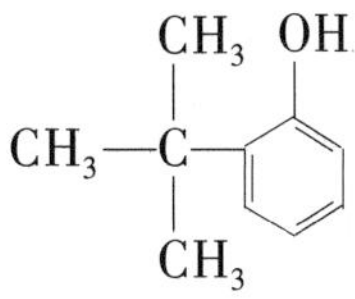

$\bar{\nu}_{—OH}=3\ 380\ cm^{-1}$ 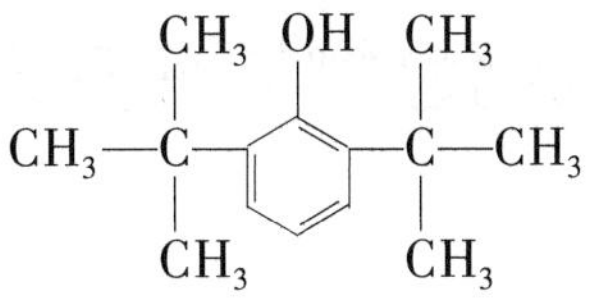　　$\bar{\nu}_{—OH}=3\ 510\ cm^{-1}$ 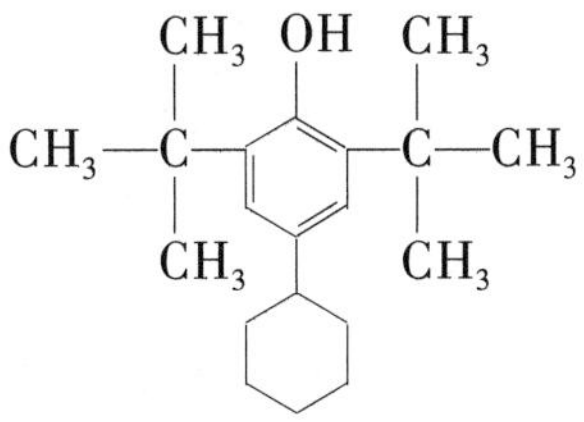　　$\bar{\nu}_{—OH}=3\ 530\ cm^{-1}$

⑥振动偶合效应。

当两个振动频率相同或相近的化学键或基团,在分子中相互接近或直接相连时,两者之间会产生较强的振动偶合作用,使原有的吸收峰裂分为两个,分别低于和高于原来的吸收频率。很多化合物中都可以发生这种现象。

a. 一个 C 上含有两个或三个甲基时,饱和 C—H 的弯曲振动在 1 385 ~ 1 350 cm^{-1}出现两个吸收峰。

b. 酸酐含有的两个羰基相互偶合,使 C ═O 的伸缩振动产生两个吸收峰。

c. 伯胺和酰氨基团中 N—H 伸缩振动也是偶合效应的双峰。

d. 二元酸的两个羧基相隔 1 ~ 2 个碳原子时,C ═O 的伸缩振动会产生两个吸收峰,但相隔 3 个碳原子时则无偶合效应。

当某一振动的倍频或组合频位于另一基频振动强峰附近时,相互间强烈的振动偶合作用使原有较弱的泛频吸收增强(或裂分为双峰),这种特殊的振动偶合效应称为费米共振。例如,醛基中 C—H 伸缩振动的基频与 C—H 弯曲振动的倍频相近,费米共振会在 2 850 ~ 2 700 cm^{-1}出现两个中等强度的吸收峰,此现象也是推断醛的特征吸收峰的依据。

3. 影响谱图质量的因素

(1)仪器参数的影响。

光通量、增益、扫描次数等直接影响信噪比 S/N,同时要根据不同的附件及检测要求进行相应的调整,从而得到高质量谱图。

(2)测试环境的影响。

光谱中的吸收带并非均由光谱本身产生,潮湿的空气、样品的污染、残留的溶剂、玛瑙研钵或玻璃器皿所带入的二氧化硅、溴化钾压片时吸附的水等杂质均会产生红外吸收干扰峰,故在光谱解析时应特别加以注意。

(3)样品厚度的影响。

红外光谱检测时样品的厚度或质量同样重要。通常要求样品厚度为 10 ~ 50 μm,对于极性物质如聚酯要求厚度小一些,对非极性物质如聚烯烃要求厚度大一些。有时为了观察到红外弱吸收谱带,对某些含量少的基团、端基、侧链,少量共聚组分等需要用较厚的样品测定光谱。

3.3 有机化合物的红外光谱

3.3.1 饱和烃基化合物(链烷)

饱和烷基结构中 C—H 的伸缩振动频率在 3 000 cm^{-1}以下,其中只有环丙烷 ν_{as} = 3 060 ~ 3 040 cm^{-1}和卤代烷 $\nu_{as}\approx$3 060 cm^{-1}是例外,见表 3.3。

表 3.3 烷烃的特征吸收带 cm^{-1}

		伸缩振动	
CH_3	2 962±10 2 872±10	CH_3 反对称伸缩振动 CH_3 对称伸缩振动	(强) (强)
CH_2	2 926±5 2 853±5	CH_2 反对称伸缩振动 CH_2 对称伸缩振动	(强) (强)
CH	2 890±10	CH 伸缩振动	(弱)无实用意义
		弯曲振动	
—C—CH_3	1 450±20 1 375±5	CH_3 反对称变形振动 CH_3 对称变形振动	(中) (强)
异丙基 CH_3 R—CH CH_3	1 372 ~ 1 368 1 389 ~ 1 381	CH_3 对称变形振动裂分双峰	强度相等
偕二甲基 CH_3 R—C—R CH_3	1 368 ~ 1 366 1 391 ~ 1 381	CH_3 对称变形振动	1 368 ~ 1 365 峰的强度是 1 391 ~ 1 381 峰的 5/4 倍
叔丁基 CH_3 R—C—CH_3 CH_3	1 405 ~ 1 393 1 374 ~ 1 366 1 465±20	CH_3 对称变形振动 1 374 ~ 1 366 峰强度是 1 401 ~ 1 393 峰的两倍 CH_2 剪式振动(中)与 CH_3 反对称变形振动重叠	
CH_2 —$(CH_2)_n$— $n\geq4$ 724 ~ 722 $n=3$ 729 ~ 726 $n=2$ 743 ~ 734 $n=1$ 785 ~ 770 CH ~1 340		CH_2 的平面摇摆(弱)也称为骨架振动 $n\geq4$ 时 722(液态)一个峰,固态或晶态(如聚乙烯晶态)裂分成双峰 C—H 弯曲振动(弱)	

续表3.3

骨架振动	
异丙基 $R-CH(CH_3)_2$	1 170±5　1 170 峰较强但比 1 380 弱 1 155±5　1 170 的肩部 815±5
叔丁基 $R-C(CH_3)_3$	1 250±5 1 250 峰位置更恒定 1 250 ~ 1 200
偕二甲基 $R-C(CH_3)_2-R$	1 195　1 215 是 1 295 的肩部 1 215　1 195 峰位置更恒定

①C—H 伸缩振动吸收峰是区别饱和与不饱和化合物的主要依据，只要在 ~2 900和 2 800 cm^{-1}附近有强吸收峰，便可以断定是饱和 C—H 的伸缩振动吸收峰。若是$=CH_2$，则在 ~3 100 cm^{-1}附近有吸收峰；若是$-C\equiv CH$，则在 3 300 cm^{-1}附近有吸收峰。

光栅光谱可以将饱和 C—H 伸缩振动区域$-CH_3$ 和$-CH_2-$的对称伸缩振动和反对称伸缩振动的 4 个峰分开，如图 3.6 所示。但是分辨率低的仪器，如棱镜型的红外光谱仪则只能分出 2 个峰(4 个峰部分地重叠)。

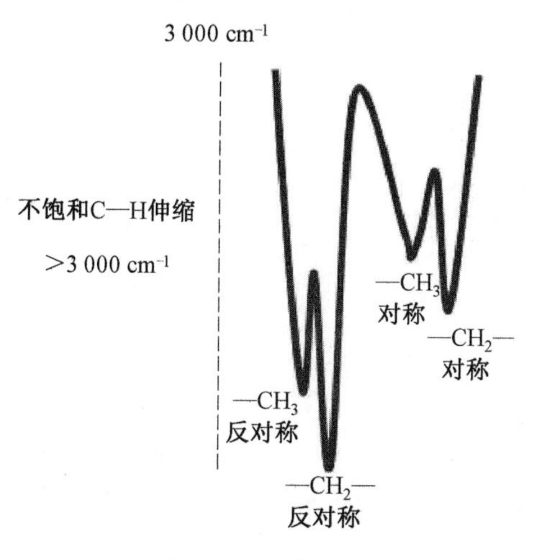

图 3.6　饱和 C—H 伸缩振动频率

②烷烃异构化的情况可以从表 3.3 中 1 380 cm^{-1}峰的裂分来判断。从裂分峰的相对强度来推知：双峰强度比接近 1 : 1 则为异丙基；双峰强度比接近 4 : 5 则为偕二甲基；双峰强度比接近 1 : 2 则为叔丁基，同时还可以依据 C—C 骨架振动吸收峰进一步证明。

③根据饱和 C—H 的弯曲振动频率估算—CH_3、—CH_2—的相对含量。由图 3.7 可见正庚烷、正十三烷和正二十八烷的—CH_3 弯曲振动(1 380 cm^{-1})的相对强度相近,而—CH_2—剪式振动带(1 460 cm^{-1})则是正二十八烷最强,因为其—CH_2—含量最多、链最长。

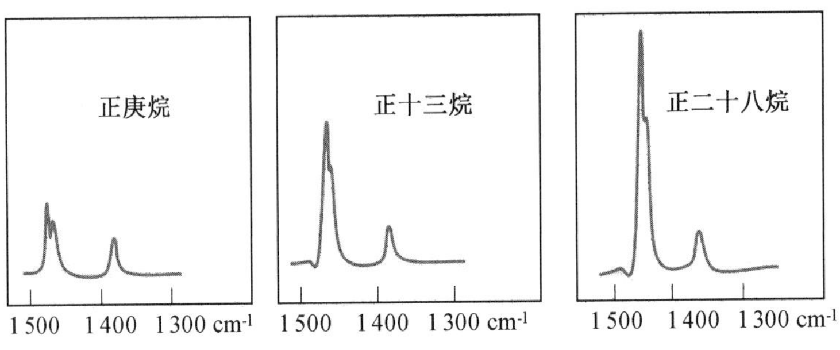

图 3.7 正庚烷、正十三烷和正二十八烷 C—H 弯曲振动吸收峰

④长链的存在还可以由 720 cm^{-1}带来证明。当 720 cm^{-1}出现红外吸收峰时,表示分子链中含有大于等于 4 个相连的—CH_2—结构,n 越大,720 cm^{-1}吸收峰强度越高,与图 3.7所示一致。

⑤—CH_3、—CH_2—与 C ═O 相连接时,会使 ~2 800、~2 900 cm^{-1} 附近—CH_3、—CH_2—的伸缩振动峰强度降低,尤其是—CH_3。同样,弯曲振动峰也会受到影响,—CH_3 的对称变形频率低移至 1 360 cm^{-1},且吸收峰强度增加;—CH_2—剪式振动低移至 1 420 cm^{-1}。

【例 3.2】 2,2,4-三甲基戊烷的红外光谱(图 3.8)。

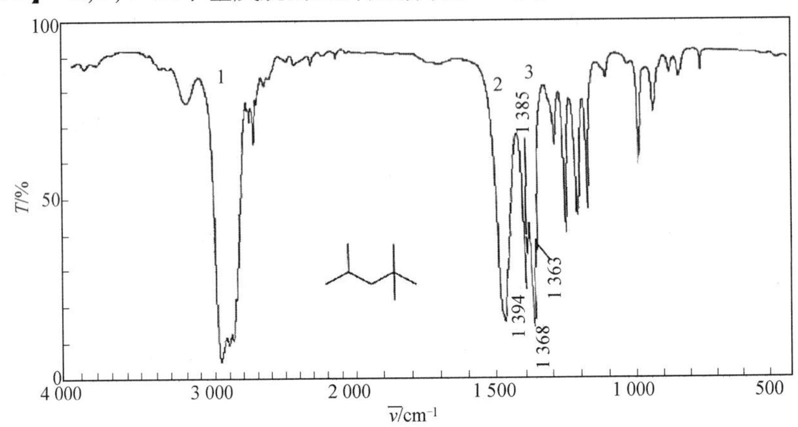

图 3.8 2,2,4-三甲基戊烷的红外光谱

1—饱和 C—H 伸缩振动;2— —CH_2—剪式振动和—CH_3 反对称变形振动;3— —CH_3 对称变形振动

3.3.2　不饱和烃化合物(烯烃、炔烃)

(1)烯烃。

烯烃的特征吸收主要包括以下三个区域：

①3 100 ~ 3 000 cm^{-1}:═C—H 伸缩振动。与饱和烃的 C—H 伸缩振动类似,═C—H 也存在对称和不对称伸缩两种形式,但其对称伸缩振动较弱,所以烯烃只显示一个伸缩振动吸收峰。

②1 680 ~ 1 620 cm^{-1}:C ═C 伸缩振动。烯烃 C ═C 伸缩振动的位置、强度与烯碳的取代情况、分子对称性密切相关。通常乙烯基型的 C ═C 伸缩振动较强,吸收峰出现在 1 640 cm^{-1}附近,且随着烯碳上取代基的增加移向高波数。然而,随着烯烃分子对称性的增加,C ═C 伸缩振动吸收峰强度降低,完全对称的反式烯烃无 C ═C 伸缩振动吸收峰。若烯烃存在烯键与 C ═C、C ═O、C≡N或芳环等共轭体系时,C ═C 伸缩振动吸收峰向低波数移动且吸收峰增强。

③1 000 ~ 650 cm^{-1}:═C—H 面外弯曲振动。不同类型烯烃的═C—H 弯曲振动频率不同,能够依据此区域吸收峰的个数、位置及强度来判断烯烃的取代与顺反异构情况,见表 3.4。

表 3.4　═C—H 面外弯曲振动

烯烃类型	═C—H 面外弯曲振动吸收峰位置/cm^{-1}
乙烯基烯 $R_1CH═CH_2$	995 ~ 985、910 ~ 905
亚乙烯基烯 $R_1R_2C═CH_2$	895 ~ 885
顺式烯烃 $R_1CH═CHR_2$	730 ~ 650
反式烯烃 $R_1CH═CHR_2$	980 ~ 965
多取代烯烃 $R_1R_2C═CHR_3$	840 ~ 790

【例 3.3】　1-己烯的红外光谱(图 3.9)。

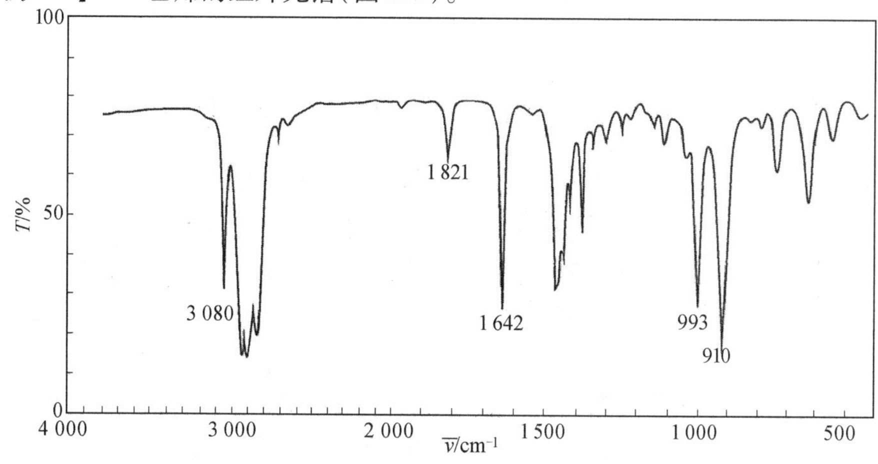

图 3.9　1-己烯的红外光谱

1 642 cm^{-1}—C ═C 伸缩振动;993 cm^{-1}、910 cm^{-1}— ═C—H 面外弯曲振动

【例 3.4】 顺式和反式 2-戊烯的红外光谱(图 3.10)。

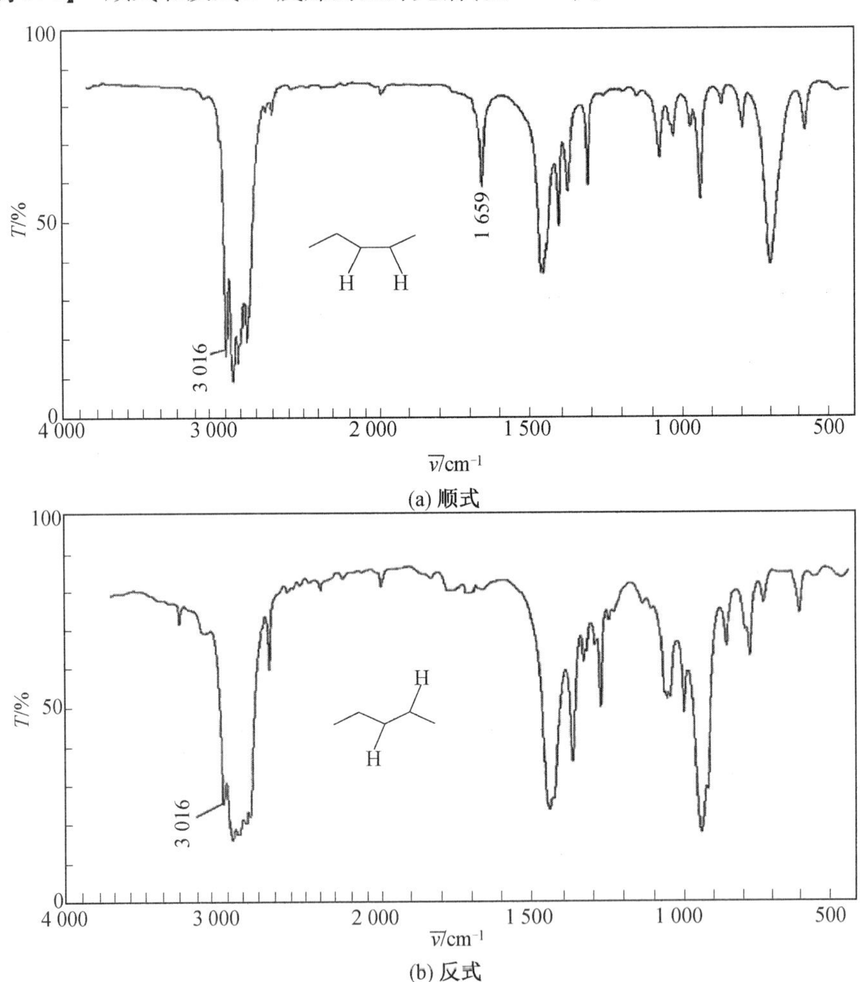

图 3.10 顺式和反式 2-戊烯的红外光谱(顺式吸收峰强,反式吸收峰弱)

3 016 cm^{-1}— ═C—H 伸缩振动;1 659 cm^{-1}—C ═C 伸缩振动

(2)炔烃。

炔烃的特征吸收主要包括以下 3 个区域:

①3 340 ~ 3 260 cm^{-1}:≡C—H伸缩振动,峰形尖锐,中等强度吸收。

②2 260 ~ 2 100 cm^{-1}:C≡C伸缩振动。端炔基的C≡C伸缩振动在 2 140 ~ 2 100 cm^{-1} 区域;不对称取代炔烃的C≡C伸缩振动在 2 260 ~ 2 190 cm^{-1} 区域;分子中心对称炔烃的C≡C伸缩振动很弱甚至观察不到;R—C≡C—CH_2X(X 为羟基或卤素)的C≡C伸缩振动在2 260 cm^{-1} 附近。若炔烃存在C≡C与 C ═C、C ═O、C≡N或芳环等共轭体系时,C≡C伸缩振动吸收峰明显增强。

③700 ~ 610 cm^{-1}:≡C—H面外弯曲振动,峰形较宽,强吸收。

此外,X≡Y与 X ═Y ═Z 类化合物与C≡C伸缩振动存在重叠吸收峰。例如:C≡N的伸缩振动在 2 260 ~ 2 240 cm^{-1};C ═C ═C 的伸缩振动在 1 950 ~ 1 930 cm^{-1};N ═C ═O

的伸缩振动在 2 280 ~2 260 cm^{-1}；C ═C ═O 的伸缩振动约为 2 150 cm^{-1}。

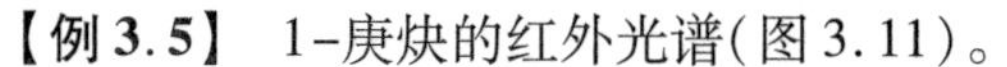
【例 3.5】 1-庚炔的红外光谱(图 3.11)。

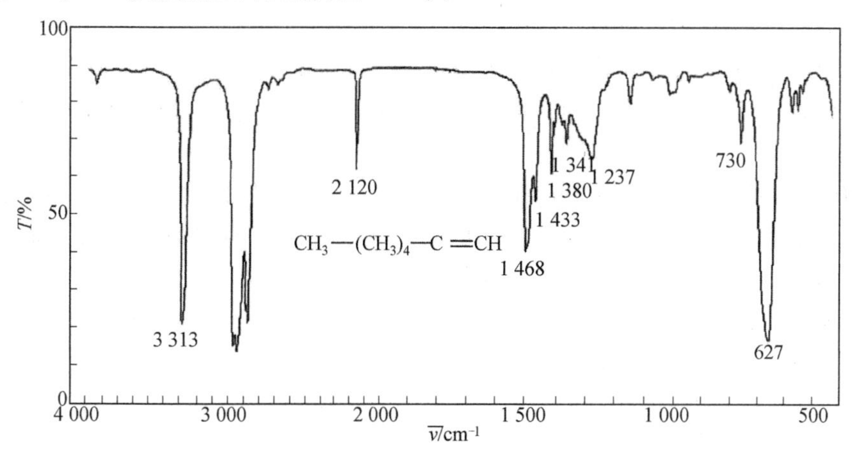

图 3.11　1-庚炔的红外光谱

3 313 cm^{-1}— ≡C—H 伸缩振动；2 120 cm^{-1}— C≡C伸缩振动；627 cm^{-1}— ≡C—H 面外弯曲振动

3.3.3　芳烃化合物(萘、菲等与苯体系相似)

芳烃化合物的红外光谱包括以下主要区域：Ar—H 伸缩振动在 3 100 ~3 000 cm^{-1}；芳环 C ═C 骨架振动在 1 650 ~ 1 450 cm^{-1}，此区域的吸收是判断苯环存在的主要依据；Ar—H面内弯曲振动在 1 225 ~950 cm^{-1}，但因受到 C—C、C—O 吸收峰的干扰很少使用；Ar—H面外弯曲振动在 900 ~650 cm^{-1}，其倍频和组合频在 2 000 ~1 660 cm^{-1}，此区域是判断苯环取代情况的依据。

(1)3 030 cm^{-1} n 个小峰是 Ar—H 伸缩振动，当有烷基存在时(用 NaCl 棱镜)，此谱带只是烷基峰的一个肩部。

(2)2 000 ~1 650 cm^{-1}n 个小峰是面外弯曲振动的倍频和合频，是由 2 ~6 个峰组成的取代类型特征谱带，样品浓度需要比常规高10倍以上才能观察到。

(3)1 600 cm^{-1}(1 580 cm^{-1})、1 500 cm^{-1}(1 450 cm^{-1})是芳环 C ═C 的骨架振动，峰形尖锐，1 500 cm^{-1}处吸收峰通常强于 1 600 cm^{-1}处吸收峰，而只有当苯基与不饱和基团或具有孤对电子的基团共轭时才出现 1 580 cm^{-1}的谱带，共轭效应使 3 个吸收峰增强但峰位不变，1 450 cm^{-1}处吸收峰与—CH$_2$—谱带重叠。

(4)1 225 ~950 cm^{-1} Ar—H 面内弯曲振动，由于峰较弱，干扰峰多，不易辨认，较少使用。

(5)900 ~650 cm^{-1} Ar—H 面外弯曲振动，吸收较强，此区域的吸收峰用以表征苯核上的取代位置，由此推测芳烃化合物的取代类型。

①单取代：(有 5 个相邻的 H)。

特征吸收峰：770 ~730 cm^{-1}和 710 ~690 cm^{-1}2 个峰。

②邻位取代：(有 4 个相邻的 H)。

特征吸收峰：770 ~735 cm^{-1}1 个峰。

③间位取代：(有 3 个相邻的 H)。

特征吸收峰:810 ~ 750 cm^{-1}和 710 ~ 690 cm^{-1}2 个峰。

④对位取代:(有2个相邻的 H)。

特征吸收峰:833 ~ 810 cm^{-1} 1 个峰。

综上所述,判断苯环的存在首先看 3 100 ~ 3 000 cm^{-1}及 1 650 ~ 1 450 cm^{-1}两个区域是否存在吸收峰,存在吸收峰就可以确定是芳烃化合物,再观察 900 ~ 650 cm^{-1} 区域确定取代基的取代位置。

2 000 ~ 1 600 cm^{-1}及 900 ~ 650 cm^{-1}范围内显示了不同取代位置的芳环的峰形,这些谱图是由棱镜型仪器得到的,光栅型仪器的谱图具有更精细的结构,图 3.12 所示为甲苯的红外光谱。

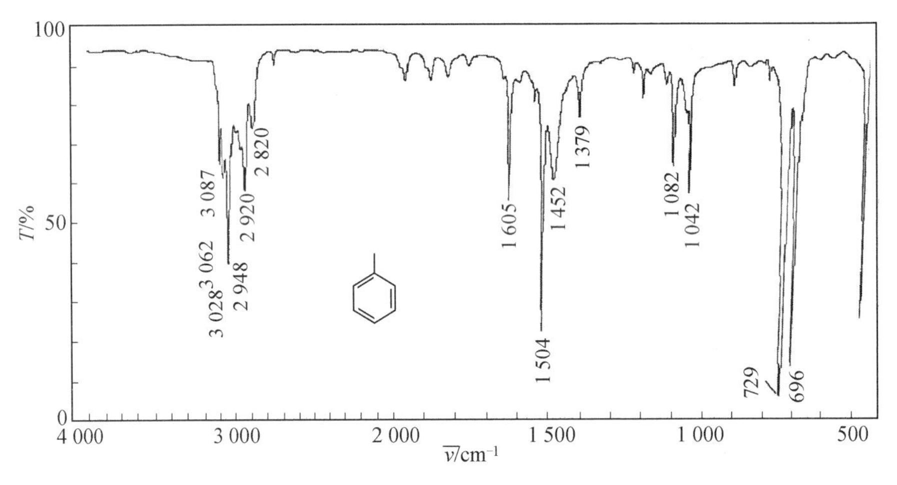

图 3.12 甲苯的红外光谱

稠环化合物与芳烃化合物相似,其取代后吸收峰的峰形也取决于相邻 H 原子数目。例如:1-甲基萘的红外吸收谱图中出现了 1,2-二取代(4 个相邻 H)和 1,2,3-三取代(3 个相邻 H)的综合谱图,如图 3.13 所示。

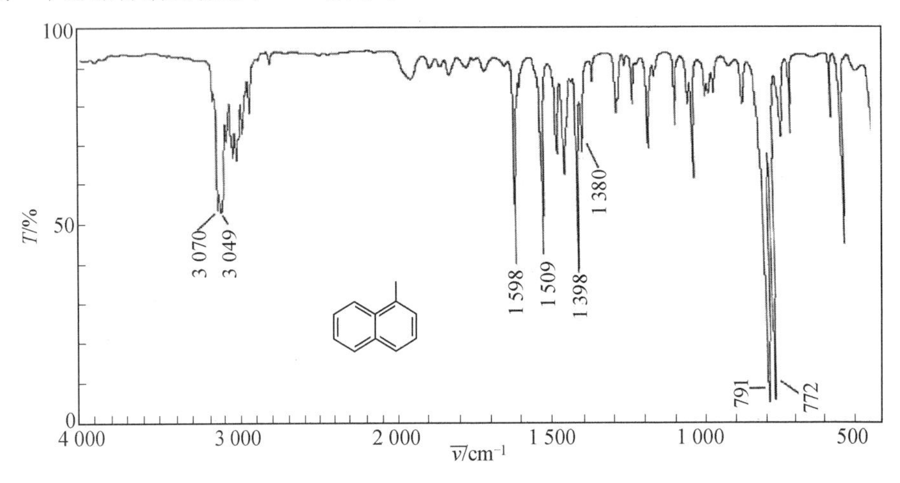

图 3.13 1-甲基萘的红外光谱

3.3.4 醇、酚和醚

(1)羟基化合物(—OH)。

羟基的特征频率与氢键的形成有密切关系,羟基(—OH)是强极性基团,由于氢键的作用醇羟基通常是以缔合状态存在的,只有在极稀的溶液(浓度小于0.01 mol/L)中时,才以游离—OH存在。

①游离—OH的伸缩振动:

伯—OH 3 640 cm^{-1};

仲—OH 3 630 cm^{-1};

叔—OH 3 620 cm^{-1};

酚—OH 3 610 cm^{-1};

二分子缔合(二聚体)3 600 ~ 3 500 cm^{-1};

多分子缔合(多聚体)3 400 ~ 3 200 cm^{-1}。

图3.14所示为不同浓度的乙醇-四氯化碳溶液的红外谱图变化,图中3 640 cm^{-1}是游离—OH峰,3 515 cm^{-1}是二聚体—OH峰,3 350 cm^{-1}是多聚体—OH峰,仅在浓度小于0.01 mol/L时乙醇以游离状态存在,而在0.1 mol/L时,多聚体—OH吸收峰明显增强,二聚体的吸收也很明显,当浓度为1.0 mol/L时游离—OH的吸收峰变得很弱,基本以多聚体形式存在。

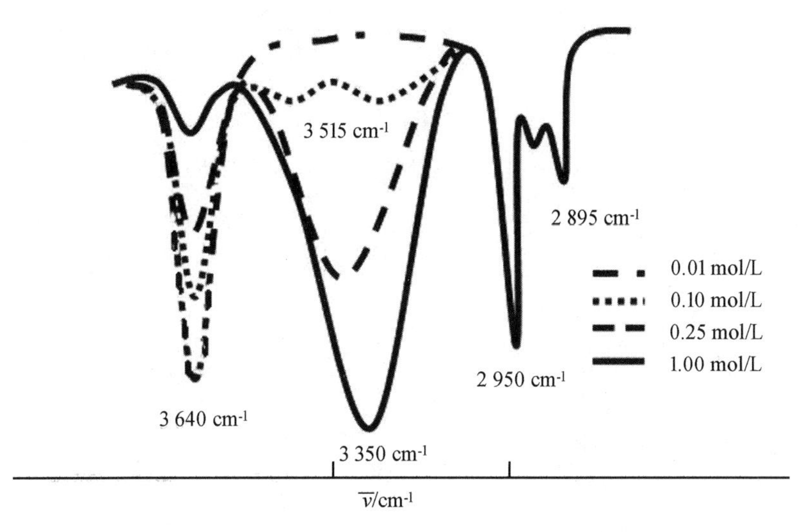

图3.14 不同浓度的乙醇-四氯化碳溶液的红外谱图变化

由图3.14可见:a. 当—OH由于氢键作用发生缔合时,—OH的伸缩振动频率ν_{-OH}是向低波数位移的。b. 浓度越小,游离—OH越多,吸收峰越高。随着浓度的增大,缔合—OH增多,缔合峰(多聚体的吸收)增强。(应当指出:分子之间氢键随浓度变化,但分子内氢键不随浓度变化。)氢键的缔合还会随温度而变,温度升高,缔合减弱,缔合峰(3 350 cm^{-1})的波数就会下降。

②C—O 伸缩振动：

C—O 伸缩振动谱带比 O—H 伸缩振动谱带强而宽。

伯醇的 C—O 伸缩振动（游离）1 050 cm^{-1}（宽、强）；

仲醇的 C—O 伸缩振动（游离）1 100 cm^{-1}（宽、强）；

叔醇的 C—O 伸缩振动（游离）1 150 cm^{-1}（宽、强）；

酚的 C—O 伸缩振动（游离）1 200 cm^{-1}（宽、强）。

—OH 面内变形振动 1 500 ~ 1 200 cm^{-1} 和面外变形振动 650 ~ 250 cm^{-1} 这两个区域的吸收峰无实用价值。

【例 3.6】 苯酚和 2-乙基-1-丁醇的红外光谱（图 3.15、图 3.16）。

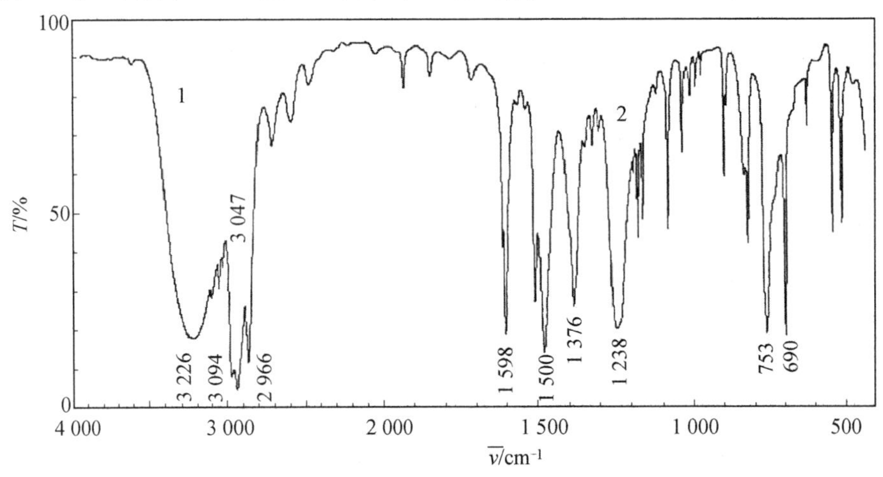

图 3.15　苯酚的红外光谱

1— —OH 伸缩振动；2— C—O 伸缩振动

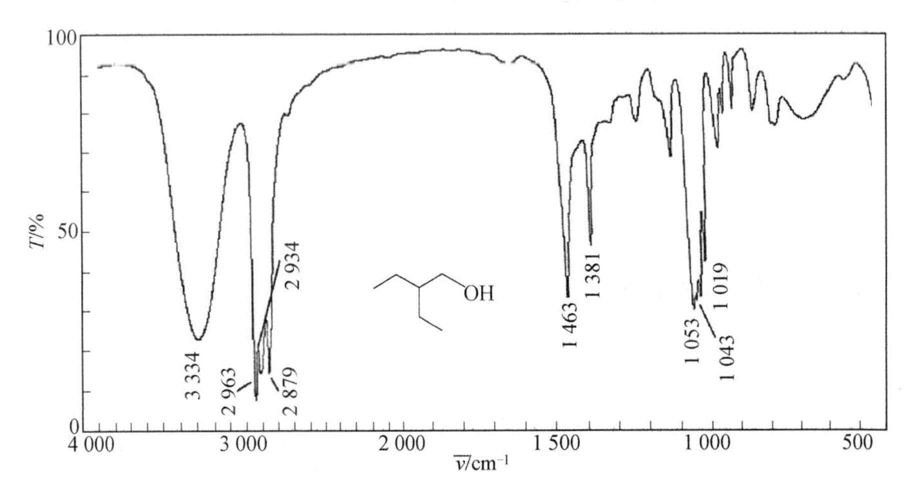

图 3.16　2-乙基-1-丁醇的红外光谱

~3 334 cm^{-1}— —OH 伸缩振动；~1 053 cm^{-1}—C—O 伸缩振动

（2）醚的特征吸收 C—O—C 伸缩振动。

①脂肪族醚（R—O—R）：醚键 C—O—C 的反对称伸缩振动出现在 1 150 ~

1 050 cm^{-1},强吸收;醚键 C—O—C 的对称伸缩振动很弱,甚至消失。

②芳香族醚和乙烯基醚:当醚键的氧连接芳基(Ph—O—R,Ph—O—Ph)或乙烯基(—R—C ═C—O—R′)时,氧原子上未成键的孤对电子与苯环或烯键形成 p-π 共轭体系,使醚键 C—O—C 键长缩短、键的力常数增加,反对称伸缩振动吸收发生红移,芳香醚的吸收出现在 1 275 ~ 1 010 cm^{-1},烷基乙烯基醚的吸收出现在 1 225 ~ 1 200 cm^{-1},同时 C ═C伸缩振动吸收裂分为 1 640 cm^{-1}和 1 620 cm^{-1}两个峰。然而,醚键 C—O—C 的对称伸缩振动很弱,出现在 1 075 ~ 1 020 cm^{-1}。

③饱和环醚:饱和环醚的醚键反对称伸缩振动吸收强于对称伸缩振动,饱和六元环醚的谱带位置与上述非环醚位置相近,且随着环结构的减小,醚键 C—O—C 的反对称伸缩振动频率降低,而其对称伸缩振动频率升高。

④缩醛和缩酮:缩醛和缩酮具有—C—O—C—O—C—的多醚型结构,分子振动跃迁过程中由于存在振动偶合作用,使其反对称伸缩振动吸收在 1 190 ~ 1 160 cm^{-1}、1 143 ~ 1 125 cm^{-1}和 1 098 ~ 1 063 cm^{-1}处裂分为 3 个强峰,但在 1 055 ~ 1 035 cm^{-1}处的对称伸缩振动吸收较弱。缩醛的红外光谱在 1 116 ~ 1 105 cm^{-1}处还出现一个强特征吸收峰,该峰是与 O 相连的饱和 C—H 的弯曲振动吸收,也是区分缩醛和缩酮的重要依据。

【例 3.7】　二甲醇缩甲醛的红外光谱(图 3.17)。

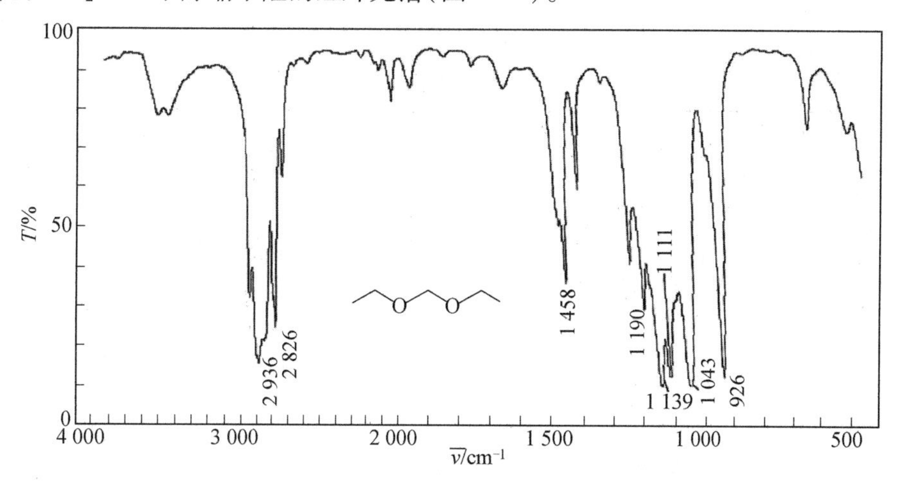

图 3.17　二甲醇缩甲醛的红外光谱

1 190 cm^{-1}、1 139 cm^{-1}、1 043 cm^{-1}—多醚型偶合伸缩振动;1 111 cm^{-1}—缩醛 C—H 弯曲振动

3.3.5　羰基化合物

羰基(C ═O)伸缩振动的频率范围很宽,为 1 928 ~ 1 580 cm^{-1},但通常吸收范围是 1 850 ~ 1 650 cm^{-1}。含有 C ═O 基团的化合物类型很多,如醛、酮、酸、酯、酰胺和酐等都具有C ═O,它们红外吸收峰的位置都在此范围内,但又略有差别。

1. 酮

①酮的特征吸收：$-\mathrm{C}-\overset{\overset{\mathrm{O}}{\|}}{\mathrm{C}}-\mathrm{C}-$ 为 1 715 cm^{-1}。

②α—C 上连接吸电子基团时，C ═O 键的力常数增大，伸缩振动频率增大。

a. R—CO—R′：$-\mathrm{C}-\overset{\overset{\mathrm{O}}{\|}}{\mathrm{C}}-\mathrm{C}-$ 为 1 720 ~ 1 705 cm^{-1}。

b. R—CHCl—CO—R′：$-\mathrm{C}-\overset{\overset{\mathrm{O}}{\|}}{\mathrm{C}}-\mathrm{C}-$ 为 1 745 ~ 1 725 cm^{-1}。

c. R—CHCl—CO—CHCl—R′：$-\mathrm{C}-\overset{\overset{\mathrm{O}}{\|}}{\mathrm{C}}-\mathrm{C}-$ 为 1 765 ~ 1 745 cm^{-1}。

③C ═O 与苯环、烯键或炔键共轭时，C ═O 键的力常数减小，伸缩振动频率减小。

a. R—CO—CH ═CH—R′：$-\mathrm{C}-\overset{\overset{\mathrm{O}}{\|}}{\mathrm{C}}-\mathrm{C}-$ 为 1 695 ~ 1 665 cm^{-1}。

b. Ph—CO—R′：$-\mathrm{C}-\overset{\overset{\mathrm{O}}{\|}}{\mathrm{C}}-\mathrm{C}-$ 为 1 680 ~ 1 665 cm^{-1}。

④环酮中 C ═O 的伸缩振动频率随环张力的增大而增大。

a. 环己酮：$-\mathrm{C}-\overset{\overset{\mathrm{O}}{\|}}{\mathrm{C}}-\mathrm{C}-$ 为 1 718 cm^{-1}。

b. 环戊酮：$-\mathrm{C}-\overset{\overset{\mathrm{O}}{\|}}{\mathrm{C}}-\mathrm{C}-$ 为 1 751 cm^{-1}。

c. 环丁酮：$-\mathrm{C}-\overset{\overset{\mathrm{O}}{\|}}{\mathrm{C}}-\mathrm{C}-$ 为 1 775 cm^{-1}。

⑤酮基结构中 C—CO—C 的弯曲振动：

a. 面内弯曲振动：脂肪酮位于 630 ~ 620 cm^{-1}；芳香甲酮位于 600 ~ 580 cm^{-1}。

b. 面外弯曲振动：脂肪酮位于 560 ~ 510 cm^{-1}；甲基酮位于 530 ~ 510 cm^{-1}；环酮位于 505 ~ 480 cm^{-1}。

⑥二酮结构中羰基的伸缩振动：

a. α—二酮：R—CO—CO—R 为 1 730 ~ 1 710 cm^{-1}，单峰，强吸收。

b. β—二酮：R—CO—CH_2—CO—R，酮式为 1 730 ~ 1 690 cm^{-1}，双峰，强吸收；烯醇式为1 640 ~ 1 540 cm^{-1}，宽峰，强吸收。

【例3.8】 二乙基酮和苯基异丁基酮的红外光谱(图3.18、图3.19)。

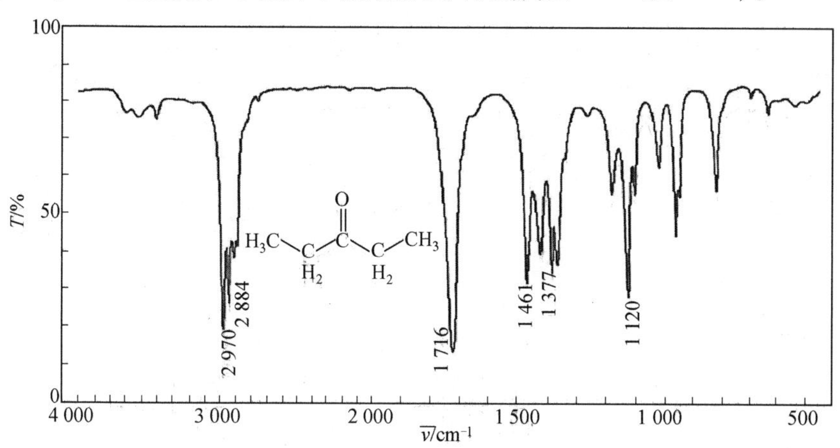

图3.18 二乙基酮的红外光谱

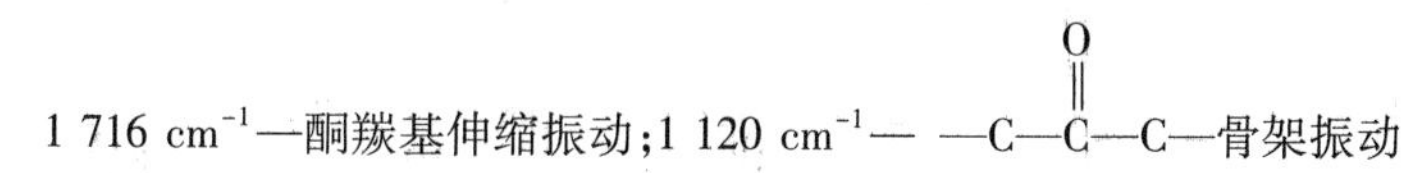

1 716 cm^{-1}—酮羰基伸缩振动;1 120 cm^{-1}— —C—C(=O)—C—骨架振动

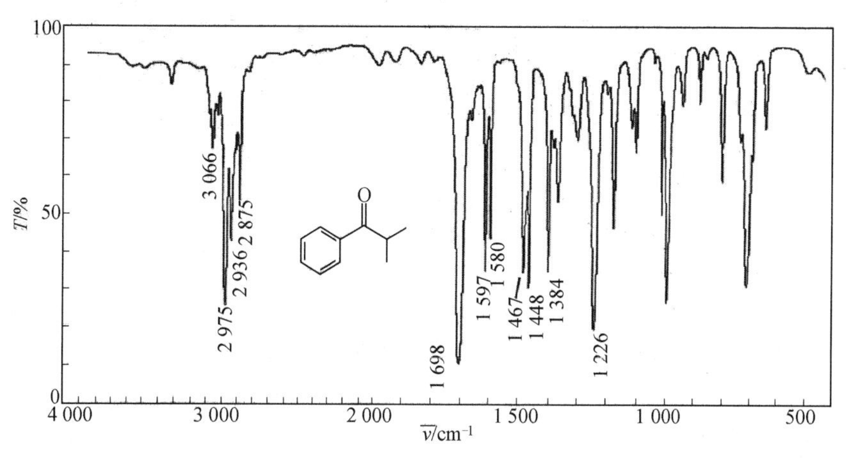

图3.19 苯基异丁基酮的红外光谱

3 066 cm^{-1}—苯环不饱和C—H伸缩振动;2 975 cm^{-1} ~2 875 cm^{-1}—饱和C—H伸缩振动;1 698 cm^{-1}—酮羰基伸缩振动;1 597 cm^{-1}、1 580 cm^{-1}—苯环骨架振动;1 467 cm^{-1}、1 384 cm^{-1}—饱和C—H弯曲振动;1 226 cm^{-1}—C—CO—C骨架振动

2.醛

①醛的特征吸收:—C(=O)—H为1 725 cm^{-1}。

a.饱和脂肪醛R—CHO:—C(=O)—H为1 740 ~1 715 cm^{-1}。

b.α,β-不饱和脂肪醛R—C=C—CHO:—C(=O)—H为1 705 ~1 685 cm^{-1}。

c. 芳香醛 Ph—CHO：—C(=O)—H为 1 710 ~ 1 695 cm^{-1}。

②醛基质子的伸缩振动：醛基 C—H 为 2 880 ~ 2 650 cm^{-1}，两个强度相近的中等强度吸收峰，该谱带是区分醛和酮的特征区。

③醛基结构中 C—C—C 的面内弯曲振动：脂肪醛位于 695 ~ 665 cm^{-1}；α 位取代脂肪醛位于 665 ~ 635 cm^{-1}。

④醛基结构中 C—C ═O 的面内弯曲振动：脂肪醛位于 535 ~ 520 cm^{-1}；α 位取代脂肪醛位于 565 ~ 540 cm^{-1}。

【例 3.9】 正丁醛和苯甲醛的红外光谱（图 3.20、图 3.21）。

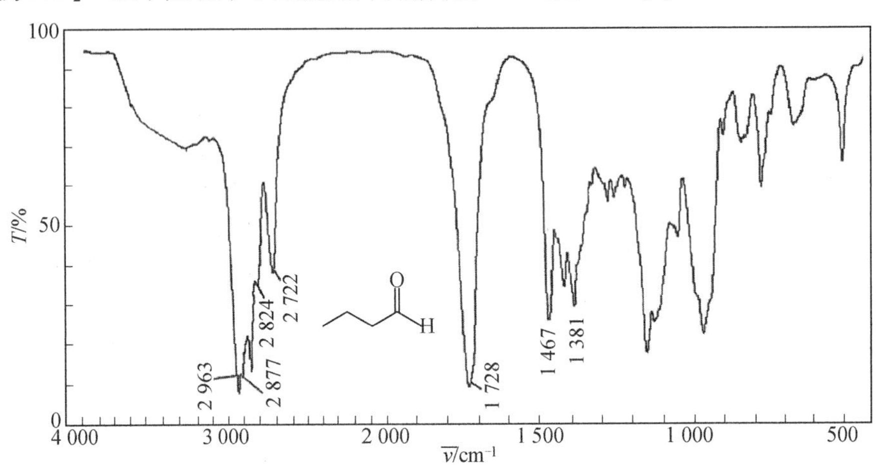

图 3.20 正丁醛的红外光谱

2 963 cm^{-1} ~ 2 877 cm^{-1}—饱和 C—H 伸缩振动；2 824 ~ 2 722 cm^{-1}—醛基 C—H 伸缩振动；1 728 cm^{-1}—醛羰基伸缩振动；1 467 cm^{-1}、1 381 cm^{-1}—饱和 C—H 弯曲振动

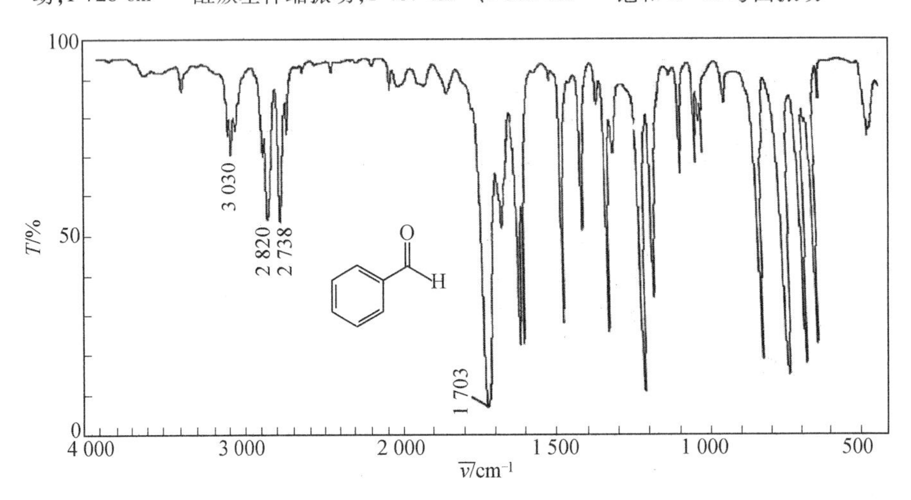

图 3.21 苯甲醛的红外光谱

3 030 cm^{-1}—苯环不饱和 C—H 伸缩振动；2 824 ~ 2 722 cm^{-1}—醛基 C—H 伸缩振动；1 703 cm^{-1}—醛羰基伸缩振动

3. 羧酸与羧酸盐

羧酸分子在固态和液态状态下，一般以二聚体形式存在，只有气体样品或非极性溶剂的稀溶液中才有游离羧基的特征吸收。羧基含有羰基和羟基两处特征吸收。

(1)羧基中羰基的特征吸收。

①单体脂肪酸：$-\overset{\displaystyle O}{\overset{\|}{C}}-OH$为 1 760 cm^{-1}。单体芳香酸：1 745 cm^{-1}。

②二聚体脂肪酸：1 725 ~ 1 700 cm^{-1}。二聚体芳香酸：1 705 ~ 1 685 cm^{-1}。

(2)羧基中羟基的特征吸收。

①低浓度状态下羧酸以单体形式存在，O—H 的伸缩振动出现在 3 550 cm^{-1} 处，单峰强吸收。

②通常羧酸以二聚体形式存在，O—H 的伸缩振动出现在 3 200 ~ 2 500 cm^{-1} 区域，宽而散，强吸收，该谱带在 2 700 ~ 2 500 cm^{-1} 区域，常出现几个 C—O 伸缩振动和弯曲振动的倍频或组频吸收峰。

③通常羧酸以二聚体形式存在，O—H 的面外弯曲振动出现在 955 ~ 910 cm^{-1} 区域，该吸收是一个特征性宽峰，也可用于鉴定羧基的存在。

(3)羧酸盐的特征吸收。

①羧酸盐离子($-COO^-$)中的 C═O 没有伸缩振动吸收峰。

②羧酸盐离子是一个多电子共轭体系，具有对称伸缩振动和反对称伸缩振动两种形式。其中，反对称伸缩振动出现在 1 610 ~ 1 500 cm^{-1} 区域，单峰强吸收；对称伸缩振动出现在 1 440 ~ 1 360 cm^{-1} 区域，2 个或 3 个宽吸收峰。

【例 3.10】　2-甲基丙酸、苯甲酸和苯甲酸钠的红外光谱(图 3.22 ~ 3.24)。

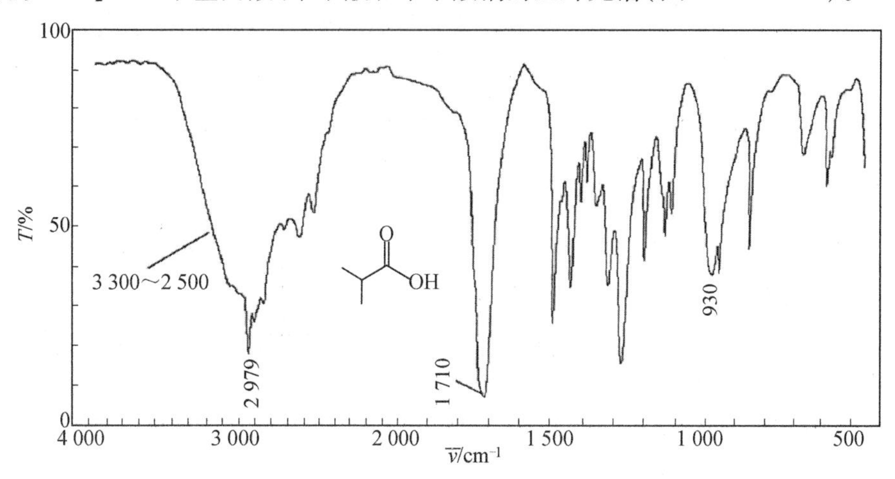

图 3.22　2-甲基丙酸的红外光谱

3 300 ~ 2 500 cm^{-1}—羧基 O—H 伸缩振动；1 710 cm^{-1}—羧酸羰基伸缩振动；930 cm^{-1}—二聚体—OH 面外弯曲振动

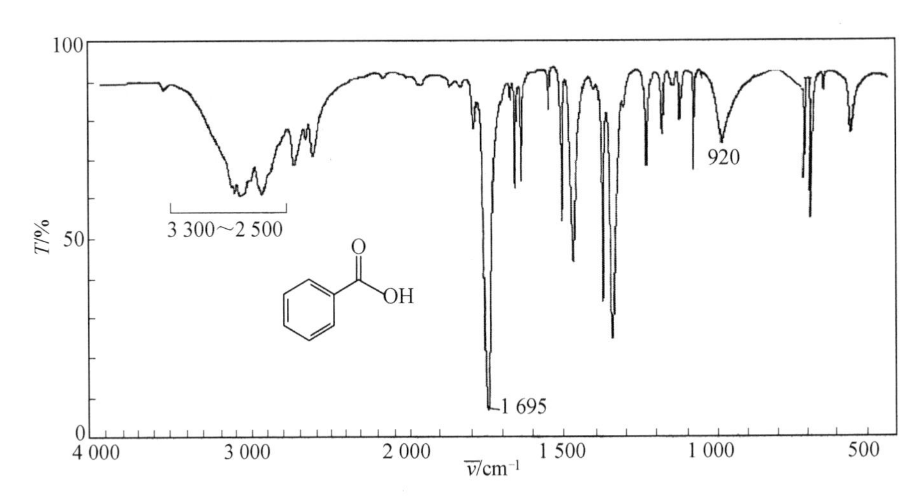

图 3.23 苯甲酸的红外光谱

3 300 ~ 2 500 cm^{-1}—羧基 O—H 伸缩振动；1 695 cm^{-1}—羧酸羰基伸缩振动；920 cm^{-1}—二聚体—OH 面外弯曲振动

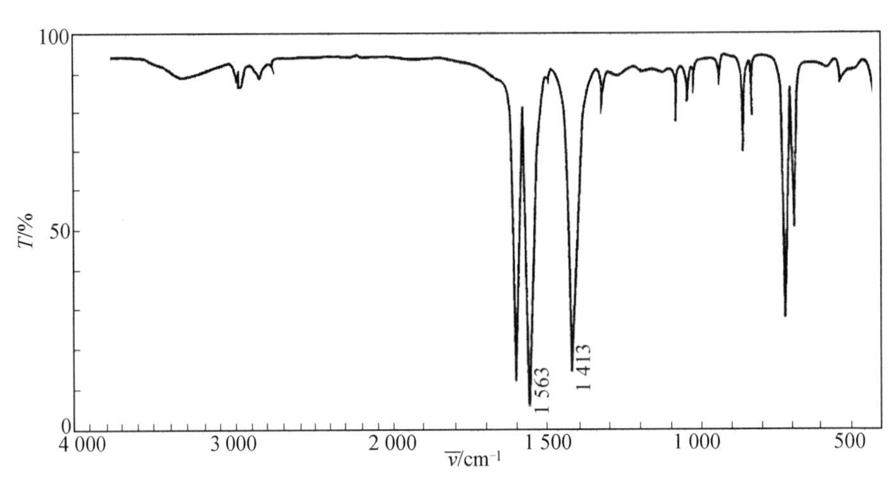

图 3.24 苯甲酸钠的红外光谱

1 563 cm^{-1}—COO$^-$—反对称伸缩振动；1 413 cm^{-1}—COO$^-$—对称伸缩振动

4. 酯类化合物

酯类化合物的特征吸收有 C═O 和 C—O—C 结构的伸缩振动两个区域，后者是区分酯和其他羰基化合物的主要依据。

(1)酯中羰基的特征吸收。

① R—CO—OR′(R 和 R′为烷基)：—C—C(═O)—O—R为 1 750 ~ 1 735 cm^{-1}。

② Ph—CO—OR′或 C═C—CO—OR′：—C—C(═O)—O—R为 1 730 ~ 1 715 cm^{-1}。

③ R—CO—OPh 或 R—CO—O—C ═C：$-\mathrm{C}-\overset{\overset{\mathrm{O}}{\|}}{\mathrm{C}}-\mathrm{O}-\mathrm{R}$为 1 800～1 770 cm^{-1}。

(2)酯中 C—O—C 结构的特征吸收。

酯类化合物在 1 330～1 050 cm^{-1}区域有 C—O—C 反对称伸缩振动和对称伸缩振动两个吸收谱带,其中反对称伸缩振动吸收峰强而宽,称为酯的红外吸收第一强峰。C—O—C的对称伸缩振动位于 1 100 cm^{-1}附近,吸收较弱。

C—O—C 结构的特征吸收谱带与酯的类型有关:

①H—CO—OR(甲酸酯)为 1 180 cm^{-1}。

②$\mathrm{CH_3}-\overset{\overset{\mathrm{O}}{\|}}{\mathrm{C}}-\mathrm{OR}$（乙酸酯)为 1 240 cm^{-1}。

③$\mathrm{R}-\overset{\overset{\mathrm{O}}{\|}}{\mathrm{C}}-\mathrm{OR}$（一般酯)为 1 190 cm^{-1}。

④$\mathrm{R}-\overset{\overset{\mathrm{O}}{\|}}{\mathrm{C}}-\mathrm{OCH_3}$（甲酯)为 1 165 cm^{-1}。

(3)内酯中羰基的特征吸收。

内酯中羰基(C ═O)的伸缩振动与环的大小及共轭基团或吸电子基团的取代位置有关。羰基与双键共轭时,C ═O 的伸缩振动频率减小;内酯的氧原子与双键连接时,C ═O 的伸缩振动频率增大。

$\bar{\nu}_{C=O}$ =1 818 cm^{-1}　$\bar{\nu}_{C=O}$ =1 770 cm^{-1}　$\bar{\nu}_{C=O}$ =1 735 cm^{-1}　$\bar{\nu}_{C=O}$ =1 727 cm^{-1}

【例 3.11】　乙酸甲酯和丁内酯的红外光谱(图 3.25、图 3.26)。

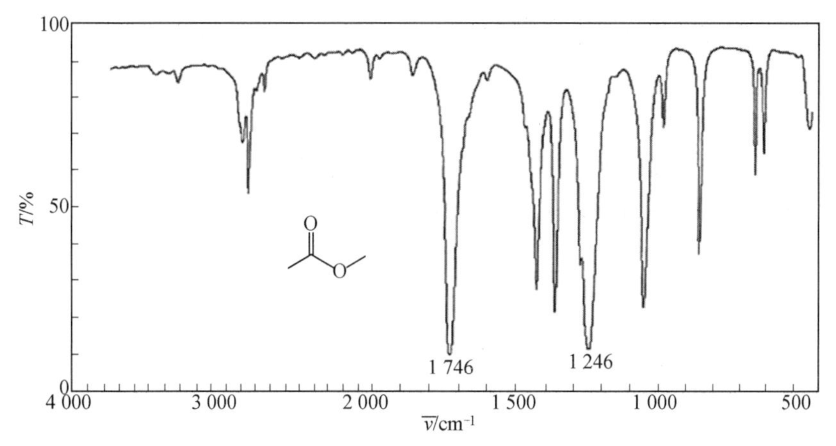

图 3.25　乙酸甲酯的红外光谱

1 746 cm^{-1}—酯中 C ═O 伸缩振动;1 246 cm^{-1}— C—O—C 反对称伸缩振动;1 048 cm^{-1}— C—O—C对称伸缩振动

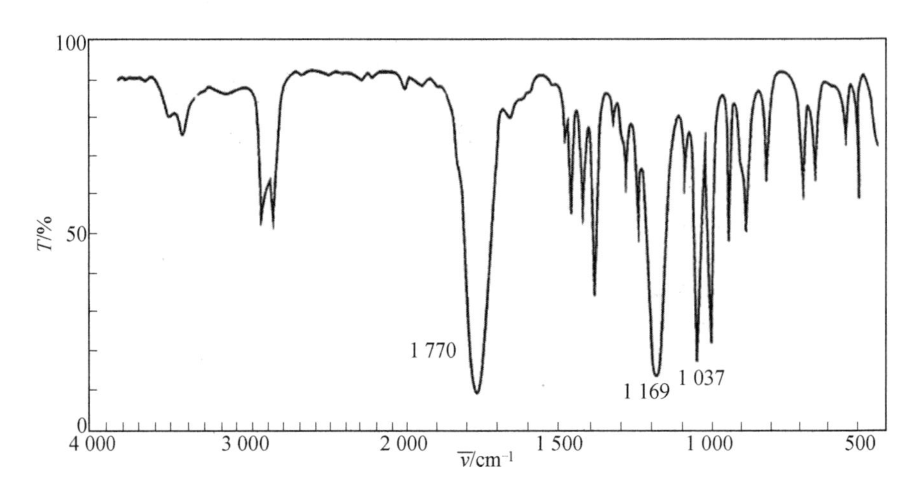

图 3.26　丁内酯的红外光谱

1 770 cm^{-1}—酯中 C ═O 伸缩振动；1 169 cm^{-1}— C—O—C 反对称伸缩振动；1 037 cm^{-1}— C—O—C 对称伸缩振动

5. 酸酐类化合物

酸酐类化合物的特征吸收有两个 C ═O 和 C—O 结构的伸缩振动区域，前者是区分其他羰基化合物及酸酐结构的主要依据。

(1)酸酐中羰基的特征吸收。

酸酐结构中含有两个连在同一个氧原子上的 C ═O，振动偶合作用使 C ═O 的伸缩振动吸收裂分为两个峰，分别出现在 1 860～1 800 cm^{-1}和 1 800～1 750 cm^{-1}，两峰之间相隔 50 cm^{-1}。并且链状结构酸酐两峰强度相近，高频率峰略强于低频率峰；环状结构酸酐两峰强度与环的大小有关，环越小两峰强度相差越大，低频率峰强于高频率峰。

例如：乙酸酐为 1 825 cm^{-1}、1 748 cm^{-1}；苯甲酸酐为 1 780 cm^{-1}、1 715 cm^{-1}；

己酸酐为 1 820 cm^{-1}、1 760 cm^{-1}；丁烯酸酐为 1 780 cm^{-1}、1 725 cm^{-1}；

丁二酸酐为 1 865 cm^{-1}、1 782 cm^{-1}；戊二酸酐为 1 802 cm^{-1}、1 761 cm^{-1}。

(2)酸酐结构中 C—O 的特征吸收。

酸酐结构中 C—O 的伸缩振动也是酸酐红外特征吸收之一，吸收谱带位置、强度与酸酐类型相关。饱和脂肪酸酐在 1 185～1 040 cm^{-1}区域，强吸收谱带；环状酸酐在1 300～1 200 cm^{-1}区域，强吸收谱带；其他类酸酐在 1 250 cm^{-1}附近，中强吸收谱带。

【例 3.12】　乙酸酐和 1,8-萘二羧酸酐的红外光谱(图 3.27、图 3.28)。

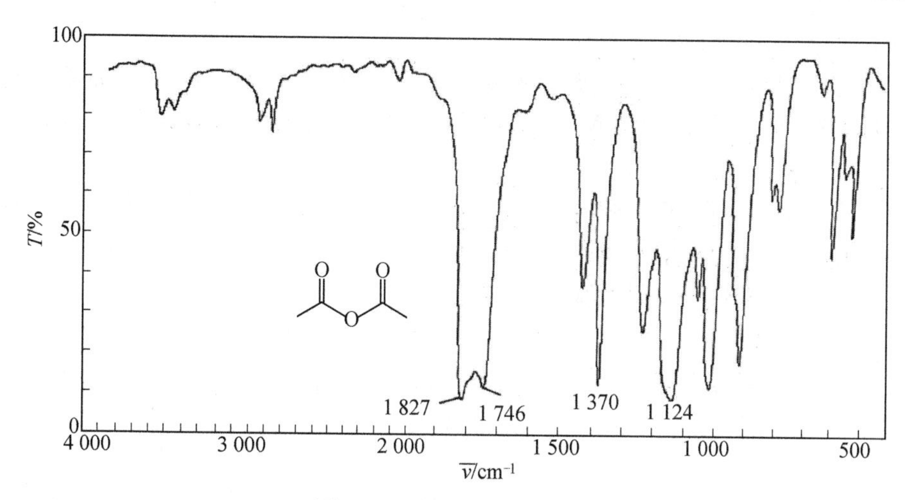

图 3.27　乙酸酐的红外光谱

1 827 cm^{-1}、1 746 cm^{-1}—酸酐中 C ═O 伸缩振动;1 124 cm^{-1}— C—O 伸缩振动

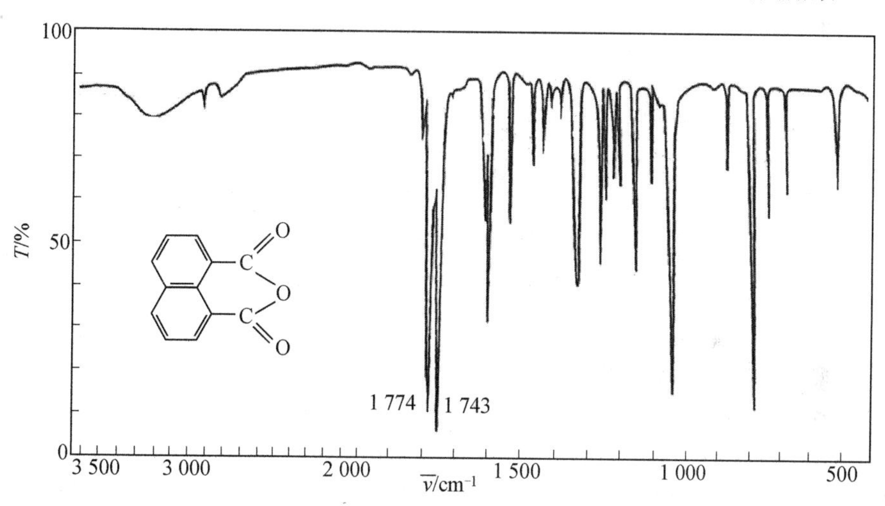

图 3.28　1,8-萘二羧酸酐的红外光谱

1 774 cm^{-1}、1 743 cm^{-1}—酯中 C ═O 伸缩振动;1 308 cm^{-1}— C—O 伸缩振动

6. 酰胺类化合物

酰胺类化合物的特征吸收有 C ═O 伸缩振动吸收、N—H 的伸缩振动或弯曲振动吸收。酰胺类化合物有 3 种形式:伯酰胺($RCONH_2$)、仲酰胺($RCONHR_2$)和叔酰胺($RCONR_2R_3$)。由于氮原子上氢被取代情况不同,红外吸收特征也有所不同。通常"酰胺Ⅰ"表示酰胺类化合物中 C ═O 伸缩振动吸收;"酰胺Ⅱ"表示其他不同的振动形式。

(1)伯酰胺的特征吸收。

①C ═O 伸缩振动吸收(酰胺Ⅰ):1 690 ~ 1 630 cm^{-1}。N 含有的未成键孤对电子与羰基形成 p-π 共轭体系,使 C ═O 伸缩振动频率低移。

②N—H 伸缩振动吸收:3 540 ~ 3 180 cm^{-1} 两个尖峰。当为伯酰胺固体时,N—H 的伸缩振动分别位于 3 350 cm^{-1} 和 3 180 cm^{-1};当其在三氯化碳稀溶液中时,出现在 3 400 ~

3 390 cm^{-1}和3 530 ~ 3 520 cm^{-1}。

③N—H 弯曲振动吸收：剪式振动弱吸收峰位于1 640 ~ 1 600 cm^{-1}；摇摆振动宽吸收位于750 ~ 600 cm^{-1}。浓溶液中N—H易缔合形成氢键，随着氢键的形成N—H弯曲振动频率高移。

④C—N 伸缩振动吸收：1 420 ~ 1 400 cm^{-1}区域有一个强吸收峰，其他酰胺中也有此吸收谱带。

【**例3.13**】 丙酰胺的红外光谱（图3.29）。

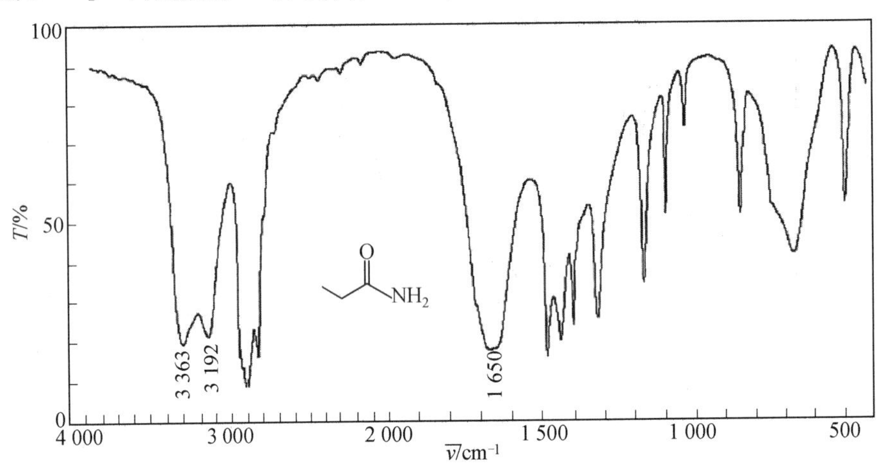

图3.29 丙酰胺的红外光谱

3 363 cm^{-1}、3 192 cm^{-1}—N—H 伸缩振动双峰；1 650 cm^{-1}—酰胺 C ═O 伸缩振动

（2）仲酰胺的特征吸收。

①C ═O 伸缩振动吸收（酰胺Ⅰ）：1 680 ~ 1 630 cm^{-1}。

②N—H 伸缩振动吸收：3 460 ~ 3 400 cm^{-1}一个尖峰。浓溶液中易形成氢键，会在3 340 ~ 3 140 cm^{-1}和3 100 ~ 3 060 cm^{-1}区域出现两个吸收峰。

③N—H 弯曲振动与C—N 伸缩振动的偶合吸收：C—N—H 弯曲振动位于1 550 ~ 1 530 cm^{-1}（酰胺Ⅱ）处，此区域是与伯胺区分的特征吸收；1 300 cm^{-1}（酰胺Ⅲ）处，为N—H弯曲振动与C—N 伸缩振动偶合特征吸收峰；620 cm^{-1}（酰胺Ⅳ）处，为O ═C—N 弯曲振动；700 cm^{-1}（酰胺Ⅴ）附近，为N—H 面外弯曲振动。

【例 3.14】　N-乙基乙酰胺的红外光谱(图 3.30)。

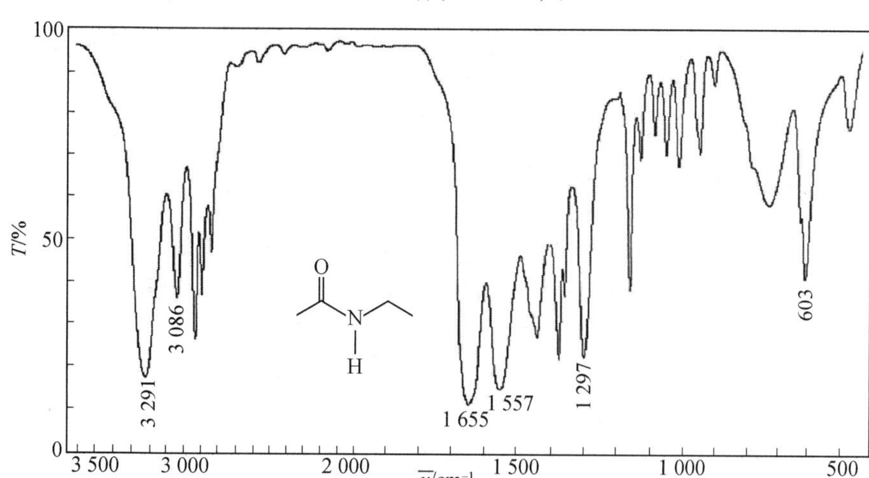

图 3.30　N-乙基乙酰胺的红外光谱

3 291 cm^{-1}、3 086 cm^{-1}— N—H 伸缩振动;1 655 cm^{-1}— C ═O 伸缩振动;1 557 cm^{-1}— C—N—H 弯曲振动(酰胺Ⅱ);1 297 cm^{-1}— C—N 伸缩振动和 N—H 弯曲振动(酰胺Ⅲ);603 cm^{-1}— N—H 面外弯曲振动(酰胺Ⅳ)

(3)叔酰胺的特征吸收。

叔酰胺结构中没有 N—H,红外光谱相较于伯酰胺和仲酰胺大为简化,只存在 C ═O 伸缩振动吸收(酰胺Ⅰ):1 680 ~ 1 630 cm^{-1}。羰基伸缩振动的位置和强度同样受共轭效应或诱导效应的影响,不同外界环境下,酰胺Ⅰ峰会发生位移。

【例 3.15】　N,N-二乙基乙酰胺的红外光谱(图 3.31)。

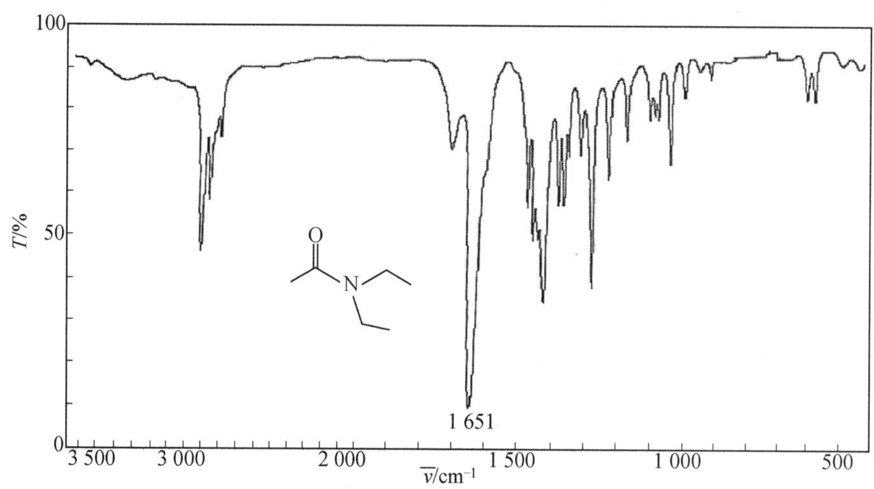

图 3.31　N,N-二乙基乙酰胺的红外光谱

1 651 cm^{-1}— C ═O 伸缩振动

7. 酰卤类化合物

酰卤类化合物(R—CO—X)结构中含有 C ═O 和卤素基团—X,红外光谱存在C ═O 伸缩振动和 C—C(O)伸缩振动两个特征区域。

(1)C ═O 伸缩振动吸收:卤素具有很强的电负性,X 对 C ═O 的强吸电子能力,使 C ═O的双键性增强,键的力常数增加,C ═O 伸缩振动频率高移。脂肪族酰卤位于 1 810 ~ 1 795 cm^{-1};芳香族或不饱和酰卤位于 1 780 ~ 1 750 cm^{-1}。

(2)C—C(O)伸缩振动吸收:脂肪族酰卤位于 965 ~ 920 cm^{-1};芳香族或不饱和酰卤位于 890 ~ 850 cm^{-1},且芳香族酰卤在 1 200 cm^{-1}附近还有一个特征吸收峰。

【例 3.16】 2-甲基丙酰氯的红外光谱(图 3.32)。

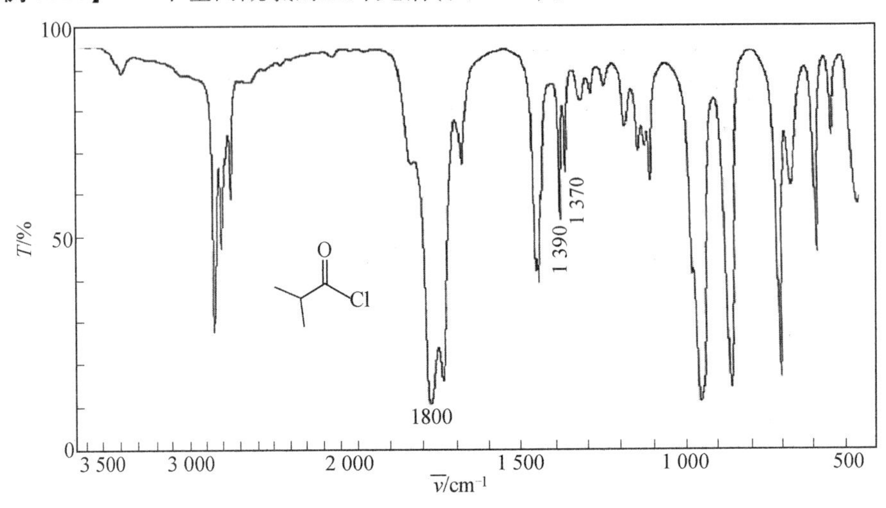

图 3.32　2-甲基丙酰氯的红外光谱

1 800 cm^{-1}— C ═O 伸缩振动

3.3.6　含氮化合物

1. 胺类化合物

(1)—NH 伸缩振动。

游离的伯胺 R—NH_2 和 Ar—NH_2 有两个谱带:反对称伸缩振动(ν_{as} ≈3 500 cm^{-1})和对称伸缩振动(ν_s ≈3 400 cm^{-1})。

游离的仲胺 R—NH—R 和 Ar—NH—R 也有两个谱带:3 350 ~ 3 310 cm^{-1} 和 3 450 cm^{-1}。

通常以此区的双峰或单峰来区别伯胺和仲胺,非常特征。

—NH_2 与—OH 一样也能形成氢键,产生缔合,缔合时从游离谱带的位置低移小于 100 cm^{-1},与相应的—OH 谱带相比较,一般谱带较弱较尖,随浓度变化比较小。

(2)N—H 谱带弯曲振动(变形振动)。

—NH_2:①1 640 ~ 1 560 cm^{-1}(面内弯曲)。相当于—CH_2—的剪式振动,在 R—NH_2 及在 Ar—NH_2 中相同。

②900 ~ 650 cm^{-1}(面外弯曲)。相当于—CH_2—的扭曲振动,较特征。

—NH:1 580 ~ 1 490 cm^{-1}。难以测出。特别是在 Ar—NH 中受芳核 1 580 cm^{-1}谱带的干扰的情况下。在缔合的情况下 N—H 弯曲振动吸收峰向高波数位移。

(3)C—N 伸缩振动。

其位置与 C—C 伸缩振动没太大区别,但由于 C—N 具有极性,所以强度较大。脂肪胺中 C—N 伸缩振动位于 1 230 ~ 1 030 cm^{-1};芳香胺中 C—N 伸缩振动位于 1 360 ~ 1 180 cm^{-1}。

【例 3.17】 1-戊胺和苯胺的红外光谱(图 3.33、图 3.34)。

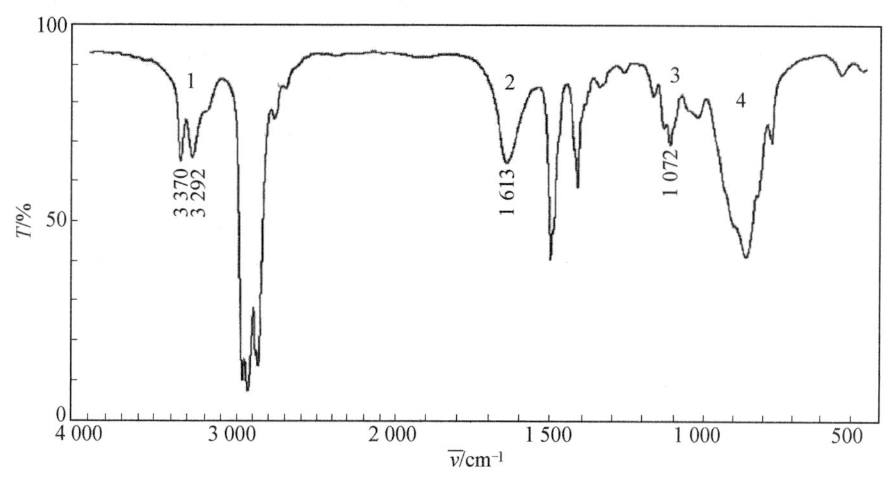

图 3.33　1-戊胺的红外光谱

1—N—H 对称伸缩振动和反对称伸缩振动;2—N—H 弯曲振动;3— C—N 伸缩振动;4—N—H 面外弯曲振动

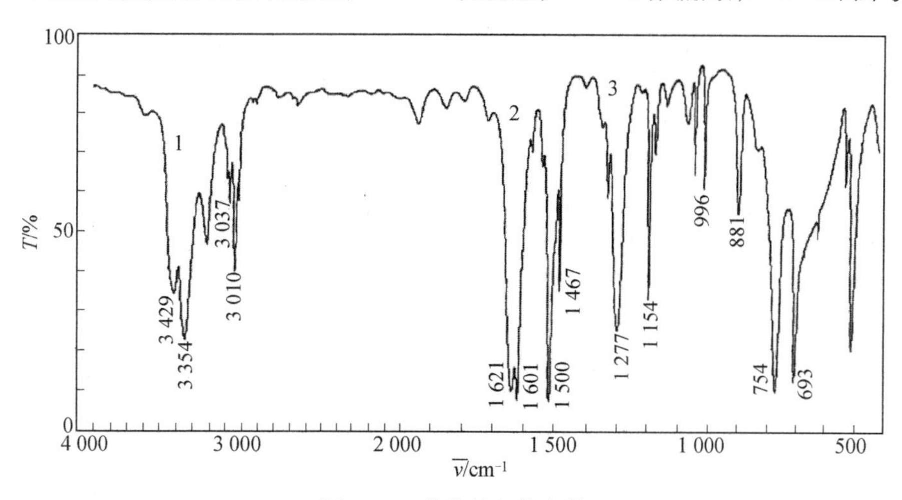

图 3.34　苯胺的红外光谱

1— N—H 的对称伸缩振动和反对称伸缩振动;2— N—H 弯曲振动;3— C—N 伸缩振动

2. 腈基化合物

饱和脂肪腈腈基(C≡N)的伸缩振动出现在 2 260 ~ 2 240 cm^{-1},当C≡N上的 C 与 O、

Cl 等吸电子基团相连时,吸收峰强度减弱甚至消失。当与不饱和键或芳核共轭时,该吸收峰低移到 2 240 ~ 2 215 cm^{-1},一般共轭C≡N基伸缩振动比非共轭的低约 30 cm^{-1},而且强度增加。一般不饱和腈位于 2 240 ~ 2 225 cm^{-1},芳香腈位于 2 240 ~ 2 215 cm^{-1}。C≡N伸缩振动吸收峰比C≡C峰形更尖锐,似针状。

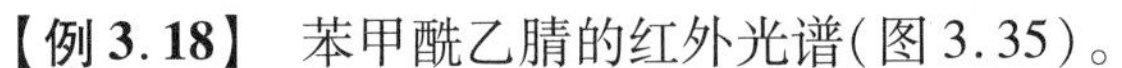

【例 3.18】 苯甲酰乙腈的红外光谱(图 3.35)。

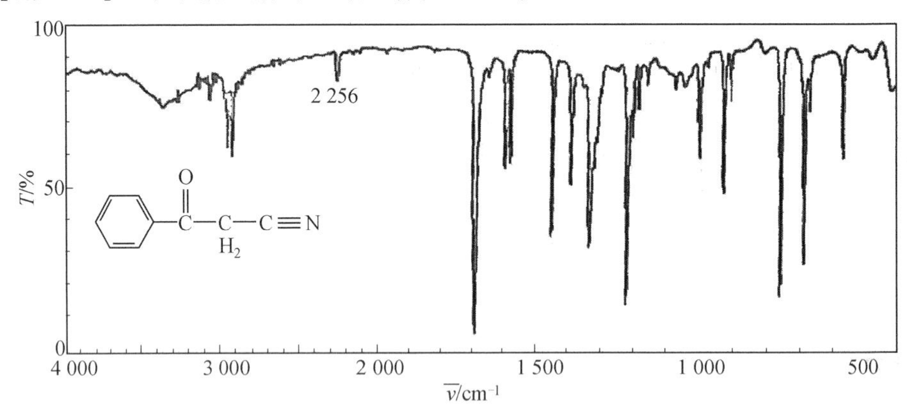

图 3.35 苯甲酰乙腈的红外光谱

2 256 cm^{-1}— C≡N伸缩振动

3. 硝基化合物

(1)硝基(—NO_2)伸缩振动。

硝基化合物最特征的红外吸收峰是—NO_2 对称伸缩振动峰和反对称伸缩振动峰。

①脂肪族:a. —NO_2 反对称伸缩吸收位于 1 560 ~ 1 545 cm^{-1}。b. —NO_2 对称伸缩吸收位于 1 385 ~ 1 350 cm^{-1}。

反对称伸缩吸收强于对称伸缩吸收,若 α-碳上连接电负性强的取代基时,反对称伸缩频率高移,对称伸缩频率低移。

②芳香族:a. —NO_2 反对称伸缩吸收位于 1 530 ~ 1 500 cm^{-1}。b. —NO_2 对称伸缩吸收位于 1 365 ~ 1 290 cm^{-1}。

对称伸缩吸收强于反对称伸缩吸收,若对位连接给电子取代基,反对称伸缩频率低移。

(2)C—N 伸缩振动。

硝基化合物结构中的 C—N 伸缩振动较弱,脂肪族中 C—N 伸缩振动吸收出现在 920 ~ 850 cm^{-1}区域,而芳香族中 C—N 伸缩振动吸收出现在 868 ~ 832 cm^{-1}区域。

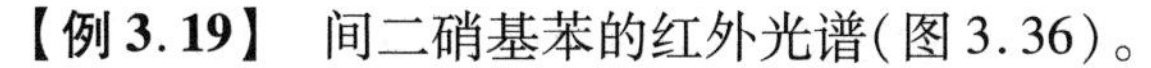

【例3.19】 间二硝基苯的红外光谱(图3.36)。

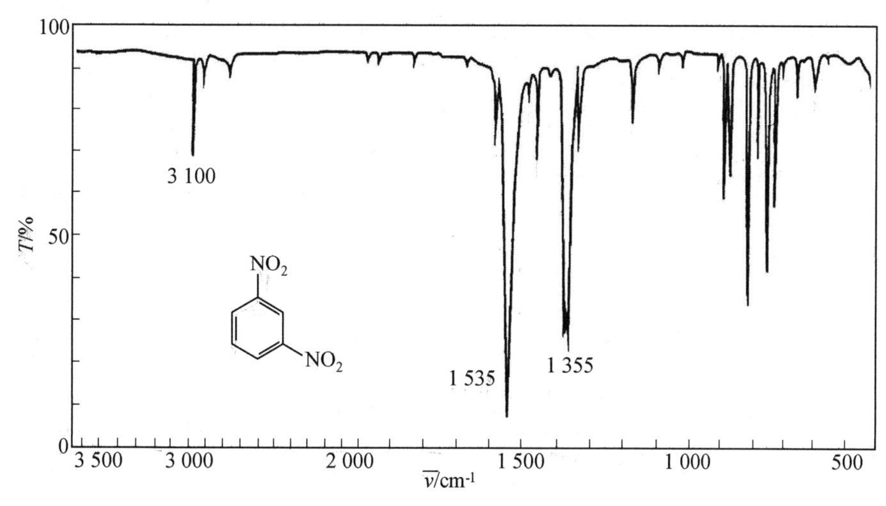

图3.36 间二硝基苯的红外光谱

1 535 cm^{-1}— —NO_2 反对称伸缩振动;1 355 cm^{-1}— —NO_2 对称伸缩振动

3.3.7 S═O基化合物

(1)亚砜(R—S═O)。

1 060 ~1 040 cm^{-1}共轭有氢键时向低波数位移;10 ~20 cm^{-1},与卤素或氧相连时向高波数位移。

(2)砜(R—SO_2—R′)。

1 350 ~1 310 cm^{-1}(ν_{as})和1 160 ~1 120 cm^{-1}(ν_s);固态时向低波数位移10 ~20 cm^{-1},常常裂分成谱带组不受共轭和环张力的影响。

(3)磺酰胺 (R—SO_2—NH_2)。

1 370 ~1 330 cm^{-1},固态时低10 ~20 cm^{-1};1 180 ~1 160 cm^{-1},固态时位置相同。磺酰胺的两个S═O谱带频率比砜的高。

(4)磺酰氯(R—SO_2Cl)。

1 370 ~1 365 cm^{-1}(ν_{as})和1 190 ~1 170 cm^{-1}(ν_s)。

(5)磺酸(R—SO_2—OH)。

(1 345±5)cm^{-1}(ν_{as})和(1 155±5)cm^{-1}(ν_s)。这些是无水酸的数值。磺酸易于生成水合物,在~1 200 cm^{-1}和1 050 cm^{-1}有峰。

(6)磺酸酯(R—SO_2—OR′)。

1 370 ~1 335 cm^{-1}(ν_{as})强的双峰,频率高者强度较强,1 200 ~1 170 cm^{-1}(ν_s)。

(7)硫酸酯(RO—SO_2—OR′)。

1 415 ~1 380 cm^{-1}(ν_{as})和1 200 ~1 185 cm^{-1}(ν_s)。由于两个氧原子连在SO_2上,故比磺酸、磺酸酯波数高。

3.3.8 其他含有杂原子的有机化合物

有机化合物结构中常含有卤素、硅、磷、硼等杂原子,由于质量效应、电负性等因素的影响，红外光谱中会出现碳卤键（C—X）、硅氧键（Si—O）、巯基（S—H）等基团的伸缩振动吸收峰，为物质的定性分析提供辅助条件。其中有机卤化物最常见，且当C ═C 与F 直接相连时，C ═C 的伸缩振动频率因电负性影响而高移，对羰基也有同样的影响。其他常见含杂原子化合物的红外特征吸收峰见表3.5。

表3.5 其他常见含杂原子化合物的红外特征吸收峰

基团	振动类型	吸收峰位置（波数）/cm^{-1}	吸收峰特点
C—F	伸缩振动	1 400 ~ 1 000	强
C—Cl	伸缩振动	800 ~ 600	强
C—Br	伸缩振动	600 ~ 500	中强
C—I	伸缩振动	~ 500	中强
B—H	伸缩振动	2 640 ~ 2 350	中强
	弯曲振动	1 180 ~ 1 100	强
B—Ph	伸缩振动	1 440 ~ 1 430	强
Si—H	伸缩振动	2 250 ~ 2 100	强
Si—O	伸缩振动	1 100 ~ 1 000	强、宽
Si—C	伸缩振动	890 ~ 690	强
P—H	伸缩振动	2 440 ~ 2 275	中强
P ═O	伸缩振动	1 300 ~ 1 140	中强
S—H	伸缩振动	2 600 ~ 2 500	弱

3.3.9 无机化合物

无机化合物的红外光谱通常比较简单，特征基团的振动一般在4 000 ~ 400 cm^{-1}区域内只出现若干宽吸收峰，主要是阴离子的晶格振动，与阳离子无关。而且无机化合物的晶体结构、配位形式、配合物顺反异构等在红外光谱中都能得到体现。解析无机化合物红外光谱的重点是阴离子基团的伸缩振动和弯曲振动，且随着阳离子的原子序数增大，阴离子基团吸收峰将向低波数方向略微移动。常见无机阴离子基团的红外特征吸收峰见表3.6。

表3.6 常见无机阴离子基团的红外特征吸收峰

基团	振动类型	吸收峰位置（波数）/cm^{-1}	吸收峰特点
NO_3^-	伸缩振动	1 450 ~ 1 300	强、宽
	弯曲振动	850 ~ 800	尖
SO_4^{2-}	伸缩振动	1 210 ~ 1 040	强、宽
	弯曲振动	680 ~ 600	弱、尖
CO_3^{2-}	伸缩振动	1 530 ~ 1 060	强、宽
	弯曲振动	890 ~ 700	弱、尖

续表3.6

基团	振动类型	吸收峰位置(波数)/cm^{-1}	吸收峰特点
PO_4^{3-}	伸缩振动	1 120 ~ 940	强、宽
CN^-		2 230 ~ 2 130	强、尖
ClO_4^-		1 150 ~ 1 050	强、宽
ClO_3^-		1 050 ~ 900	强、双峰或多个峰

3.4　红外光谱仪

3.4.1　色散型红外光谱仪

(1)色散型红外光谱仪的构造。

①光源。

色散型红外光谱仪所用光源通常是一种惰性固体,要求光源能发出稳定、连续、高强度的红外光,最常用的光源有硅碳棒、能斯特灯、碘钨灯等。硅碳棒由碳化硅烧结而成,工作温度为1 300 ~ 1 500 K,由于碳化硅易升华,使用过程中需控制温度变化。能斯特灯主要由混合稀土金属氧化物制成,工作温度为 1 750 ℃。硅碳棒价格便宜、操作方便、波长范围较能斯特灯宽。与之相比,能斯特灯价格较贵,但使用寿命长、稳定性好,在短波范围内使用优于硅碳棒。

②单色器。

单色器是色散型红外光谱仪的核心部件,由色散元件、准直镜和狭缝构成,其主要作用是把射入狭缝的复合光色散为单色光。为了避免产生色差,红外光谱仪的色散元件一般不使用透镜,而是使用红外透光材料(NaCl、KBr 等)制作的棱镜或光栅,棱镜分辨率低于光栅。

③吸收池。

色散型红外光谱仪常用于检测固、液、气态样品,吸收池包括气体吸收池和液体吸收池两种。对于气体样品,一般注入抽成真空的气体吸收池进行检测;对于液体样品,一般滴成液膜进行检测;对于固体样品,一般分散于溴化钾混合压片进行检测;对于高热熔性聚合物,一般制成薄膜进行检测。通常要求用于测定红外光谱的样品纯度高于98%,且样品中不能含有水分。

④检测器。

检测器的作用是将经色散的各条红外谱线强度转变为电信号,常用检测器有热释电检测器、碲镉汞检测器、高真空热电偶。热释电检测器由热电材料晶体(如硫酸三甘氨酸酯)构成;碲镉汞检测器由半导体材料(如碲化镉、硫化汞、硒化铅等)构成。

⑤记录系统。

电子放大器将探测器输出的电信号放大,记录系统将此信号传输得到红外光谱。

(2)色散型红外光谱仪的缺点。

色散型红外光谱仪的主要结构与紫外-可见分光光度计相似,但红外光与紫外光的性质不同,使其在光源、透光材料及检测器等方面均有较大差异。扫描测试过程是色散元件连续改变方向的过程。在某一时刻到达检测器的红外光是波长范围极小的"复色光",称为"单色光",其波长的光都被色散系统阻挡而不能到达检测器。因此,在某一时刻检测器"感受"到的光能量极弱(信号很弱)。这就是色散型仪器灵敏度低的原因。另外,色散型红外光谱仪的扫描过程是色散元件缓慢转动和记录系统延迟传输的过程。为了保证测量的准确性,扫描速度不能太快(常规大约 6 min),速度稍快峰位与峰强都会出现偏差。因此,色散型红外光谱仪不能测定瞬间光谱的变化,整个红外光谱区域的分辨率不同,高频率区域分辨率较高,低频率区域分辨率较低。

3.4.2 傅立叶变换红外光谱仪

(1)仪器构造和原理。

傅立叶变换红外(Fourier Transform Infrared,FTIR)光谱仪是 20 世纪 70 年代研制开发的第三代红外光谱仪,主要由红外光源、干涉仪、试样插入装置、检测器、计算机和记录仪等部分构成。FTIR 光谱仪没有单色器,核心部件是一台迈克耳孙干涉仪(图 3.37),其与色散型红外光谱仪的工作原理有很大差异。

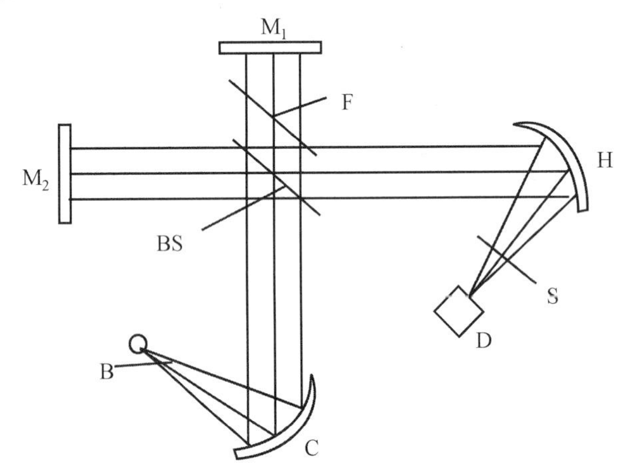

图 3.37 迈克耳孙干涉仪光路示意图(F 为补偿器)

由图 3.37 可知,迈克耳孙干涉仪由固定反光镜(M_1)、移动反光镜(M_2)、光束分裂器(BS)组成。BS 有一层是半透明的,与入射光呈 45°角,光源 B 发出的红外光经准直镜 C 反射后变成一束平行入射光射到 BS 上。其中,50% 透过 BS 垂直入射到 M_1 上,并被 M_1 垂直地反射到 BS 的另一面上;另50% 被 BS 反射后垂直地入射到动镜 M_2 上,并被 M_2 垂直地反射回来入射到 BS。即红外光源 B 由 BS 分裂为透射光 Ⅰ 和反射光 Ⅱ,Ⅰ、Ⅱ 两束光分别被 M_1 和 M_2 反射形成干涉光。干涉光经凹面镜 H 聚焦后透过样品 S(其中各种波长的光不同程度地被 S 吸收),照射到检测器 D 上,并被 D 转变成电信号。当 M_2 连续移动时,Ⅰ、Ⅱ 两束光的光程差就会连续改变,记录仪会记录下中央干涉条纹光强度的变化,得到干涉图。通常 FTIR 光谱仪均是通过迈克耳孙干涉仪将光源信号以干涉图的形式传输给计算机进行傅立叶变换的数学处理,得到透光率或吸光度随波数或频率变化的红外光谱图。

(2)优点。

①扫描速度快。FTIR光谱仪在几十分之一秒内可扫描一次,M_2移动一个周期即完成一次扫描,M_2移动速度可达80 s^{-1}。在1 s以内可以得到一张分辨率高、噪声低的红外光谱图。故FTIR光谱仪可用于快速反应动力学研究,并可与气相、液相色谱联用。

②灵敏度高。FTIR光谱仪的干涉仪扫描速度快,可在短时间内进行多次扫描,使样品的响应信号累加、储存,平滑噪声,提高了灵敏度,可用于10^{-11}~10^{-9}的痕量分析。

③波数精度高、分辨率高。FTIR光谱仪的光学系统结构简单,光通量较大,可以同时测量所有频率(相应波数或波长),波数精确度可达0.01 cm^{-1}。同时,其动镜M_2的最大位移可长达2 m,分辨率高达0.002 6 cm^{-1}。

④测量范围广。FTIR光谱仪可以研究的波数范围为45 000~6 cm^{-1}。

⑤影响因素少。FTIR光谱仪具有低于0.3%的杂散光,对温度和湿度的要求不高。

3.4.3 红外光谱的制样技术

(1)样品要求。

①样品纯度大于98%,若纯度达不到标准,要预先进行分馏、萃取、重结晶或用色谱法进行分离提纯处理。

②样品干燥,不含水分或溶剂。

③样品浓度和测试厚度适当,控制光谱图中红外吸收峰的透射比在10%~80%范围内。

(2)固体样品。

①压片法。

压片法是分析固体样品的常用方法。首先,选择溴化钾为透光剂,按照1∶100或1∶200的比例与样品研磨混合。然后,利用压片机制成透明薄片后置于仪器进行测试。还可以用碘化钾或氯化钾,且试样和透光剂都需要进行干燥处理,研磨的颗粒要求小于2 μm,以减少光的散射。

②薄膜法。

薄膜法主要用于高分子化合物的测试,某些高分子膜可以直接测试。常用的制样方法有:(a)熔融法,用于熔点低、热稳定性好的样品;(b)溶液成膜法,将样品溶于低沸点溶剂,涂覆在平板上使溶剂挥发后干而成膜;(c)切片成膜法,适用于不溶、难溶、难粉碎的固体样品。

③糊状法。

固体颗粒对光有散射作用,该现象在压片法中不可避免。选择与样品光折射率相近的悬浮剂与之混合,将样品研磨成糊状。常用的悬浮剂为液状石蜡油、六氯丁二烯和氟化煤油,糊状物夹在两个盐片之间进行测试。

(3)液体样品。

①液膜法。

液膜法是在两个盐片之间滴上1~2滴液体样品,使之形成一层薄的液膜进行测试。

该方法操作简便,适用于沸点高、不易清洗的有机化合物,但所得谱图的吸收峰不尖锐,无法用于定量分析。

②溶液法。

溶液法是选择适当的溶剂,将液体样品与之配成溶液,注入液体池进行测试。常用的溶剂为二硫化碳、四氯化碳、氯仿等,此方法特别适用于定量分析。

(4)气体样品。

气体样品采用专用的气体池进行测试,气体池一般是由玻璃或金属制成的两端有透光盐片的圆筒,圆筒两侧装有活塞作为进气口和出气口,其长度可以选择。通常先将气体池抽至真空状态,再将气体灌注其中进行测试。有时为了增加有效光路的吸光度而选择多重反射的长光路气体池。

3.5　红外光谱的应用

3.5.1　红外光谱的解析

(1)解析步骤。

①首先了解样品的来源及制备方法,了解其原料及可能产生的中间产物或副产物,了解熔、沸点等物理化学性质以及其他分析手段所得的数据,如分子量、元素分析数据等。分析的样品必须是纯样品,否则将给解析工作带来困难。

②若已知分子式,可以先算出其不饱和度,不饱和度的经验公式为

$$u=1+n_4+\frac{1}{2}(n_3-n_1)$$

式中,n_4 为四价原子数目,如 C;n_3 为三价原子数目,如 N;n_1 为一价原子数目,如 H。

双键(C=C,C=O,C=N)	$u=1$
环	$u=1$
三键(C≡C,C≡N)	$u=2$
苯环(一个环和三个双键)	$u=4$

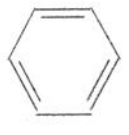

举例:$CH_3COOH(C_2H_4O_2)$

$$u=1+2+\frac{1}{2}(-4)=1$$

得知不饱和度有助于分子结构的推断。

稠环化合物的不饱和度计算公式为

$$u=4r-s$$

式中,r 为环数;s 为共边数。

③只根据一张红外光谱图进行解析是不够的,常常要作不同浓度的几张谱图,以便由大浓度的谱图读小峰,从小浓度的谱图读强峰。

④首先观察特征区谱带，根据特征频率的位置、强度、形状可初步推断含有什么基团和化学键，然后在指纹区进一步进行推断，如芳香取代基位置、酯类化合物在 1 275 ~ 1 185 cm^{-1}处 C—O—C 伸缩振动强吸收等。

⑤相邻基团的性质、位置、结构均会对某一基团振动的特征频率产生影响，使吸收峰发生位移，峰形与强度也发生变化，如氢键、共轭体系、诱导作用等。

⑥对照化合物标准谱图推断分子结构。只有所作红外光谱上峰的个数、形状、位置及强度均与标准谱图相一致，才能推断结构的正确性。此外，推断较复杂样品时必须与核磁、质谱、色谱等多种分析方法相结合才能得到正确结论。

(2)例题分析。

【例 3.20】 2,4-二甲基戊烷的红外光谱(图 3.38)。

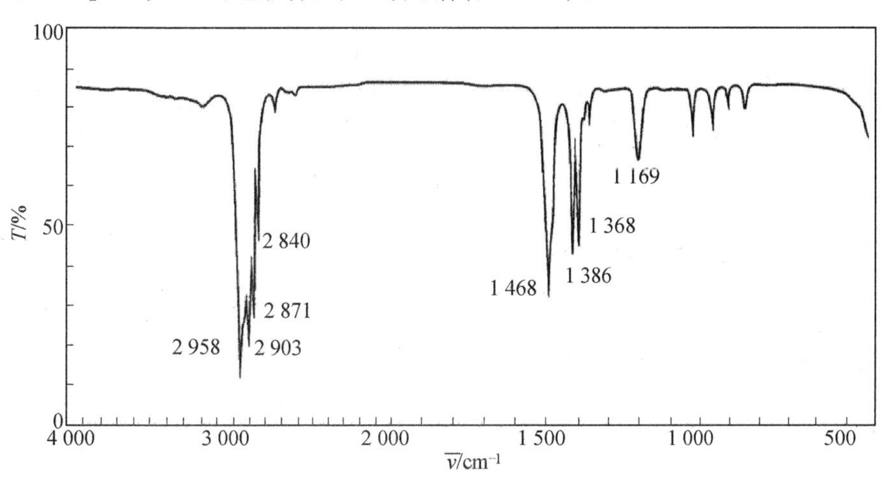

图 3.38　2,4-二甲基戊烷的红外光谱

[$(CH_3)_2CHCH_2CH(CH_3)_2$]不饱和度 $u=1+6+\frac{1}{2}(-14)=0$。

峰的归属：

①2 958 ~2 840 cm^{-1}：

—CH_3 反对称伸缩振动；

—CH_2 反对称伸缩振动；

—CH_3 对称伸缩振动相重叠；

—CH_2 对称伸缩振动相重叠。

② ~1 468 cm^{-1}：

—CH_3 反对称变形振动；

—CH_2 剪式振动(特征)。

③1 386 cm^{-1}、1 368 cm^{-1}：

—CH_3 对称变形振动，异丙基特征吸收。

④1 169 cm^{-1}：

C—C 骨架振动。

如果这是一个未知化合物，由红外光谱图可以判断是饱和烃（只有 ~2 900 cm^{-1}，~2 800 cm^{-1}附近的峰），$u=0$ 也说明是饱和烃。并且 1 380 cm^{-1}裂分成强度近似的双峰，1 169 cm^{-1}为异丙基的骨架振动。

【例 3.21】 苯胺的红外光谱（图 3.39）。

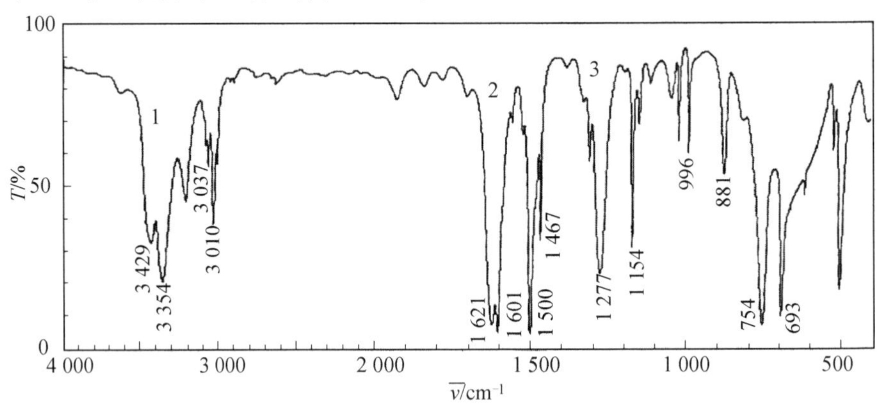

图 3.39　苯胺的红外光谱

不饱和度 $u=1+n_4+\frac{1}{2}(n_3-n_1)=1+6+\frac{1}{2}(1-7)=7-3=4$（对应苯环 $u=4$）。

峰的归属：

①3 429 cm^{-1}、3 354 cm^{-1}双峰是—NH_2 的反对称和对称伸缩振动。

②3 037 cm^{-1}、3 010 cm^{-1}是苯环上═CH 的伸缩振动，由此可以推断有—NH_2 和可能有苯环。

③1 621 cm^{-1}是—NH_2 的弯曲振动。

④1 601 cm^{-1}、1 500 cm^{-1}附近是苯环骨架 C ═C 的伸缩振动，是芳环的主要特征吸收峰。

⑤1 277 cm^{-1}是 Ar—N 伸缩振动，但当氨基形成盐酸盐时此峰消失。

⑥754 cm^{-1}、695 cm^{-1}是苯环单取代特征吸收峰，5 个相邻 H 原子的面外变形振动。

【例 3.22】 苯基异丙基酮的红外光谱（图 3.40）。

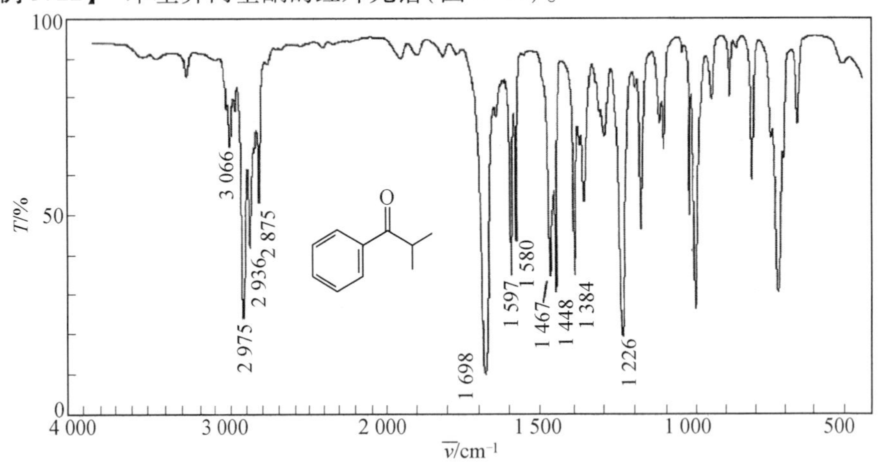

图 3.40　苯基异丙基酮的红外光谱

$u=1+8+\frac{1}{2}(-8)=5$（对应苯环 $u=4$、$u_{C=O}=1$）。

谱带的归属：

①3 066 cm^{-1}、1 580 cm^{-1}、1 597 cm^{-1}是苯环的特征吸收峰。

②1 698 cm^{-1}是共轭酮 C ═O 的频率，因为 C ═O 与苯环共轭后 $\bar{\nu}_{C=O}$向低波数移动。

③1 467 cm^{-1}、1 448 cm^{-1}、1 384 cm^{-1}是饱和 C—H 的弯曲振动吸收峰。

④1 226 cm^{-1}是芳酮骨架振动特征吸收峰。

⑤750 cm^{-1}、690 cm^{-1}是芳环单取代的特征吸收峰。

【例 3.23】 乙酸酐的红外光谱（图 3.41）。

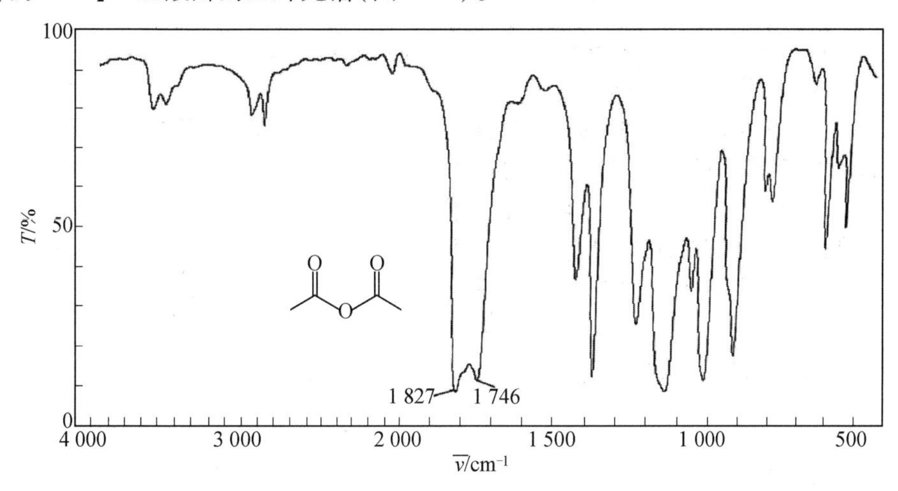

图 3.41　乙酸酐的红外光谱

$u=1+4+\frac{1}{2}(-6)=2$（$u_{C=O}=1$，因此为两个羰基）。

谱带的归属：

①3 000 ~ 2 840 cm^{-1}是饱和 C—H 伸缩振动吸收峰。

②1 827 cm^{-1}：1 746 cm^{-1}是两个羰基的对称与反对称伸缩振动吸收峰，也是酸酐的特征吸收峰。通常线性酸酐两峰强度相近，高波数峰略强于低波数峰，而环状酸酐为高波数峰略弱于低波数峰，且环越小两峰的强度差别越大。这也是判断酸酐结构的重要依据。

③1 500 cm^{-1} ~ 1 350 cm^{-1}是饱和 C—H 的弯曲振动吸收峰。

3.5.2　定性分析

1. 已知化合物的鉴定

红外光谱可以用于鉴定有机合成产物及副产物的结构，且由此推断反应过程。通常将样品的红外光谱图与标准谱图（或文献）进行对比，如果峰形、峰的个数、峰的位置相一致，说明所合成的产物就是目标化合物。使用文献上的谱图相对照应注意产物的物态、晶型结构、溶剂、测定条件等均应与标准谱图条件相同。若产物中含有副产物等杂质，样品的红外光谱上会出现杂质峰，可根据官能团的特征吸收峰来判断副产物的结构。常被使用的标准谱图分谱图集、穿孔卡片和电子资料。其中最著名、实用的是 1947 年出版的萨特勒红外谱图集，该谱图集收集了棱镜、光栅和傅立叶三代共十几万的红外光谱图，可以在 http://webbook.nist.gov/chemistry 网站上查找到此谱图集。

2. 未知化合物的鉴定

利用红外光谱对未知结构进行定性分析是一个重要途径，一般包括两种方式：①利用标准谱图集进行查对；②解析未知化合物的红外光谱图。

【例 3.24】 某化合物分子式为 C_8H_7N，熔点为 29 ℃，红外光谱如图 3.42 所示，解析其结构。

【解】 $u=1+8+\frac{1}{2}(1-7)=9-3=6$。

峰的归属：

(1)3 039 cm^{-1}是苯环上═CH 伸缩振动，1 609 cm^{-1}和 1 509 cm^{-1}是苯环 C ═C 骨架振动，817 cm^{-1}为苯环对位取代特征吸收峰。由此推断该化合物含有苯环，具有苯环对位取代结构。

(2)2 229 cm^{-1}是C≡N伸缩振动吸收峰，C≡N的特征吸收范围是 2 260～2 240 cm^{-1}，但当C≡N处于共轭体系中吸收峰低移约 30 cm^{-1}，故推测C≡N直接与苯环相连产生共轭效应。

(3)2 926 cm^{-1}出现饱和 C—H 伸缩振动吸收峰，1 450 cm^{-1}和 1 383 cm^{-1}是饱和 C—H 弯曲振动吸收峰，说明该化合物含有—CH_2—或—CH_3。

根据化合物分子式 C_8H_7N 推断其结构式为CH_3—⟨苯环⟩—CN，不饱和度为 6 与“苯环的不饱和度为 4，C≡N的不饱和度为 2”也相符，并与标准谱图对照，证明该化合物为对甲基苯腈。

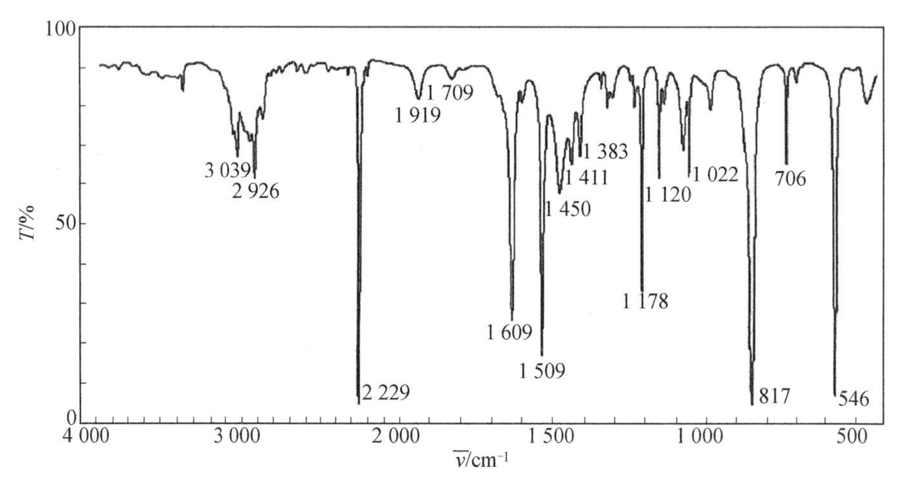

图 3.42 C_8H_7N 的红外光谱

【例 3.25】 一未知化合物为无色似水的液体，有臭味，分析是由 C、H、N、S 元素组成，根据红外光谱图 3.43 推断其结构。

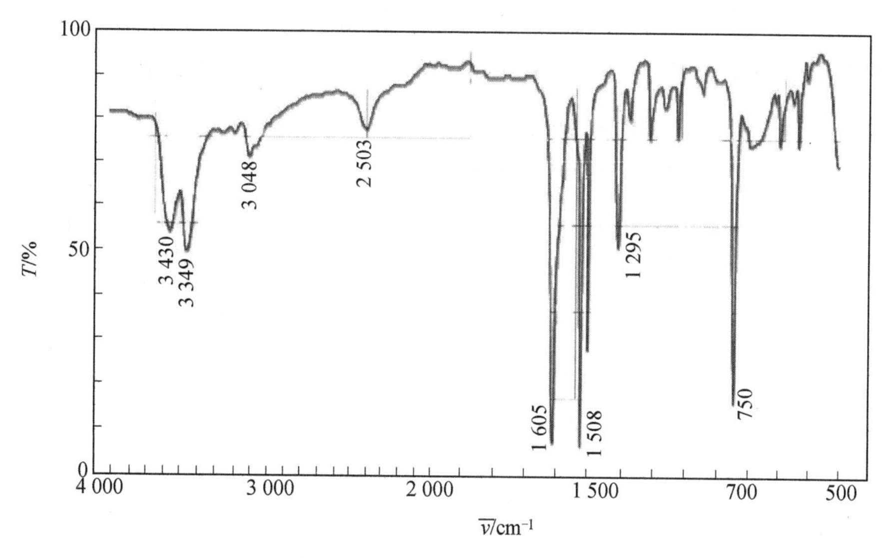

图 3.43　C_6H_7NS 的红外光谱

【解】　$u=1+6+\frac{1}{2}(1-7)=7-3=4$。

峰的归属：

(1)3 600～3 400 cm^{-1}可能是—NH 或—OH 的伸缩振动，元素分析无氧原子，双峰又为伯胺 N—H 伸缩振动特征吸收峰，推断含有—NH_2。

(2)3 048 cm^{-1}是苯环上═CH 的伸缩振动，1 605 cm^{-1}和 1 508 cm^{-1}是苯环骨架振动特征吸收峰，且 750 cm^{-1}是苯环邻位双取代特征吸收峰，故该化合物含有苯环。

(3)2 503 cm^{-1}是 S—H 伸缩振动吸收峰，且元素分析含有 S，推断含有 S—H 基团。

(4)1 295 cm^{-1}是 Ar—N 的伸缩振动。

NH_2

根据化合物分子式 C_6H_7NS 推断其结构式为（苯环）—SH，苯环的不饱和度为 4 与所求得的 u 相符，并与标准谱图对照，证明该化合物为 2-氨基苯硫醇。

【例 3.26】　试样是一个分子式为 C_8H_6 的碳氢化合物。根据红外光谱图 3.44 确定其结构。

【解】　$u=1+8+\frac{1}{2}(-6)=6$。

峰的归属：

(1)3 291 cm^{-1}是≡CH的伸缩振动吸收峰，2 111 cm^{-1}是C≡C的伸缩振动吸收峰，故化合物含有炔基，$u=2$。此外，已知此化合物不含 O、N，故不会含有—OH 及—NH，并且—OH由于氢键效应发生缔合，它们的缔合峰较宽，可用于区别—OH 及—NH。

(2)3 081～3 021 cm^{-1}是苯环上═CH 的伸缩振动，1 584 cm^{-1}和 1 507 cm^{-1}是苯环骨架振动特征吸收峰，且 750 cm^{-1}和 693 cm^{-1}是苯环单取代特征吸收峰，故该化合物含有苯环，$u=4$。

根据化合物分子式 C_8H_6 推断其结构式为（苯乙炔结构式），苯环的不饱和度为4，炔基不饱和度为2，与所求得的 $u=6$ 相符，并与标准谱图对照，证明该化合物为苯基-乙炔。

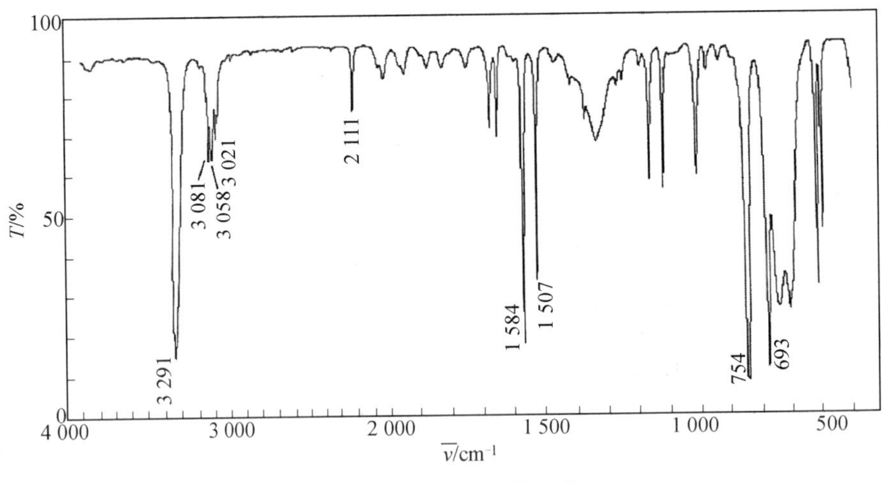

图 3.44　C_8H_6 的红外光谱

3.5.3　异构体的鉴定

（1）互变异构体的鉴定。

某有机化合物分子存在互变异构现象时，红外光谱上会出现各种异构体相应的吸收带，通过各种吸收峰的位置、形状、强度来鉴定各种基团种类，可推断各异构体的相对含量。例如，乙酰乙酸乙酯有酮式和烯醇式两种互变结构，烯醇式结构中 C═O 的伸缩振动吸收弱于酮式结构，故说明烯醇式含量较少。

酮式：$H_3C—CO—CH_2—COO—C_2H_5$（$\nu_{C=O}$为 1 738 cm^{-1}、1 717 cm^{-1}）。

烯醇式：$H_3C—C(OH)═CH—COO—C_2H_5$（$\nu_{C=O}$为 1 650 cm^{-1}；$\nu_{O—H}$为 ~3 000 cm^{-1}）。

（2）顺反异构体的鉴定。

红外光谱是鉴定高聚物顺反异构体的常用方法，以聚丁二烯为例，它有三种异构体结构，═CH 面外弯曲振动频率不同。

	结构	频率
顺式 1,4-聚丁二烯	H(C)—C═C—(C)H，$—CH_2$ 与 $CH_2—$ 同侧	738 cm^{-1}
反式 1,4-聚丁二烯	H(C)—C═C—(C)$CH_2—$，$—CH_2$ 与 H 异侧	967 cm^{-1}
1,2 结构聚丁二烯	$—CH_2—CH—$，侧链 CH═CH_2	990 cm^{-1}和 910 cm^{-1}两个峰

这三种异构体的红外光谱图特别是指纹区的谱带有很大差别,如图 3.45 所示。

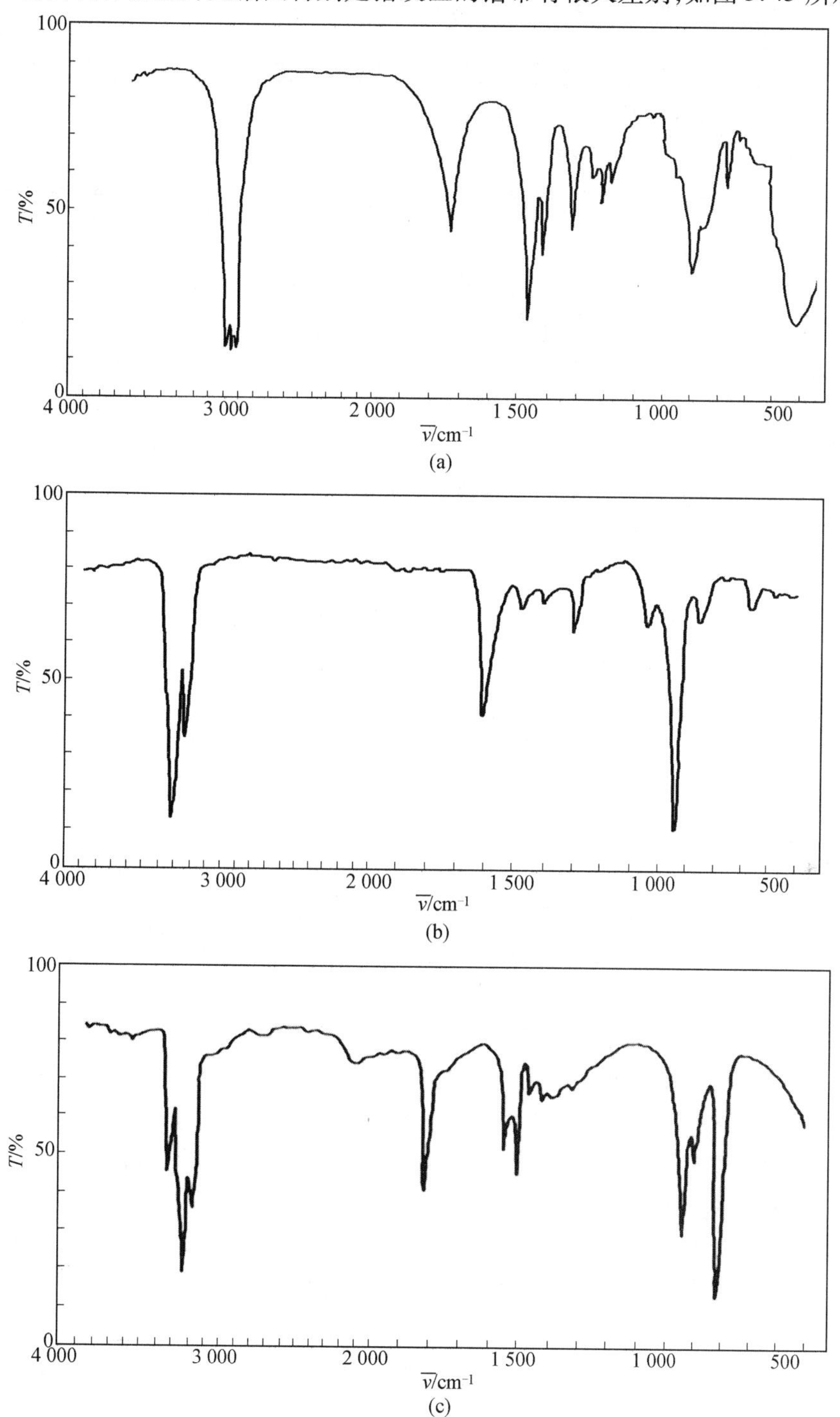

图 3.45　聚丁二烯的红外光谱

3.5.4 红外光谱的定量分析

红外光谱定量分析的理论依据是朗伯-比尔定律，其主要是利用各类官能团的特征吸收谱带强度来测量各组分含量，气体、液体和固体样品都可以用其进行定量分析。

(1)选择特征吸收谱带的方法。

①选择待测目标物的特征吸收谱带。例如：分析羰基化合物时需选择羰基相关的振动吸收谱带。

②选择的特征谱带的吸收强度与待测目标物的浓度呈线性关系。

③选择的特征吸收谱带受周围其他谱带的干扰较小。

(2)特征吸收谱带吸光度的测定。

①一点法。读取红外光谱中特征吸收峰位的纵坐标 T，由公式 $\lg 1/T=A$ 计算吸光度值。

②基线法。选择红外光谱两翼透过率最大点处的切线为基线，分析特征吸收峰位处的垂线与基线的交点，以其与最高吸收峰顶点的距离为峰高，吸光度 $A=\lg(I_0/\mathrm{I})$。

(3)定量分析方法。

①标准曲线法。该方法适用于组分简单的待测样品，特征吸收谱带未受干扰，样品浓度与吸光度呈线性关系。

②内标法。该方法首先选择一个合适的纯物质作为内标物，再将各待测组分与内标物配制成一系列不同比例的标样，通过测量计算各标样的吸光度 A，绘制吸光度与浓度的工作曲线，求得未知组分的含量。此方法适用于无固定厚度的样品，如压片法、糊状法等样品。

③吸光度对比法。该方法要求各组分的特征吸收谱带遵循朗伯-比尔定律，且不相互重叠。此方法适用于厚度难以控制或不能准确测定厚度的样品，如厚度不均匀的高分子膜等样品。

3.5.5 红外光谱在表面活性剂结构分析中的应用

红外光谱是鉴别化合物及确定物质分子结构常用的手段之一，主要用于有机物和无机物的定性定量分析。在表面活性剂分析领域中，红外光谱主要用于定性分析，根据化合物的特征吸收谱带可以推测其结构中的官能团，进而确定有关化合物的类型。对于组分单一表面活性剂的红外光谱分析，可对照标准谱图(Dieter Hummel 谱图、Sadtler 谱图)对其整体结构进行定性。近年来，傅立叶变换红外技术的发展，可使红外与气相色谱、高效液相联机使用，更有利于样品的分离与定性。常见各类表面活性剂的红外光谱特征如下：

(1)肥皂。

肥皂在 1 568 cm^{-1} 处有特征吸收峰。若在近羧基的碳链上引入吸电性基团，则该特征吸收峰移向高波数；若羧酸盐水解为羧酸，该特征吸收峰消失，同时在 1 710 cm^{-1} 处出现羰基的特征吸收峰。

（2）磺酸盐和硫酸盐。

若某表面活性剂在 1 220 ~ 1 170 cm^{-1} 区域出现强而宽的吸收谱带，则可推断其含有磺酸盐或硫酸（酯）盐。一般来说，磺酸盐最大吸收波长的波数低于 1 200 cm^{-1}，硫酸（酯）盐最大吸收波长的波数在 1 220 cm^{-1} 附近。若磺酸基的第一个碳原子上连有吸电子基团，则向高波数峰位移动。支链和直链烷基苯磺酸除 1 180 cm^{-1} 处有强而宽的吸收外，在 1 600、1 500 cm^{-1} 和 1 045 cm^{-1} 处出现 SO_3 的伸缩振动特征吸收峰。支链型（ABS）在 1 400 cm^{-1}、1 380 cm^{-1} 和 1 367 cm^{-1} 呈吸收，直链型（LAS）在 1 410 cm^{-1} 和 1 430 cm^{-1} 呈吸收。

α-烯基磺酸盐除 1 190 cm^{-1} 的强吸收和 1 070 cm^{-1} 的谱带外，在 965 cm^{-1} 由于反式双键的═C—H 面外变形振动引起的吸收而成为特征吸收带。链烷磺酸盐和烯基磺酸盐类似有 965 cm^{-1} 的吸收，并以 1 050 cm^{-1} 代替 1 070 cm^{-1}。琥珀酸磺酸盐含有 1 740 cm^{-1} 处羰基伸缩振动、1 250 ~ 1 210 cm^{-1} 处 C—O—C 伸缩振动与 SO_3 伸缩振动的重叠吸收、1 050 cm^{-1} 处 SO_3 伸缩振动的特征吸收。

烷基硫酸酯（AS）的红外吸收特征区在 1 245 cm^{-1}、1 220 cm^{-1} 的强吸收与 1 085 cm^{-1}、835 cm^{-1} 的强吸收。若在 1 120 cm^{-1} 附近出现宽而强的吸收带，则表明是烷基乙氧基硫酸酯（AES），并且随着表面活性剂结构中环氧乙烷（EO）加成数增加，1 120 cm^{-1} 吸收带增强。图 3.46 所示为磺基琥珀酸二-2-乙基己基酯钠盐红外光谱，1 250 ~ 1 220 cm^{-1} 区域出现 SO_3 非对称伸缩振动和 C—O—C 非对称伸缩振动的重叠吸收峰，1 053 ~ 1 042 cm^{-1} 区域出现 SO_3 的对称伸缩振动峰。酯基结构的红外吸收体现为 1 725 cm^{-1} 处 C ═O 的伸缩振动峰和 1 163 cm^{-1} 处 C—O—C 的伸缩振动峰。

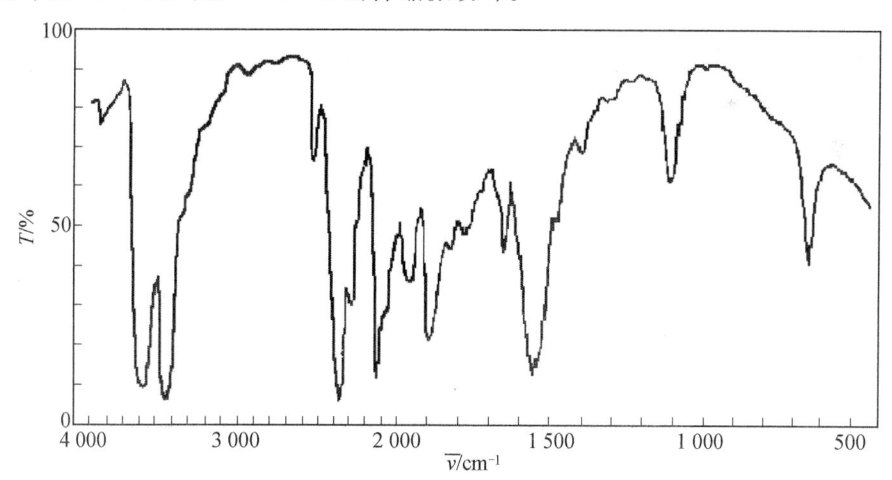

图 3.46　磺基琥珀酸二-2-乙基己基酯钠盐的红外光谱（薄膜法）

图 3.47 所示为脂肪醇聚氧乙烯醚硫酸钠的红外光谱。有机硫酸酯的红外特征吸收峰是位于 1 270 ~ 1 220 cm^{-1} 区域的 S—O 伸缩振动。EO 链的红外特征吸收峰是 1 351 cm^{-1} 处—CH_2—弯曲振动峰与 953 ~ 926 cm^{-1} 处 C—O 伸缩振动峰。

通常硫酸盐与磺酸盐结构中的 SO_3 非对称伸缩振动峰出现在 1 200 cm^{-1} 附近，硫酸盐一般在 1 250 ~ 1 220 cm^{-1} 区域，而磺酸盐多出现在 1 200 cm^{-1} 以下区域，故通过该区域的红外特征吸收峰可以鉴别硫酸盐和磺酸盐两类表面活性剂。若磺酸基碳原子上连接吸

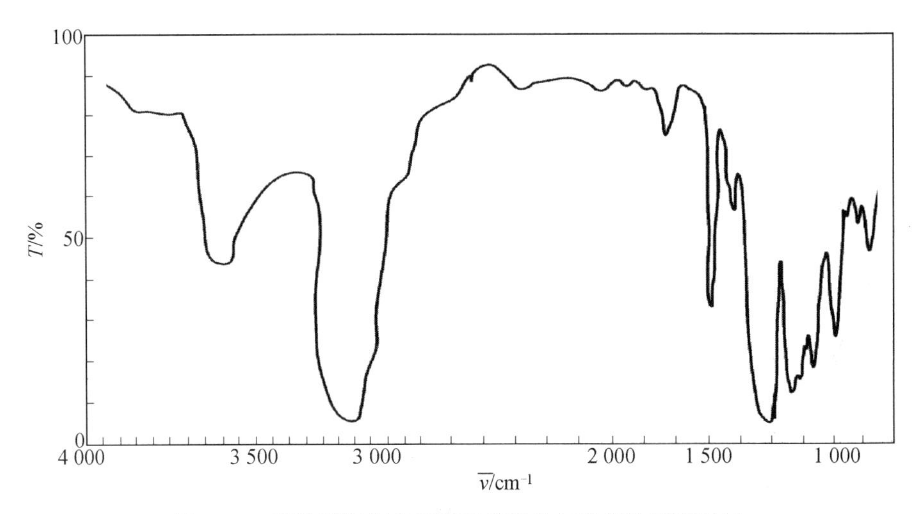

图 3.47　脂肪醇聚氧乙烯醚硫酸钠的红外光谱(薄膜法)

电子基团(如琥珀酸磺酸盐)，SO_3 的非对称伸缩振动峰会移向高波数，则很难利用该红外特征吸收区域进行鉴别。

(3)磷酸(酯)盐。

烷基磷酸(酯)盐的红外吸收特征区为 1 290 ~ 1 235 cm^{-1} 的 P ═O 伸缩振动和 1 050 ~ 970 cm^{-1} 的 P—O—C 伸缩振动，两处吸收谱带宽而强。通常 P—O—C 的伸缩振动会裂分为两个强吸收峰，可通过比较该吸收带的位置和强度来鉴别磺酸盐和硫酸盐。图 3.48 所示为烷基聚氧乙烯醚磷酸酯的红外光谱，对于含有乙氧基的磷酸酯类表面活性剂，其结构中醚键的伸缩振动为强吸收谱带，P ═O 和 P—O—C 基团的伸缩振动很容易被检测，其特征吸收峰在红外光谱上比较容易鉴别。

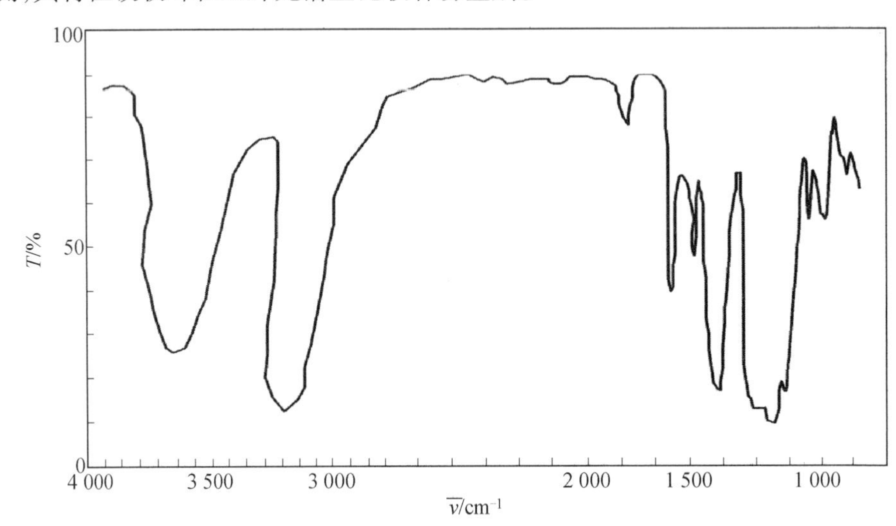

图 3.48　烷基聚氧乙烯醚磷酸酯的红外光谱(薄膜法)

(4)伯、仲、叔胺。

伯胺在 3 340 ~ 3 180 cm^{-1} 有 N—H 伸缩振动的中等吸收谱带，在 1 640 ~ 1 588 cm^{-1}

有 N—H 弯曲振动的弱吸收谱带。仲胺在上述范围内的吸收都很弱或者不出现，其他吸收与烷烃类似。通常很难检测到叔胺在中红外光区的吸收。二烷醇胺的红外光谱和伯醇类似，若将其转变成盐酸盐，则会在 2 700 ~ 2 315 cm^{-1} 区域出现缔合的 $N^{+}H$ 基强吸收谱带，通常将氨基转变成盐酸盐，该吸收谱带增强。

(5)季铵盐。

双烷基二甲基型季铵盐的红外吸收特征区为 2 900 cm^{-1} 附近饱和 C—H 的伸缩振动和 1 470 cm^{-1}、720 cm^{-1} 处饱和 C—H 的弯曲振动。样品若含有结晶水或杂质，会在 3 400 cm^{-1}、1 600 cm^{-1} 两处出现吸收谱带，如图 3.49 所示。

烷基三甲基型季铵盐的红外吸收特征区是 1 470 cm^{-1} 处裂分为两个吸收峰，且 970 cm^{-1}、910 cm^{-1} 处出现吸收强度相同谱带(图 3.50)。若烷基链长为 C_{18}，720 cm^{-1} 处饱和 C—H 的弯曲振动裂分为两个吸收峰；若烷基链长为 C_{12}，910 cm^{-1} 处有强吸收峰，且 720 cm^{-1} 处吸收峰裂分。

季铵盐结构中若含有咪唑环基团，1 620 ~ 1 600 cm^{-1} 和 1 500 cm^{-1} 处会出现吸收谱带(图 3.51)；若在 780 cm^{-1}、690 cm^{-1} 处出现吸收谱带，则为吡啶盐(图 3.52)。此外，三烷基苄基铵盐的红外吸收特征区为 1 585 cm^{-1} 处的弱吸收和 720 cm^{-1}、705 cm^{-1} 处的尖锐强吸收。

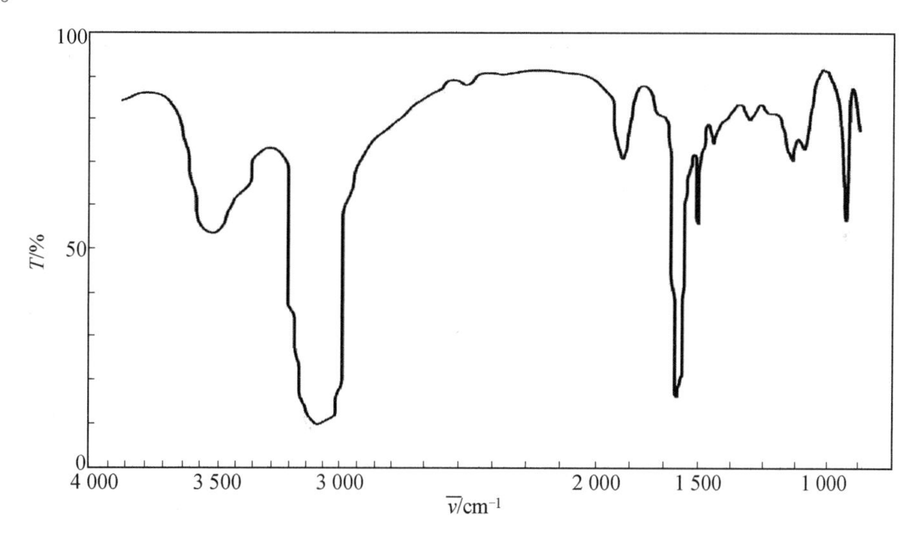

图 3.49　双硬脂酸基二甲基氯化铵的红外光谱

(6)聚氧乙烯型。

聚氧乙烯型非离子表面活性剂的红外吸收特征区为 1 120 ~ 1 110 cm^{-1} 区域强而宽的吸收谱带，且随着 EO 数的增加吸收增强。醇的环氧乙烷加成物除上述吸收外，再没有其他特征吸收。而烷基酚的环氧乙烷加成物还会在 1 600 ~ 1 580 cm^{-1}、1 500 cm^{-1} 处出现苯环骨架振动特征吸收峰和 900 ~ 700 cm^{-1} 区域取代苯特征吸收峰，故苯环的红外吸收可以区分此两种聚氧乙烯型非离子表面活性剂。

聚氧乙烯聚氧丙烯嵌段聚合物的红外吸收特征区与脂肪醇聚氧乙烯醚的相似，区别在于聚氧乙烯聚氧丙烯嵌段聚合物在 1 380 cm^{-1} 处的吸收谱带强于 1 350 cm^{-1} 处的吸收

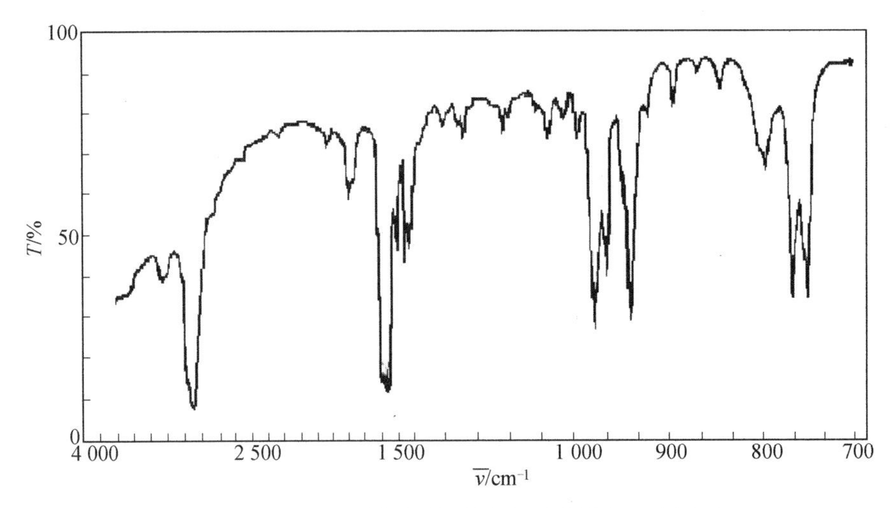

图 3.50　硬脂酸三甲基氯化铵的红外光谱(KBr 压片法)

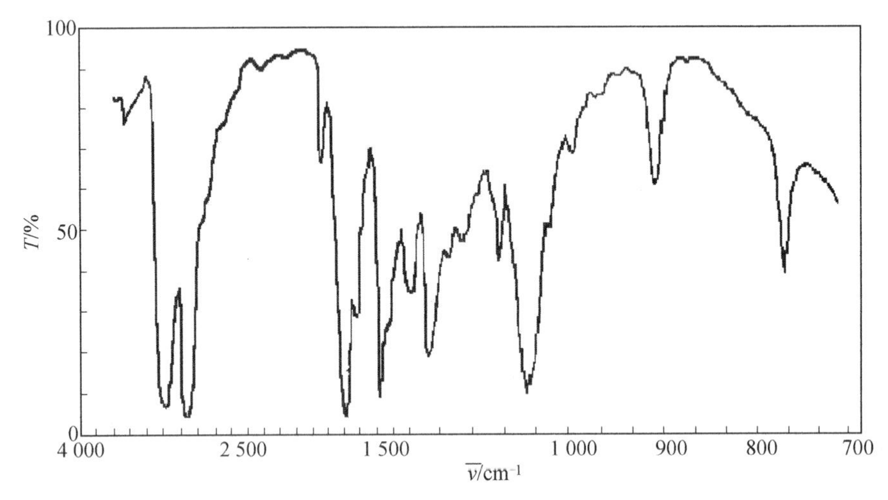

图 3.51　2-烷基-1-(2-羟乙基)-甲基咪唑啉氯化物的红外光谱(熔融法)

谱带,脂肪醇聚氧乙烯醚则相反。

图 3.53 所示为壬基酚聚氧乙烯醚的红外光谱,由于壬基酚聚氧乙烯醚一般采用丙烯为原料,其谱图在 1 380 cm^{-1}附近出现—CH_3 弯曲振动强吸收。1 600 cm^{-1}、1 500 cm^{-1}处出现苯环骨架特征吸收峰,1 110 cm^{-1}处出现醚键 C—O—C 的伸缩振动强吸收,故可以与高级醇衍生物等其他非离子表面活性剂进行区别。

图 3.54 所示为油酸聚氧乙烯酯的红外光谱,其最特征区是 1 740 cm^{-1}附近酯基中 C ═O的伸缩振动强吸收,1 110 cm^{-1}、1 177 cm^{-1}附近 PEO 基中醚键 C—O—C 的伸缩振动强吸收,以及 3 030 cm^{-1}附近不饱和 C—H 的伸缩振动小肩峰。

(7)脂肪酰烷醇胺。

脂肪酰烷醇胺是由脂肪酸与烷醇胺进行缩合反应制得的一类非离子型表面活性剂,其红外吸收特征区为 1 640 cm^{-1}附近酰氨基团中 C ═O 的伸缩振动强吸收和 O—H 的伸缩振动强吸收。其中,单乙醇酰胺在 1 540 cm^{-1}处出现单取代酰胺的特征强吸收。

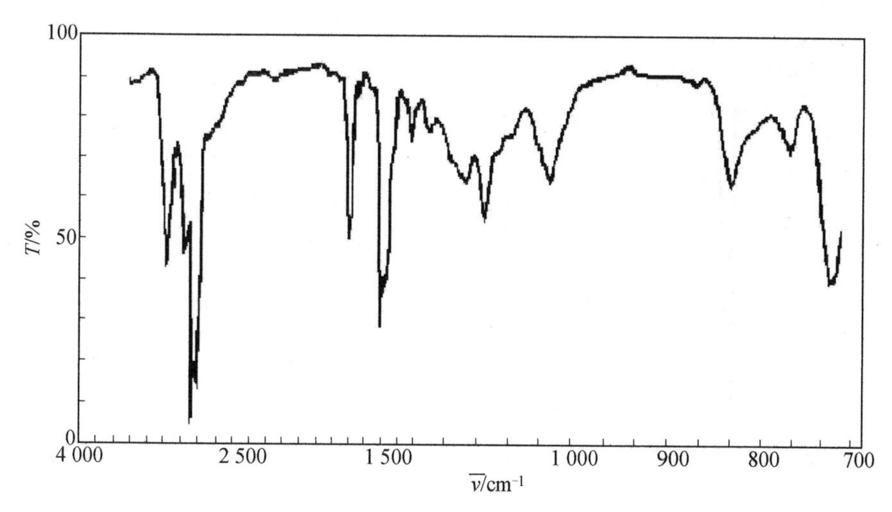

图 3.52 十六烷基吡啶溴化物的红外光谱(熔融法)

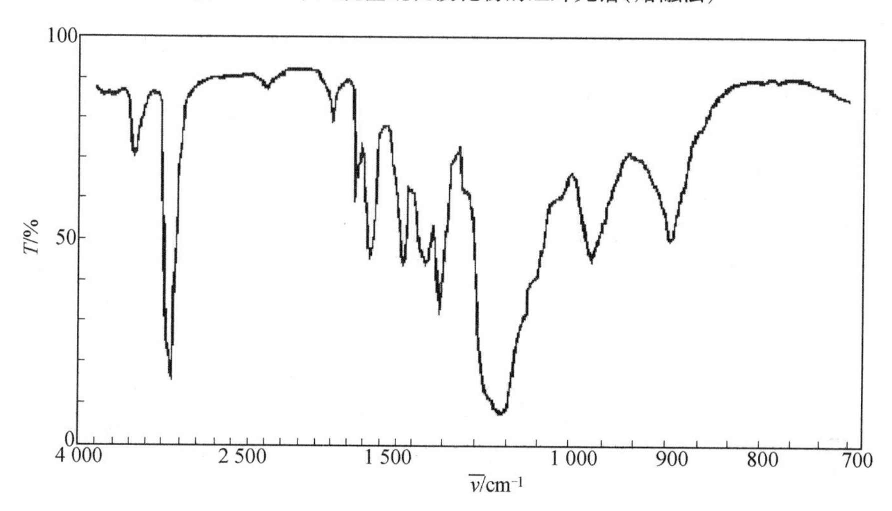

图 3.53 壬基酚聚氧乙烯醚的红外光谱

两性表面活性剂能随 pH 的变化而形成酸型或盐型结构,可以根据红外光谱了解其分子结构及反应过程。图 3.55 所示为椰子脂肪酰二乙醇胺的红外光谱,1 610 cm^{-1}处出现酰氨基团中 C ═O 的伸缩振动强吸收,3 330 cm^{-1}、1 050 cm^{-1}分别出现 N—H 的伸缩振动和弯曲振动吸收。

(8)氨基酸。

氨基酸的红外吸收特征区是 1 725 cm^{-1}处羧基中 C ═O 的伸缩振动强吸收,1 200 cm^{-1}处 C—O 的伸缩振动强吸收,1 588 cm^{-1}处 N—H 的弯曲振动弱吸收。其在碱性条件下能转变为盐型结构,使 1 725 cm^{-1}、1 200 cm^{-1}两处强吸收消失,同时在1 610 ~ 1 550 cm^{-1}、1 400 cm^{-1}处出现羧酸盐基团的伸缩振动吸收谱带。对于两性离子结构的氨基酸,1 400 cm^{-1}处出现的吸收峰会发生蓝移,并与 1 380 cm^{-1}处饱和 C—H 的弯曲振动吸收重叠,该现象是证明氨基酸含有两性离子的特征吸收。

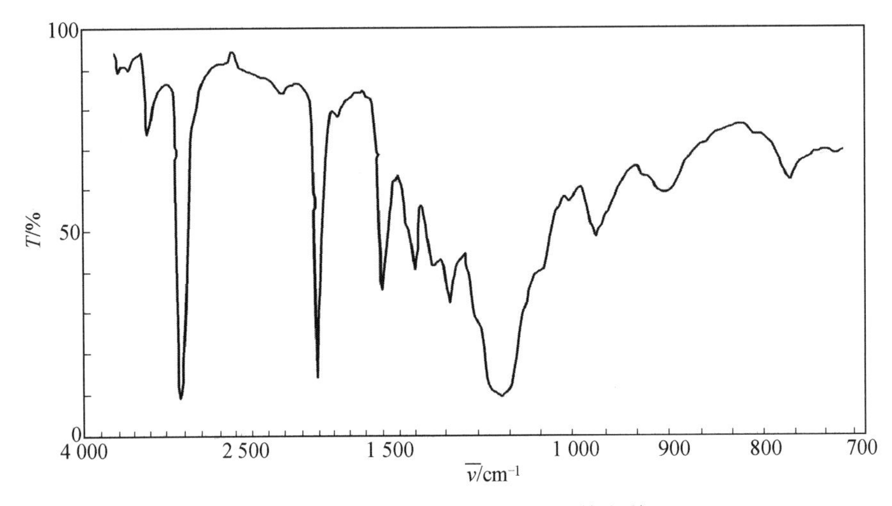

图 3.54　油酸聚氧乙烯酯的红外光谱

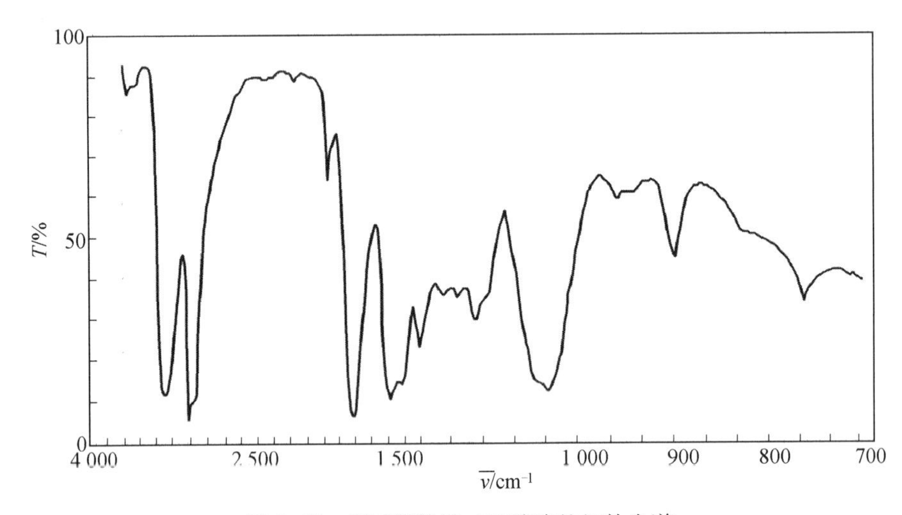

图 3.55　椰子脂肪酰二乙醇胺的红外光谱

(9)甜菜碱。

甜菜碱是分子中具有酸性基团的季铵盐类表面活性剂。其酸性结构的红外吸收特征区是 1 740 cm^{-1}处羧基中 C ═O 的伸缩振动强吸收,1 200 cm^{-1}处 C—O 的伸缩振动强吸收。当其转变为盐型结构时上述吸收消失,同时在 1 640 ~ 1 600 cm^{-1}区域出现羧酸盐基团的伸缩振动吸收谱带,960 cm^{-1}处出现$(CH_3)_3N$—的特征吸收峰。

图 3.56 所示为硬脂基-N-羧甲基-N-羟乙基咪唑甜菜碱的红外光谱。其谱图在 1 680 ~ 1 600 cm^{-1}出现羧酸离子中 C ═O 的伸缩振动和咪唑啉环中 C ═N 伸缩振动强吸收,3 333 cm^{-1}、1 075 cm^{-1}处出现羟乙基中 O—H 和 C—O 的伸缩振动强吸收。另外,在该类型两性表面活性剂的合成过程中,会生成酰胺化合物或酯化合物等副产物,会在 1 740 cm^{-1}附近出现酯基中 C ═O 的伸缩振动和在 1 550 cm^{-1}附近出现 N—H 的弯曲振动吸收峰。

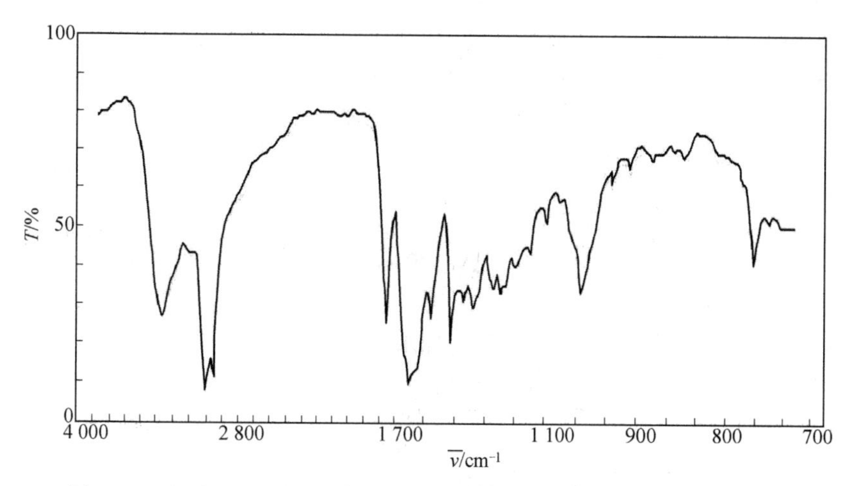

图 3.56　硬脂基-N-羧甲基-N-羟乙基咪唑甜菜碱的红外光谱(薄膜法)

3.5.6　红外光谱在化学反应研究中的应用

利用红外光谱可以跟踪化学反应过程、探索反应机理及研究化学反应动力学。例如,对于常用于制造皮革涂饰剂或涂料的有机化合物对苯二甲基二异氰酸酯,利用红外光谱通过外加内标的方法研究其体系的聚醚型聚氨酯的动力学过程,可由计算所得的反应速率常数、表观活化能及催化活化能等参数确定该反应过程为动力学二级反应。再如,红外光谱是一种简单跟踪、快速分析自由基中间体的方法。在安息香类化合物的光分解反应过程中,可以通过加入四氯化碳来标定酰基自由基中间体,推断该化学反应机理。

本 章 习 题

1. 某化合物的红外光谱中,其三键伸缩振动区和双键伸缩振动区均无吸收带,因此可以做出如下结论:

(1)该化合物分子中既无C≡C,也无 C═C;

(2)该化合物分子中无—N═C═O 基团和 >C═O 基团;

(3)该化合物分子中不存在—NH_2 基团。

以上三种说法中哪些正确,哪些不正确?为什么?

2. 分子中每个振动自由度是否都产生一个 IR 吸收峰?为什么?

3. C—H 与 C—Cl 的伸缩振动吸收峰何者相对强一些?为什么?

4. $\nu_{C=O}$与 $\nu_{C=C}$哪个峰强些?为什么?

5. 在醇类化合物中,为什么 ν_{-OH}随溶液浓度的增高向低波数方向移动?

6. 在化合物 R—OH 的 CCl_4 稀溶液的红外光中,ν_{-OH}吸收带位于 3 650 cm^{-1};如果用 R—OD 代替 R—OH,则 ν_{-OH}吸收带大约位于何处?

7. 顺-1,2-环戊二醇的 CCl_4 稀溶液在 3 630 cm^{-1}和 3 455 cm^{-1}出现两个尖锐吸收带,

试对这两个谱带进行归属。

8. 解释下列各化合物的 $\nu_{C=O}$ 吸收波数为什么有高低之分。

$O_2N-C_6H_4-CHO$　　　C_6H_5-CHO　　　$(CH_3)_2N-C_6H_4-CHO$

A. 1 708 cm^{-1}　　　B. 1 609 cm^{-1}　　　C. 1 660 cm^{-1}

9. 有一羟基苯甲醛，其 CCl_4 溶液的红外光谱中，ν_{-OH} 和 $\nu_{C=O}$ 吸收频率均不随浓度变化。试判断羟基相对于醛基的位置，并说明理由。

10. 根据所给条件，推断化合物的分子结构。

(1) 分子式为 C_6H_{12}，红外光谱如图 3.57 所示。

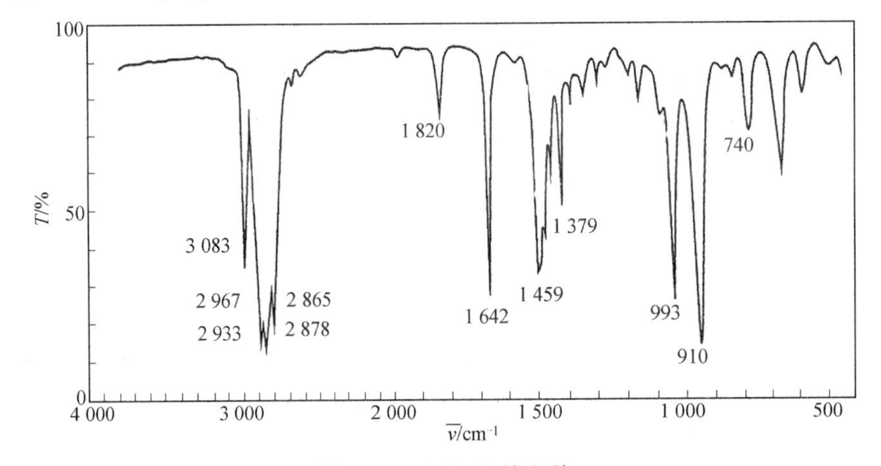

图 3.57　C_6H_{12} 红外光谱

(2) 分子式为 $C_{12}H_{10}$，红外光谱如图 3.58 所示。

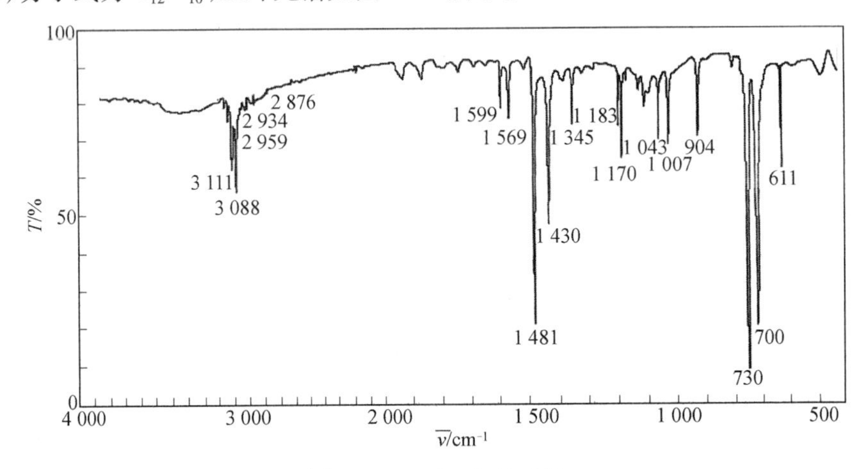

图 3.58　$C_{12}H_{10}$ 红外光谱

(3) 分子式为 C_7H_9N，红外光谱如图 3.59 所示。

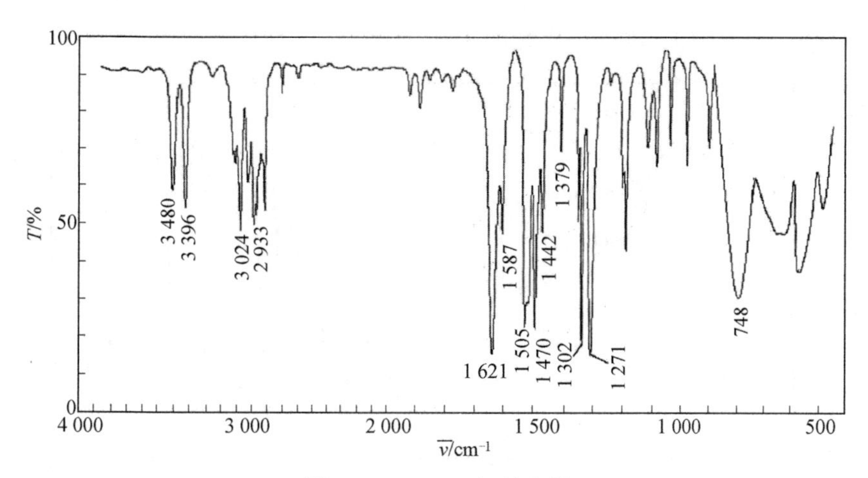

图 3.59　C_7H_9N 红外光谱

(4)分子式为 $C_4H_8O_2$,红外光谱如图 3.60 所示。

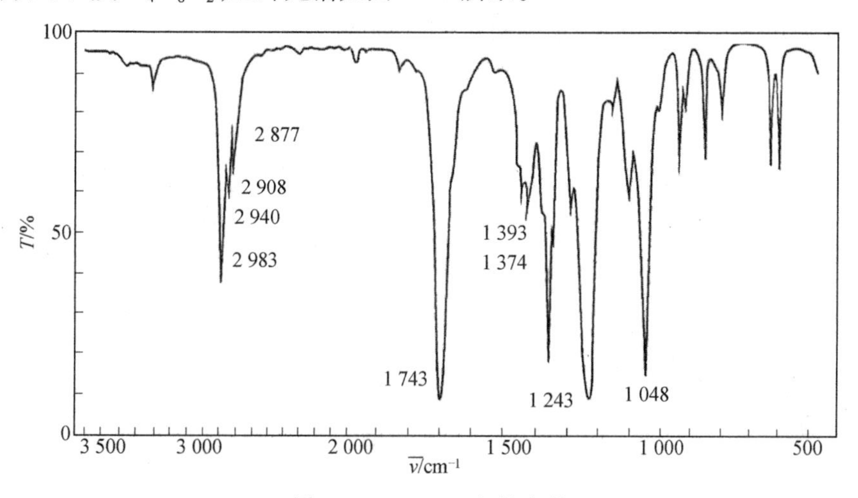

图 3.60　$C_4H_8O_2$ 红外光谱

(5)分子式为 $C_{10}H_{12}O$,红外光谱如图 3.61 所示。

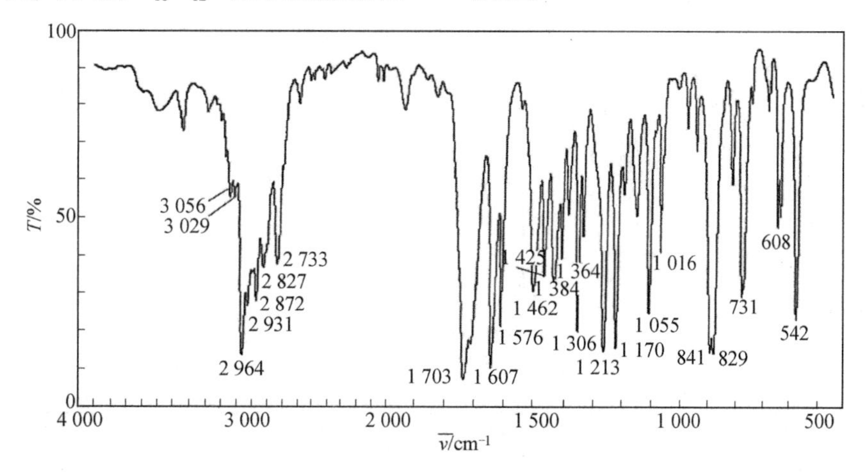

图 3.61　$C_{10}H_{12}O$ 红外光谱

(6)分子式为 C_8H_8O,红外光谱如图 3.62 所示。

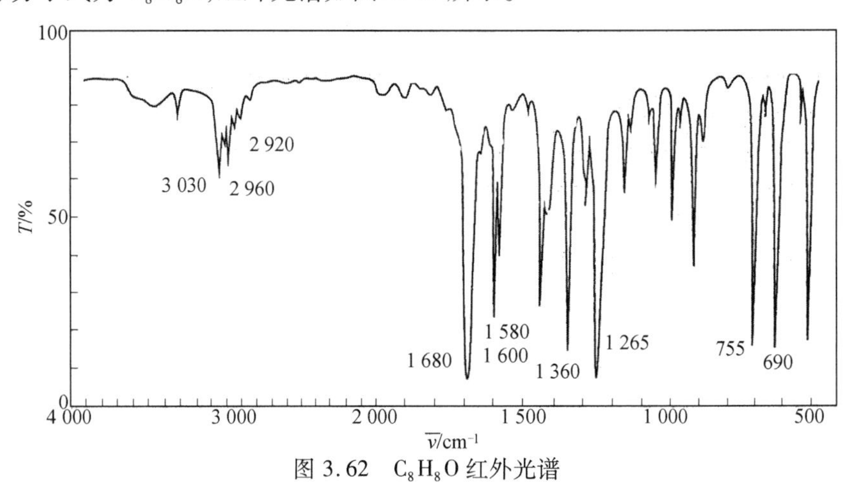

图 3.62 C_8H_8O 红外光谱

(7)分子式为 C_8H_{10},红外光谱如图 3.63 所示。

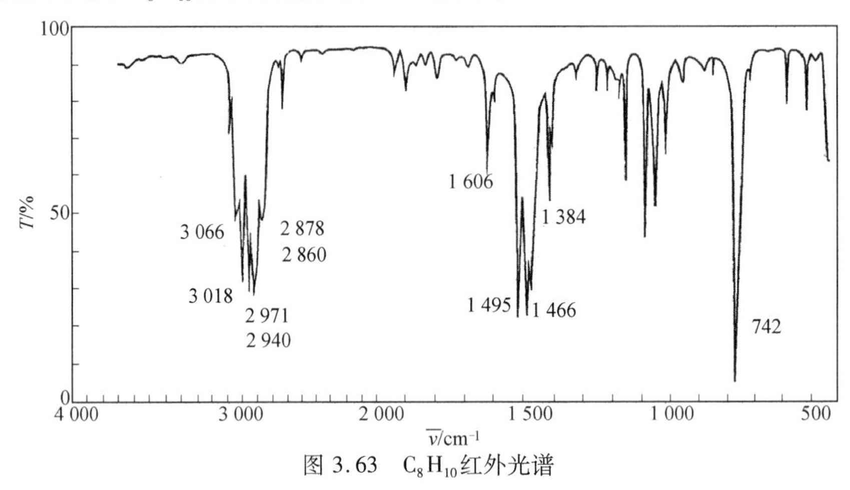

图 3.63 C_8H_{10}红外光谱

(8)分子式为 C_4H_5N,红外光谱如图 3.64 所示。

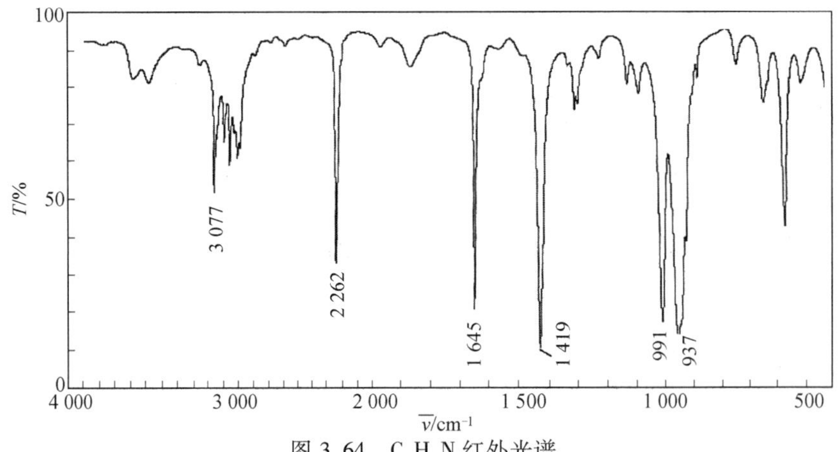

图 3.64 C_4H_5N 红外光谱

(9)分子式为 $C_4H_{10}O$,红外光谱如图3.65所示。

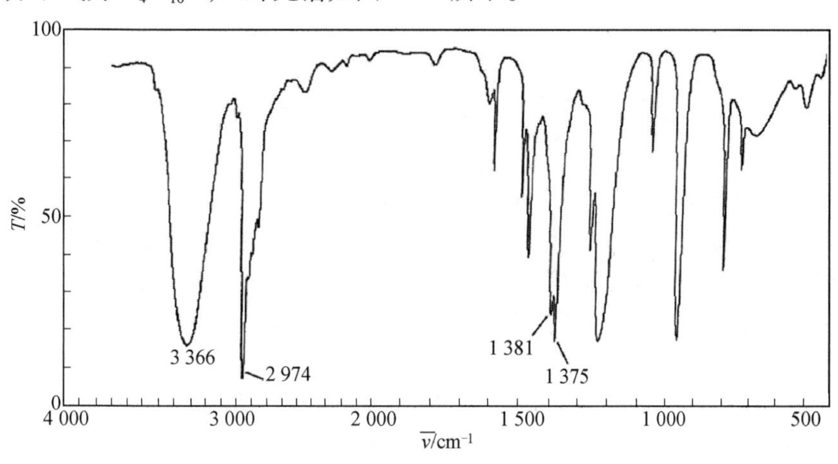

图3.65　$C_4H_{10}O$ 红外光谱

本章参考文献

[1] 李润卿,范国梁,渠荣遴.有机结构波谱分析[M].天津:天津大学出版社,2002.
[2] 崔永芳.实用有机物波谱分析[M].北京:中国纺织出版社,1994.
[3] 毛培坤.表面活性剂产品工业分析[M].北京:化学工业出版社,2003.
[4] 白玲,郭会时,刘文杰.仪器分析[M].北京:化学工业出版社,2018.
[5] 熊维巧.仪器分析[M].成都:西南交通大学出版社,2019.
[6] 朱鹏飞,陈集.仪器分析教程[M].2版.北京:化学工业出版社,2016.
[7] 邓芹英,刘岚,邓慧敏.波谱分析教程[M].北京:科学出版社,2007.
[8] 常建华,董绮功.波谱原理及解析[M].3版.北京:科学出版社,2017.

第4章 核磁共振波谱

核磁共振(Nuclear Magnetic Resonance,NMR)波谱学是近几十年发展起来的一门新学科,是指某些自旋原子核放入磁场后吸收一定频率的电磁波辐射,自旋方向改变,发生原子核能级跃迁,产生核磁共振信号的一种物理现象。早在1924年,美国科学家Pauli就提出处于外加磁场中的某些原子核会产生核磁共振。1945年,以斯坦福大学的Block和哈佛大学的Purcell为首的两个研究小组发现了水、石蜡中氢质子的核磁共振信号。1953年第一台商品化NMR谱仪问世。随着脉冲-傅立叶核磁共振波谱仪的研制成功,碳核或氮核等低丰度磁性核的测量成为可能。时至今日,NMR以量子光学和核磁感应为理论基础,分析了化学位移、耦合常数及各种原子核信号强度对比等结构信息。从核磁发现到核磁共振光谱,再到核磁共振成像,NMR已经在物理、化学、生理学或医学三大研究领域获得六次诺贝尔奖。目前,^{1}H-NMR和^{13}C-NMR是有机化合物结构鉴定的重要方法,广泛应用于生物化学、分析化学、有机化学等学科的研究。本章介绍核磁共振的原理、仪器和应用,主要介绍^{1}H-NMR谱,简略介绍^{13}C-NMR谱。

4.1 核磁共振基本原理

4.1.1 原子核的自旋与磁矩

1. 原子核的自旋

(1)自旋运动。

原子核是由质子和中子组成的带正电荷的粒子,具有一定的质量和体积。某一原子核围绕自身某个轴做的旋转运动称为原子核的自旋运动,原子核是否具有自旋运动的特性由自旋量子数(spin quantum number)I决定,I值取决于不同原子核的质量数与原子序数,见表4.1。

表4.1 各种原子核的自旋量子数

质量数(a)	原子序数(Z)	自旋量子数(I)	例子
偶数	偶数	0	^{12}C、^{16}O、^{32}S
	奇数	1,2,3…	$I=1$,$^{2}H_{1}$、$^{14}N_{7}$;$I=3$,$^{10}B_{5}$
奇数	奇数或偶数	1/2,3/2,5/2…	$I=1/2$,$^{1}H_{1}$、$^{13}C_{6}$、$^{19}F_{9}$; $I=3/2$,$^{11}B_{5}$、$^{35}Cl_{17}$; $I=5/2$,$^{17}O_{8}$

(2)自旋角动量。

原子核的自旋运动使其具有一定的自旋角动量,用 P 表示。P 为一个矢量物理量,其方向符合右手螺旋定则,与自旋轴重合。自旋角动量是量子化的,依据量子力学理论,可用自旋量子数表示,P 的数值与 I 的关系如下:

$$P=\frac{h}{2\pi}\sqrt{I(I+1)} \tag{4.1}$$

式中,P 为原子核的总角动量;I 为自旋量子数(表4.1);h 为普朗克常数。

由式(4.1)可知,$I=0$ 时,$P=0$,即原子核没有自旋现象;只有 $I>0$ 时,原子核才有自旋现象和自旋角动量。

2. 原子核的磁矩

原子核是带正电的粒子,当它围绕自旋轴运动时,电荷也围绕自旋轴旋转,如图4.1所示。如同通电螺线管的闭合电流一样,会产生磁矩(magnetic moment)μ,磁矩方向可用右手定则确定,与 P 方向相互平行,大小与角动量 P 成正比:

$$\mu=\gamma P,\quad \gamma=\mu/P \tag{4.2}$$

式中,γ 为旋磁比,不同原子核的 γ 不同,它是原子核的特征常数。

①$I=0$ 时,原子核无自旋,$\mu=0$,如 ^{12}C、^{16}O、^{32}S 等。此类原子核不能用NMR测定。

②$I\neq0$ 时,原子核自旋,$\mu\neq0$,此类原子核可以发生核磁共振现象。

a. $I=1/2$ 时,原子核的核外电子云在自旋过程中呈均匀的球形分布,如 ^{1}H、^{13}C、^{15}N、^{31}P 等,这些原子核的核磁共振信号较为简单,为NMR的主要研究对象。

b. $I>1/2$ 时,原子核的自旋过程中,电荷在核表面非均匀分布,可以看作是绕主轴旋转的椭球体,核磁共振信号复杂。

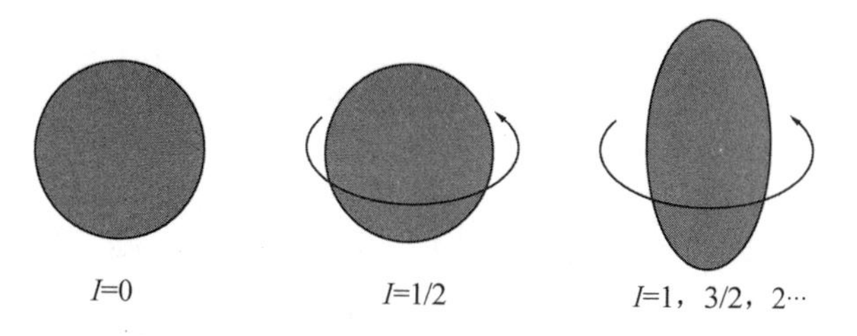

图4.1 原子核的自旋形状

4.1.2 核磁共振

(1)自旋核在磁场中的拉莫尔进动。

在重力场中,陀螺以某一角度在地面上做回旋运动时,其自旋轴虽有倾斜,但地心引力作用使其倾斜度不变,且以一定夹角 θ 绕其重力线回旋运动(图4.2(a))。从经典力学角度,当原子核在外磁场中做自旋运动时,核自旋产生的磁场与外磁场间相互作用,使原子核的自旋轴会绕着外磁场方向,并以某一角度 θ 进行回旋运动(即核自旋且围绕外磁场回旋,图4.2(b)),这种类似于陀螺旋转的回旋运动称为进动或拉莫尔进动(Larmor precession)。

原子核在磁场中进行拉莫尔进动,进动时具有的频率称为拉莫尔频率。自旋核的角

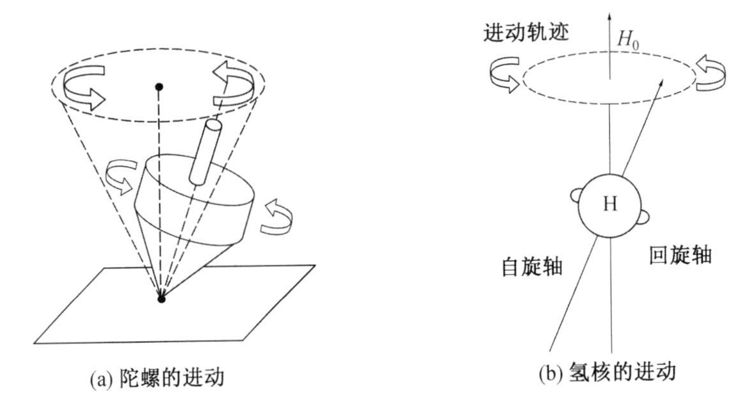

(a) 陀螺的进动 (b) 氢核的进动

图 4.2　拉莫尔进动示意图

速度为 ω_0，拉莫尔频率 υ_0 与外磁场强度 H_0 的关系满足拉莫尔方程。由式(4.4)可知，当外加磁场一定时，υ_0 与 γ 成正比，不同原子核的 γ 不同，所以 υ_0 也不同。若为同一原子核时，旋磁比 γ 为常数，此时 υ_0 与 H_0 成正比，外加磁场强度越高，该原子核的拉莫尔频率越大。

$$\omega_0 = 2\pi\upsilon_0 = \gamma H_0 \tag{4.3}$$

$$\upsilon_0 = \gamma H_0/2\pi \tag{4.4}$$

(2) 自旋取向与能级分裂。

①原子核的自旋取向。

原子核的自旋角动量 P 在直角坐标 Z 轴上的分量为 $P_Z = mh/2\pi$，故磁矩在 Z 轴上的分量为 $\mu_Z = \gamma P_Z = \gamma mh/2\pi$，$m$ 为磁量子数。在无外磁场时，原子核磁矩的取向任意，而外磁场中的磁性原子核的自旋取向是量子化的，可用磁量子数 m 表示原子核自旋不同的空间取向，任何一个原子核都具有$(2I+1)$个自旋取向，每个取向的磁量子数 m 值由自旋量子数 I 决定：

$$m = I, I-1, I-2, \cdots, -I \tag{4.5}$$

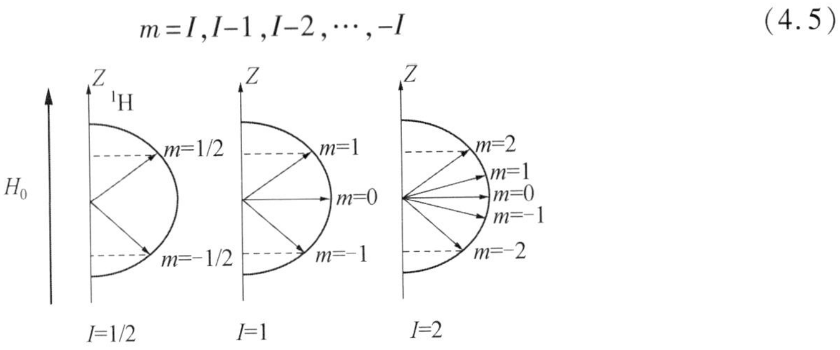

自旋取向示意图如图 4.3 所示。

a. ^{1}H 核的 $I=1/2$，在外加磁场中，其自旋取向数为 2，$m=\pm1/2$。

$m=1/2$，磁矩与外加磁场 H_0 方向一致，顺磁；

$m=-1/2$，磁矩与外加磁场 H_0 方向相反，逆磁。

两种取向不完全与外磁场平行，$\theta=54°24'$ 和 $\theta=125°36'$。

b. ^{2}H 核的 $I=1$，在外加磁场中，其自旋取向数为 3，$m=-1/2, 0, 1/2$。

$m=1/2$，磁矩与外加磁场 H_0 方向一致，顺磁；

$m=0$，磁矩与外加磁场 H_0 垂直；

$m=-1/2$，磁矩与外加磁场 H_0 方向相反，逆磁。

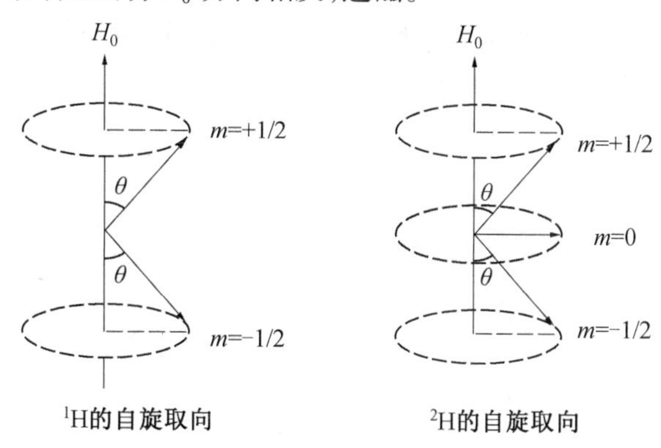

图 4.3　自旋取向示意图

②能级裂分。

无外加磁场存在时，原子核只有一个简单的能级。外磁场作用下，磁性原子核产生不同取向，就会形成能级裂分的现象，此现象称为空间量子化。原子核的自旋取向数等于能级裂分数，即裂分为 $(2I+1)$ 个能级。根据电磁学理论，裂分后的能级具有不同能量（式(4.6)），外加磁场越强，能级裂分越多，高低能态的能级差也越大。

$$E=-\mu_Z H_0=-H_0\gamma mh/2\pi \tag{4.6}$$

$I=1/2$，^{1}H 核裂分为两个能级，$m=\pm1/2$；$I=1$，^{2}H、^{14}N 核裂分为三个能级，$m=-1,0,1$；$I=2$，核裂分为五个能级，$m=-2,-1,0,1,2$。

能级裂分与能级差示意图如图 4.4 所示。

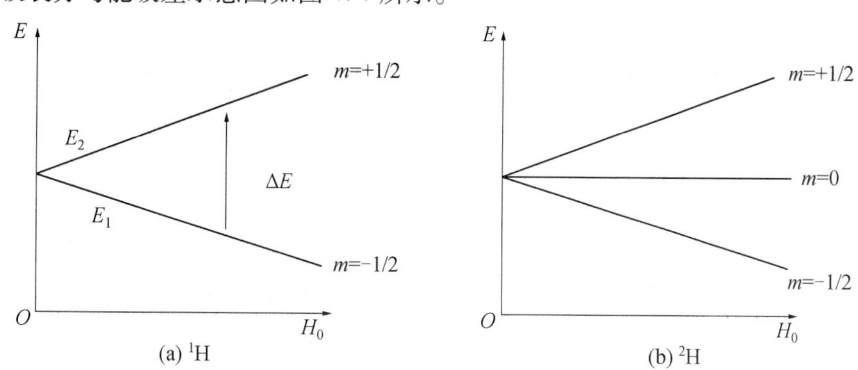

图 4.4　能级裂分与能级差示意图

^{1}H 核裂分为两个能级，$m=\pm1/2$：

$m=1/2$，$E_1=-H_0\gamma h/4\pi$，顺磁性，氢核处于低能态；

$m=-1/2$，$E_2=H_0\gamma h/4\pi$，抗磁性，氢核处于高能态。

$\Delta E=E_2-E_1=H_0\gamma h/2\pi$。

(3)核磁共振的条件。

①自旋的原子核（磁性核）。某一自旋原子核（$I\neq0$）处于外加磁场 H_0 中时，自旋核在磁场中回旋进动产生拉莫尔频率（υ_0）。

②外磁场作用下，能级分裂为顺磁性低能态和抗磁性高能态，产生能级差 ΔE。

③照射与 H_0 方向垂直的一定频率的电磁波($\upsilon_{射}$),$E_{射}=h\upsilon_{射}$。若入射频率与拉莫尔频率相等($\upsilon_0=\upsilon_{射}$),电磁波的能量就被吸收,自旋核由低能级跃迁至高能级,发生核磁共振现象,此时 $E_{射}=\Delta E$,即 $\upsilon_0/H_0=\gamma/2\pi$。

核磁共振吸收示意图如图 4.5 所示。

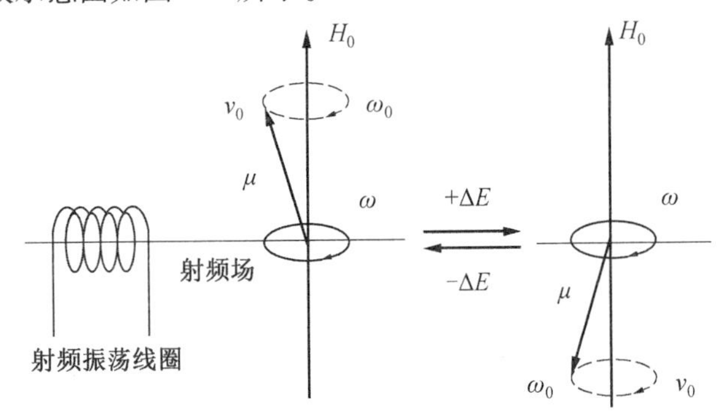

图 4.5 核磁共振吸收示意图

4.1.3 自旋核的弛豫过程

^1H 核或 ^{13}C 核置于外磁场 H_0 中,其自旋能级将被裂分,如 ^1H 核能级裂分为二:$m=1/2$,顺磁状态低能级的基态;$m=-1/2$,逆磁状态高能级的激发态。其低能级的核数仅比高能级高百万分之十左右,两种状态下的能级差 ΔE 很小。根据玻尔兹曼分布,低能态的核(N_2)与高能态的核(N_1)的关系可以用玻尔兹曼因子来表示:

$$\frac{N_2}{N_1}=\exp\left(-\frac{\Delta E}{KT}\right)\cong 1-\frac{\Delta E}{KT} \tag{4.7}$$

式中,N_1 为处于低能级的核数;N_2 为处于高能级的核数;ΔE 为两能级的能量差;K 为玻尔兹曼常数(1.38×10^{-23} J/K),T 为绝对温度。若将 10^6 个氢核放入温度 25 ℃、磁场强度为 4.69 T 的磁场中,则 N_1 与 N_2 之比为 0.999 967,$N_1=500\ 008$,$N_2=499\ 992$,即处于低能态的氢核仅比高能级多 16 个。

对于任何一个原子核,由低能级向高能级或由高能级向低能级的跃迁概率几乎一样,但低能态的核数目略多。若照射适当电磁波,过剩的低能态核吸收此能量后,由基态跃迁至激发态将产生核磁共振信号。但是,由于 N_1 和 N_2 相差不大,若处于高能态的核不能降回到原来的低能态,没有过剩的低能态核可以跃迁,试样就会达到“饱和”状态,NMR 信号将减弱甚至消失。因此,为了保有微弱过剩的低能态核,被激发到高能态的核必须通过适当的途径,释放能量后降回到原来的低能态。这种使激发态的核由高能态降回低能态的过程称为弛豫过程,通常 NMR 中有两种重要的弛豫过程。

（1）自旋-晶格弛豫（spin-lattice relaxation）。

自旋-晶格弛豫又称为纵向弛豫，是指处于高能态的自旋核与其周围环境之间的能量交换过程。其实质是高能态的核将能量转移给周围分子，使周围分子产生热运动的同时自身降回到低能态，如固体样品传递给晶格、液体样品传递给周围的同类分子或溶剂。自旋-晶格弛豫的结果使高能态核数减少，低能态核数增加，全体核的总能量降低。

某一体系通过自旋-晶格弛豫过程达到热平衡状态的时间用 T_1 表示，它与核的种类、样品状态、环境温度等有关。T_1 越小，纵向弛豫过程的效率越高；T_1 越大则效率越低，体系容易达到“饱和”，难以测得 NMR 信号。一般气体或液体样品的 T_1 较小，只有 10^{-4} ~ 10^{-2} s；固体样品的 T_1 较长，可达几小时甚至更长。

（2）自旋-自旋弛豫（spin-spin relaxation）。

自旋-自旋弛豫又称为横向弛豫，是指处于不同能级自旋核之间的能量交换过程，此过程中处于高能态的自旋核把能量传递给处于低能态的同类磁等价核后弛豫降回至低能级，同时一些低能态的自旋核获得能量后再跃迁至高能级。二者之间能态转换，但体系中各种能态核的总数并没有改变，体系总能量不变。自旋-自旋弛豫过程的时间用 T_2 表示。固体样品或黏稠液体（高分子样品）自旋核之间的位置相对固定，自旋核之间能量传递的 T_2 约为 10^{-3} s；而液体样品的 T_2 约为 1 s。

一般在外磁场作用下，自旋核弛豫时间 T_1 或 T_2 中的较小者，决定了自旋核在某一较高能级停留的平均时间。T_1 与峰强成反比，T_1 越小，核磁共振信号越强；T_2 与峰宽成反比，T_2 越小，核磁共振吸收峰越宽。通常 NMR 谱线太宽不利于分析，应选择适当的共振条件得到符合要求的 NMR 谱图。固体样品的 T_2 很小、谱线很宽，为得到高分辨率的 NMR 谱图，需要把固体样品配成溶液、黏稠度高的液体，稀释后进行测定。此外，若测试溶液中含有顺磁性物质会缩短 T_2 时间，使谱线加宽，故测试 NMR 时样品中不能含有顺磁性物质。

4.2　核磁共振波谱仪

4.2.1　核磁共振波谱仪的分类

（1）按磁铁类型分类：永久磁铁，辐射射频可达 100 MHz；电磁铁，辐射射频可达 100 MHz；超导磁铁，辐射射频可达 200 MHz、400 MHz、600 MHz。

（2）按射频分类：按射频分类即按仪器固定射频的频率（60 MHz 、90 MHz、100 MHz、200 MHz、400 MHz、600 MHz）分类。

（3）按扫描方式分类：连续波式（CW-NMR）和脉冲傅立叶变换式（PFT-NMR）。

（4）按仪器测定条件分类：窄孔波谱仪（用于测定液体）和宽孔波谱仪（用于测定固体或液体）。

4.2.2　核磁共振的方法

由核磁共振的条件可知，若实现核磁共振，必须满足 $\upsilon_0/H_0=\gamma/2\pi$，故可将式中射入

频率 v_0 和外磁场 H_0 设为变量，其余设为常数，采用以下两种方法进行核磁共振。

（1）扫频式（frequency sweep）。

将样品放入 H_0 固定不变的外磁场中，逐渐改变射入频率 v_0，直至满足 $v_0/H_0=\gamma/2\pi$，产生核磁共振现象的方法称为扫频式。即便扫频式比较复杂，很多仪器中还是配有此类装置。

（2）扫场式（field sweep）。

将样品用射入频率 v_0 固定不变的电磁波照射，并缓慢改变外磁场 H_0 的强度，直至满足 $v_0/H_0=\gamma/2\pi$，产生核磁共振现象的方法称为扫场式。扫场式容易控制，一般仪器都采用扫场的方式。

4.2.3　连续波核磁共振波谱仪

连续波核磁共振波谱仪（CW-NMR）的主要组成部件是磁铁、样品管、射频（RF）发射器、扫描发生器、信号检测与记录处理系统，后三项部件装在波谱仪内，具体结构如图 4.6 所示。

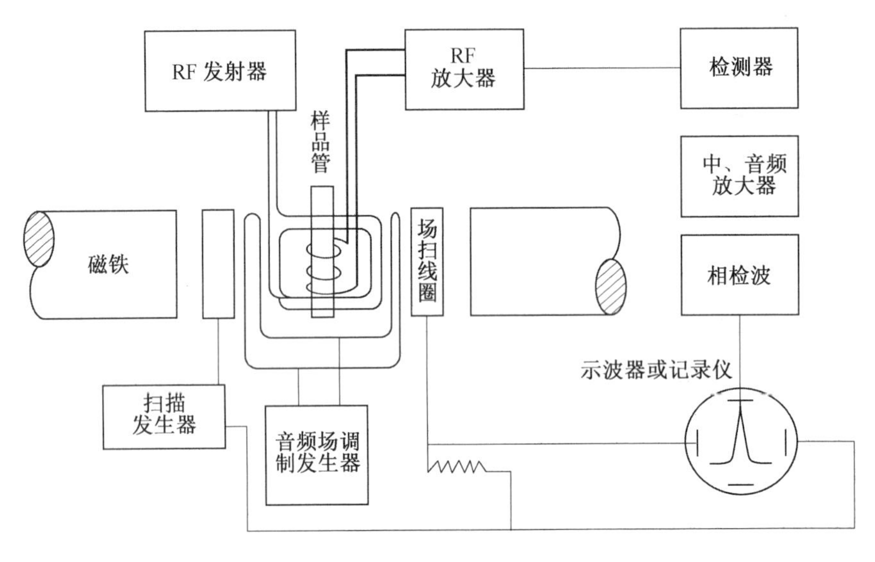

图 4.6　连续波核磁共振波谱仪示意图

（1）磁铁。

磁铁是核磁共振波谱仪最基础的组成部分，它用来产生均匀而稳定的外加磁场（H_0），常使用的磁场有永久磁铁、电磁铁和超导磁铁三种。核磁共振波谱仪的磁场单位用 MHz 表示，磁场强度越大，仪器灵敏度越高，所得 NMR 谱图越简单、越易解析。通常在磁铁上有一个扫描线圈（亥姆霍兹线圈），内通直流电，可产生附加磁场来调节原有磁场的 H_0，连续改变磁场强度，从左侧低磁场强度扫描至右侧高磁场强度，使各种氢核在不同磁场条件下产生共振现象。连续波核磁共振波谱仪利用的是扫场式方法，这种仪器已经基本不生产。目前，超导磁铁最高可达到 950 MHz，被用于脉冲傅立叶变换核磁共振波谱仪。

(2)探头。

探头是核磁共振波谱仪的心脏部分,安装在磁体间隙内,用来检测核磁共振信号。探头内放置样品管、发射线圈、接收线圈、预放大器等元件。待测试样放入样品管内,再置于绕有接收线圈和发射线圈的套管内,外加磁场和射频源通过探头作用于试样。探头还常装有一个气动涡轮机,它能够使样品管以40~60周/s的速度旋转,让待测试样感受到均匀的磁场强度。

(3)射频发射器。

高分辨核磁共振波谱仪要求有稳定的射频频率和精度,首先通过恒温下的石英晶体振荡器得到基频,再由倍频、调频和精度放大得到所需的射频信号源。射频发射器通常安装在与外磁场垂直方向上,固定发射与 H_0 相匹配的射频(如60 MHz、90 MHz)。其输出频率可依据需要而选择,既使待测核有效地产生核磁共振,又不会出现饱和现象,通常不高于 5×10^{-9} T。

(4)扫描发生器。

扫描速度的快慢是影响核磁共振信号峰显示的主要因素,扫描速度太慢,NMR信号易饱和;扫描速度太快,NMR信号检测不完全,造成峰形变宽,分辨率降低。故可在小范围内改变外磁场强度,通过扫场线圈使样品管的磁场强度由低到高变化,满足核磁共振条件的扫描速度一般为 $3\times10^{-7}\sim10\times10^{-7}$ T/min。

(5)信号检测与记录处理系统。

①信号检测接收单元。射频接收器线圈与射频振荡器、扫描线圈三者相互垂直,并且水平缠绕在样品管外面的探头上。首先,射频接收线圈接受共振信号,再由探头预放大得到检测信号,最后经过一系列检波、放大后记录下来,横坐标是磁场强度,纵坐标是共振峰强度,显示在记录仪上得到NMR谱图。现代NMR仪器常配有积分处理装置,通过积分处理来预估各类自旋核的相对数目及含量,有助于NMR的定量分析。

②信号累加。CW-NMR还配有去耦仪、温度可变装置、信号累计平均仪(CAT)等扩展功能装置。若将试样重复扫描 N 次,并使各检测信号进行累加,可提高CW-NMR的灵敏度。CW-NMR性能稳定、操作简便,应用较广泛。但其样品用量较多(10~50 mg)、测试时间较长,只能检测天然丰度高的核(如 ^{1}H、^{19}F、^{31}P),无法检测 ^{13}C 等天然丰度低的核。

4.2.4 脉冲傅立叶变换核磁共振波谱仪(PFT-NMR)

(1)PFT-NMR波谱仪的工作原理。

PFT-NMR是20世纪70年代出现的新型核磁共振波谱仪,与CW-NMR的主要差别在于信号观测系统,PFT-NMR仪器构造中增加了脉冲程序控制器和数据采集处理系统。利用PFT-NMR测试时,能够使适当宽度的射频脉冲作为"多道发射机",使所有待测核同时激发(共振),它所获得的核磁共振信号是自由感应衰减(FID)信号,FID信号是时间函数,多种自旋核的FID信号是复杂的干涉波,计算机将FID数据经过傅立叶变换运算转变为频率函数,再经过数模变换为常规核磁共振波谱图,工作过程如图4.7所示。

(2)PFT-NMR波谱仪的优点。

①灵敏度。灵敏度是衡量仪器检测最少样品量的能力,一般选用乙基苯作为NMR

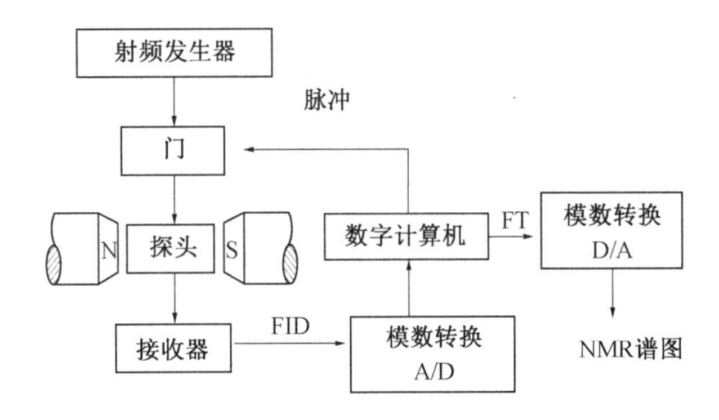

图 4.7　PFT-NMR 的工作过程示意图

测试的标准品，若最大噪声高度为 N、最高峰丰度为 S，则灵敏度为 $2.5S/N$。PFT-NMR 波谱仪可以对少量样品（≤10 mg）进行多次累加测定，使仪器的信噪比提高$\sqrt{n}$倍，并在数秒内完成所有 FID 信号的傅立叶变换。通常 PFT-NMR 的灵敏度比 CW-NMR 的灵敏度提高两个数量级以上，可以测定天然丰度极低、旋磁比较小的自旋核。

②扫描速度。PFT-NMR 波谱仪的脉冲作用时间为微秒数量级，根据傅立叶级数的数学原理，一个脉冲被认为是矩形周期函数的一个周期。若脉冲需重复使用，两次脉冲间的间隔一般仅为几秒。同时，PFT-NMR 可以设计多种脉冲序列，较快地完成测定得到一维、二维或三维的 NMR 谱图，有利于自旋核的动态过程、瞬态过程、化学反应动力学过程等方面的研究。

③分辨率。分辨率是指仪器分辨相邻谱线的能力。分辨率越高，谱线越窄。一般选用乙醛作为标准品来验证仪器的分辨率，通常 NMR 仪器的分辨率在 0.1 ~ 0.4 Hz，而 PFT-NMR 波谱仪对^{1}H 核的分辨率可达到 0.45 Hz，信噪比高于 600：1，高分辨率对探究有机化合物、药物分子合成、高分子合成及生物分子的结构研究发挥重要作用。

④稳定性。仪器的稳定性用信号是否飘移来衡量。通常要求短期稳定性信号飘移小于 0.2 Hz/h，长期稳定性信号飘移小于 0.6 Hz/h。PFT-NMR 波谱仪使用的超导磁铁内装有铌钛合金丝绕成的螺线管，通电闭合后产生很强的磁场，使波谱仪能较快地达到稳定状态。

4.2.5　核磁共振波谱的测定

NMR 测定分析对样品纯度的要求较高，试样中若含有杂质将导致局部磁场的不均匀而使谱线变宽，影响 NMR 测定效果和谱图质量。

(1)试样管。

根据不同 NMR 仪器和实验要求，可以选择不同外径（Φ=5 mm、8 mm、10 mm）的试样管，微量操作时使用微量试样管（V=0.025 mL）。通常固体样品或黏稠性液体样品需要配成溶液，试样管的内径一般为 4 mm，装入 0.4 mL 质量分数约为 10% 的样品溶液进行检测。

(2)溶液的配制。

常规 NMR 仪器测定的试样质量浓度为 50 ~ 100 g/L，纯样量为 15 ~ 30 mg。PFT-

NMR 波谱仪测定的试样量可以减少很多，^{1}H-NMR 谱仅需要 1 mg 左右，有时甚至几毫克；^{13}C-NMR 谱需要几到几十毫克。

（3）标准试样。

标准物是用来调整谱图零点的物质，对于^{1}H-NMR 谱和^{13}C-NMR 谱，使用最理想的标准物质是四甲基硅烷（TMS）。与大多数有机化合物相比，TMS 的沸点较低（27 ℃），并且它的核磁共振峰出现在高磁场区，化学位移 $\delta=0$。通常把 TMS 配置成 10% ~20% 的四氯化碳或氘代氯仿溶液，测试样品时加入 2 ~3 滴。此外，高温操作时，采用六甲基二硅醚（HMDS）为标准试样，其化学位移 $\delta=0.04$；极性较大的化合物用重水作为溶剂时，采用 4,4-二甲基-4-硅代戊磺酸钠（DSS）为标准试样。

（4）溶剂的选择。

^{1}H-NMR 谱的理想溶剂应该不含质子，对样品的溶解性好，且价格便宜不与样品发生缔合作用。常用的理想溶剂有四氯化碳和二硫化碳，还有氯仿、丙酮、二甲亚砜等含氢溶剂。为避免溶剂质子信号的干扰，还采用它们的氘代衍生物。但氘代溶剂中常有残留^{1}H 核会在谱图上出峰，其 NMR 谱峰的位置见表 4.2。

表 4.2　商品氘代溶剂中残余^{1}H 核的位移位置

溶剂	同位素原子数分数/%	残余质子的位置					
		基团	δ	基团	δ	基团	δ
乙酸	99.5	甲基	2.05	羟基	11.53		
丙酮	99.5	甲基	2.05				
乙腈	98	甲基	1.95				
苯	99.5	次甲基	7.20				
氯仿	99.8	次甲基	7.25				
环己烷	99.0	亚甲基	1.40				
重水	99.8	羟基	4.75				
乙醚	98	甲基	1.16	亚甲基	3.36		
二甲基甲酰胺	98	甲基	2.16	甲基	2.94	甲酰基	8.05
二氧六环	98	亚甲基	3.55				
乙醇（无水）	98	甲基	1.17	亚甲基	3.59	羟基	2.60
甲醇	99	甲基	3.35	羟基	4.84		
吡啶	99	α 位	8.70	β 位	7.20	γ 位	7.58
四氢呋喃	98	α-亚甲基	3.60	β-亚甲基	0.75		
二氯甲烷	99	亚甲基	5.35				
二甲亚砜	99.5	甲基	2.50				

4.2.6　核磁共振波谱图

^{1}H-NMR 谱图的横坐标表示吸收峰的位置，用化学位移表示，纵坐标表示吸收峰的

强度。谱图右侧是高磁场、低频率区;左侧是低磁场、高频率区。谱图上有两组曲线,下面为核磁共振波谱线,表示化合物中各类氢核的吸收峰;上面的阶梯曲线为积分线,表示各组吸收峰的积分高度,由此可得到各类产生核磁共振氢核数之比例。例如,图 4.8 乙醚的^{1}H-NMR 谱中出现两组吸收峰,右侧三重峰为甲基共振吸收峰,左侧四重峰为亚甲基共振吸收峰。

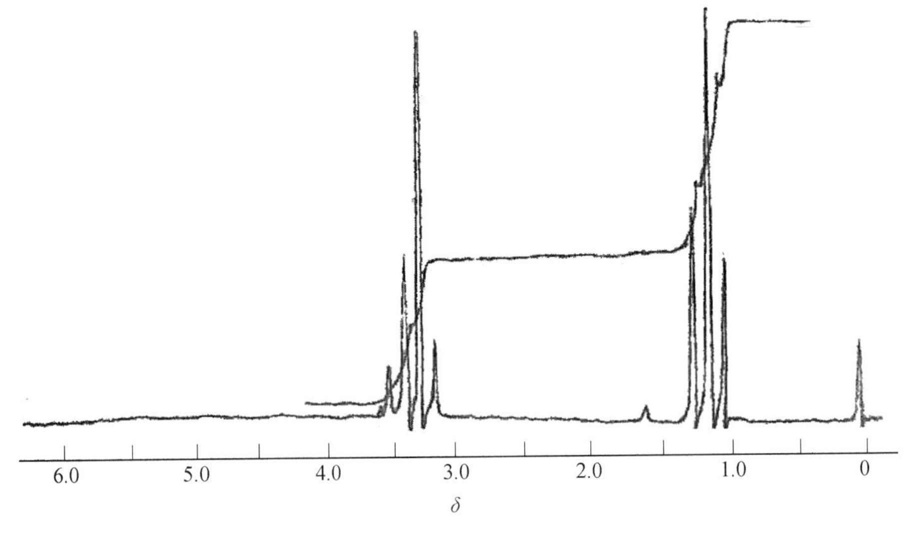

图 4.8　乙醚的^{1}H-NMR 谱图

4.3　化学位移及其影响因素

4.3.1　电子屏蔽效应

由 Larmor 方程 $\upsilon_0=\gamma H_0/2\pi$ 可知自旋核的共振频率 υ_0 与外磁场强度 H_0 的函数关系,依据磁场强度可以计算出该核的共振频率。有机化合物中含有多种不同的氢核,若它们的共振频率都相同,^{1}H-NMR 测定将无法将其区分,失去了研究化合物结构的意义。事实上在恒定的射频场中,同一类自旋核的共振吸收峰会受到周围化学环境的影响而有所差异,一般氢核共振磁场的差异在 10 左右。那么,为什么会产生这种现象呢?

Larmor 方程的成立条件是以纯粹裸核为研究对象推导的公式,而分子中的磁核并不是裸核,核外包围着电子云。在外磁场 H_0 的作用下,核外电子在与外磁场垂直的平面上绕核旋转形成微电流,产生一个与外磁场相对抗的感应磁场,感应磁场的存在一定程度上屏蔽了外磁场对磁核的作用,这种现象称为电子屏蔽效应,如图 4.9 所示。

感应磁场的强度与 H_0 成正比,用 σH_0 来表示,其中 σ 称为屏蔽常数,用来衡量屏蔽作用的强弱,反映屏蔽效应的大小,其数值由自旋核周围电子云密度的大小决定,而电子云密度的大小又与其周围的化学环境相关。由于屏蔽效应的存在,自旋核实际受到的磁场强度称为有效磁场强度 H_{eff},表示为

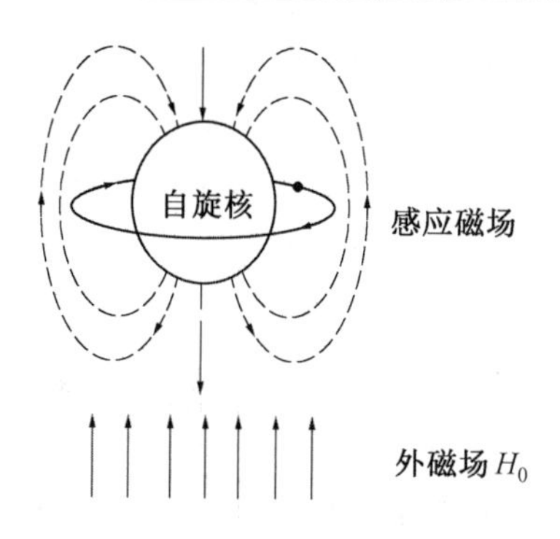

图 4.9　电子屏蔽效应示意图

$$H_{\text{eff}}=H_0-\sigma H_0=H_0(1-\sigma) \tag{4.8}$$

故实际核磁共振的条件应为

$$\upsilon_0=\gamma H_0(1-\sigma)/2\pi \tag{4.9}$$

一般采用固定射频 υ_0，缓慢改变外磁场 H_0 强度的方法来达到式(4.9)的要求，产生核磁共振现象。式(4.9)中，υ_0 和 γ 为常数，产生共振吸收磁场强度的大小由屏蔽常数决定。不同化合物中的氢核种类不同，核外电子云分布不同，σ 值不同。核外围电子云密度的大小与其相邻原子或原子团的亲电能力、化学键的类型有关。通常自旋核周围的电子云密度越大，σ 越大，σH_0 越大，屏蔽效应越强，核磁共振吸收峰出现在高磁场(低频率)区。与之相反，σ 越小，σH_0 越小，屏蔽效应越弱，核磁共振吸收峰出现在低磁场(高频率)区。因此，在同一频率 υ_0 下，不同化学环境中自旋核的共振吸收峰将出现在 NMR 谱图的不同磁场强度(或不同频率)位置。

4.3.2　化学位移及其表示方法

不同的自旋核在分子中所处的化学环境不同，将其在不同的磁场强度(或不同频率)下产生核磁共振吸收的现象称为化学位移。以氢核为例，在有机化合物中，化学环境不同的各种氢核间的化学位移变化只有百万分之一的差异，如果以核磁共振频率或共振磁场强度的绝对值来表示化学位移，则很难进行辨别，难以达到所要求的测定精度。例如 60 MHz谱仪测得乙基苯中亚甲基和甲基的共振吸收频率之差为 85.2 Hz，而 100 MHz 的仪器上测得为 142 Hz，误差很大。

为了克服测试上的困难和避免因仪器不同所造成的误差，在实际工作中采用被测定自旋核的共振频率与标准物质的共振频率相对变化值来表示化学位移。NMR 测定过程中以标准物质的共振吸收峰为标准($H_{标}$ 或 $\nu_{标}$)，测定出某试样各类自旋核的共振吸收峰($H_{样}$ 或 $\nu_{样}$)，通过其与标样的差值 ΔH 或 $\Delta\nu$ 计算出相对变化的化学位移：

$$\delta=\frac{\Delta H}{H_{标}}\times10^6=\frac{H_{标}-H_{样}}{H_{标}}\times10^6 \tag{4.10}$$

或

$$\delta=\frac{\Delta\nu}{\nu_{标}}\times10^6=\frac{\nu_{样}-\nu_{标}}{\nu_{标}}\times10^6 \tag{4.11}$$

式(4.10)或式(4.11)中，δ 为化学位移，它是一个无量纲数。

最常用的标准试样为四甲基硅烷(TMS)，选择其作为标样的原因如下：

(1)TMS 有 12 个化学环境相同的^{1}H 核,在 NMR 谱图中出现一个尖锐的单峰,易于辨认。

(2)硅的电负性比碳更小,使 TMS 中 12 个^{1}H 核具有较大的屏蔽效应,共振吸收峰位于高磁场(低频率)区,大多数有机化合物中氢核的屏蔽效应弱于 TMS,共振吸收峰的位置都出现在 TMS 左侧,相对低磁场(高频率)区。

(3)TMS 化学性质不活泼,与待测试样间不发生化学反应或分子缔合。

(4)TMS 的沸点很低(27 ℃),NMR 测试后容易从样品中回收。

化学位移的相对表示法,既可提高 NMR 测试的精度,又可使不同磁场强度的 NMR 仪器测得的数据统一起来。国际纯粹与应用化学联合会(IUPAC)建议化学位移采用 δ 值表示,规定 TMS 的 δ 为 0,无论^{1}H-NMR 还是^{13}C-NMR 的共振吸收峰均在其左侧,δ 值为正。若出峰在 TMS 右侧,δ 值为负。早期文献报道化学位移有采用 τ 单位的,此时 TMS 吸收峰的 $\tau=10$,τ 与 δ 之间的换算遵循公式 $\delta=10-\tau$。

4.3.3 化学位移的影响因素

有机化合物结构中的^{1}H 核不是孤立存在的,其周围连接的其他原子或基团会彼此间相互作用,从而影响^{1}H 核的共振吸收峰位置。^{1}H-NMR 中影响^{1}H 核化学位移的因素主要有两类:一类是由共轭效应、诱导效应及分子内氢键效应等改变氢核周围电子云密度,影响其屏蔽效应的分子结构内部因素;另一类是测试条件、溶剂效应、分子间氢键等外部因素。外部因素对非极性碳上氢核影响较小,主要是对羟基、氨基、巯基及某些带电荷的极性基团影响较大。表达影响化学位移的常用术语有高场与低场、屏蔽效应与去屏蔽效应、顺磁性位移与抗磁性位移,其相互间的关系如图 4.10 所示。

若某种影响使^{1}H 核周围电子云密度增大时,则屏蔽效应随之增强,共振吸收峰移向高场,产生抗磁性位移,化学位移(δ)较小。

若某种影响使^{1}H 核周围电子云密度减小时,则屏蔽效应随之减弱(去屏蔽效应增强),共振吸收峰移向低场,产生顺磁性位移,化学位移(δ)较大。

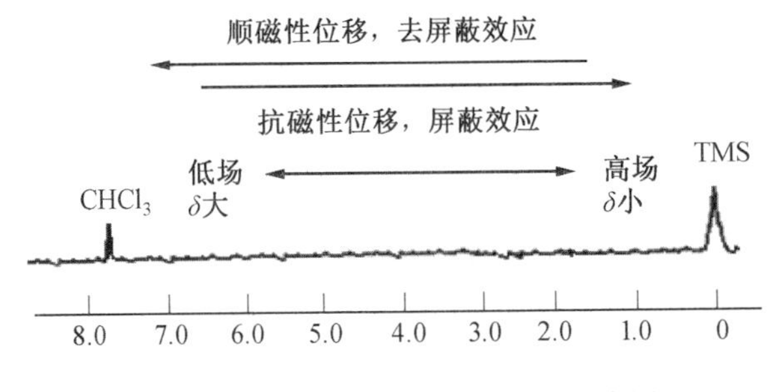

图 4.10 核磁共振波谱图及常用术语

1. 诱导效应

①卤素、硝基、氰基等电负性基团具有强烈的吸电子能力,当其与^{1}H 核相连时,通过诱导作用使^{1}H 核周围的电子云密度减小,屏蔽作用减弱,共振吸收移向低场,δ 值增大。

a. 电负性越强,吸电子作用越强,δ 值越大。

化合物	CH_3F	CH_3Cl	CH_3Br	CH_3I	CH_4	TMS
δ	4.26	3.05	2.68	2.16	0.23	0
电负性	4.0	3.0	2.8	2.5	2.1	1.8

b. 与电负性基团间距越大,吸电子作用越弱,δ 值越小,通常相隔 3 个以上碳原子时可以忽略不计。

化合物	CH_3Br	CH_3CH_2Br	$CH_3(CH_2)_2CH_2Br$	$CH_3(CH_2)_3CH_2Br$
δ	2.68	1.65	1.04	0.9

③电负性原子或基团越多,吸电子作用越强,δ 值越大。

化合物	CH_3Cl	CH_3Cl_2	CH_3Cl_3
δ	3.05	5.33	7.24

②羟基、氨基等电负性基团具有强烈的供电子能力,当其与^1H 核相连时,通过诱导作用使^1H 核周围的电子云密度增大,屏蔽作用增强,共振吸收移向高场,δ 值减小。

化合物	$CH_3—F$	$CH_3—OH$	$CH_3—NH_2$	$CH_3—CH_3$
δ	4.26	3.38	2.2	0.96

2. 共轭效应

共轭效应同诱导效应类似,也会使^1H 核周围的电子云密度发生变化。共轭效应的影响主要有 $\pi-\pi$ 共轭和 $p-\pi$ 共轭两种类型。

①$\pi-\pi$ 共轭效应是从邻位吸电子,^1H 核周围的电子云密度减小,屏蔽作用减弱(去屏蔽作用增强),共振吸收移向低场,δ 值增大。例如:苯环(图 4.11(a))上连接硝基(图 4.11(b))后,$\pi-\pi$ 共轭使苯环电子云密度减小,^1H 核化学位移增大。

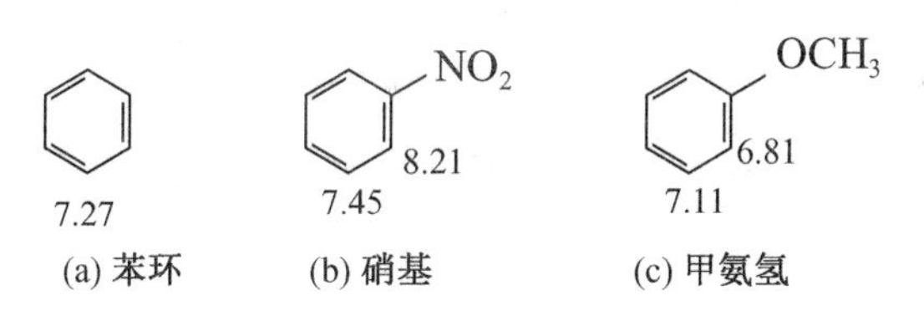

(a) 苯环　(b) 硝基　(c) 甲氨氢

图 4.11　共轭效应

②$p-\pi$ 共轭效应是从邻位给电子,^1H 核周围的电子云密度增大,屏蔽作用增强,共振吸收移向高场,δ 值减小。例如:苯环(图 4.11(a))上连接甲氧基(图 4.11(c))后,$p-\pi$ 共轭使苯环电子云密度增大,^1H 核化学位移减小。

3. 磁的各向异性效应

由于分子中一些基团的电子云排布不是球形对称,当外磁场作用时核外电子流会产生次级感生磁场,其特征是具有方向性,即在各个方向上对外磁场的作用不同,并通过空间传递影响相邻^1H 核,这种现象称为磁的各向异性效应。当感生磁场方向与外磁场相同时,将增强外磁场的作用,使相邻^1H 核的屏蔽效应减弱,共振吸收移向低场,δ 值增大,该感生磁场形成去屏蔽效应区域,用"-"表示。当感生磁场方向与外磁场相反时,将削弱外磁场的作用,使相邻^1H 核的屏蔽效应增强,共振吸收移向高场,δ 值减小,该感生磁场形成屏蔽效应区域,用"+"表示。

磁的各向异性效应与诱导效应的不同之处在于，诱导效应是通过化学键起作用，而磁的各向异性效应是通过空间关系起作用。其对相邻^{1}H 核影响的大小、正负与方向、距离相关。其中，对含有 π 电子的芳环、双键、羰基以及三键影响较大，而对单键只有其不能自由旋转时，才会表现出磁的各向异性效应。

例如：不饱和碳上氢原子的化学位移与饱和碳上氢原子的化学位移差别很大，而且呈现出特定的规律性（图 4.12）。

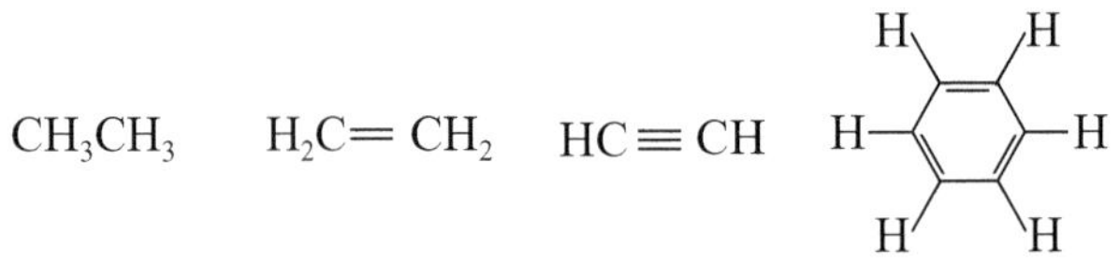

CH_3CH_3　　$H_2C{=}CH_2$　　$HC{\equiv}CH$　　（苯，六个 H）

图 4.12　磁的各向异性

（1）苯环 π 电子云的去屏蔽效应。

苯环是一个六元环平面形成大 π 键，电子云分布在苯环平面的上方和下方。在外磁场作用下，大 π 键电子云会在垂直于 H_0 的方向上形成环形电子流，产生次级感生磁场，将苯环周围空间分成了屏蔽区“+”和去屏蔽区“-”，如图 4.13 所示。屏蔽区为苯环的上方和下方的圆锥内，该区域内的感生磁场方向与 H_0 相反，削弱外磁场作用。例如苯环上有取代基时，竖起基团上的^{1}H 核处于屏蔽区，共振吸收出现在高场，δ 值较小。去屏蔽区为苯环平面上，可见苯环上的^{1}H 核处于此区域，与 H_0 方向一致，共振吸收移向低场，δ 值增加至 6 ~ 9（7.2）。通常溶液中苯环平面的取向比较随机，依据苯分子运动的总体平均化结果使其表现出磁的各向异性效应。

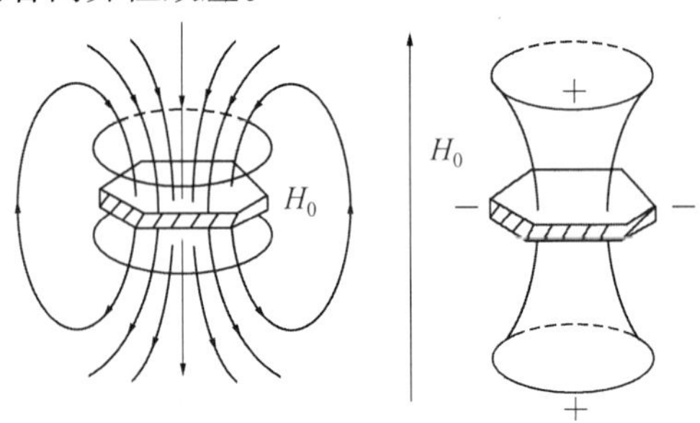

图 4.13　苯环 π 电子的去屏蔽效应示意图

大环芳香化合物与苯环相似，环内及环平面上方或下方为屏蔽区，环平面外侧为去屏蔽区，如图 4.14 所示。例如，18-轮烯结构中，轮内的 6 个^{1}H 核处于屏蔽区，共振吸收出现在高场，δ 值为-2.99；而轮外的 12 个^{1}H 核处于去屏蔽区，共振吸收出现在低场，δ 值为 9.28。二甲基取代芘结构中，2 个甲基的 δ 值为-4.25，说明甲基埋嵌在 π 电子云的屏蔽区。

（2）双键 π 电子云的去屏蔽效应。

C ═X 双键基团（X=C、O、S、N）的 π 电子云垂直于双键所在平面，在外磁场中产生与苯环类似的磁各向异性效应。双键上方或下方各形成一个圆锥形的屏蔽区，双键平面内则形成一个去屏蔽区，如图 4.15 所示。乙烯分子中的^{1}H 核位于烯基 π 电子云形成的

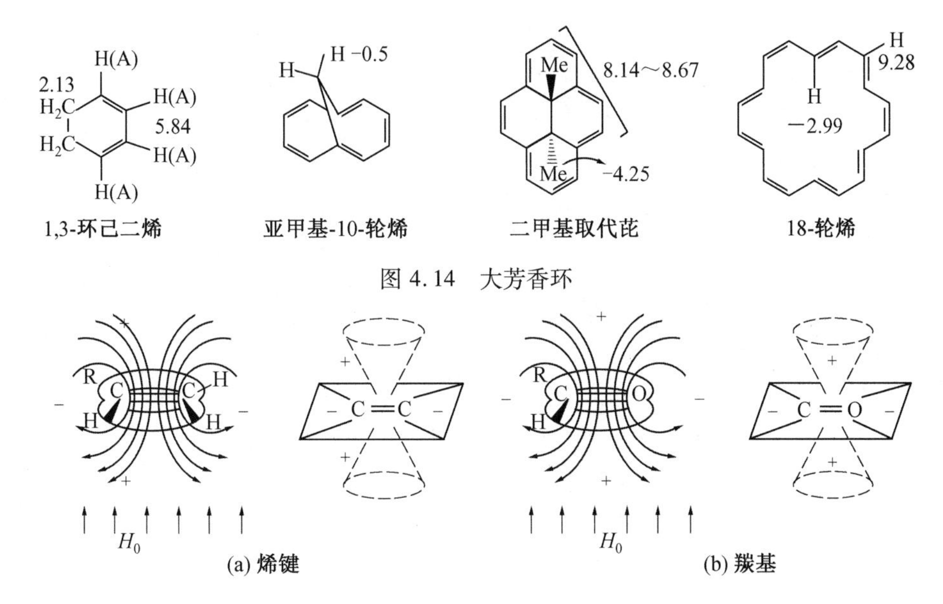

图 4.14　大芳香环

图 4.15　烯键和羰基 π 电子云的去屏蔽效应示意图

去屏蔽区,共振吸收出现在低场,δ 值为 5.84。而醛基分子中的^{1}H 核位于羰基 π 电子云形成的去屏蔽区,共振吸收也出现在低场,δ 值为 9～10。

(3)三键 π 电子云的屏蔽效应。

炔烃为线性分子,炔键的 π 电子云绕C≡C键轴对称分布呈圆筒形,在外磁场 H_0 的作用下,当C≡C 键轴与外磁场平行时,环电子流产生的感生磁场形成两个区域,如图 4.16 所示。可见炔键上的^{1}H 核位于屏蔽区,共振吸收出现在高场,化学位移比烯键、苯环、醛基上的^{1}H 核位移小很多,δ 值为 2.88。

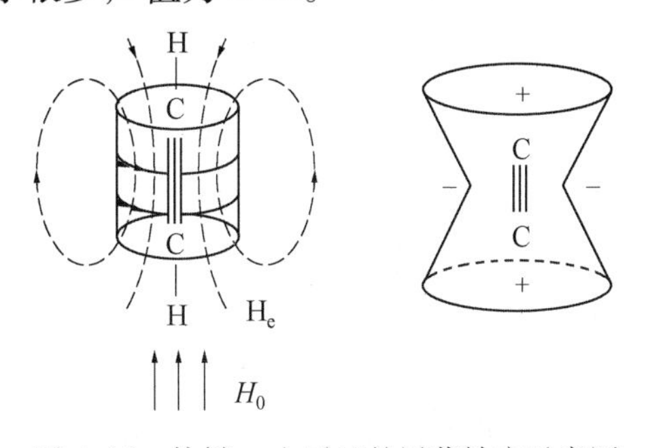

图 4.16　炔键 π 电子云的屏蔽效应示意图

(4)单键的各向异性效应。

单键 σ 电子有较弱的各向异性效应,碳碳单键以 C—C 为轴产生一个锥形的各向异性效应,如图 4.17 所示。C—C 键上的^{1}H 核位于去屏蔽区,当 CH_4 上的氢逐一被取代后,剩余^{1}H 核受到越来越强烈的去屏蔽效应,共振吸收越移向低场,δ 值越大,即 $\delta_{CH_3}(0.9)<\delta_{CH_2}(1.3)<\delta_{CH}(1.5)$。环己烷六元环结构中,C1 上直立 H_a 核位于屏蔽区,而平伏 H_e 核位于去屏蔽区,故 H_a 核的共振吸收出现在较高场,δ 值较小,为 1.21,而 H_e 的共振吸收出现在较低场,δ 值较大,为 1.60。

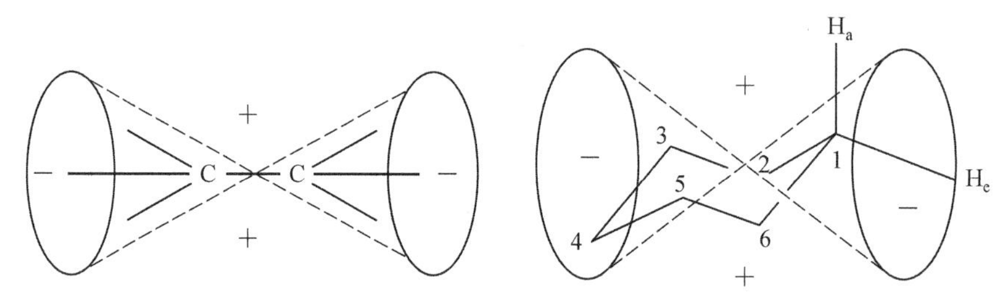

图 4.17　单键与环己烷单键的屏蔽效应示意图

4. 范德瓦耳斯效应

当有机化合物中两个^{1}H 核的空间距离相互接近时，其核外电子云密度会相互排斥，使得自身^{1}H 核周围的电子云密度相对降低，对外磁场 H_0 的屏蔽作用减弱，共振吸收移向低场，δ 值增大，该现象称为范德瓦耳斯效应。如，图 4.18 中的化合物 A 和 B，化合物 A 中 H_a 核与 H_b 核的空间位置靠近，相互间的范德瓦耳斯效应使二者的 δ 值均小于 H_c 核。而化合物 B 中 H_b 核与—OH 的空间位置靠近，—OH 大于—H，故 H_b 核受到的排斥作用更强，δ 值比化合物 A 中更大。由此可见，相同位置上的^{1}H 核，靠近的基团越大，受到的范德瓦耳斯效应越明显，其共振吸收越移向低场，δ 值越大。

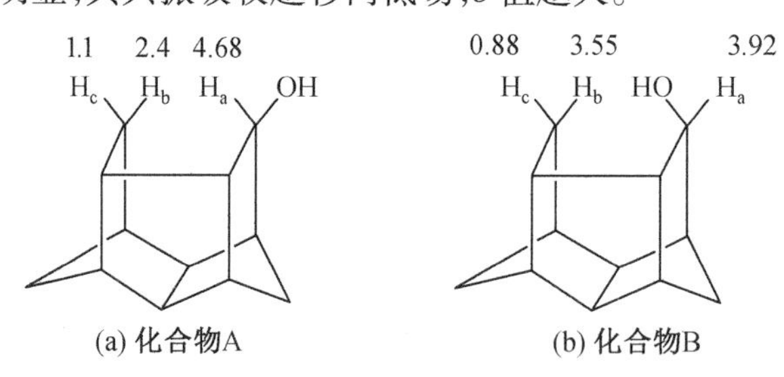

图 4.18　范德瓦耳斯效应示意图

5. 氢键效应

某些有机化合物可以形成分子内氢键或分子间氢键，当分子形成氢键时，氢键中^{1}H 核周围的电子云密度减小，共振吸收移向低场，δ 值增大。氢键效应属于去屏蔽效应，形成的氢键越强，δ 值增加越明显；氢键缔合程度越大，δ 值增加越多。通常氢键缔合与游离态之间能快速达到平衡，使共振吸收表现为一个单峰。

分子间形成的氢键，其 δ 值的改变与溶剂的极性、浓度和温度等因素相关。溶剂极性越大、样品浓度越高、环境温度越低时，形成氢键的能力越强，^{1}H 核周围的电子云密度减小，共振吸收移向低场，δ 值增大。当温度升高或稀释溶液时，分子间氢键或分子间缔合现象会减弱，^{1}H 核周围的电子云密度增大，共振吸收移向高场，δ 值减小。—OH、—NH_2 很容易形成分子间氢键，随着溶液浓度的变化，δ 值随之改变。而—COOH 由于形成强烈的分子间氢键，其 δ 值很大。

例如：饱和醇 $\delta_{OH}=0.5\sim5.5$　　酚 $\delta_{OH}=4.0\sim7.7$

脂肪胺 $\delta_{NH}=0.4\sim3.5$　　芳香胺 $\delta_{NH}=2.9\sim4.8$

羧酸 $\delta_{OH}=10\sim13$

分子内形成的氢键同样产生去屏蔽效应,使^{1}H 核共振吸收信号移向低场,化学位移减小。如硝基二苯胺分散染料(图 4.19),由于2-硝基苯胺形成分子内氢键,其化学位移比4-硝基苯胺明显增大。但分子内氢键的δ值变化基本上不受浓度、溶剂和温度等外界因素的影响,只取决于它的自身结构。多酚的δ值为10.5 ~16、烯醇的δ值高达15 ~19。

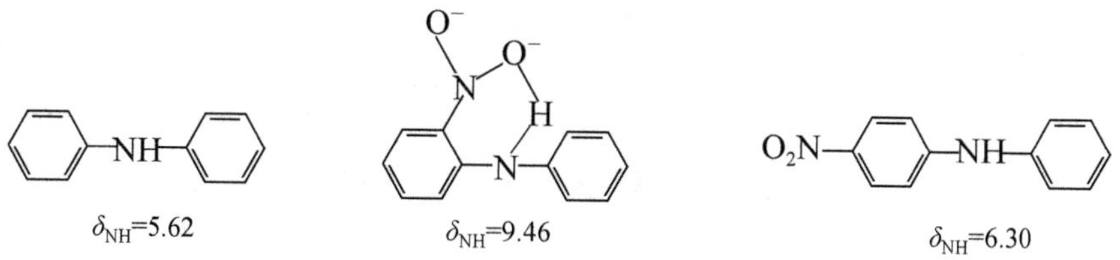

$\delta_{NH}=5.62$　　$\delta_{NH}=9.46$　　$\delta_{NH}=6.30$

图 4.19　氢键效应

6.溶剂效应

溶剂效应是指同一样品在不同溶剂中,由于溶剂的影响而使溶质^{1}H 核的化学位移发生变化的现象。一般包括溶剂的极性、磁化率、磁各向异性效应等性质对溶质的影响,进行^{1}H-NMR 波谱分析时多选择 CCl_4、$CDCl_3$、CD_3COCD_3 等氘代不含^{1}H 核的溶剂。如,苯环和吡啶的磁各向异性效应差别较大,对某些化合物会产生明显的影响。

不同溶剂对化合物基团的影响不同,有时可以利用溶剂效应使重叠峰组分开进行鉴定。如,N,N-二甲基甲酰胺在 $CDCl_3$ 为溶剂时,2 个 N 上甲基的δ值只相差0.2。但是以氘代苯为溶剂时,苯能与 N,N-二甲基甲酰胺形成分子复合物,苯环产生的磁各向异性效应使两个甲基处于不同的屏蔽区,$CH_3(\beta)$处于苯环平面的屏蔽区,化学位移向高场移动1以上,而 $CH_3(\alpha)$几乎不变。苯对 N,N-二甲基甲酰胺中两个甲基δ的影响如图 4.20 所示。

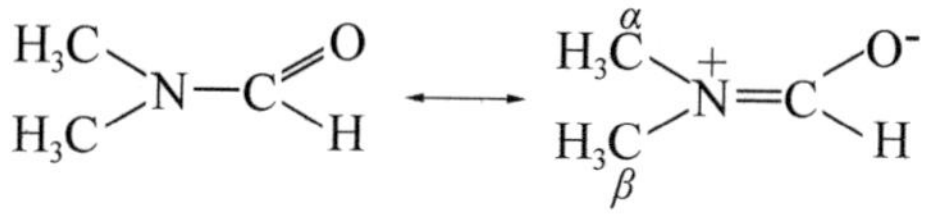

图 4.20　溶剂效应

4.4　各类氢核的化学位移

各类氢核的化学位移与分子结构和化学环境密切相关,^{1}H-NMR 波谱在化合物结构鉴定中起到重要作用。其表现为两方面:①根据化学位移规律,由有机官能团推测^{1}H 核的化学位移;②根据^{1}H 核的化学位移推测官能团,进而利用^{1}H-NMR 谱推测化合物的分子结构。

4.4.1　饱和碳上氢核的化学位移

(1)CH_3、CH_2 和 CH 化学位移经验公式。

CH_3、CH_2 和 CH 的化学位移与邻近的α取代基和β取代基有密切关系,可按式

(4.12)和表4.3经验数据计算。

$$\delta_{CH_i}=B+\Delta\alpha+\Delta\beta \tag{4.12}$$

式中,$i=1$、2或3,δ_{CH_i}为CH_3、CH_2和CH的化学位移;B为CH_3、CH_2和CH的标准位移;$\Delta\alpha$和$\Delta\beta$分别为α取代基和β取代基的位移增值。

表4.3　α和β取代基对CH_3、CH_2和CH的化学位移的影响

C—C—H（β 位 C，α 位 C）

CH_3标准位移$B=0.87$;CH_2标准位移$B=1.20$;CH标准位移$B=1.55$(用于式(4.12))

取代基	质子类型	$\Delta\alpha$	$\Delta\beta$
—C=C—	CH_3 CH_2 CH	0.78 0.75 —	— 0.10 —
—C=C—C(=X)—R (X=C或O)	CH_3	1.08	—
芳基	CH_3 CH_2 CH	1.40 1.45 1.33	0.35 0.53 —
—Cl	CH_3 CH_2 CH	2.43 2.30 2.55	0.63 0.53 0.03
—Br	CH_3 CH_2 CH	1.80 2.18 2.68	0.83 0.60 0.25
—I	CH_3 CH_2 CH	1.28 1.95 2.75	1.23 0.58 0.00
—OH	CH_3 CH_2 CH	2.50 2.30 2.20	0.33 0.13 —
—OR(饱和)	CH_3 CH_2 CH	2.43 2.35 2.00	0.33 0.15 —
—OC(=O)R—OC(=O)OR、OAr	CH_3 CH_2 CH	2.88 2.98 3.43(酯)	0.38 0.43 —
—C(=O)R,R=烷基、芳基、OH、OR′、CO、H或N	CH_3 CH_2 CH	1.23 1.05 1.05	0.18 0.31 —
—N(R)(R′)	CH_3 CH_2 CH	1.30 1.33 1.33	0.13 0.13 —
—NO_2	CH_2 CH	3.0 3.0	— —
—SR	CH_2 CH	1.0 1.0	—

【例4.1】 计算化合物 CH_3—C(CH_3)(OH)—CH_2—C(=O)—CH_3（A、B、C 分别标于三个 CH₃/CH₂ 位置：A 为左端 CH_3，B 为 CH_2，C 为右端 CH_3）中CH_3和CH_2的化学位移。

【解】　$\delta_A=0.87+0.33=1.20$(实测值:1.20)

$\delta_B=1.20+1.05+0.13=2.38$(实测值:2.48)

$\delta_C=0.87+1.23=2.10$(实测值:2.09)

(2)Schoolery 计算 CH_2 和 CH 化学位移公式。

$$\delta = 0.23 + \sum \sigma \tag{4.13}$$

式中,δ 为 CH_2 和 CH 的化学位移;σ 为与亚甲基或次甲基相连取代基的屏蔽常数,见表 4.4。

表 4.4　Schoolery 屏蔽常数 σ

取代基	σ	取代基	σ	取代基	σ
—CH_3	0.47	—Br	2.33	—$CONR_2$	1.59
—C—C	1.32	—I	1.82	—NR_2	1.57
—C═C	1.44	—OH	2.56	—NHCOR	2.27
—C≡C—Ar	1.65	—OR	2.36	—CN	1.70
—C≡C—C≡C—R	1.65	—OC_6H_5	3.23	—N_3	1.97
—C_6H_5	1.85	—OCOR	3.13	—SR	1.64
—CF_2	1.21	—COR	1.70	—OSO_2R	3.13
—CF_3	1.14	—COAr	1.84	—S—C≡N	2.30
—Cl	2.53	—COOR	1.55	—N═C═S	2.86

【例 4.2】　计算下列化合物亚甲基和次甲基的化学位移:

①CH_2Cl_2;②$BrCH_2Cl$;③$(CH_3O)_2CHCOOCH_3$;④$C_6H_5—CH_2—OCH_3$。

【解】　①$\delta_{CH_2}=0.23+2\times2.53=5.29$(实测值:5.16);

②$\delta_{CH_2}=0.23+2.33+2.53=5.09$(实测值:5.16);

③$\delta_{CH}=0.23+2.36+2.36+1.55=6.50$(实测值:6.61);

④$\delta_{CH_2}=0.23+1.85+2.36=4.44$(实测值:4.41)。

4.4.2　烯烃上氢核的化学位移

烯烃上氢核的化学位移可用 Tobey 和 Simon 等提出的公式来计算:

$$\delta_{CH}=5.25+Z_{同}+Z_{顺}+Z_{反} \tag{4.14}$$

式中,δ_{CH}为常数,表示乙烯的化学位移;$Z_{同}$、$Z_{顺}$、$Z_{反}$分别为同碳、顺位或反位取代基对烯氢的影响参数。

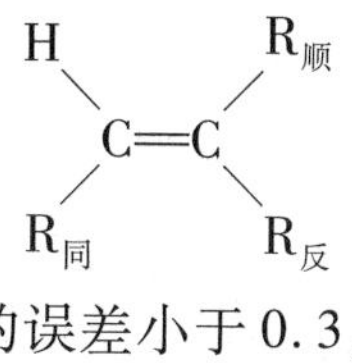

H　　　$R_{顺}$
C═C
$R_{同}$　　　$R_{反}$

式(4.14)计算的化合物中烯氢的误差小于 0.3,不同取代基对烯氢化学位移的影响见表 4.5。

表 4.5　取代基对烯氢化学位移的影响

取代基	$Z_{同}$	$Z_{顺}$	$Z_{反}$	取代基	$Z_{同}$	$Z_{顺}$	$Z_{反}$
—H	0	0	0	—CO_2R	0.80	1.18	0.55
—R(烷基)	0.45	-0.22	-0.28	—CO_2R(共轭)	0.78	1.01	0.46
—R′(环残基)	0.69	-0.25	-0.28	—CONR_2	1.37	0.98	0.46
—CH_2—Ar	1.05	-0.29	-0.32	—COCl	1.11	1.46	1.01
—CH_2X	0.70	0.11	-0.04	—C≡N	0.27	0.75	0.55
—CH_2—NR_2(H_2)	0.58	-0.10	-0.08	—F	1.54	-0.40	-1.02
—CH_2—OR(H) —CH_2I	0.64	-0.01	-0.02	—Cl —Br	1.08 1.07	0.18 0.45	0.13 0.55
—CH_2SR(H)	0.71	-0.13	-0.22	—I	1.14	0.81	0.88
—CH_2—C≡N —CH_2—COR(H)	0.69	-0.08	-0.06	—NR_2 —NR_2(R:不饱和)	0.80 1.17	-1.26 -0.53	-1.21 -0.99
—CHF_2	0.66	0.32	0.21	—N(—)—COR	2.08	-0.57	-0.72
—CF_3	0.66	0.61	0.32	—N—N—C_6H_5	2.39	1.11	0.67
—C—C	1.00	-0.09	-0.23	—OR	1.22	-1.07	-1.21
—C—C(共轭)	1.24	0.02	-0.05	—OR(R:不饱和)	1.21	-0.60	-1.00
—C≡C	0.47	0.38	0.12	—OCOR	2.11	-0.35	-0.64
—Ar	1.38	0.36	-0.07	—OP(O)(OC_2H_5)$_2$	1.33	-0.34	-0.66
—Ar′(邻位有取代基)	1.65	0.19	0.09	—P(O)(OC_2H_5)$_2$	0.66	0.88	0.67
—Ar″(环内)	1.60	—	-0.05	—SR	1.11	-0.29	-0.13
—CHO	1.02	0.95	1.17	—S(O)R	1.27	0.67	0.41
—COR	1.10	1.12	0.87	—SO_2R	1.55	1.16	0.93
—COR(共轭)	1.06	0.91	0.74	—S—COR	1.41	0.06	0.02
—CO_2H	0.97	1.41	0.71	—S—C≡N	0.80	1.17	1.11
—CO_2H(共轭)	0.80	0.98	0.32	—SF_5	1.68	0.61	0.49

【例 4.3】 ①计算

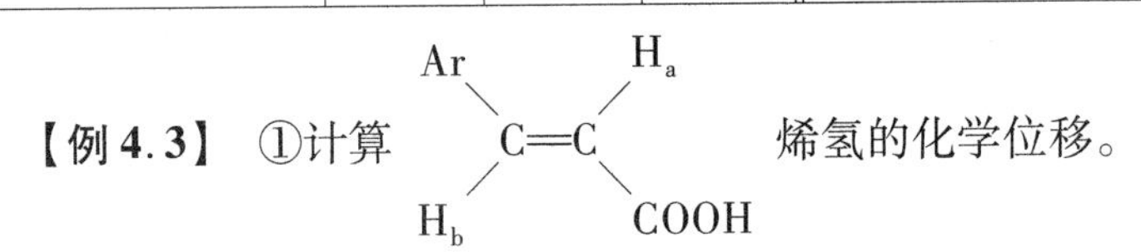

烯氢的化学位移。

【解】 氢核 H_a:$Z_{同}=0.97$,$Z_{顺}=0.36$,$Z_{反}=0$。

$\delta_{Ha}=5.25+0.97+0.36+0=6.58$(实测值:6.46)。

氢核 H_b:$Z_{同}=1.36$,$Z_{顺}=1.41$,$Z_{反}=0$。

$\delta_{Hb}=5.25+1.36+1.41+0=8.02$(实测值:7.83)。

②计算 $\begin{matrix} H_a & & OCH_2CH_2OCH_3 \\ & C{-}C & \\ H_b & & OCH_2CH_2OCH_3 \end{matrix}$ 烯氢的化学位移。

【解】 氢核 H_a 和氢核 H_b 所处化学环境相同：

$Z_{同}=0, Z_{顺}=-1.07, Z_{反}=-1.21$。

$\delta_{Ha}=\delta_{Hb}=5.25+0-1.07-1.21=2.97$（实测值：3.0）。

4.4.3 炔烃上氢核的化学位移

炔烃结构中三键的各向异性屏蔽作用，使炔烃上氢核的化学位移出现在 1.6 ~ 3.4 范围内，见表 4.6。虽然与其他类型[1]H 核的化学位移重叠，但炔烃无邻位氢核，只有远程耦合作用。

表 4.6　炔烃上氢核的化学位移

化合物	化学位移	化合物	化学位移
H—C≡C—H	1.80	CH_3—C≡C—C≡C—C≡C—H	1.87
R—C≡C—H	1.73 ~ 1.88	$R_2C(OH)$—C≡C—H	2.20 ~ 2.27
Ar—C≡C—H	2.71 ~ 3.37	RO—C≡C—H	~ 1.3
C═C—C≡C—H	2.60 ~ 3.10	C_6H_5—SO_3—CH_2—C≡C—H	2.55
—C(═O)—C≡C—H	2.13 ~ 3.28	CH_3—NH—C(═O)—CH_2—C≡C—H	2.55
C≡C—C≡C—H	1.75 ~ 2.42		

4.4.4 苯环氢核的化学位移

磁的各向异性使苯环上[1]H 核受到去屏蔽效应，化学位移出现在低场，δ 值多在 7 ~ 8 范围。苯环的 δ 值为 7.27，当苯环上的氢被取代后，由于取代基的诱导作用不同，其邻、间、对位的电子云密度均发生变化，δ 值向高场或低场移动。例如，取代基为吸电子基团时，苯环氢核周围电子云密度减小，屏蔽作用减弱（去屏蔽作用增强），化学位移移向低场，并且邻、对位位移的变化大于间位。

取代基较少的苯环氢核的化学位移可以用经验公式式（4.15）进行计算，且取代基对苯环氢核 δ 值的影响见表 4.7。

$$\delta_{芳} = 7.27 - \sum S_i \tag{4.15}$$

式中，$\delta_{芳}$ 为苯环的化学位移；S_i 为取代基位移参数。

表 4.7 取代基对苯环氢核化学位移的影响

取代基	$S_{邻}$	$S_{间}$	$S_{对}$	取代基	$S_{邻}$	$S_{间}$	$S_{对}$
$-NO_2$	-0.95	-0.17	-0.33	$-CH_2OH$	0.1	0.1	0.1
—CHO	-0.58	-0.21	-0.27	$-CH_2NH_2$	0.0	0.0	0.0
—COCl	-0.83	-0.16	-0.3	—CH ═CHR	-0.13	-0.03	-0.13
—COOH	-0.8	-0.14	-0.2	—F	0.30	0.02	0.22
$-COOCH_3$	-0.74	-0.07	-0.20	—Cl	-0.02	0.06	0.04
$-COCH_3$	-0.64	-0.09	-0.30	—Br	-0.22	0.13	0.03
—CN	-0.27	-0.11	-0.3	—I	-0.40	0.26	0.03
—Ph	-0.18	0.00	-0.08	$-OCH_3$	0.43	0.09	0.37
$-CCl_3$	-0.8	-0.2	-0.2	$-OCOCH_3$	0.21	0.02	—
$-CHCl_2$	-0.1	-0.06	-0.1	—OH	0.50	0.14	0.4
$-CH_2Cl$	0.0	-0.01	0.0	$-SO_2$-p-C_6H_4Me	0.26	0.05	—
$-CH_3$	0.17	0.09	0.18	$-NH_2$	0.75	0.24	0.63
$-CH_2CH_3$	0.15	0.06	0.18	$-SCH_3$	0.03	0.0	—
$-CH(CH_3)_2$	0.14	0.09	0.18	$-N(CH_3)_2$	0.60	0.10	0.62
$-C(CH_3)_3$	-0.01	0.10	0.24	—NHCOCH	-0.31	-0.06	—

【例 4.4】 计算 MeO—ph—CH ═CHMe 中芳氢的化学位移。

【解】 $\delta_{Ha}=7.27-(0.43-0.03)=6.87$（实测值:6.8）;

$\delta_{Hb}=7.27-(0.09-0.13)=7.31$（实测值:7.3）。

4.4.5 杂芳环氢核的化学位移

杂氧或杂氮的苯环称为杂芳环化合物，环上氢核受到较强的去屏蔽效应，并受溶剂的影响较大。取代基对其化学位移的影响与苯环类似，供电子取代基使杂芳环氢核移向高场，δ 值降低。与之相反，吸电子取代基使杂芳环氢核移向低场，δ 值升高。常见的典型杂芳环氢核的化学位移如图 4.21 所示。

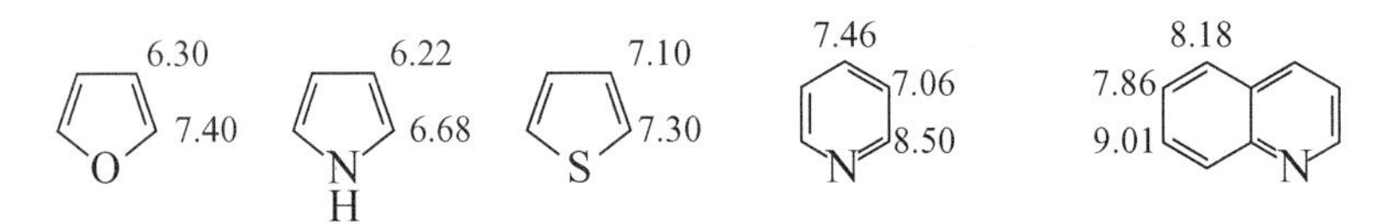

图 4.21 常见的典型杂芳环氢核的化学位移

4.4.6 活泼氢核的化学位移

常见的活泼氢核有 O—H、N—H、S—H、—COOH 等基团的氢质子，它们受活泼氢核的相互交换作用及氢键形成的影响，在溶剂中交换很快，且受浓度、温度、溶剂等测定条件的影响。同一种分子的活泼氢核在不同条件下的 δ 值，会在一个较宽的范围内发生变化，见表 4.8。若交换速度很快，样品中几种不同活泼氢核会出现一个平均的共振信号。活泼氢核共振吸收的峰形有一定特征，如酰胺、羧酸类氢键缔合峰为宽峰，醇、酚类的峰形较钝，氨基、巯基的峰形较尖。活泼氢核的吸收峰遇到重水后会消失，故可以用重水交换法鉴别活泼氢核的吸收峰。

表 4.8　活泼氢核的化学位移

化合物类型	δ	化合物类型	δ
ROH	0.5 ~ 5.5	ArSH	3 ~ 4
ArOH(缔合)	10.5 ~ 16	$R—SO_3H$	11 ~ 12
ArOH	4 ~ 8	RNH_2、R_2NH	0.4 ~ 3.5
RCOOH	10 ~ 13	$ArNH_2$、Ar_2NH、ArNHR	2.9 ~ 4.8
=NH—OH	7.4 ~ 10.2	$RCONH_2$、$ArCONH_2$	5 ~ 6.5
R—SH	0.9 ~ 2.5	RCONHR′、ArCONHR′	6 ~ 8.2
=C =CHOH	15 ~ 19	RCONHAr、ArCONHAr	7.8 ~ 9.4

4.4.7　常见结构氢核的化学位移

常见结构氢核的化学位移范围如下：

(1)饱和烃。

$—CH_3$：$\delta_{CH_3} = 0.79 \sim 1.10$。

$—CH_2$：$\delta_{CH_2} = 0.98 \sim 1.54$。

—CH：$\delta_{CH} = \delta_{CH_3} + (0.5 \sim 0.6)$。

$—OCH_3$：$\delta_H = 3.2 \sim 4.0$。

$—NCH_3$：$\delta_H = 2.2 \sim 3.2$。

$C=C—CH_3$：$\delta_H = 1.5 \sim 2.1$。

$C_6H_5—CH_3$　：$\delta_H = 2 \sim 3$。

$C—CO—CH_3$：$\delta_H = 1.9 \sim 2.6$。

(2)烯烃。

端烯质子：$\delta_H = 4.8 \sim 5.0$。

内烯质子：$\delta_H = 5.1 \sim 5.7$。

(3)芳香烃。

芳烃质子：$\delta_H = 6.5 \sim 8.0$。

供电子基团取代—OR、$—NR_2$ 时芳烃质子：$\delta_H = 6.5 \sim 7.0$。

吸电子基团取代$—COCH_3$、—CN、$—NO_2$ 时芳烃质子：$\delta_H = 7.2 \sim 8.0$。

(4)其他。

—COOH：$\delta_H = 10 \sim 13$。

—CHO：$\delta_H = 9 \sim 10$。

—OH：(醇)$\delta_H = 0.5 \sim 6.0$；(酚)$\delta_H = 4 \sim 12$。

$—NH_2$:(脂肪)$\delta_H=0.4\sim3.5$;(芳香)$\delta_H=2.9\sim4.8$;(酰胺)$\delta_H=5.0\sim10.2$。

4.5 自旋耦合与自旋裂分

4.5.1 自旋耦合产生的原因

^{1}H 核在外磁场中有两种自旋取向,每一种^{1}H 核都是一个自旋体系,会受到相邻^{1}H 核自旋的影响,这种分子间自旋核与自旋核之间的相互作用称为自旋-自旋耦合(spin-spin coupling)或自旋干扰,核与核之间的耦合作用通过成键电子传递,若^{1}H 核间相距较远(两个^{1}H 核之间超过三个单键),则无自旋耦合作用。自旋耦合会引起相邻^{1}H 核共振吸收峰的裂分,^{1}H 核吸收峰可能裂分为双峰、三重、四重或多重峰,这种现象称为自旋-自旋裂分。如下面两种化合物:

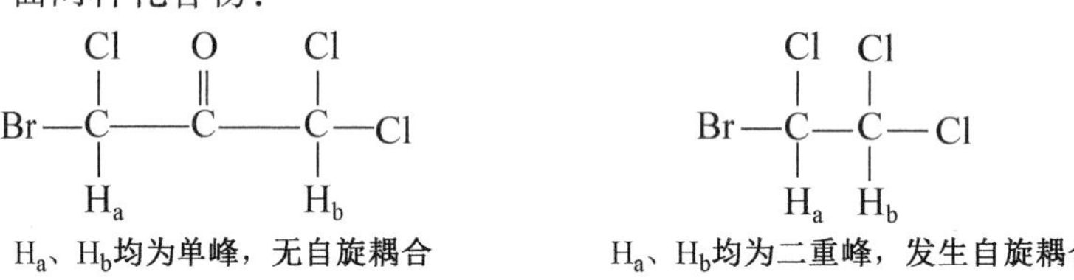

H_a、H_b均为单峰,无自旋耦合　　H_a、H_b均为二重峰,发生自旋耦合

4.5.2 耦合常数及影响因素

1. 耦合常数

自旋耦合引起的裂分峰间的距离称为耦合常数(coupling constant),符号为 J,单位为 Hz,绝大多数^{1}H 核之间的 $J\leqslant20$ Hz。J 是 NMR 谱图的重要数据,反映了相邻氢核磁矩的干扰程度。由于自旋核之间的耦合作用是由化学键电子传递,故耦合常数的大小与外磁场强度 H_0 无关,与化合物的分子结构密切相关,与影响自旋核周围电子云密度分布的因素有关(如取代基的电负性、立体结构、极化作用等)。

2. 影响因素

(1)耦合间距的影响。

相互自旋耦合^{1}H 核之间,间隔键数越少耦合作用越强,间隔键数越多耦合作用越弱,随着键数的增加,J 值逐渐减小。通常间隔 3 个单键以上时,J 值趋于零,此时的耦合作用可以忽略不计。

①同碳氢核的耦合常数。

2 个^{1}H 核处于同一个碳上(H—C—H),间隔两个键的耦合,两者之间的耦合常数称为同碳耦合(偕耦),用^2J 或 $J_{同}$ 表示。^2J 一般为负值,变化范围较大,一般 $|^2J|=10\sim15$ Hz。$—CH_2—$的同碳上有电负性强取代基时,^2J 增加,但在 α 碳上有电负性较强取代基时,则^2J 减小。邻位有 π 键时,^2J 也减小。某些环状化合物的同碳耦合常数见表 4.9。

表 4.9　某些环状化合物的同碳耦合常数

化合物	^2J/Hz	化合物	^2J/Hz
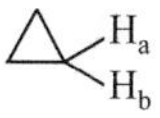 H_a H_b	J_{ab}=-3.1～-9.1	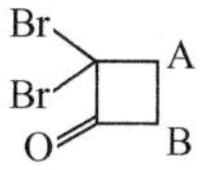 Br Br A O B	J_{AA}= −10.92 J_{BB}= −15.31
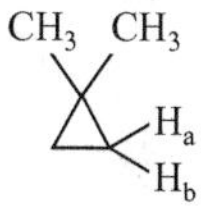 CH_3 CH_3 H_a H_b	J_{ab}=-4.5	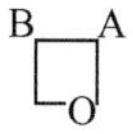 B A O	J_{AA}= −5.8 J_{BB}= −11
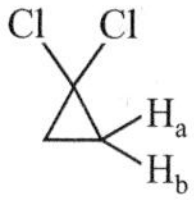 Cl Cl H_a H_b	J_{ab}=-6.0	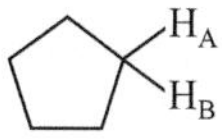 H_A H_B	J_{AB}= -8～-18
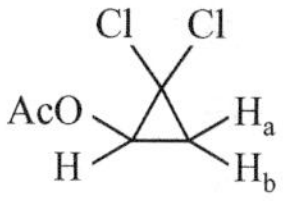 Cl Cl AcO H H_a H_b	J_{ab}=-9.1	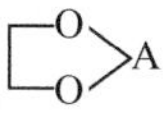 O O A	J_{AA}=0±2
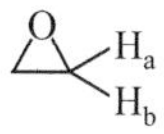 O H_a H_b	J_{ab}=+5.5	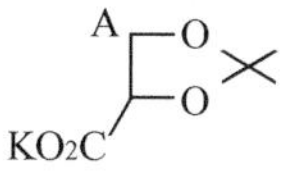 A O O KO_2C	J_{AA}= −8.3
 Ph H O H_a H_b	J_{ab}=+5.66	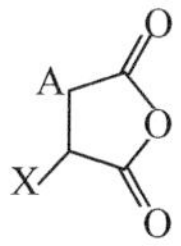 O A O X O	J_{AA}= −18.2～-19.8
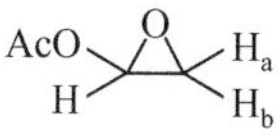 AcO H O H_a H_b	J_{ab}=+4.5	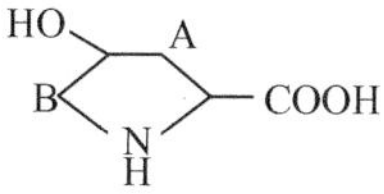 HO A B COOH N H	J_{AA}= −14.6～-14.23 J_{BB}=-12.50～-12.69
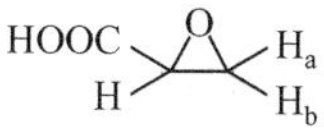 HOOC H O H_a H_b	J_{ab}=+6.3	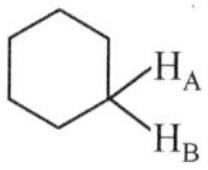 H_A H_B	J_{AB}=-11～-14
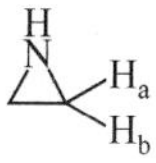 H N H_a H_b	J_{ab}=+1.5	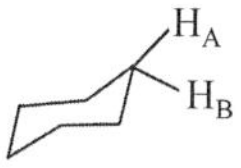 H_A H_B	J_{AB}= −12.6
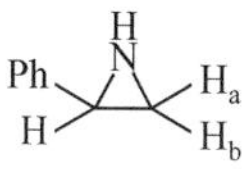 Ph H H N H_a H_b	J_{ab}=+0.97	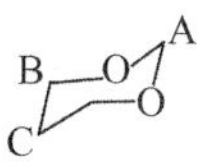 B O A O C	J_{AA}= -6.0～-6.2 J_{BB}= −10.9～-11.5 J_{CC}= −12.6～-13.2
 Ph H S H_a H_b	J_{ab}=-1.38		
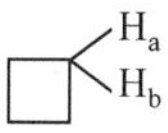 H_a H_b	J_{ab}=-11～-17		

②邻碳氢核的耦合常数。

相邻碳上的^{1}H 核通过 3 个化学键的耦合称为邻碳耦合(邻耦)，用^3J 或 $J_{邻}$ 表示，为 NMR 谱图中最常见的耦合。^3J 一般为正值，$|^3J|$ = 0 ~ 18 Hz，常见的邻碳耦合常数见表 4.10。

表 4.10　常见的邻碳耦合常数

耦合类型	耦合常数范围/Hz				
HC* —CH_2	^2J=8～15		^2J=6～8	^4J=0～2	
HC —CHO	—		^2J=1～3		
HC—C═CH	—		—	^4J=0～3	
HC—C≡CH	—		—	^4J=2～3	
—HC ═CH_2	^2J=0～2	$^3J_{cis}$=8～12	$^3J_{trans}$=12～18		
RO—HC═CH_2	^2J=1.9	$^3J_{cis}$=6.7	$^3J_{trans}$=14.2		
ROCO—HC ═CH_2	^2J=1.4	$^3J_{cis}$=6.3	$^3J_{trans}$=13.9		
RO_2C—HC═CH_2	^2J=1.7	$^3J_{cis}$=10.2	$^3J_{trans}$=17.2		
ROC—HC═CH_2	^2J=1.8	$^3J_{cis}$=11.0	$^3J_{trans}$=18.0		
Ph—HC ═CH_2	^2J=1.3	$^3J_{cis}$=11.0	$^3J_{trans}$=18.0		
R—HC═CH_2	^2J=1.6	$^3J_{cis}$=10.3	$^3J_{trans}$= 17.3		
Li— HC═CH_2	^2J=1.3	$^3J_{cis}$=19.3	$^3J_{trans}$=23.9		
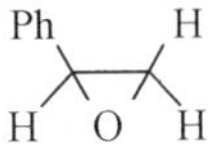 Ph H / H O H	^2J=5.7	$^3J_{cis}$=4.1	$^3J_{trans}$=2.5		
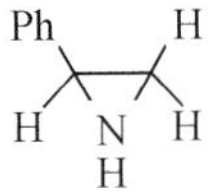 Ph H / H N H / H	^2J=0.97	$^3J_{cis}$=6.03	$^3J_{trans}$=3.2		
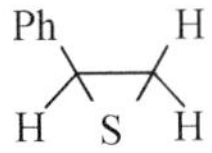 Ph H / H S H	^2J=1.38	$^3J_{cis}$=6.5	$^3J_{trans}$= 5.6		
 O	—	$^3J_{23}$=1.8	$^3J_{34}$=3.5	$^4J_{25}$=1.6	$^4J_{24}$=1.0
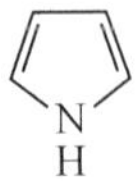 N / H	—	$^3J_{23}$=2.6	$^3J_{34}$=3.4	$^4J_{25}$=2.2	$^4J_{24}$=1.5
 S	—	$^3J_{23}$=4.7	$^3J_{34}$=3.4	$^4J_{25}$=3.0	$^4J_{24}$=1.5
	^2J=10～14	$^3J_{ac}$=2～6	$^3J_{ee}$=2～5	$^3J_{aa}$=8～12	
	—	^3J_o=6～9			^4J_m=1～3
	—	$^3J_{23}$=5～6	$^3J_{34}$=7～9		^4J_m=1～2

由表4.10可知，^3J 的普遍规律为 $J_{烯}^{trans}>J_{烯}^{cis}\approx J_{炔}>J_{烷链烃}$，而单取代烯有三种耦合常数：$J_{烯}^{同}$、$J_{烯}^{cis}$、$J_{烯}^{trans}$，分别表示同碳氢核、顺式氢核和反式氢核间的耦合。$J_{烯}^{同}=0\sim3$ Hz，$J_{烯}^{cis}=8\sim12$ Hz，$J_{烯}^{trans}=12\sim18$ Hz。同时，当双键上取代基电负性增加时，^3J 减小；双键与共轭体系相连时，^3J 增大。如：

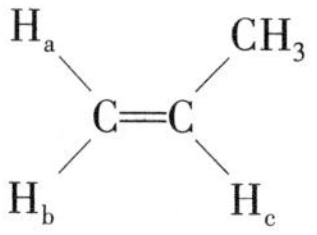

H_a　　CH_3
　C=C
H_b　　H_c

$J_{ac}=16.8$ Hz

$J_{bc}=10$ Hz

$J_{ab}=1.6$ Hz

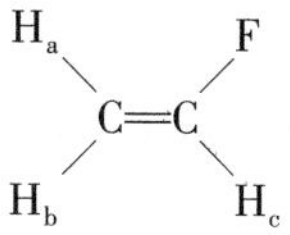

H_a　　F
　C=C
H_b　　H_c

$J_{ac}=12.7$ Hz

$J_{bc}=4.7$ Hz

$J_{ab}=3.2$ Hz

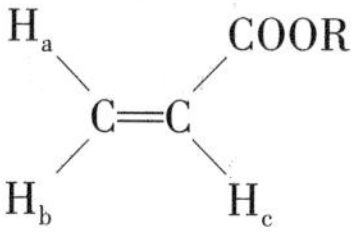

H_a　　COOR
　C=C
H_b　　H_c

$J_{ac}=17.2$ Hz

$J_{bc}=10.2$ Hz

$J_{ab}=1.6$ Hz

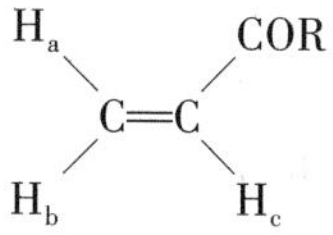

H_a　　COR
　C=C
H_b　　H_c

$J_{ac}=18.0$ Hz

$J_{bc}=11.0$ Hz

$J_{ab}=1.8$ Hz

③苯环氢核的耦合常数。

苯环 ^{1}H 的耦合可分为邻位、间位、对位3种耦合，用 ^3J_o、^4J_m、^5J_p 表示。3种 J 均为正值，^3J_o 为6～9 Hz(3键)；^4J_m 为1～3 Hz(4键)；^5J_p 为0～1 Hz(5键)。苯环 ^{1}H 被取代后，尤其是吸电子或供电子基团的取代，使苯环周围电子云密度发生变化，表现出 J_o、J_m、J_p 的耦合作用，使苯环 ^{1}H 的共振吸收峰变为复杂的多重峰。

④远程耦合。

自旋 ^{1}H 间超过3个键的耦合称为远程耦合(超耦)，常用 ^mJ 表示。除含有大π键和π键的体系外，^mJ 均很小，一般 $^mJ=0\sim3$ Hz。饱和链烃中的远程耦合可忽略不计，而芳环及杂芳环的 J_m、J_p 属于远程耦合。

例如烯丙基体系(图4.22(a))：自旋 ^{1}H 间隔3个单键和1个双键的耦合体系，分子结构中 H_a 使 CH_3 裂分为双峰，J 约为1 Hz。又如高丙烯体系(图4.22(b))：自旋 ^{1}H 间隔4个单键和1个双键的耦合体系，耦合常数为正值，分子结构中 J_{ac}、J_{ab} 在0～3 Hz。

H_3C
　C=C
　　　H_a

(a)

H_a—C　　C—H_c
　C=C
H_b—C

(b)

图4.22 远程耦合

⑤氢核与其他核的耦合。

氢核与其他磁性核如 ^{13}C、^{19}F、^{31}P 常产生耦合作用。

a. ^{13}C 对 ^{1}H 的耦合。^{13}C($I=1/2$)天然丰度低(1.1%)，对 ^{1}H 的耦合一般观测不到，可

不必考虑。但在^{13}C-NMR 谱中,^{1}H 对^{13}C 的耦合是普遍存在的,必须考虑。

b. ^{19}F 对^{1}H 的耦合。^{19}F ($I=1/2$) 对^{1}H 的耦合$^{2}J_{H-C-F}=45\sim90$ Hz;$^{3}J_{CH-CF}=0\sim45$ Hz;$^{4}J_{CH-C-CF}=0\sim9$ Hz;氟苯衍生物 $J_o=6\sim10$ Hz,$J_m=4\sim8$ Hz,$J_p=0\sim3$ Hz。如果化合物含氟,在解析^{1}H-NMR 谱时,应考虑^{19}F 对^{1}H 的耦合。某些^{19}F-^{1}H 的耦合常数见表 4.11。

表 4.11　某些^{19}F-^{1}H 的耦合常数

化合物	J/Hz	化合物	J/Hz
CH—CH—CH—F (c b a)	$J_{aF}=45\sim80$ $J_{bF}=0\sim30$ $J_{cF}=0\sim4$	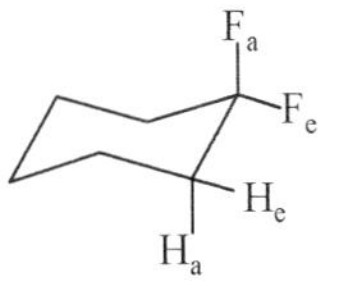 环己烷 (F_a, F_e, H_a, H_e)	J_{F-H} $J_{aa}=34$　$J_{ea}\leq8$ $J_{ae}=12$　$J_{ee}\leq8$
CH_3F	$J=81$		
CH_3CH_2F (b a)	$J_{aF}=46.7$ $J_{bF}=25.2$	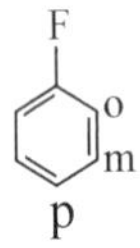 氟苯 (F; o, m, p)	$J_{oF}=9.0$　衍生物 $J_{oF}=6\sim10$ $J_{mF}=5.7$　$J_{mF}=4\sim8$ $J_{pF}=0.2$　$J_{pF}=0\sim3$
H_b, H_a, H_c, F 取代的 C=C	$J_{aF}=85$　衍生物 $J_{aF}=70\sim90$ $J_{bF}=52$　$J_{bF}=10\sim50$ $J_{cF}=20$　$J_{cF}=-3\sim+20$	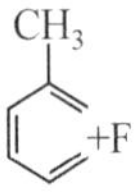 CH_3 取代苯 +F	$J_o=2.5$ $J_m=0.0$ $J_p=1.5$
HC≡CF	$J=21$		

c. ^{31}P 对^{1}H 的耦合。

^{31}P($I=1/2$)对^{1}H 的耦合常数为:CH_3P,$^{2}J=2.7$ Hz;$(CH_3CH_2)_3P$,$^{2}J=13.7$ Hz、$^{3}J=0.5$ Hz。某些^{31}P-^{1}H 的耦合常数见表 4.12。

表 4.12　某些^{31}P-^{1}H 的耦合常数

化合物	耦合常数	化合物	耦合常数
>P—H	$^{1}J=180\sim200$	$(CH_3CH_2O)_3P(=O)H_a$	$^{1}J_{ap}=6.30$
$(CH_3CH_2)_3P$ (b a)	$^{2}J_{ap}=13.7$,$^{3}J_{bp}=0.5$	$((CH_3)_2N)_3P$	$^{3}J=8.8$
$(CH_3CH_2)_3P^+$ (b a)	$^{2}J_{ap}=18.0$,$^{3}J_{bp}=13.0$	$((CH_3)_2N)_3PO$	$^{3}J=9.3$
$(CH_3CH_2)_3P=O$ (b a)	$^{2}J_{ap}=16.3$,$^{3}J_{bp}=11.9$	H_b, H_a, H_c, P 取代的 C=C	$^{2}J_{ap}=10\sim40$ $^{3}J_{bp}=30\sim60$ $^{3}J_{cp}=10\sim30$

化合物	耦合常数	化合物	耦合常数
$(CH_3CH_2O)_3P{=}O$（b a）	$^4J_{ap}=0.8$，$^3J_{bp}=8.4$		
$(CH_3O)_2P(=O)$—苯环（m，p）	$^3J_{cp}=13.3$，$^4J_{mp}=4.1$ $^5J_{pp}=1.2$	H_b、H_a—C=C—H_a、OP	$^3J_{ap}\approx7$，$J_{bp}\approx3$ $J_{cp}\approx3$

(2)化学键角的影响。

耦合^1H之间的化学键角度对耦合常数也有较大影响，如图 4.23 所示。当耦合^1H之间的核磁矩相互垂直时，二者之间的干扰最小。例如，饱和烃的邻偶(^3J)随双面夹角而改变，若 α 为锐角，^3J 随着 α 的增大而减小；若 α 为直角，^3J 最小；若 α 为钝角，^3J 随着 α 的增大而增大。

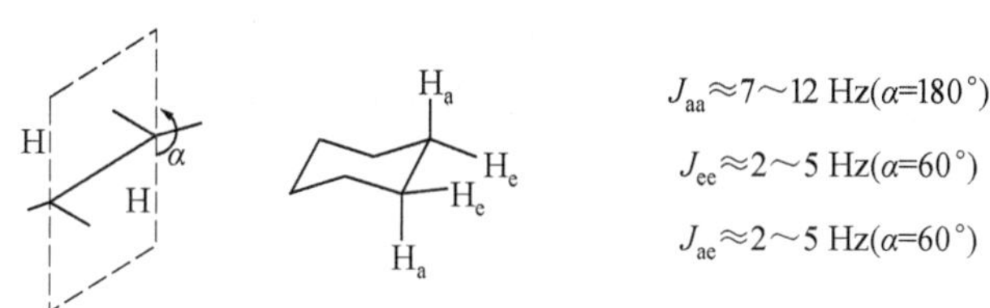

图 4.23　化学键角的影响

(3)取代基电负性的影响。

自旋^1H之间的耦合作用通过化学键的成键电子传递，故取代基 X 的电负性越大，X—CH—CH—的^3J越小：

H_3C—CH—CH—R	R	Li	H	C_6H_5	CH_3	OC_2H_5
	^3J/Hz	8.4	8.0	7.6	7.3	7.0

4.5.3　核的等价性和自旋干扰条件

1. 核的等价性

核的等价性包括化学等价和磁等价，它与每类氢核在分子结构中的位置、构型、构象及对称性等因素有关。

(1)化学等价核。

化学等价是立体化学中的一个重要概念，分子中某组氢核在相同化学环境下的化学位移相同，则这组氢核称为化学等价核。例如：苯环六个^1H的化学位移相同，它们是化学等价核；CH_3—CH_2—Cl 结构中甲基的三个^1H、亚甲基的两个^1H都是化学等价核。

化学等价核包括快速旋转化学等价核和对称性化学等价核。

①快速旋转化学等价核。若两个或两个以上氢核在单键快速旋转过程中位置可相互交换，则为快速旋转化学等价核。如氯乙烷、乙醇结构中甲基的三个^1H均为快速旋转化学等价核。

②对称性化学等价核。分子构型中存在点、线、面的对称性，通过某种对称操作后，分子中可以互换位置的氢核则为对称性化学等价核。如反式 1,2-二氯环丙烷中 H_a 与 H_b、

H_c 与 H_d 分别为对称性等价氢核(图 4.24)。

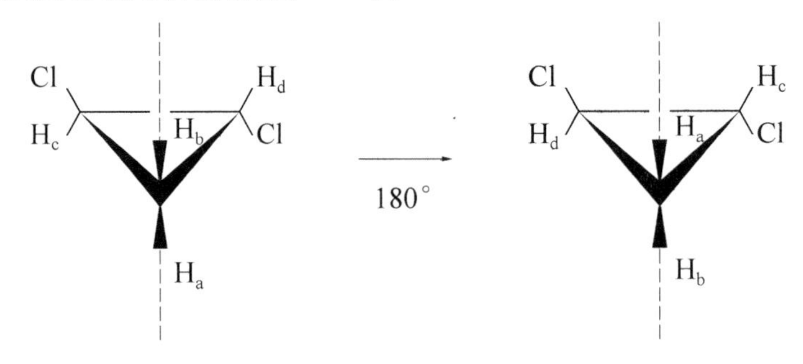

图 4.24　对称性等价氢核

(2)磁等价核。

磁等价又称磁全同,若分子中某一组氢核是化学等价核,且对其他任何一个自旋核的耦合常数相同,即耦合作用相同,则这组氢核称为磁等价核。磁等价核的特征:组内氢核的化学位移相同;与其他组外自旋核的耦合常数相同;在无组外自旋核干扰时,组内氢核虽然耦合,但不自旋裂分。例如,苯乙酮中甲基的三个氢核既是化学等价核,又是磁等价核。故磁等价核必为化学等价核,而化学等价核不一定为磁等价核,磁不等价的两组自旋核之间的耦合作用才可能产生自旋裂分。

(3)磁不等价核。

没有对称因素、化学位移不相等、连在同一个碳原子上的氢核不一定都是磁等价核,不等价氢核的结构有以下几种特征:

①单键不能自由旋转时,会使本身快速旋转的磁等价核变为磁不等价核。

②取代烯的同碳氢核为磁不等价核,如 $CH_2=CF_2$ 中亚甲基上的两个氢核和两个氟均为化学等价但磁不等价核。

③构象固定环上亚甲基的两个氢核为不等价核,如甾体环上的亚甲基氢核。

④邻位或对位二取代芳环的氢核均是化学等价而磁不等价核。

⑤与手性碳原子(C_{abc})相连的亚甲基的两个氢核是不等价核。

2. 产生自旋干扰的条件

①相隔单键数少于 3 的磁不等价氢核之间会产生自旋干扰和自旋裂分。

②相隔单键大于 3 的氢核之间通常不会产生自旋干扰和自旋裂分。

③磁等价氢核之间不会产生自旋耦合作用。

④$I \neq 0$ 的自旋氢核对相邻氢核可能产生自旋干扰和自旋裂分。

⑤^{35}Cl、^{79}Br、^{127}I 等电负性原子对相邻氢核具有自旋去耦作用,消除自旋干扰和自旋裂分。

4.5.4　自旋裂分的峰数与峰面积比

(1)自旋裂分的峰数遵循(n+1)规律。

通常若干个自旋量子数为 I 的磁等价核，在外磁场的作用下会产生若干个自旋取向组合，使相邻自旋核的共振吸收峰裂分为多重峰。如，某组化学环境完全相同的 n 个氢核(I=1/2)，在外磁场中共有(n+1)种自旋取向，与其发生耦合作用的自旋核裂分为(n+1)重峰，称为(n+1)规律。若分别与 n 个和 m 个化学环境不同的自旋核发生耦合时，则被裂分为(n+1)(m+1)个小峰。又如，CH_3—CH_2—Cl 结构中甲基的 3 个氢核使亚甲基的共振吸收产生四重峰，而亚甲基上的 2 个氢核使甲基的共振吸收产生三重峰。(n+1)规律只适用于相互耦合氢核的化学位移差远大于耦合常数($\Delta\nu \gg J$)的一级核磁共振光谱。

(2)自旋裂分的峰面积比。

对于遵循(n+1)规律而分裂的多重峰，其各峰强度比符合二项式$(a+b)^n$ 展开式的各项系数比。

n	二项式展开式系数	峰数
0	1	单峰 (singlet, s)
1	1　1	二重峰 (doublet, d)
2	1　2　1	三重峰 (triplet, t)
3	1　3　3　1	四重峰 (quartet, q)
4	1　4　6　4　1	五重峰 (quintet)
5	1　5　10　10　5　1	六重峰 (sextet)
⋮	⋮	⋮

图 4.25 是碘代乙烷的[1]H-NMR 谱图，δ 在 1.85、3.01 处出现两组峰，二者积分比(3∶2)等于氢核数目比，分别对应于—CH_3、—CH_2—。—CH_2—为四重峰，—CH_3 为三重峰。

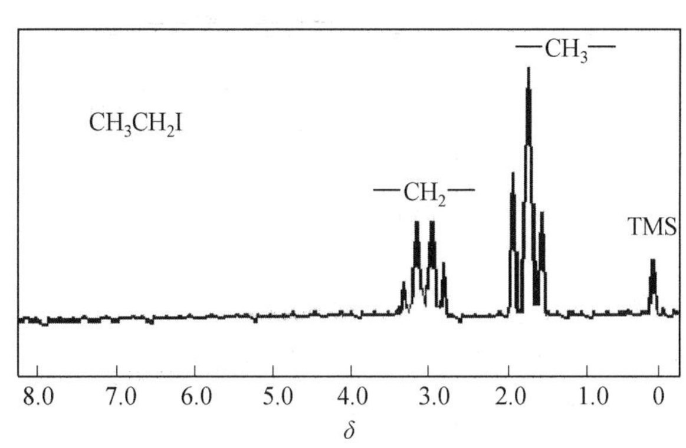

图 4.25　碘代乙烷的[1]H-NMR 谱图

4.5.5 氢核数目与峰面积

化合物结构中处于化学环境相同的同一类氢核的数目与它产生的核磁共振吸收的峰面积成正比，即各类氢核数目之比等于各组核磁峰面积之比，通过比较峰面积可知产生核磁共振各类氢核的相对比例。通过 NMR 仪器能对峰面积进行自动积分得到精确的数值，并用阶梯积分曲线高度在 NMR 谱图上表示出来。一般积分曲线的画法是从左到右，其高度代表峰面积比等于相应的氢核数目之比。

4.5.6 特殊峰形、苯环氢

①^{1}H 核与自旋去耦作用的原子($I \geq 1$，N、O、X 等)相连时，在 NMR 谱图上出一个宽度小且不裂分的单峰，常见的有—NH_2、—OH、—OCH_3 等。

②当具有相同化学位移的^{1}H 核同时存在于一个分子中时，NMR 谱图上出现的峰很难具体分析，或没有精细结构。

③苯环氢在 NMR 谱图中有时呈多重峰，有时也会呈单峰。

a. 苯环烷基单取代时，芳环上 5 个氢核的化学位移相同，呈单峰。

b. 若与苯环相连的单取代基是不饱和基团(C ═O、C ═C 等)，则其邻位、对位、间位上氢核的化学位移不同，相互自旋耦合裂分为多重峰。

例如：异丙基苯的^{1}H-NMR(图 4.26)。

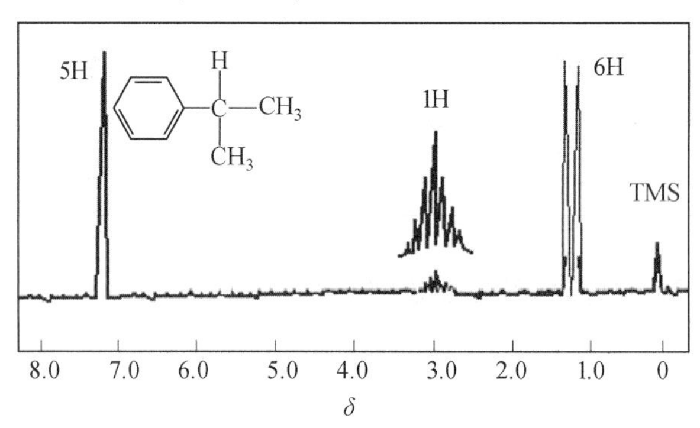

图 4.26 异丙基苯的^{1}H-NMR 谱图

4.5.7 氢核交换

一般将与 C、Si、P 等电负性小的原子相连的氢核看作不可交换的氢核。而与 N、O、S 等电负性较大的原子相连的氢核称为酸性氢核或活泼氢核，看作可交换氢核，如—OH、—NH、—SH 等。活泼氢核可以与同类分子或溶剂分子(如 D_2O)的氢核进行交换，速度顺序为—OH >—NH >—SH。

4.6 ^{1}H-NMR

4.6.1 有机化合物结构的鉴定

1. ^{1}H-NMR 谱图的解析步骤

(1)计算不饱和度。

根据分子式计算不饱和度,推测判断该化合物结构中可能含有的化学键类型、数目等信息。

(2)确定氢核峰的组数。

通常核磁谱图上出现几组共振吸收峰,就标志分子存在几类不同化学环境的氢核。

(3)计算各类氢核的数目。

由积分曲线或峰面积,算出各组氢核的数目,即各类氢核的氢分布情况。积分简比代表各组峰的氢核数目之比,若分子式中氢原子数目是积分简比数字之和的 n 倍,则积分简比要同时扩大 n 倍才等于各组峰的氢核数目之比。

例如,1,2-二苯基乙烷的分子式为 $C_{14}H_{14}$,^{1}H-NMR 出现两组峰,积分简比为 5∶2,14/(5+2)=2,则氢核数目之比为 10∶4,表明分子中存在对称结构。

(4)推测化合物类型。

初步确定出现在低场吸收峰的官能团类型,如,由醛基氢核、羧羟基氢核、酚羟基氢核、苯环氢核共振吸收化学位移的大概位置,初步判断化合物的类型。

(5)根据化学位移、裂分峰数目和形状确定各基团可能的键合状态和空间关系。

① 解析单峰。氢核相邻碳原子上无氢核,或与 N、O、S 等原子、苯环、双键、三键等化学键相连,常见基团如下:

$$H_3CO—、H_3CN—、H_3C—Ar、H_3C—\overset{\overset{\displaystyle O}{\|}}{C}—、H_3C—\overset{|}{C}=$$

② 多重峰。用(n+1)规律判断相邻碳原子上氢原子的个数。

③ 活泼氢核。对于含有活泼氢核化合物,可通过重水交换前后的谱图变化,确定活泼氢的峰位及类型。如,O—H、N—H、S—H 及—COOH 等。

(6)查表或按经验公式,确定结构式。

计算初步推测结构式各基团氢核的化学位移,与实测值相对比,确定结构是否正确。还可以通过与紫外-可见光谱、红外光谱、质谱等谱图进行综合解析,最终确定正确的有机化合物结构式。

上述^{1}H-NMR 谱图的解析步骤主要适用于核磁共振一级谱图,对于有高级耦合系统的谱图则需要应用各种去耦技术、二维谱图等技术解决,或参与超导高磁场仪器使谱图简单化来解决。

2. 解析实例

【例 4.5】 化合物 C_4H_8O 的 ^1H-NMR 谱图如图 4.27 所示，推测其结构。

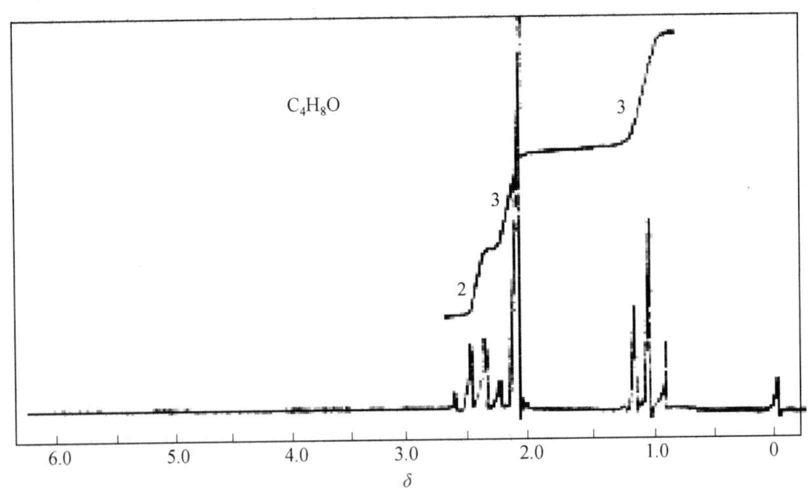

图 4.27 C_4H_8O 的 ^1H-NMR 谱图

【解】 首先计算化合物的不饱和度：$\Omega=4+1-8/2=1$。然后对 NMR 谱图进行解析。从图中可见三组氢核，其积分高度比为 2∶3∶3，吸收峰对应的关系如下：

δ	氢核数	可能的结构	峰裂分数	邻近耦合氢数
2.47	2	CH_2	四重峰	3 个氢核(CH_3)
2.13	3	CH_3	单峰	无氢核
1.05	3	CH_3	三重峰	2 个氢核(CH_2)

从分子式及不饱和度初步判断，其可能的结构为

$$CH_3-\overset{\overset{\displaystyle O}{\|}}{C}-CH_2-CH_3$$

将谱图和化合物的结构进行核对，确认化合物。

【例 4.6】 化合物 $C_9H_{12}O$ 的 ^1H-NMR 谱图如图 4.28 所示，推测其结构。

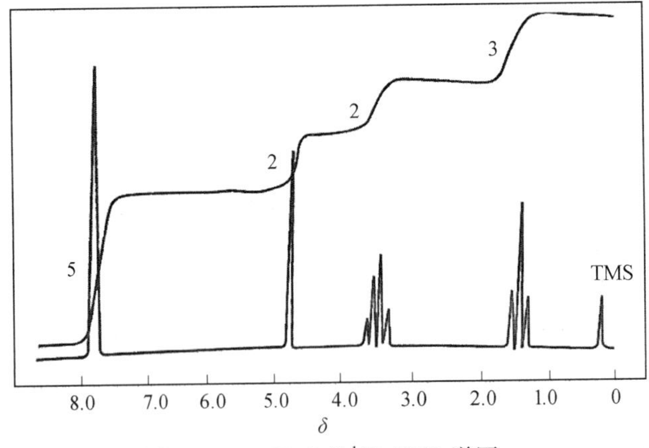

图 4.28 $C_9H_{12}O$ 的 ^1H-NMR 谱图

【解】 首先计算化合物的不饱和度:$\Omega=9+1-12/2=4$。然后对 NMR 谱图进行解析。从图中可见四组氢核,其积分高度比为 5∶2∶3∶3,吸收峰对应的关系如下:

δ	氢核数	可能的结构	峰裂分数	邻近耦合氢数
7.32	5	苯环	单峰	苯环烷基单取代
4.50	2	CH_2	单峰	无氢核
3.13	2	CH_2	四重峰	3 个氢核(CH_3)
1.15	3	CH_3	三重峰	2 个氢核(CH_2)

从分子式及不饱和度初步判断,其可能的结构为

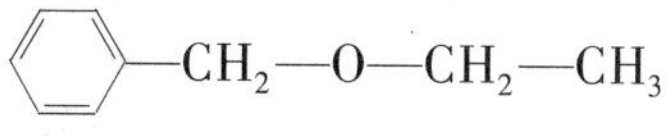

C_6H_5—CH_2—O—CH_2—CH_3

将谱图和化合物的结构进行核对,确认化合物。

4.6.2　配位化合物的鉴定

配位化合物的电子构型和磁性对^{1}H-NMR 谱图的影响较大。反磁性配位化合物结构中不含未成键电子对,其核磁共振吸收不受中心金属离子的磁性影响,由此可根据有机化合物(配位体)的^{1}H-NMR 谱图特点进行配位化合物的鉴定。而顺磁性配位化合物由于受到中心金属离子的未成键电子对的影响,可以通过接触位移或超精细相互作用来进行鉴定。接触位移是指由原子核受到不对称电子自旋产生对磁场的影响而引起的^{1}H-NMR 信号位移。

反磁性配位化合物的^{1}H-NMR 谱图较简单,例如双(β-二酮)配位化合物的顺反异构体可以用核磁共振波谱图来判别。ⅣA 族金属($M^{Ⅳ}$)除铅外都能与β-二酮形成配位化合物。对称的β-二酮(如乙酰丙酮)与 $M^{Ⅳ}$ 的配位化合物有两种异构体 A 和 B,如图 4.29 所示。A 结构中 4 个甲基的化学位移相同,氢核共振吸收呈单峰;B 结构中 4 个甲基的化学位移两两相等,氢核共振吸收呈双峰,由此可依据实际^{1}H-NMR 谱图中出现的双峰来鉴定该类配位化合物的结构属于异构体 B。

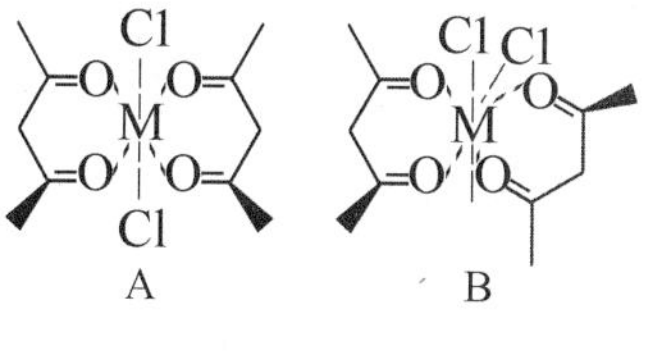

图 4.29　对称的β-二酮(如乙酰丙酮)与 $M^{Ⅳ}$ 的配位化合物的两种异构体

4.6.3　磁共振成像

20 世纪 70 年代,工程物理学家达马迪安最先将磁共振成像(Magnetic Resonance Imaging,MRI)用于临床医学,发现肿瘤组织的纵向弛豫时间(T_1)、横向弛豫时间(T_2)值比正常系统值长。Lauterbur 教授团队用核磁共振设备第一次得到人体头、胸和腹部的图像。80 年代,Hawkes 团队证实了 MRI 多平面成像的优点,并首次报道了利用 MRI 检查人体颅内病变的研究成果,同年 MRI 仪器开始出售。时至今日,随着新技术的日新月异,MRI 被

广泛应用于各个国家的医疗中心和医院,已成为最先进的影响诊断技术之一。MRI 利用生物体不同组织在外磁场作用下产生不同区域的磁共振信号来成像,大多数都是氢磁共振成像,MRI 检测无损伤性并能对多种疾病提供准确的诊断。

4.6.4 超分子化学研究中的应用

超分子化学是研究分子通过非共价键相互作用而形成的分子聚集体化学,研究分子间的相互作用力。比如研究氢键、配位键、疏水作用和它们的协同作用而形成的分子聚集体的组装、结构与功能。超分子化学是研究化学与生物学、物理学、材料科学、信息科学和环境科学等多门学科的有力工具。而核磁共振又是研究超分子化学的有效方法,在研究分子识别、分子组装、仿生系统、分子器件和分子催化等方面起到重要作用。

超分子化合物建立的基础是分子识别,分子识别是指主体选择性地与客体结合并形成某种特殊功能。当主体与客体分子识别结合时,核磁共振信号会发生变化,这种变化能够为结合作用位点及其结构分析提供依据。例如,图 4.30 所示剪刀分子主体(2*S*,8*S*)-双(2-萘甲酰氨基甲基)-1,5,9-三氮杂双环[4.4.0]癸-5-烯氯化合物与对硝基苯甲酸钠形成夹心配合物前后的^{1}H-NMR 数据。由图可知,当胍基和酰氨基的 N—H 与—COOH形成氢键时,^{1}H 核的化学位移发生明显变化,多数 N 上氢核的共振吸收移向低场,化学位移增大。主体萘环与客体的苯环形成 π-π 共轭效应,并且是在苯环平面上下的屏蔽效应区域,故萘环和苯环上的氢核化学位移均减小。

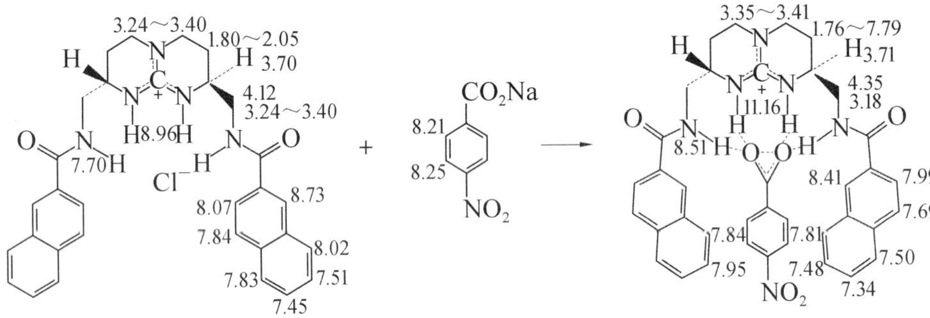

图 4.30 (2*S*,8*S*)-双(2-萘甲酰氨基甲基)-1,5,9-三氮杂双环[4.4.0]癸-5-烯氯化合物与对硝基苯甲酸钠形成夹心配合物前后的^{1}H-NMR 数据

4.6.5 ^{1}H-NMR 谱图的检索

(1)美国 Sadtler 研究室出版的 *Sadtler Nuclear Magnetic Resonance Spectra*,图中注有化合物名称、分子式、分子量、熔(沸)点、样品来源、测试条件及质子化学位移。在此介绍化学位移索引(chemical shift index):按化学位移(δ 值)由小到大的顺序排列,0 ~ 14 范围(递增值 0.01)索引共分 6 栏,将 NMR 谱图号、标记符号(A,B,C,…)、化学位移、质子基团、环境基团(与该质子相连的基团)及溶剂依次列入索引表中,根据测试的某未知峰的精确 δ 值和质子数目,从表中方便地查到该质子基团及与其相连的基团、对应的标准谱图号以供参考。

(2)API 的光谱集,由美国石油协会出版,1964 年出版 2 卷,共收集 573 个光谱,附有化合物索引和号码索引。特点是碳氢化合物的资料多,并有样品纯度记载。

(3)*Varian NMR Spentra Catalog* 即 *High Resolution NMR Spentra Catalog*,由 N. S. Bhacca 等著,1963年出版 2 卷,共收集 700 张纯化合物的谱图。附有化合物名称索引、功能团索引和化学位移索引。

(4)*The Aldrich Library of NMR Spentra*,由 C. J. Pouchert 和 J. R. Campbel 编,Aldrich Chemical Company 出版(1974 年)。1983 年由原11 卷缩为2 卷出版,共收入近 9 000 张谱图,第二卷后有化合物名称索引、分子式索引和 Aldrich 谱图号索引。

(5)*Handbook of Proton—NMR Spectra and Data*,由 Asahi Research Center Co,Ltd. 组织编辑。收入 8 000 个有机化合物图谱;注有分子式、分子量、熔(沸)点。分 10 卷出版,每卷后附有 4 种索引,即化学名称索引、分子式索引、基础结构索引和化学位移索引,另外还有 1 ~ 10 卷的总索引。

4.7　^{13}C-NMR

4.7.1　^{13}C-NMR 的特点

(1)灵敏度低。

^{13}C-NMR 的灵敏度比^{1}H-NMR 的灵敏度要低,原因如下:

①^{13}C 天然丰度仅有 1.1%,而^{1}H 的天然丰度为 99.98%,故^{13}C-NMR 的信号比^{1}H 低很多,约为^{1}H 信号强度的 1/5 800。

②^{13}C 的旋磁比 γ 仅为^{1}H 的 1/4,相对灵敏度与旋磁比的三次方成正比。故相同外磁场作用下,^{13}C 核的灵敏度约为^{1}H 灵敏度的 1/64。

(2)分辨能力高。

^{13}C 核的化学位移范围较宽,^{13}C 谱的化学位移范围在 0 ~ 200,而^{1}H 谱的化学位移范围只有 0 ~ 12,^{13}C-NMR 的分辨能力约为^{1}H-NMR 的 10 倍。^{1}H-NMR 普遍存在氢核自旋耦合作用,使大多数氢核的核磁共振吸收带变宽而复杂化。而^{13}C-NMR 中仅为碳核本身的自旋裂分,通过去耦处理,可去掉^{1}H 与^{13}C 的耦合作用,所得各种碳核的谱线都是单峰。由此使^{13}C 谱线强度增加,分辨能力增强。结构不对称的化合物、每种化学环境不同的碳核都可以检测到其特征谱线。

(3)可观测到不连氢的碳核吸收峰。

^{1}H-NMR 中不能直接观测到羰基、烯基、炔基、氰基等不连氢官能团的共振吸收信号,只能通过相应基团的化学位移、化合物不饱和度等外在因素来进行判断,而^{13}C-NMR 谱图可直接检测到这些基团的特征吸收峰。有机化合物的分子骨架主要由 C 原子构成,从^{13}C-NMR 谱图可以得到关于分子骨架结构的基本信息,^{13}C-NMR 应用更为广泛。

(4)弛豫时间 T_1 可作为鉴定化合物的波谱参数。

^{13}C 核的弛豫时间比^{1}H 核慢很多,并且处于不同化学环境碳原子的弛豫时间 T_1 差别较大,故^{13}C-NMR 谱峰强度与碳核数不成正比。从伯碳、仲碳、叔碳再到季碳,T_1 依次变

长，共振信号随之减弱，常见^{13}C 核共振信号强度顺序依次为 $CH_3 \geqslant CH_2 \geqslant CH \geqslant C$。因此，通过 T_1 可以判断分子结构归属，推测化合物分子共振体系情况等。

4.7.2　^{13}C-NMR 的化学位移

1. ^{13}C 化学位移的参照标准与屏蔽常数

(1)参照标准。

^{13}C 核的化学位移是^{13}C-NMR 谱的重要参数，绝大多数有机化合物的^{13}C 的化学位移都落在去屏蔽的羰基和屏蔽的甲基之间，这个区间稍大于 200。目前，规定^{13}C-NMR 谱也采用 TMS 为标准。从 TMS 甲基碳共振信号起，化学位移向低场定为正值，向高场定为负值，与^{1}H 核的 δ 值类似。

^{13}C-NMR 谱检测使用的绝大多数氘代溶剂中均含有碳原子，会出现溶剂的^{13}C 核共振吸收峰，由于 D 与^{13}C 之间的耦合作用，溶剂^{13}C 核的共振吸收峰往往自旋裂分为多重峰，如 $CDCl_3$ 在 δ=76.9 处出现三重峰。故分析^{13}C-NMR 谱图时，要先识别溶剂吸收峰，常用溶剂^{13}C 核的化学位移(δ_C)及$^1J_{CD}$见表 4.13。

表 4.13　常用溶剂的 δ_C 及$^1J_{CD}$

溶剂	δ_C	$^1J_{CD}$/Hz	峰形
氯仿	76.9	27	三重峰
甲醇	49.0	21.5	七重峰
DMSO	39.7	21	七重峰
苯	128.0	24	三重峰
乙腈	1.3	21	七重峰
	18.2	<1	*
乙酸	20.0	—	七重峰
	178.4	<1	*
丙酮	29.8	20	七重峰
	206.5	<1	*
DMF	30.1,35.2	21,21	七重峰,七重峰
	167.7	30	三重峰
CCl_4	96.0	—	单峰
CS_2	192.8	—	单峰

* 远程耦合的多重峰不能分辨。

(2)屏蔽常数。

依据^{1}H 核核磁共振的基本公式，^{13}C 核的共振频率可写为

$$\upsilon_C = \gamma_C H_0 (1-\sigma)/2\pi \tag{4.16}$$

式中，γ_C 为^{13}C 核的旋磁比；H_0 为外磁场强度；σ 为^{13}C 核的屏蔽常数。

不同化学环境下的^{13}C 核受到的屏蔽作用不同，σ 值不同，υ_C 也随之不同。σ 值与原

子核所处化学环境的关系表示为

$$\sigma=\sigma_d+\sigma_p+\sigma_a+\sigma_s \tag{4.17}$$

式中，σ_d 为^{13}C 核周围电子的抗磁屏蔽常数；σ_p 为与 p 电子相关的顺磁屏蔽常数；σ_a 为相邻基团磁各向异性的影响；σ_s 为溶剂、介质等外因的影响。

^{1}H 核的屏蔽常数一般由核外电子云密度决定，即取决于 σ_d。而^{13}C 核的屏蔽常数主要取决于 σ_p，σ_d 的影响约为 15。通常激发能量较小或周围电子云密度较小的碳核，其 σ_p 较大，化学位移出现在低场。例如，烷烃中碳核周围的电子云密度较大，碳核共振信号出现在高场；而羰基碳核与烷烃相反，共振信号出现在低场，为 160 ~ 220。

2. ^{13}C 化学位移的影响因素

(1)碳原子的杂化。

δ_C 值受碳原子杂化的影响，碳原子的杂化状态对应的不同碳核的化学位移范围分布见表 4.14。

表 4.14　碳原子的杂化对 δ_C 值的影响

C 原子的杂化状态	不同类型碳核	化学位移范围
sp^3	—CH_3—CH_2—CH—C	0 ~ 50
sp	—C≡CH	50 ~ 80
	—CH ═CH_2	100 ~ 150
sp^2	C ═O	150 ~ 220

(2)诱导效应。

亲电基团的诱导效应对^{13}C 核产生去屏蔽效应，见表 4.15。当^{13}C 核与电负性基团相连时，碳核周围的电子云密度减小，共振信号移向低场，δ_C 值增大。随着电负性越强或取代基数目越多，去屏蔽效应越大，共振信号更移向低场。

表 4.15　诱导效应对^{13}C δ 值的影响

化合物	CH_4	CH_3Cl	CH_2Cl_2	$CHCl_3$	CCl_4
δ	-2.30	24.9	50.0	77.0	96.0
化合物	CH_3I	CH_3Br	CH_3Cl	CH_3F	
δ	-20.7	10.0	24.9	80.0	

(3)电子短缺和孤对电子。

当碳原子失去电子时，产生去屏蔽效应，共振信号移向低场，δ_C 值增大，通常碳正离子的 δ_C 值约为 300。而^{13}C 核与羟基、苯环取代时，因电子转移，δ_C 值移向高场。此外，化合物结构中若有孤对电子，使碳核的 δ_C 值向低场移动约 50。

例：　O ═C ═O　→　: C≡O :

$\delta_C=132.0$　　$\delta_C=181.3$

(4)共轭效应。

共轭效应会引起碳核周围电子云分布的变化，导致^{13}C 核共振信号向高场或低场移动。

① p-π 共轭。当不饱和 π 键与含有孤对电子的基团相连时,孤对电子会产生 p-π 共轭的离域作用,从而增大邻位、对位碳核周围的电荷密度,屏蔽效应增加,δ_C 值移向高场。例如,苯酚与苯相比,邻位 δ_C 值向高场移动 12.7,对位 δ_C 值移动 9.8。

② π-π 共轭。当不饱和 π 键之间形成 π-π 共轭体系时,会降低 π 键周围的电子云密度,δ_C 值移向低场。例如,苯甲酸分子中的羰基与苯环共轭,使芳环碳核的 δ_C 值大于苯环自身的化学位移。

③吸电子基团。当苯环与—NO_2、—CN、—C ═O 等吸电子基团相连时,可以使苯环上的 π 电子离域,进而减小邻位、对位碳核周围的电荷密度,屏蔽效应减弱,δ_C 值移向低场。例如,苯腈与苯相比,邻位 δ_C 值向低场移动 3.6,对位 δ_C 值移动 3.9。

(5)立体效应。

①构型的影响。^{13}C 核的化学位移对分子的立体构型十分敏感,只要碳核间空间比较接近,即使间隔几个化学键都会产生强烈影响。构型不同时,δ_C 值也不同。例如,烯烃顺反异构体中,烯碳的 δ_C 值相差 1 ~2,顺式出现在高场,δ_C 值较小。同时,与烯碳相连的饱和碳核的 δ_C 值差别较大,为 3 ~5,顺式也是出现在高场。

②空间位阻。有机分子结构中存在的空间位阻,会导致^{13}C 核的化学位移发生变化。例如,邻位烷基取代的苯乙醛,随着烷基取代基数目的增加,烷基的空间位阻会减弱羰基与苯环的共轭效应,使羰基碳核的化学位移向低场移动,δ_C 值增大。

(6)溶剂效应。

同一溶质在不同溶剂中的 δ_C 值存在一定差别,不同的溶剂和介质可以使 δ_C 值改变几至十几。溶剂效应对^{13}C 核的影响程度大于^{1}H 核,在 $CHCl_3$、CCl_4、环己烷等非极性溶剂中,δ_C 值在较高场;而在丙酮、吡啶、乙腈等极性溶剂中,δ_C 值在较低场。例如,同浓度 $CHCl_3$ 在不同溶剂中的化学位移见表 4.16。

表 4.16 $CHCl_3$ 在不同溶剂中的 δ_H 与 δ_C 值

溶剂	δ_H	δ_C
CCl_4	0.12	0.20
C_6H_6	0.747	0.47
$(CH_3)_2CO$	0.812	1.76
C_6H_5N	1.280	2.63

(7)氢键效应。

氢键作用对相关^{13}C 核的化学位移影响很大,通常分子内氢键作用强于分子间氢键,主要产生去屏蔽效应。例如,下列两组化合物中,分子内氢键使羰基的 δ_C 增加 5 ~9。

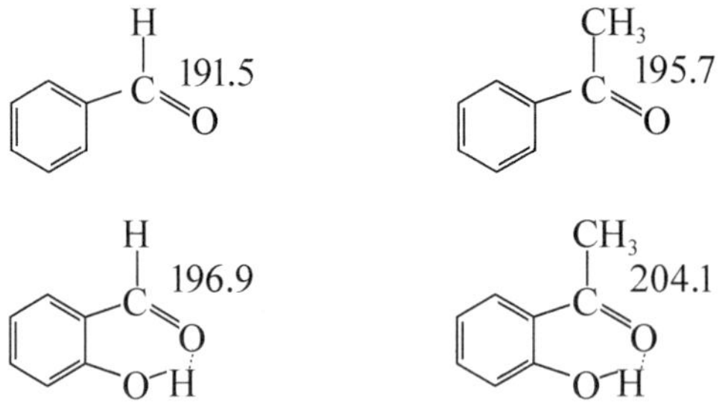

4.7.3　^{13}C-NMR 的自旋耦合

(1) ^{13}C–^{13}C 耦合。

^{13}C 的天然丰度很低，只有 1.1%，两个 ^{13}C 核相邻的概率很低，因而 ^{13}C–^{13}C 耦合可忽略不计。

(2) ^{13}C–^{1}H 耦合。

^{1}H 的天然丰度为 99.98%，故 ^{13}C–^{1}H 耦合不能不考虑，且由 ^{1}H 核引起的 ^{13}C 共振峰的裂分符合 $(n+1)$ 规律。例如，甲基碳应有四重峰。通常 $^{1}J_{C-H}$ = 125 Hz(烷) ~ 250 Hz(炔)，这与碳的杂化轨道中 s 成分多少有关。相隔两个化学键的 ^{13}C–^{1}H 耦合常数很小。在常规碳谱中，^{13}C–^{1}H 耦合常数信息因为异核去耦而丢失，若无特殊需要，一般不做测定。

(3) ^{13}C–X 耦合。

^{13}C–X 耦合中的 X 是指除 ^{1}H 以外的其他磁性原子核，如 ^{19}F、^{31}P 等，它们的天然丰度均为 100%，而且在质子去耦的双共振实验中不能消除它们对 ^{13}C 的耦合，因此这些核与 ^{13}C 的耦合作用非常重要。它们的耦合也符合 $(n+1)$ 规律，如Ⅴ价 P 的 $^{1}J_{C-P}$ 可达 100 ~ 150 Hz，Ⅲ价 P 的 $^{1}J_{C-P}$ 为几十赫兹，^{13}C 与 ^{19}F 的耦合常数 $^{1}J_{C-F}$ 可达 −150 ~ −350 Hz，$^{2}J_{C-F}$ 为几十赫兹。

4.7.4　^{13}C-NMR 的去耦技术

(1) 质子宽带去耦。

质子宽带去耦又称为质子噪声去耦。其过程是在采样时，用射频 H_1 照射各种碳核，使其 ^{13}C 核磁共振吸收的同时，再用另一能覆盖样品所有氢核激发频率的射频 H_2 照射样品，使所有的 ^{1}H 核处于跃迁饱和状态，从而可以消除 ^{1}H 核对 ^{13}C 核的耦合作用，得到的 ^{13}C 核共振吸收呈现一系列单峰，这样的 ^{13}C-NMR 谱称为质子宽带去耦谱。

质子宽带去耦谱简化了 ^{13}C-NMR 谱图，提供了有机化合物的碳数与碳架信息。通常有机分子结构中若没有对称因素和不含 F、P 等杂原子时，每个 ^{13}C 核都出现一个单峰。但有 F、P 等杂原子时，^{13}C 核的共振吸收呈现多重峰，无法识别伯、仲、叔、季不同类型的碳。

(2) 质子偏共振去耦。

质子偏共振去耦是通过使用偏离质子共振区之外 500 ~ 1 000 Hz 的高功率射频照射样品，使 ^{1}H 与 ^{13}C 在一定程度上去耦，从而保留了 ^{13}C–^{1}H 耦合信息。在质子偏共振去耦的 ^{13}C-NMR 谱中，共振峰的裂分可以根据 $(n+1)$ 规律进行分析：甲基显示四重峰，亚甲基显示三重峰，次甲基显示双峰，不和 H 原子相连的 C 原子则显示单峰。

如图 4.31(a) 所示，2-甲基-1,4-丁二醇的质子宽带去耦谱图中出现五条单峰，对应于五种化学环境下不同的碳，分子中无对称因素存在；而如图 4.31(b) 所示，质子偏共振去耦谱图中的双峰为 CH，三重峰为 CH_2，四重峰为 CH_3，分别对应于伯、仲、叔碳。

(3) 质子选择性去耦。

质子选择性去耦是获取归属碳吸收峰的重要方法，是质子偏共振去耦的特例。当测

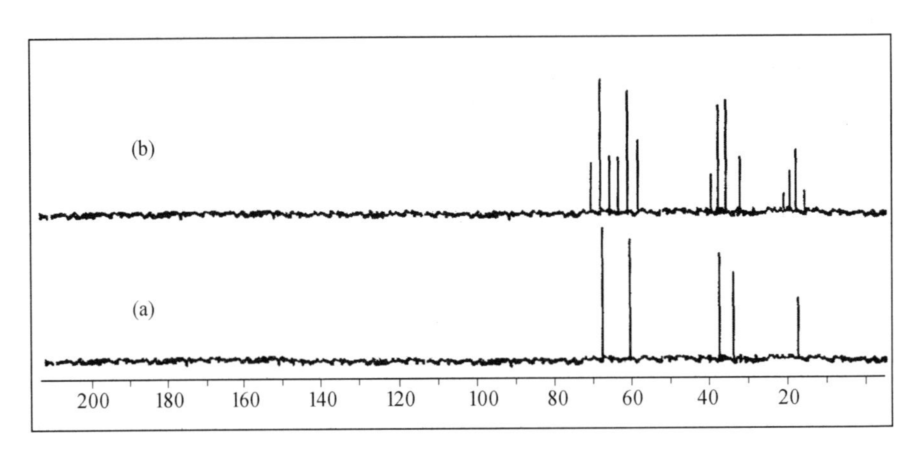

图 4.31 2-甲基-1,4-丁二醇的质子宽带去耦谱(a)及质子偏共振去耦谱(b)

一个化合物的^{13}C-NMR 谱时,可以选择性去耦已知^{1}H-NMR 中各氢核的 δ 值,确定碳谱谱线的归属。当调节去耦频率恰好等于某质子的共振吸收频率,且 H_2 场功率又控制到足够小时,则与该质子直接相连的碳会发生全部去耦而变成尖锐的单峰。对于分子中其他的碳核,仅受到不同程度的偏移照射,产生不同程度的偏共振去耦,这样测得的^{13}C-NMR 谱称为质子选择性去耦。

(4)门控去耦与反转门控去耦。

门控去耦是利用发射门和接收门来控制去耦的方法,又称交替脉冲去耦或预脉冲去耦。质子宽带去耦失去了所有耦合信息,偏振去耦也易失去部分耦合信息,宽带去耦和偏共振去耦都因核间奥氏效应(NOE 效应)而使信号的相对强度与所代表的碳原子数目不成比例。门控去耦是通过调节射频场与去耦场的开关时间,有效控制去耦或保留耦合,得到有助于结构鉴定的^{13}C-NMR 谱。

反转门控去耦又称抑制 NOE 的门控去耦,对射频场和去耦场的脉冲发射时间关系稍加变动,即可得到消除 NOE 效应的宽带去耦谱。采用反转门控去耦方法虽然损失了一点灵敏度,耗费了较长时间,但它是一种能得到碳原子数目与相应吸收峰高度成比例的方法,常用于有机化合物的定量分析实验。

4.7.5 各类^{13}C 核的化学位移

^{13}C-NMR 的化学位移与很多因素有关,主要是杂化轨道状态及化学环境。饱和烃类化合物中,sp^3 杂化的碳核,δ_C 为-2.5 ~ 55;sp 杂化的碳核,δ_C 为 50 ~ 100。烯烃和芳烃化合物中 sp^2 杂化的碳核,δ_C 为 170 ~ 50。而羰基化合物中的碳核,δ_C 为160 ~ 220。并且,^{13}C-NMR的化学位移与^{1}H-NMR 的化学位移有一定的对应性。若^{1}H 的 δ 值位于高场,则与其相连的碳的 δ 值也位于高场。如环丙烷 $\delta_H = 0.22$,δ_C 约为 3.5。

有机化合物中各类碳核的化学位移范围如图 4.32 所示。

(1)烷烃和环烷烃。

饱和烷烃的碳主要为 sp^3 杂化,甲烷碳的屏蔽效应最大,其 δ_C 为-2.5,若甲烷中的氢依次被甲基取代,则中心碳的 δ_C 值向低场位移。环烷烃除环丙烷的共振吸收出现在高场

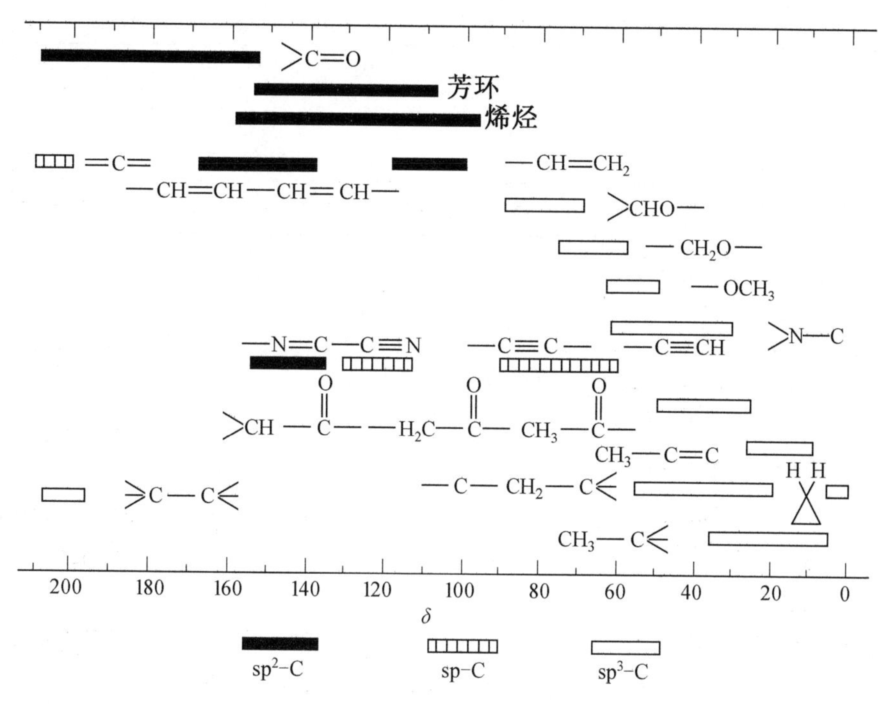

图 4.32　各类碳核的化学位移范围

(δ_C 为-2.6)外，其余 δ_C 值均在 23～28。当环有张力时，共振吸收峰出现在较高场；当环上有烷基取代时，共振吸收峰向低场位移，表 4.17 为常见烷烃和环烷烃的 δ_C 值。

(2)烯烃。

烯烃化合物的碳主要为 sp^2 杂化，δ_C 为 100～165。通常不对称的端烯烃中，烯键上两个碳核的 δ_C 值相差较大，$\Delta\delta_C$ 为 25，并且端烯碳的 δ_C 值较小，约为 110，表 4.18 为常见烯烃的 δ_C 值。

表 4.17　常见烷烃和环烷烃的 δ_C 值

化合物	δ_{C_1}	δ_{C_2}	δ_{C_3}	δ_{C_4}
CH_4	-2.3			
CH_3CH_3	5.7	5.7		
$CH_3CH_2CH_3$	15.4	15.9	15.4	
$CH_3(CH_2)_2CH_3$	13.0	24.8	24.8	13.0
$CH_3CH(CH_3)_2$	24.1	25.0	24.1	
▷	-2.6			
□	23.3			
⬠	26.5			

续表4.17

化合物	δ_{C_1}	δ_{C_2}	δ_{C_3}	δ_{C_4}
	27.1			

表4.18　常见烯烃的 δ_C 值

化合物	δ_{C_1}	δ_{C_2}
$CH_2{=}CH_2$	123.3	123.3
$CH_2{=}CHCH_3$	115.9	136.2
$CH_2{=}CHCH_2CH_3$	113.3	140.2
反 $CH_3CH{=}CHCH_3$	17.6	126.0
顺 $CH_3CH{=}CHCH_3$	12.1	124.6
$CH_2{=}CH{-}CH{=}CH_2$	117.5	137.2
$CH_2{=}C{=}CH_2$	74.8	213.5

(3)炔烃。

炔基碳主要为 sp 杂化,其 δ_C 介于 sp^3 与 sp^2 杂化之间,为 67 ~ 92。一般端炔基上碳核的共振信号范围很窄,为 67 ~ 70。炔基上有取代时,碳核的共振吸收在较低场,为 74 ~ 85,与端炔基相差约 15。另外,不对称炔基上碳核的 δ_C 值相差较小,只有 1 ~ 4。共轭炔烃中端炔基上碳核的 δ_C 值差异不明显。表 4.19 为常见炔烃的 δ_C 值。

表4.19　常见炔烃的 δ_C 值

化合物	δ_{C_1}	δ_{C_2}	δ_{C_3}	δ_{C_4}	δ_{C_5}	δ_{C_6}
$HC{\equiv}CCH_2CH_3$	67.0	84.7				
$CH_3C{\equiv}CCH_3$		73.6				
$HC{\equiv}C(CH_2)_3CH_3$	67.4	82.8	17.4	29.9	21.2	12.9
$CH_3C{\equiv}C(CH_2)_2CH_3$	1.7	73.7	76.9	19.6	21.6	12.1

(4)芳环和杂芳环。

芳环碳的化学位移 δ_C 值为 120 ~ 160(表 4.20)。通常芳环季碳共振吸收出现在较低场,与脂肪族季碳吸收峰同为较低场相似。其中,苯的 δ_C 值为 128.5,取代苯环碳的化学位移可推算如下:

$$\delta_{C_i} = 128.5 + \sum_i Z_i \tag{4.18}$$

式中,Z_i 为苯环不同取代位置的位移参数,见表 4.21。

(5)羰基化合物。

羰基化合物结构中的 π 键易极化,使羰基碳上周围的电子云密度变小,δ_C 值比烯碳更趋于低场,为 160 ~ 220。除醛基外,其他羰基碳的质子偏共振去耦谱中均表现为单峰,且没有 NOE 效应,共振吸收强度较弱,故在 ^{13}C-NMR 谱中比较容易辨认。当与羰基连有取代基团时,δ_C 值随结构的变化而改变,表 4.22 为常见羰基化合物(CH_3COX)的化学位移。

表 4.20　芳环碳的 δ_C 值

化合物	δ_{C_1}	δ_{C_2}	δ_{C_3}	δ_{C_4}	δ_{C_5}	δ_{C_6}
苯	128.5	128.5	128.5	128.5	128.5	128.5
甲苯	137.8	129.3	128.5	125.6	128.5	129.3
乙基苯	144.1	128.7	128.4	125.9	128.4	128.7
正丙基苯	142.5	128.1	128.4	125.9	128.4	128.1
邻二甲苯	136.4	136.4	129.9	126.1	126.1	129.9
间二甲苯	137.5	130.1	137.5	126.4	128.3	126.4
对二甲苯	134.5	129.1	129.1	134.5	129.1	129.1
1,2,3-三甲苯	136.1	134.8	136.1	127.9	125.5	127.9
1,3,5-三甲苯	137.6	127.4	137.6	127.4	137.6	127.4
1,2,3,4-四甲苯	133.5	134.4	134.4	133.5	127.3	127.3
五甲苯	133.0	132.1	134.5	132.1	133.0	131.5
六甲苯	132.3	132.3	132.3	132.3	132.3	132.3

表 4.21　苯环不同取代基的位移参数

取代基	$Z_{同}$	$Z_{邻}$	$Z_{间}$	$Z_{对}$
CH_3	8.9	0.7	-0.1	-2.9
CH_2OH	13.3	-0.8	-0.6	-0.4
$CH{=}CH_2$	9.5	-2.0	0.2	-0.5
CN	-19.0	1.4	-1.5	1.4
CO_2CH_3	1.3	-0.5	-0.5	3.5
CHO	9.0	1.2	1.2	6.0
$COCH_3$	7.9	-0.3	-0.3	2.9
F	35.1	-14.1	1.6	-4.4
Cl	6.4	0.2	1.0	-2.0
Br	-5.4	3.3	2.2	-1.0

续表4.21

取代基	$Z_{同}$	$Z_{邻}$	$Z_{间}$	$Z_{对}$
I	-32.0	10.2	2.9	1.0
NH_2	19.2	-12.4	1.3	-9.5
OH	26.9	-12.6	1.8	-7.9
OCH_3	30.2	-15.5	0.0	-8.9
SCH_3	10.2	-1.8	0.4	-3.6
NO_2	19.6	-5.3	0.8	6.0

表4.22　CH_3COX 的 δ_C 值

X	$\delta_{C=O}$	X	$\delta_{C=O}$
H	199.6	OH	177.3
CH_3	205.1	OCH_3	170.7
C_6H_5	196.0	$N(CH_3)_2$	169.6
$CH=CH_2$	197.2	Cl	168.6
Br	165.7	I	158.9

本章习题

1. 发生核磁共振的几个条件是什么?
2. 如何判断活泼氢的位置?
3. 卤代烃中随着卤素电负性的增加,其化学位移有何变化?
4. 随着温度升高,对酚类化合物 OH 共振信号有何影响?
5. 苯环中氢的化学位移为何在低场?
6. 什么是化学位移? 影响化学位移的因素有哪些?
7. 什么是自旋耦合和自旋裂分?
8. 试指出下列化合物氢谱的精细结构及相对强度。

(1) $Cl—CH_2—CH_3$　　(2) $CH_3—O—CH_2—CH_3$

(3) $CH_3OOCCH_2CH_2CH_2COOCH_3$　　(4) $CH_3—O—CHFCl$

9. 判断下列分子中 ^1H 核化学位移大小顺序。

(1) $CH_3CH_2CH_2—CO_2H$　　(2) $CH_3CH_2—CH(CH_3)_2$

(3) $CH_3CH_2—CO_2—CH_2CH_3$

10. 四个化合物的结构式如下所示,其 ^1H-NMR 谱图如图 4.33 所示,试判断它们的归属,并简述判断理由。

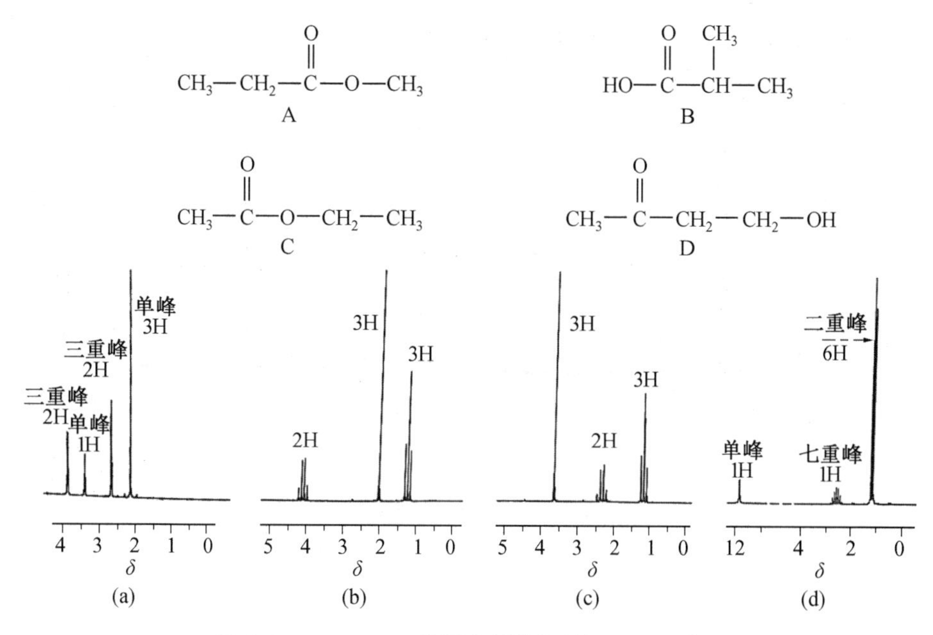

图 4.33　$C_4H_8O_2$ 四种同分异构体的^{1}H-NMR 谱图

11. 一未知液体分子式为 $C_8H_{14}O_4$，沸点为 218 ℃，其 IR 表示有羰基强烈吸收，^{1}H-NMR 谱图如图 4.34 所示，判断其结构。

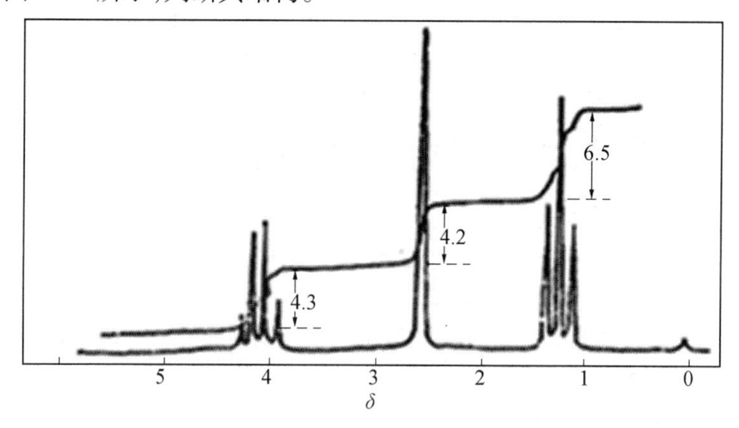

图 4.34　未知液体的^{1}H-NMR 谱图

12. 解析如图 4.35 ~4.37 所示谱图。

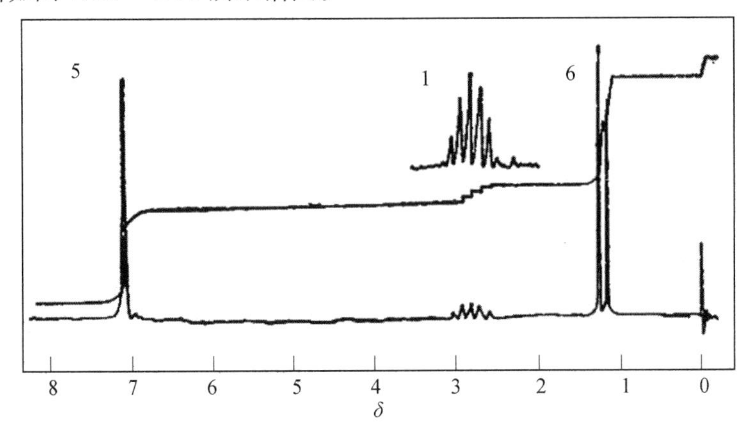

图 4.35 C_9H_{12} 的 ^{1}H-NMR 谱图

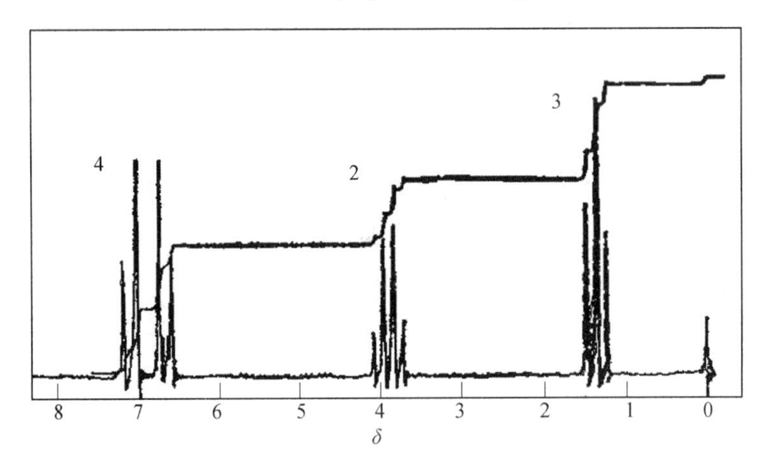

图 4.36 C_8H_9OCl 的 ^{1}H-NMR 谱图

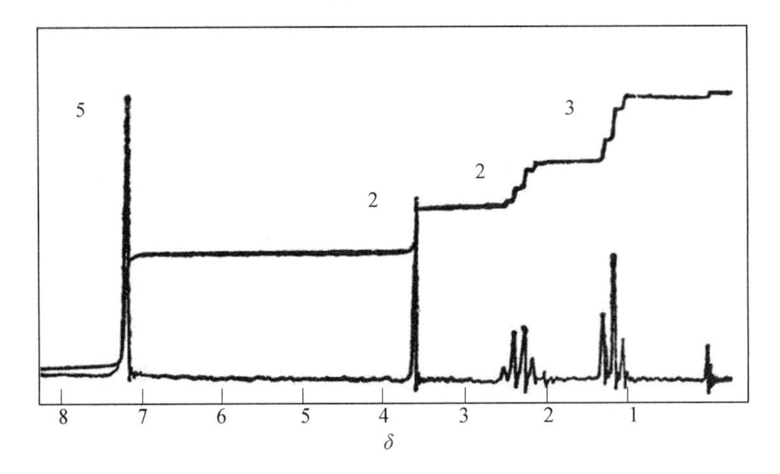

图 4.37 $C_9H_{12}S$ 的 ^{1}H-NMR 谱图

13. 分子式 $C_{10}H_{12}O_2$，三种异构体的[1]H-NMR 谱如图 4.38 所示，推导其结构。

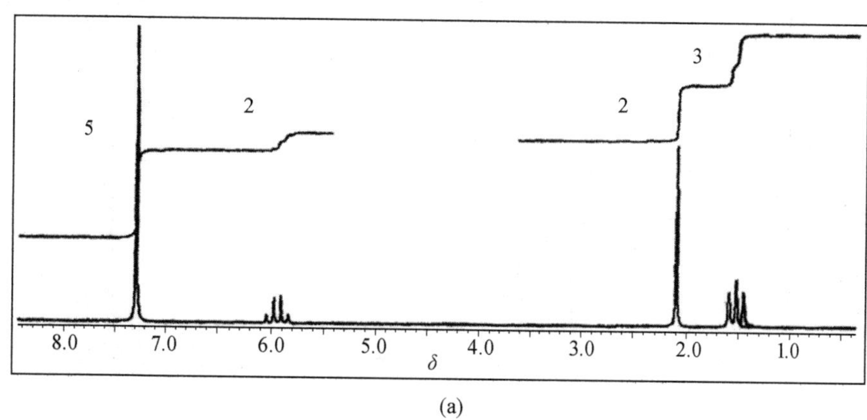

(a)

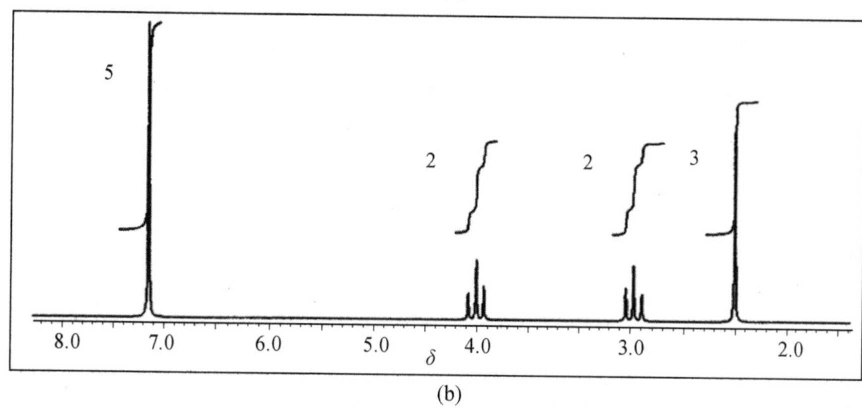

(b)

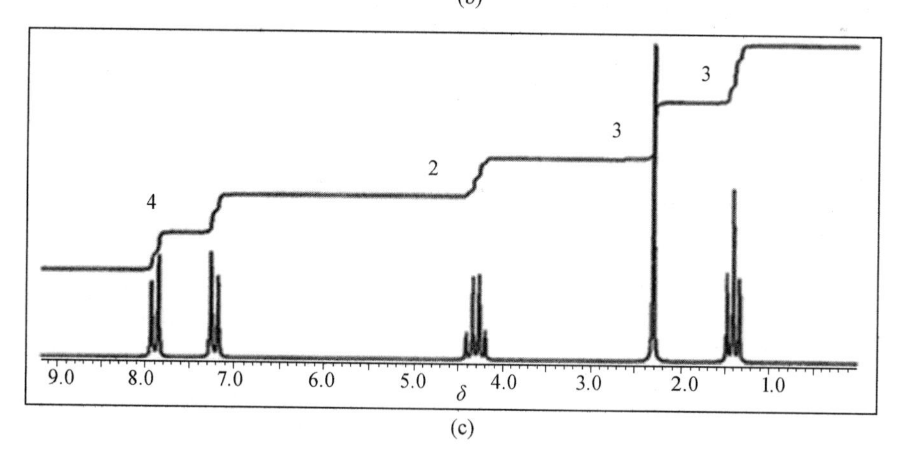

(c)

图 4.38　$C_{10}H_{12}O_2$ 三种异构体的[1]H-NMR 谱图

14. 分子式 C_3H_5NO，^1H-NMR 谱图如图 4.39 所示，推导其可能结构。

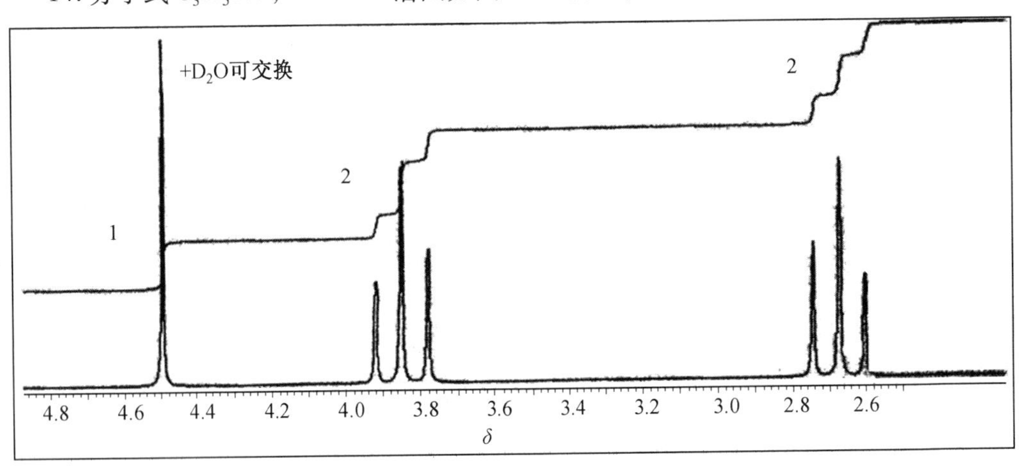

图 4.39　C_3H_5NO 的 ^1H-NMR 谱图

15. 分子式 $C_8H_{14}O_4$，^1H-NMR 及 ^{13}C-NMR 谱图如图 4.40 所示，推导其可能结构。

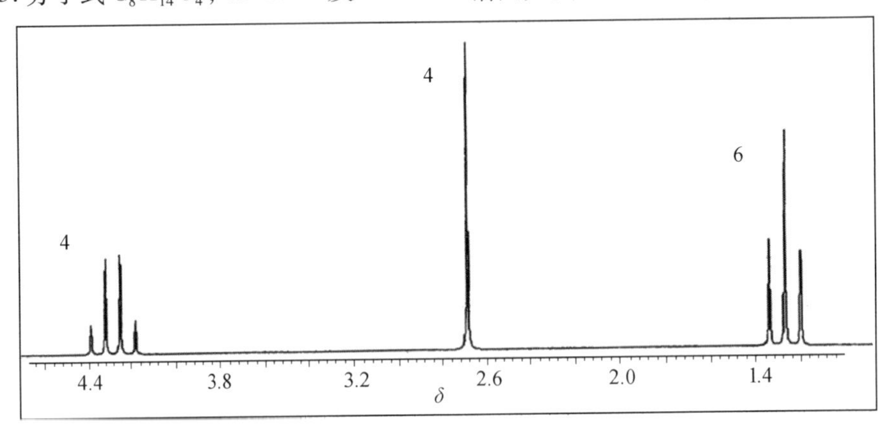

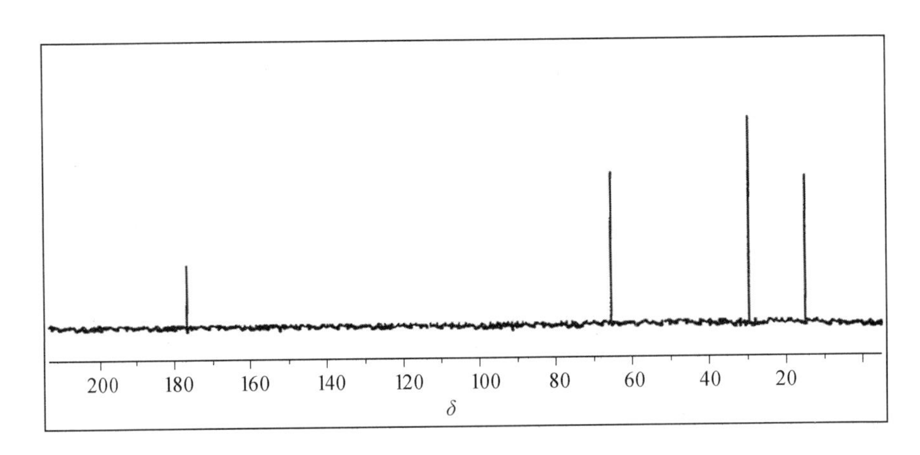

图 4.40　$C_8H_{14}O_4$ 的 ^1H-NMR 及 ^{13}C-NMR 谱图

本章参考文献

[1] 宁永成. 有机化合物结构鉴定与有机波谱学[M]. 4 版. 北京:科学出版社,2018.
[2] 朱明华. 仪器分析[M]. 4 版. 北京:高等教育出版社,2008.
[3] 张友杰,李念平. 有机波谱学教程[M]. 武汉:华中师范大学出版社,1990.
[4] 孟令芝,龚淑玲,何永炳. 有机波谱分析[M]. 4 版. 武汉:武汉大学出版社,2016.
[5] 李润卿,范国梁,渠荣遴. 有机结构波谱分析[M]. 天津:天津大学出版社,2002.
[6] 邓芹英,刘岚,邓慧敏. 波谱分析教程[M]. 北京:科学出版社,2007.
[7] 常建华,董绮功. 波谱原理及解析[M]. 3 版. 北京:科学出版社,2017.
[8] 白玲,郭会时,刘文杰. 仪器分析[M]. 北京:化学工业出版社,2018.
[9] 熊维巧. 仪器分析[M]. 成都:西南交通大学出版社,2019.
[10] 朱鹏飞,陈集. 仪器分析教程[M]. 2 版. 北京:化学工业出版社,2016.
[11] 张纪梅. 仪器分析[M]. 北京:中国纺织出版社,2013.

第5章 质 谱

5.1 质谱的基本原理

5.1.1 质谱仪及其工作原理

质谱(Mass Spectra,MS)为化合物分子经电子流轰击或其他手段打掉一个电子(或多个电子,概率很小)形成正电荷离子,有些在电子流轰击下进一步裂解为较小的碎片离子,在电场和磁场的作用下,按质量大小排列而成的谱图。根据质谱图提供的信息,可以进行多种有机物及无机物的定性或定量分析、复杂化合物的结构分析、样品中各种同位素比的测定及固体表面结构和组成分析等。

应用质谱确定有机化合物结构始于20世纪60年代。质谱可以精确地测定有机化合物的分子量,并可结合元素分析确定分子式,在确定结构时质谱的碎片数据也可提供有力的线索。因此,质谱可用来研究有机反应的反应机理、聚合物的裂解机理、有机物及中间体结构的分析、未知成分有机物的分析与鉴定等。近几年来,质谱与其他分离手段的联用,如GS-MS、LC-MS等,大大提高了质谱的分析效能,使其成为结构分析中的有力工具。

仪器分析在国际科学前沿领域发挥着重要作用。历年来的诺贝尔奖中常常出现质谱分析仪器相关成果:1989年物理奖"离子阱技术的发明",2002年化学奖"电喷雾电离方法进行生物大分子分析"及"基质辅助激光解吸电离质谱方法进行生物大分子分析"等。此外,"好奇号"火星车上装有气相色谱-质谱仪(GC-MS),通过对火星富铁矿物中生物标志物(脂肪酸)的分析,表明火星上曾经有广泛的微生物的活动。

质谱仪的种类很多,常用的质谱仪按照分离带电粒子的方法可以分为三种类型:单聚焦质谱仪、双聚焦质谱仪、四极矩质谱仪。单聚焦质谱仪对离子束用静电场进行分离,而双聚集质谱仪对离子束先用静电场分离,再用磁场二次分离,所以双聚焦质谱仪的分辨率很高。四极矩质谱仪结构简单,可测分子量范围小,但分辨率高,由于它可以快速扫描,常用在与凝胶色谱仪(GC)的联机上。单聚焦质谱仪的构造简图如图5.1所示。

单聚焦质谱仪的结构可分为真空系统、进样系统、离子源、质量分析器、离子检测器、记录装置。其工作原理为:首先将样品送入加热槽中,抽真空达10^{-5} Pa,加热使样品气化为蒸气,让样品蒸气通过分子漏孔以分子流形式渗透进离子源中,也可以用探针将样品送入电离室,故分别称为加热进样法和直接进样法。常用的离子源主要为电子轰击(Electron Impact,EI)离子源,样品分子在电离室中被高能电子流轰击,首先被打掉一个电子形成分子离子,部分分子离子在电子流的轰击下,进一步裂解为较小的离子或中性碎片。样

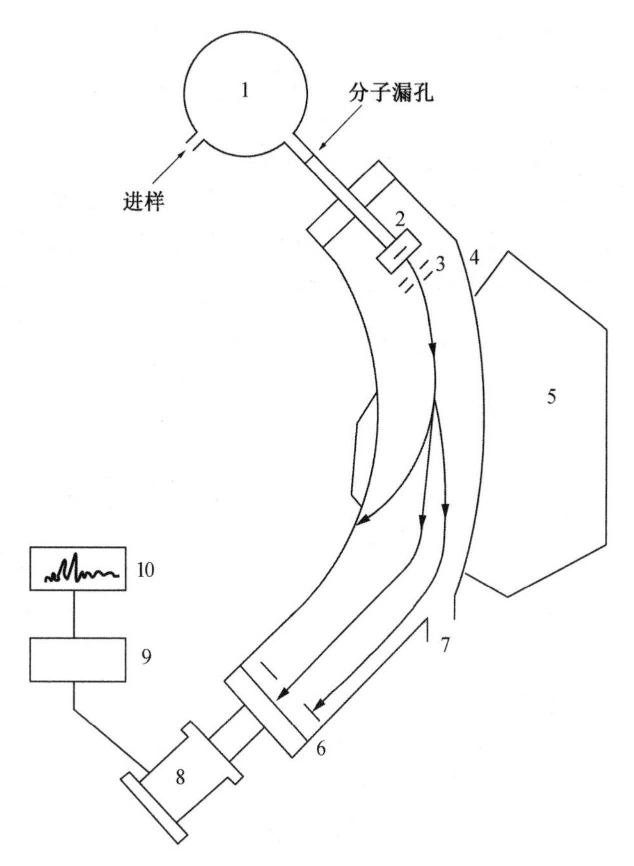

图 5.1　单聚焦质谱仪的构造简图

1—加热槽;2—电离室;3—加速极;4—分离管;5—磁场;6—收集器;7—抽真空;8—前级放大器;9—放大器;10—记录器

品分子也可能一次被打掉两个或者多个电子而生成多电荷离子,但概率很低。其中正电荷离子进入下一部分——质量分析器。质量分析器位于离子源和检测器之间,其为一个高压静电场,主要作用是将离子源中形成的正电荷离子按质荷比(m/e)的大小而分开。正电荷离子在电场的作用下得到加速,加速过程中正离子获得的动能等于加速电压与离子电荷的乘积:

$$\frac{1}{2}mv^2=eE \tag{5.1}$$

式中,m 为正电荷离子质量;E 为加速电压;e 为正电荷离子电荷;v 为正电荷离子得到的速度。

质量分析器为具有一定半径的圆形管道。在其四周有均匀的磁场。在磁场的作用下,离子的运动由直线变为匀速圆周运动,此时,离子在圆周上任一点的向心力和离心力应相等,才能经收集器狭缝到达收集器,即

$$\frac{mv^2}{R}=Hev \tag{5.2}$$

式中,R 为圆周半径;H 为磁场强度。

由式(5.1)、式(5.2)中可得

$$\frac{m}{e}=\frac{H^2R^2}{2E} \tag{5.3}$$

式中,m/e 为正离子的质量与电荷的比值,简称质荷比。

仪器确定,R 便固定。所以改变 E 或 H 可以只允许一种质荷比的离子通过收集狭缝进入监测系统,而其他质荷比的离子则碰撞在管内壁上,并被真空泵抽出仪器。这样,只要连续改变 E 或 H,便可使各离子依次按质荷比大小顺序先后到达收集器,最后被记录下来。

5.1.2 质谱的表示方法

(1)质谱图。

质谱图是记录质荷比和质谱峰强度的谱图,多为棒线图。图 5.2 为甲苯的质谱图。图中横坐标表示离子的质荷比。在绝大多数情况下分子离子及碎片离子只带一个正电荷,因此认为离子的质荷比便是该分子离子或碎片离子的质量数。纵坐标表示离子的相对强度(或相对丰度)。质谱峰越高、强度越大,说明该峰所对应的离子越稳定、离子数量越多。

质谱图中离子峰的强度有两种不同的表示方法:

①绝对强度:指离子峰的高度占 $m/e>40$ 的各离子峰高度总和的百分数。

②相对强度:质谱图中最强峰称为基峰,其强度定为 100,其余各峰的高度占基峰高度的百分数即为相对强度,一般质谱图的强度多用相对强度表示。

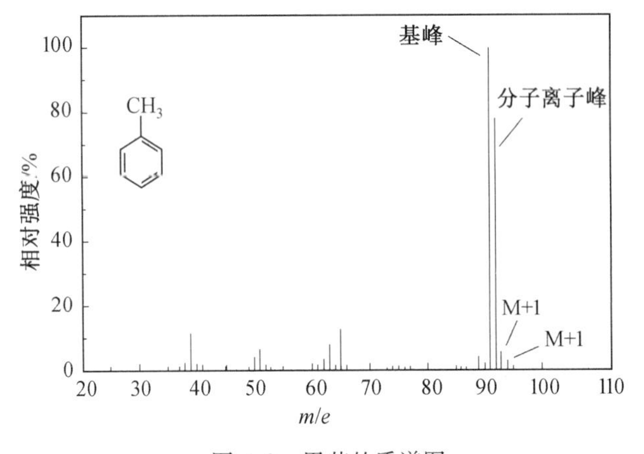

图 5.2 甲苯的质谱图

(2)质谱表。

质谱表是一种记录正离子的质荷比和峰强度的表格,简单方便,但比较少用,多用于文献中。质谱表不如质谱图直观,甲苯的质谱表见表 5.1。

表 5.1 甲苯的质谱表

m/e	38	39	45	50	51	62	63	65	91	92	93	94
相对强度	4.4	5.3	3.9	6.3	9.1	4.1	8.6	11	100	68	4.9	0.2

5.1.3　质谱仪的主要性能指标

(1)分辨率。

质谱仪的分辨率是判断仪器性能优劣的重要指标。它是指质谱仪对两个相邻的质谱峰的分辨能力,常用 R 来表示。设两个相邻峰的质量分别为 m_1 和 m_2,两峰的质量差为 Δm,一般认为 $R<10^4$ 为低分辨质谱仪,$R>10^4$ 为高分辨质谱仪。

$$R=\frac{m_1(\text{或 } m_2)}{\Delta m} \tag{5.4}$$

(2)灵敏度。

灵敏度是标志仪器对样品能检测到最低质量的检测能力,它与仪器的电离效率、检测效率及待检测样品等多种因素有关。相对灵敏度是指仪器能同时检测到的高组分与低组分的含量之比。有机质谱常用某种标准样品产生一定信噪比的分子离子峰所需的最小检测量作为仪器的灵敏度指标。

(3)质量范围与质量精度。

①质量范围是指质谱仪所能测量的样品原子质量范围,它决定仪器所能测量的最大分子质量,通常采用以 ^{12}C 定义的原子质量单位量度。不同规格型号的质谱仪有不同的质量范围,飞行时间质谱仪高达 10^5u 级。适当调节加速电压,可扩大质谱仪的质量范围。

②质量精度是质谱分析的重要依据。高分辨率质谱仪要求检测碎片离子和分子离子精确质量的精度为 $10^{-6} \sim 10^{-5}$u。

5.1.4　质谱仪的测定

(1)进样。

质谱的样品导入系统有直接进样和色谱联用导入两种进样类型。

①直接进样。直接进样系统是直接用进样杆的尖端装上少许样品进入离子源。进样杆(也称探针杆)是一直径为 6 mm、长为 25 cm 的不锈钢杆,一端装有手柄,另一端装有盛放样品的石英坩埚、黄金坩埚或铂坩埚。对于易挥发的样品,可采用加热进样法进样。对于难挥发但可采用加热及抽真空的方法使其气化的样品,或者对于难挥发但可通过化学处理制成易挥发的衍生物的样品,也可以采用加热进样法进样。加热进样法需样品量约为 1 mg。如测量葡萄糖的质谱时,将其变为三甲基硅醚的衍生物,便可采用加热法进行测定。对于不易挥发,且热稳定性差的样品,为了得到较完整的质谱信息,往往采用直接进样法,以便于与相应的离子化方法配合。

②色谱联用导入。有机质谱仪能与色谱仪连接组成气相色谱-质谱、高效液相色谱-质谱联用系统。色谱仪作为分离工具及质谱仪的进样系统,由色谱柱流出的样品,除去流动相后进入质谱仪,而质谱仪则成为色谱仪的检测器。色谱联用导入样品适用于对多组分分离提纯后的组分分析,一般采用小分离柱色谱,如气相色谱-质谱中常用毛细管色谱。

(2)离子源类型。

常用的离子化方法包括电子轰击(EI)电离、化学电离(Chemical Ionization,CI)、快原子轰击(Fast Atom Bombardment,FAB)电离、基质辅助激光解吸电离(Matrix Assistem Laser

Desorption Ionization,MALDI)、场致电离(Field Ionization,FI)、场解吸(Field Desorption,FD)电离、大气压电离(Atmospheric Pressure Ionization,API)、电喷雾电离(Electrospray Ionization,ESI)等。大多数方法是先蒸发后电离,但也有例外,如电喷雾电离。

每种离子化技术都有其适用范围和特点,因此在选择一种技术之前要考虑被分析物的类型和分子量是否适用于该技术(图5.3)。

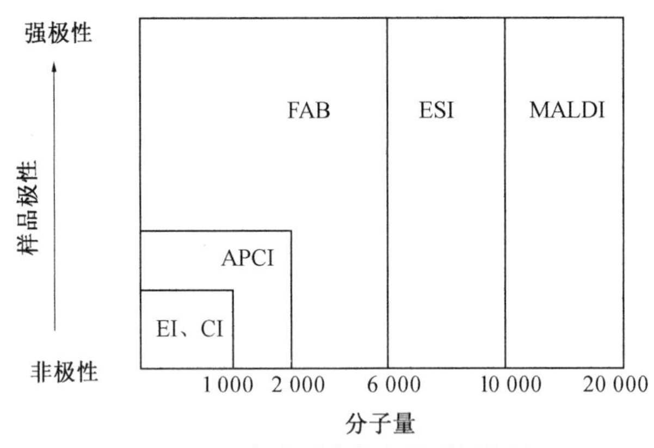

图5.3　一般离子化技术的适用范围

①电子轰击。

电子轰击是首先将样品在真空中加热到气相,然后用电子流轰击样品分子,使样品电离。通常可能会认为带负电荷电子轰击样品会使样品分子形成负电离子,但情况并非如此,因为电子移动速度太快所以不能被分子捕获,而是轰击样品分子后使样品分子失去了一个电子产生阳离子自由基(含有一个正电荷和一个未配对电子的离子)。丢失的电子是分子中最不稳定的化学键中电子,例如,一个占据最高分子轨道的电子,一般来说,在电子碰撞后失去电子的难易次序如下:孤对电子>π 电子>δ 电子。而分子失去电子而被离子化需要大约7 eV(675 kJ/mol)能量,为了做到这一点,电子需要具有十倍的能量。电子剩余的动量传递给分子使分子离子裂解。在某些情况下,分子碎裂过多而使分子离子缺失。

EI 源(一般是70 eV)结构简单,温度控制简便,电离效率高,灵敏度高,所产生的离子种类十分丰富,包含了分子结构的大量信息,且电离稳定性和谱图重现性好,因此,常被用作标准质谱图的离子化方法。理论上,只要在电离室能够气化的样品,均可采用 EI 源。一般情况下,70 eV 的电子轰击能量对大多数化合物的裂解过程是适用的,但对于极易容易裂解的分子,能量稍高的电子束就会导致分子离子峰很弱,甚至没有分子离子峰,给谱图解析带来不便。EI 源的电子流强度可精密调控,对这类分子,在实际研究中,可根据样品选择合适的电子束能量。由于 EI 源需要在气相中轰击分子,因此 EI 源不适用于热不稳定或难挥发的化合物。

②化学电离。

化学电离是通过离子与分子的反应而使样品离子化的。由于采用 CI 源离子化而得到的分子离子上的过剩能量要小于 EI 源,所以 CI 源离子化产生的分子离子较稳定,碎片离子则较少。采用 EI 和 CI 离子化方法的前提是样品必须处于气态,因此主要用于气相色谱-质谱联用仪,适用于易气化的有机物样品分析,热不稳定和难挥发的样品不能采用

CI 源离子化。而 CI 源所得到的分子离子较 EI 源稳定,但碎片离子要少,因此得到的结构信息较 EI 源要少。

化学电离过程是将反应气体(常用甲烷、氨气等)引入离子化室,反应气体浓度远高于样品浓度(为样品浓度的 $10^3 \sim 10^5$ 倍),反应气体在电子轰击源(200 ~ 500 eV)的轰击下首先部分电离,产生初级离子,再与反应气体进行能量交换形成稳定的二级离子,这些二级离子再与样品分子发生反应,从而产生分子离子。由于这些分子离子包含与反应气体有关的结构部分,因此该分子离子称为准分子离子。如果准分子离子的能量足够大,它还可发生进一步裂解,形成各种碎片离子,因此,CI 源既可以提供分子量的信息,又可以提供部分结构信息。

甲烷是最常用的反应气体,它在电子轰击源的轰击下,发生以下反应:

$$CH_4 \longrightarrow CH_4^{\cdot +}$$

$$CH_4^{\cdot +} \longrightarrow CH_3^+ + H^{\cdot}$$

$$CH_4^{\cdot +} \longrightarrow CH_5^+ + CH_3^{\cdot}$$

$$CH_3^+ \longrightarrow C_2H_5^+ + H_2$$

这些离子再与气态样品分子反应生成准分子离子$(M+1)^+$、$(M-H)^+$:

$$CH_5^+ + M \longrightarrow (M+H)^+ + CH_4$$

$$CH_5^+ + M \longrightarrow (M-H)^+ + CH_4 + C_2H_4$$

$$C_2H_5^+ + M \longrightarrow (M+H)^+ + C_2H_4$$

$$C_2H_5^+ + M \longrightarrow (M-H)^+ + C_2H_6$$

还可以与气态样品分子发生复合反应生成$(M+17)^+$和$(M+29)^+$:

$$CH_5^+ + M \longrightarrow (M+CH_5)^+ \quad (M+17)$$

$$C_2H_5^+ + M \longrightarrow (M+C_2H_5)^+ \quad (M+29)$$

化学电离源所得的谱图相对简单,一般最强峰为准分子离子峰,可获得分子量和部分结构信息。化学电离源需要样品在气态下才能与二级离子反应,因此不适用于难挥发或热不稳定的样品。

③快原子轰击。

受二次离子质谱启发,20 世纪 80 年代出现了快原子轰击离子源。FAB 是由电场中的高速电子轰击惰性气体(如氙气或氩气),使其电离并加速成快速离子,电离过程不必加热气化,适合于分析大分子量、难气化、热稳定性差的样品。一般氙原子的能量范围是 6 ~9 keV(580 ~870 kJ/mol)。轰击后使能量从氙原子(或氩原子)转移到基质(如丙三醇、硫代甘油、硝基苄醇或三乙醇胺),导致分子间键的裂解、样品解吸附到气相中。FAB 与 EI 源得到的质谱图区别很大,其一是它的分子量信息不是分子离子峰 M,而是$[M+1]^+$(又为$[M+H]^+$)或$[M+Na]^+$等准分子离子峰;其二是碎片离子峰比 EI 谱少。

④基质辅助激光解析电离。

MALDI 在原理上与 FAB 相似,是一种结构简单、灵敏度高的电离源。其原理是利用一定波长的脉冲式激光光束照射样品,基质分子能够有效地吸收激光的能量,使基质分子和样品投射到气相并得到电离。基质的主要作用是作为能量传递的中间体,通常基质与样品的质量比为10 000∶1,超过量的基质能有效分散样品,减小样品分子间的相互作用。MALDI法适用于一些生物大分子(分子量在10万这个级别),一般仅作为飞行时间分析器的离子源使用。

⑤场致电离法。

FI是气态分子在强电场作用下发生的电离,在高能电场的作用下,将样品分子中的电子吸到阳极上去,这样形成的分子离子的过剩能量较少,没有过多的剩余热力学能,减少了分子离子进一步裂解的概率,增加了准分子离子峰的强度,碎片离子峰相对减少。

⑥场解吸法。

FD检测过程不需要气化,而是将样品吸附在阳极表面沉积成膜,然后将其放入场离子化源中,电子将从样品分子中移向阳极,同时又由于同性相斥,分子离子便从阳极解吸下来而进入加速室。FD适宜于不挥发且热稳定性差的固体样品,如肽类化合物、糖、高聚有机酸盐、有机金属化合物等。

⑦大气压电离。

API主要是应用于高效液相色谱(HPLC)和质谱联机时的电离方法,试样的离子化在处于大气压下的离子化室中进行。它包括电喷雾电离和大气压化学电离。APCI主要用来分析中等极性化合物。有些待测物由于结构和极性影响,通过ESI不能产生足够强的离子,采用APCI的方式能够增加离子产率,作为ESI的补充。APCI电离产生的多为单电荷离子,要求待测物的分子质量一般小于1 000 u。

⑧电喷雾。

ESI是试样溶液从具有雾化气套管的毛细管端流出,并在雾化气(一般为氮气)的作用下分散成微滴。微滴在增大的过程中表面电荷密度逐渐增大,当增大到某个临界值时,离子就可以从表面蒸发出来。由于在电喷雾中使用的混合溶剂也常作为反相液相色谱的溶剂,因此电喷雾常与液相色谱结合形成液质联用(LC-MS)。ESI是一种软电离方式,即使分子质量大、稳定性差的化合物在电离过程中也不会发生分解,适合于分析极性强的大分子有机化合物,如蛋白质、肽、糖等。ESI的最大特点是容易形成多电荷离子,可以检测分子质量在300 000 u以上的蛋白质。

(3)质量分析器。

质量分析器的作用是将离子源产生的离子按m/e顺序分开并列成谱。用于有机质谱仪的质量分析器有磁式单聚焦和双聚焦质量分析器、四极杆分析器、飞行时间质量分析器、傅立叶变换离子回旋共振分析器等。

①磁式质量分析器。

磁式质量分析器是利用洛伦兹现象进行质量分离的。当带电粒子通过均匀磁场时,在磁场作用下发生偏转,做圆周运动。圆周运动的半径与磁场强度、所带电荷量、质量、加速电场强度有关。使用均匀磁场作为质量分析器的质谱仪,称为单聚焦质量分析器。单聚焦质量分析器的主体是处在磁场中的扁形真空腔体。离子进入分析器后,由于磁场的作用,其运动轨道发生偏转,改做圆周运动。单聚焦分析器结构简单、操作方便但分辨率很低,不能满足有机物分析要求,其主要原因在于它不能克服离子初始能量分散对分辨率造成的影响。为了消除离子能量分散对分辨率的影响,双聚焦质量分析器应运而生。双聚焦质量分析器是在扇形磁场前加一扇形电场,质量相同而能量不同的离子经过静电场后会彼此分开。而质量相同的离子,经过电场和磁场后可以会聚在一起。另外质量的离子会聚在另一点。改变离子加速电压可以实现质量扫描。这种由电场和磁场共同实现质量分离的分析器,同时具有方向聚焦和能量聚焦作用。双聚焦分析器的优点是分辨率高,缺点是扫描速度慢,操作、调整比较困难,而且仪器造价也比较昂贵。

②四极杆分析器。

四极杆分析器由 4 根平行的棒状电极组成,其不用磁场便将从离子源出来的离子流引入由四极杆组成的四极场。电极材料是镀金陶瓷或钼合金,在电极上加一个直流电压和一个射频电压。离子从顶端通过圆孔进入高频电场,离子束在与棒状电极平行的轴上聚焦,相对 2 根电极间加有电压($V_{dc}+V_{rf}$),另外 2 根电极间加有$-(V_{dc}+V_{rf})$负电压,其中V_{dc}为直流电压,V_{rf}为射频电压。对于给定的直流和射频电压,特定质荷比的离子在轴向稳定运动,其他质荷比的离子则与电极碰撞湮灭。将 V_{dc}和 V_{rf}以固定的斜率变化,可以实现质谱扫描功能。四极杆分析器对选择离子分析具有较高的灵敏度,其极限分辨率可达 2 000 u,主要优点是传输效率较高、快速进行全扫描,并且制作工艺简单,常用于需要快速扫描的 GC-MS 联用及空间卫星上进行分析。

③飞行时间质量分析器。

飞行时间质量分析器既不用电场也不用磁场,核心部分是一个离子漂移管。经电离的离子流从离子源引入离子漂移管,其原理是用一个脉冲将离子源中的离子瞬间引出,离子在加速电压 V 的作用下得到相同动能而进入漂移管。质荷比最小的离子因具有最快的速度而首先到达检测器,质荷比最大的离子则最后到达检测器。飞行时间质量分析器的主要特点是质量范围宽、扫描速度快、仪器体积小,但分辨率、重现性、质量鉴定方面不及其他质量分析器。

④傅立叶变换离子回旋共振分析器。

傅立叶变换离子回旋共振分析器的分析室是一个置于均匀超导磁场中的立方空腔,采用线性调频脉冲来激发离子,离子会从射频吸收能量,在一定强度的磁场中做圆周运动。离子运行轨道受共振变换电场限制,运动速度不同的离子将以同一频率而不同的半径运动。当变换电场频率和回旋频率相同时,离子稳定加速,运动轨道半径越来越大,动能也越来越大,变成螺旋运动。当电场消失时,沿轨道飞行的离子在电极上产生交变电流。经过一段时间的相互作用后,所有离子都做相干运动,产生可被检出的信号。其主要优点为分辨率极高、分析灵敏度高、多级质谱功能,其测量精度能达到 10^{-3} u,对分析元素组成非常重要。

5.2 分子离子峰及化合物分子式的确定

5.2.1 分子离子峰及其形成

样品分子受到电子流轰击后,失去一个电子而形成的离子称为分子离子,其在质谱图中产生的吸收峰称为分子离子峰。离子化过程表示如下：

$$M+e^- \longrightarrow M^+ + 2e^-$$

M^+称为分子离子或母离子，也可以简略地表示为M。其一般为质谱中质荷比m/e最大的离子峰，处于质谱图的最右端。分子离子的质量对应于中性分子的分子质量，绝大多数有机化合物分子都可以产生容易辨认的分子离子峰。虽然离子化过程中所产生的分子离子峰的强度可能较小，却是检测化合物分子量的重要依据。

有机化合物中各原子的价电子有形成单键的σ电子、形成不饱和键的π电子，以及未成键的孤对电子（n电子）。由电子在化合物中能量高低和稳定性可知，σ电子、π电子、n电子在受电子流轰击后失去电子的难易不同，一般分子中含O、N、S等杂原子时，其n电子最易被激发，其次是π电子，再次是碳碳相连的σ电子，最后是碳氢相连的σ电子，故失去电子的难易次序为

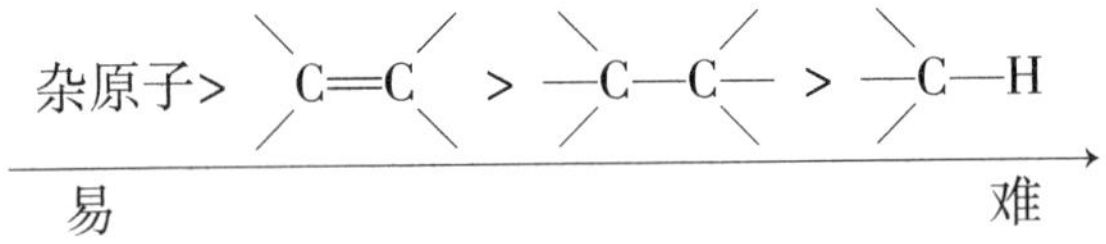

杂原子> C=C > —C—C— > —C—H

易 ⟶ 难

了解这一次序有助于准确地标出化合物分子形成分子离子后正电荷的位置。对于有杂原子的离子，离子电荷符号标在杂原子上；若无杂原子但有π键，可标在π键的一个碳原子上；既无杂原子又无π键，但有分支碳原子，则标在分支碳原子上。若电荷位置在化合物中不好确定，可将分子用方括号括起来，将电荷写在右上角，而不标明其电荷位置。

5.2.2 分子离子峰强度与分子结构的关系

任何有机化合物的质谱图中都会出现许多吸收峰，包括一些强峰，一些中强峰，还有一些弱峰。吸收峰的强弱反映出此峰位m/e离子的多少，即：碎片离子多，吸收峰强；碎片离子少，吸收峰弱。其中，分子离子峰的强度大小标志分子离子的稳定性。通常相对强度超过30%的峰为强峰，小于10%的峰为弱峰。分子离子峰的强度与分子结构的关系如下：

(1)碳链越长，分子离子峰越弱。

(2)存在支链越有利于分子离子裂解，分子离子峰越弱。

(3)饱和醇类及胺类化合物的分子离子峰弱。

(4)有共振结构的分子离子稳定，分子离子峰强。

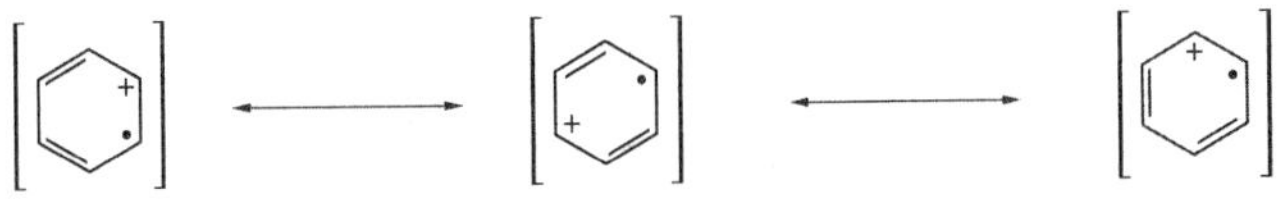

(5)环状化合物分子一般分子离子峰较强。

综上所述，分子离子在质谱中表现的稳定性大体上有如下次序：

芳香环>共轭烯>烯>环状化合物>羰基化合物>醚>酯>胺>高度分支的烃类。

5.2.3 分子离子峰的识别

1. 分子离子峰的特殊情况

从理论上说，分子离子应该是质谱中质荷比最高的一个离子。但实际上，质荷比最高

的并不一定是分子离子。原因如下：

(1)化合物易发生热分解，因而得不到分子离子。

(2)分子离子极不稳定，均进一步裂解成碎片离子。

(3)存在高分子量的杂质。

(4)有同位素存在时，最大的峰不是分子离子峰。

(5)分子离子有时捕获一个H出现M+1峰，捕获两个H出现M+2峰，等等。为此必须对分子离子峰加以准确判断，才能正确地确定化合物的分子量。

2.分子离子峰的识别方法

(1)氮数规则(或称为质荷比的奇偶规律)。

①由C、H、O三种元素组成的化合物，其分子离子峰的 m/e 一定是偶数。

②由C、H、O、N四种元素组成的化合物，氮原子的个数为奇数时，其分子离子峰的 m/e 一定为奇数。

③由C、H、O、N四种元素组成的化合物，氮原子的个数为偶数时，其分子离子峰的 m/e 一定为偶数。

(2)M与M±1峰的区别。

分子离子在电离室中相互碰撞，有时可捕获一个H形成M+1离子，有时可失去一个H形成M−1离子。一般情况下，醚、酯、胺、酰胺、氨基酸酯、腈、胺醇等化合物易生成M+1峰，而醛和醇等化合物易生成M−1峰。M+1峰和M−1峰不遵守上述的氮数规律。

(3)分子离子峰与碎片离子峰之间有一定的质量差。

分子离子在形成碎片时，丢失掉1或2个H原子十分普遍，但要连续失去3个以上H原子而不发生其他化学键的裂解则是不可能实现的，因此，质谱图中(M−1H)、(M−2H)的吸收峰较为常见，而在分子离子峰的左侧3～14个质量单位处不应该有碎片离子峰出现。如果有其他峰在3～14个质量单位处，则该峰不是分子离子峰。

(4)利用同位素离子峰来判断。

某些元素在自然界中存在着一定含量比例的同位素，通常分为三大类：①只有一个天然同位素元素的"A"类，如氟、磷和碘；②含有两个同位素元素的"A+1"类，重同位素比轻同位素重1个质量单位，如碳、氮；③"A+2"类，重同位素比轻同位素重2个质量单位，如氯、溴。有些元素既是"A+1"类，又是"A+2"类，如硫、硅。

自然界中常见元素同位素及同位素丰度见表5.2。表中 ^{35}Cl 与 ^{37}Cl 的丰度比为3∶1，^{79}Br 与 ^{81}Br 的丰度比为1∶1。所以在含有氯或溴的有机化合物的质谱图上可以看到特征二连峰。如果分子离子M含有一个Cl，就会出现强度比为3∶1的M和M+2峰；若含有一个Br，就会出现强度比为1∶1的M和M+2峰。若在质谱图上出现分子离子峰，则质荷比最大的M+2峰为同位素离子峰，M峰才是分子离子峰。

表5.2　常见元素同位素及同位素丰度

元素	丰度					
碳	^{12}C	100	^{13}C	1.03	—	—
氢	^{1}H	100	^{2}H	0.016	—	—

续表5.2

元素	丰度					
氮	^{14}N	100	^{15}N	0.38	—	—
氧	^{16}O	100	^{17}O	0.04	^{18}O	0.20
氟	^{19}F	100	—	—	—	—
硅	^{28}Si	100	^{29}Si	5.10	^{30}Si	3.35
磷	^{31}P	100	—	—	—	—
硫	^{32}S	100	^{33}S	0.78	^{34}S	4.40
氯	^{35}Cl	100	—	—	^{37}Cl	32.5
溴	^{79}Br	100	—	—	^{81}Br	98.0
碘	^{127}I	100	—	—	—	—

(5)通过实验方法的改进来判别分子离子峰。

①设计合成适当的衍生物,将衍生物的质谱图与原有机化合物的质谱图进行对比,从相应的质量变化,确定原有机化合物的分子离子峰。

②改变离子化方法。调节 EI 源,可逐步降低电子流能量,使裂解逐渐减小,碎片逐渐减少,相对强度增加的便是分子离子峰。若换成 CI 源、FI 源,尤其是 FD 源,可使分子离子峰出现或明显加强,如图 5.4 所示。

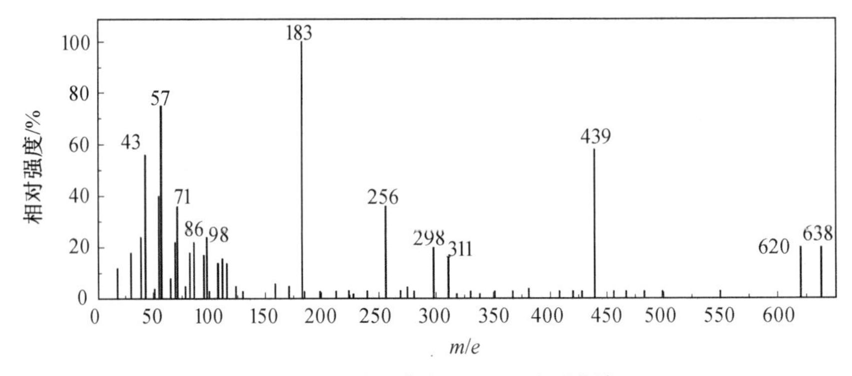

(a) 电子轰击（EI源）离子化法

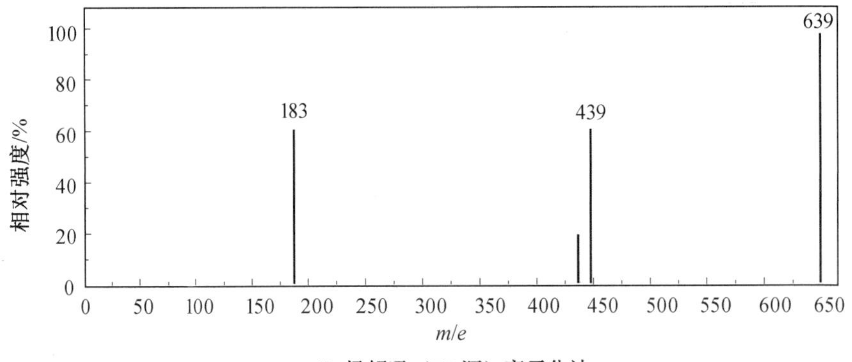

(b) 场解吸（ED源）离子化法

图 5.4　甘油三月桂酸酯的质谱图

5.2.4　分子式的确定

(1)高分辨质谱法。

高分辨质谱仪可以精确确定有机物的分子量,从而确定化合物结构式和分子式。此测定方法以$^{12}C=12.000\ 000$作为基准,其他各种元素的原子量不会是整数,如$^{1}H=1.007\ 8$、$^{14}N=14.003\ 1$、$^{16}O=15.994\ 9$。有机化合物的元素组成、元素种类、每种元素的原子个数均已固定,由此可以通过分子量精确计算值与仪器分析值对照,来推断分子式。例如,C_5H_6、C_4H_2O、$C_5H_2N_2$三种化合物在低分辨质谱仪中均在$m/e=66$处出峰;而在高分辨质谱仪中C_5H_6在66.046 6处出峰,C_4H_2O与$C_5H_2N_2$分别在66.010 5和66.021 8处出峰,由此可进行区分。

(2)同位素离子峰相对强度法。

同位素离子峰相对强度法也称为同位素丰度对比法,适用于低分辨质谱仪。查找贝农表准确地查找(M+1)/M,(M+2)/M的百分比,可确定分子式。

例如:某一化合物,其M、M+1、M+2峰的相对强度比如下,试推断其分子式。

m/e	相对强度比
150(M)	100
151(M+1)	10.2
152(M+2)	0.88

根据(M+2)/M=0.88%,对照表5.2可知分子中不含S及卤素。因为$^{34}S/^{32}S=4.40\%$,$^{37}Cl/^{35}Cl=32.5\%$,$^{81}Br/^{79}Br=98.0\%$。

在贝农表中,分子量为150的式子共有29个。其中(M+1)/M的百分比在9%~11%之间的式子有7个,如下所示:

分子式	$\frac{M+1}{M}$	$\frac{M+2}{M}$
$C_7H_{10}N_2$	9.25	0.38
$C_8H_8NO_2$	9.23	0.78
$C_8H_{10}N_2O$	9.61	0.61
$C_8H_{12}N_3$	9.98	0.45
$C_9H_{10}O_2$	9.96	0.84
$C_9H_{12}NO$	10.34	0.86
$C_9H_{14}N_2$	10.71	0.25

根据氮数规则,表中$C_8H_8NO_2$、$C_8H_{12}N_3$、$C_9H_{12}NO$三个化合物含有奇数个N原子可排除。剩下的四个式子中只有$C_9H_{10}O_2$的M+1和M+2的相对强度比与实测值接近,所以该化合物的分子式是$C_9H_{10}O_2$。

5.3 碎片离子峰与亚稳离子峰

5.3.1 碎片离子峰

分子离子产生后可能仍具有较高的能量,将会通过进一步碎裂或重排而释放能量,碎裂后产生的离子形成的质谱吸收峰称为碎片离子峰。碎片离子还可以进一步裂解为质荷比更小的碎片离子。因此,在质谱图中分子离子峰只有一个,而碎片离子峰却有许多。

有机化合物受高能作用时会产生各种形式的裂解,一般强度最大的质谱峰相应于最稳定的碎片离子,碎片离子峰相对强度的高低标志该碎片离子的稳定性大小。对各种碎片离子相对峰强度的分析,有助于准确推断分子结构,由此获得整个分子的结构信息。然而,碎片离子并不仅由一次次裂解产生,可能存在进一步裂解或重排,故分子结构的拼接存在一定的不合理因素,若要准确地进行定性分析,仍需要与标准谱图进行对比。

5.3.2 裂解方式及其表示方法

(1)裂解方式。

分子中一个键的裂解共有三种方式:

①均裂:一个 σ 键的两个电子裂解,每个碎片保留一个电子。

$$X—Y \longrightarrow X\cdot + Y\cdot$$

②异裂:一个 σ 键的两个电子裂解,两个电子都归属于一个碎片。

$$X—Y \longrightarrow X^{+} + Y:$$

③半异裂:离子化的 σ 键的裂解。

$$X—\cdot Y \longrightarrow X^{+} + Y\cdot$$

(2)裂解方式的表示方法。

①要把正电荷的位置尽可能写清楚。正电荷一般都在杂原子上或在不饱和化合物的 π 键体系上,这样易于判断以后的裂解方向。

②正电荷位置不清楚时,可以用[ ]$^{+\cdot}$、[ ]$^{+}$或]$^{+\cdot}$、]$^{+}$来表示。如:

$$[RCH_3]^{+\cdot} \xrightarrow{-CH_3} [R]^{+\cdot}$$

离子化的双键可表示为 $R\dot{C}H—\overset{+}{C}HR$ 或[RCH ═CHR]$^{+\cdot}$。离子化的芳环可表示为

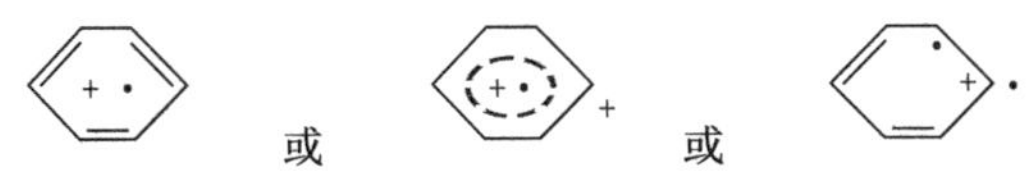

③↓和⌒分别表示两个电子的转移和一个电子的转移。如:

$$>CH—CH< \longrightarrow >\overset{+}{C}H + >\ddot{C}H$$

$$>CH—CH< \longrightarrow >\dot{C}H + >\dot{C}H$$

④α 裂解是指 α 键的裂解，即带有电荷的官能团与相连的 α 碳原子之间的裂解。例如：

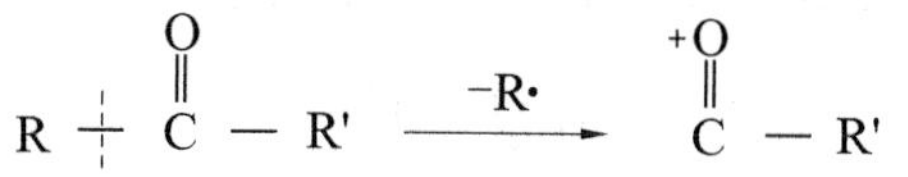

$$R \vdots \overset{O}{\overset{\|}{C}} - R' \xrightarrow{-R\cdot} \overset{+O}{\overset{\|}{C}} - R'$$

β 裂解和 γ 裂解各表示 β 键（C_α—C_β）和 γ 键（C_β—C_γ）的裂解。例如：

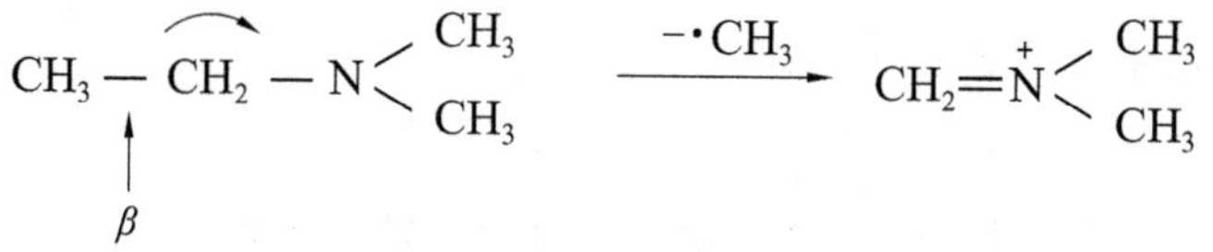

$$\underset{\uparrow\,\beta}{CH_3 - CH_2} - N(CH_3)_2 \xrightarrow{-\cdot CH_3} CH_2{=}\overset{+}{N}(CH_3)_2$$

⑤离子中的电子数目和离子质量的关系。由 C、H 或 C、H、O 组成的离子，如果含有奇数个电子，其质量数为偶数。相反，如果含有偶数个电子，其质量数为奇数。例如：

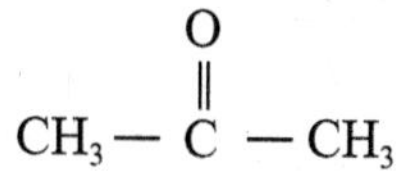

$$\underset{m/e=58}{CH_3 - \overset{\overset{+\cdot}{O}}{\overset{\|}{C}} - CH_3} \qquad \underset{m/e=41}{CH_2 = CH - \overset{+}{C}H_2}$$

由 C、H、N 或者 C、H、O、N 组成的离子，如果含 N 原子的个数为偶数，则离子的电子数目和质量的关系与上述规律相同。但若含 N 原子的个数为奇数，则离子的电子数目和离子质量的关系将与上述规律相反。即离子含有奇数个电子时，其质量也为奇数；离子含有偶数个电子时，其质量也为偶数。例如：

$$\underset{m/e=73}{CH_3 - CH_2 - \overset{+\cdot}{N}H(CH_3)_2} \qquad \underset{m/e=70}{C_3H_7C \equiv \overset{+}{N}H}$$

5.3.3 裂解类型及其规律

(1)单纯裂解（简单裂解）。

单纯裂解是指仅发生一个键的裂解，同时脱去一个自由基。

饱和直链烃的单纯裂解，首先半异裂生成一个自由基和一个正离子，随后脱去 28 个质量单位（$CH_2{=}CH_2$），有时伴随失去一个 H_2 而成为链烯烃离子。

支链烷烃的单纯裂解易发生在分支处。生成离子的稳定性为：$R_3C^+ > R_2\overset{+}{C}H > R\overset{+}{C}H_2 > \overset{+}{C}H_3$。在分支处发生单纯裂解时，首先失去较大质量的基团。

带侧链的饱和环烷烃发生单纯裂解时，易通过 α 键的半异裂失去侧链，正电荷留在环上。

烯烃类化合物发生单纯裂解时易发生 β 裂解，生成具有烯丙基正碳离子的共振稳定结构。但也有少量发生 α 裂解，离子强度很小。如：

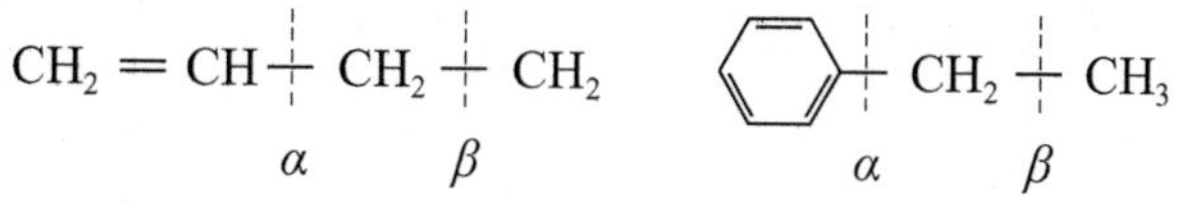

$$CH_2 = CH \underset{\alpha}{\vdots} CH_2 \underset{\beta}{\vdots} CH_2 \qquad C_6H_5 \underset{\alpha}{\vdots} CH_2 \underset{\beta}{\vdots} CH_3$$

醇、胺、醚等有机物发生单纯裂解时主要发生 β 裂解，α 裂解的离子强度很小。

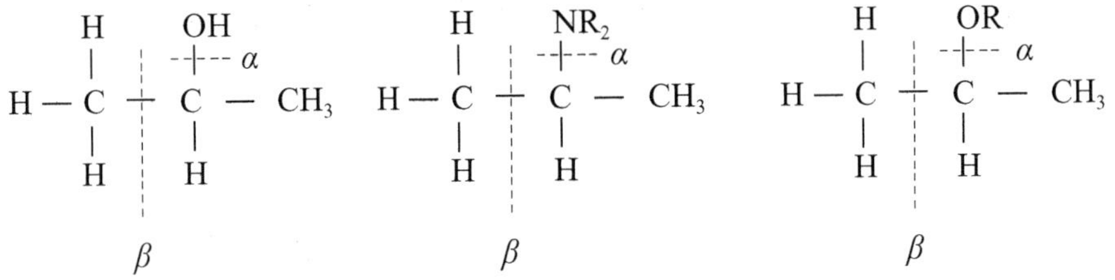

$$\mathrm{H_3C} \,\vdots\, \mathrm{CH(OH)-CH_3} \qquad \mathrm{H_3C} \,\vdots\, \mathrm{CH(NR_2)-CH_3} \qquad \mathrm{H_3C} \,\vdots\, \mathrm{CH(OR)-CH_3}$$

（图中虚线标示 β 裂解位置及 α 位）

醛、酮、酯易发生 α 裂解：

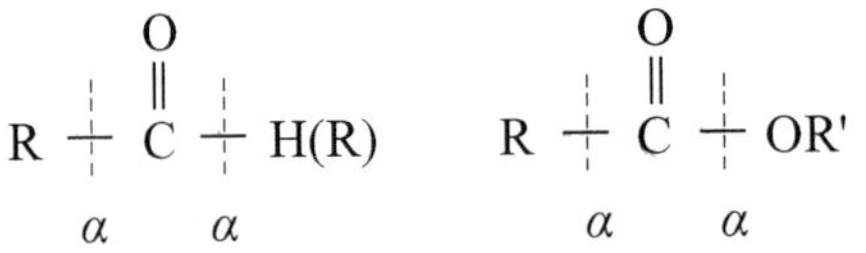

$$\mathrm{R} \overset{\alpha}{\vdots} \mathrm{C(=O)} \overset{\alpha}{\vdots} \mathrm{H(R)} \qquad \mathrm{R} \overset{\alpha}{\vdots} \mathrm{C(=O)} \overset{\alpha}{\vdots} \mathrm{OR'}$$

卤代烃的单纯裂解可发生在 α 位、β 位及远处烃基上。这是因为 α 位裂解后，羰基游离基中心具有强烈的电子成对倾向，导致进一步裂解，在这个裂解过程中形成了稳定的电中性小分子 CO，出现了烷基 R^+ 对应的碎片离子峰。这个裂解过程的本质是由电荷中心引发的裂解，在—C≡O^+ 强吸电子作用下，与之相连的化学键上的一个电子转移到—C≡O^+ 上，形成了 CO，因而产生了 R^+，这就是质谱中另一个裂解原则，即中性小分子优先裂解原则。

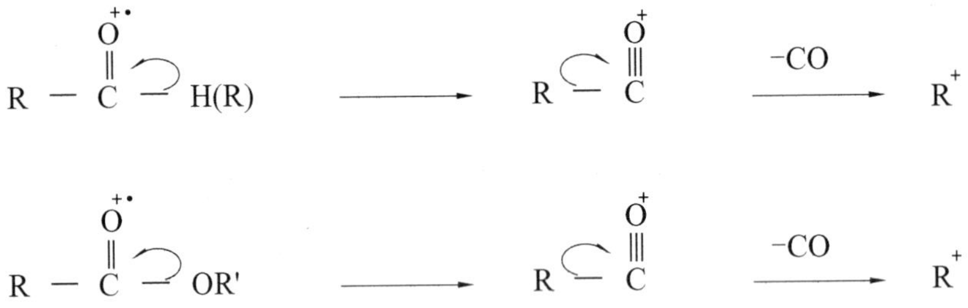

$$\mathrm{R-C(=\overset{+\cdot}{O})-H(R)} \longrightarrow \mathrm{R-C\equiv \overset{+}{O}} \xrightarrow{-\mathrm{CO}} \mathrm{R^+}$$

$$\mathrm{R-C(=\overset{+\cdot}{O})-OR'} \longrightarrow \mathrm{R-C\equiv \overset{+}{O}} \xrightarrow{-\mathrm{CO}} \mathrm{R^+}$$

（2）重排裂解。

重排裂解时分子离子或碎片离子上有两个键发生裂解，通常脱去一个中性分子，有时发生一个氢原子（或一个基团）从一个原子转移到另一个原子上的反应。最常见的是麦氏（McLafferty）重排。当化合物中含有 >C=O 、>C=N 、>C=S 及烯类、苯类化合物时可以发生麦氏重排反应。

发生麦氏重排的条件为：①具有双键；②与双键相连的链上要有三个以上的碳原子，并且在 γ 碳原子上有 H 原子（γ-H）；③发生重排时，通过六元环过渡态，γ-H 转移到双键原子上，同时 β 键裂解，产生一个中性分子和一个自由基正离子。

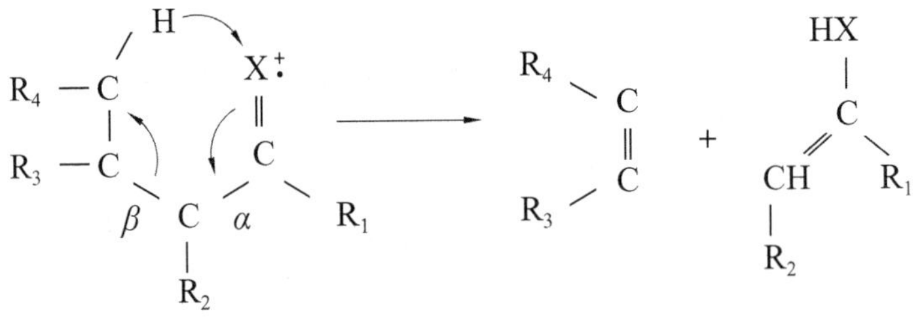

$$\mathrm{R_4CH(H)-CR_3H-CHR_2-C(=X^{+\cdot})-R_1} \longrightarrow \mathrm{R_4C{=}CR_3} + \mathrm{R_2CH{=}C(XH)R_1}$$

(3)复杂裂解。

复杂裂解通常需要裂解两个以上的化学键,并伴有氢原子的转移。其过程是首先进行简单裂解,形成的碎片离子再进行重排裂解等,也会脱去中性分子和自由基。环醇、环卤烃、环烃胺、环酮、醚及胺类等化合物可以发生复杂裂解。

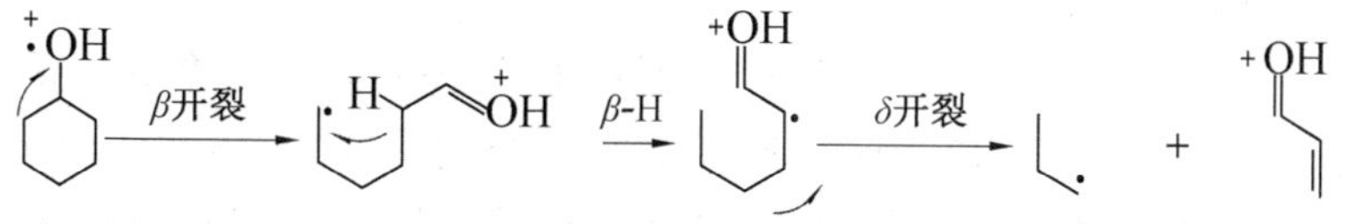

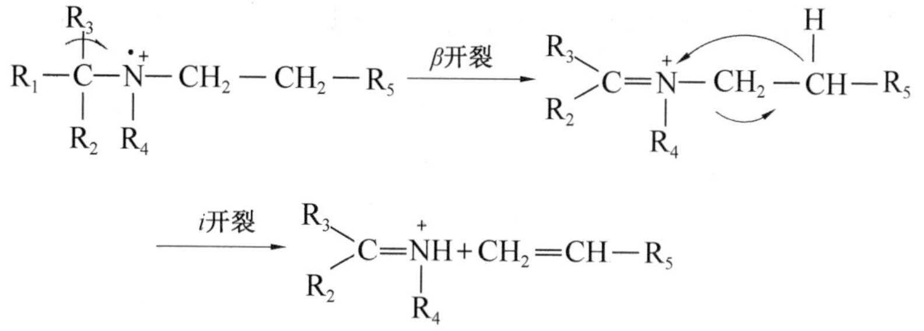

$$\overset{+\cdot}{O}H \text{(环己醇)} \xrightarrow{\beta\text{开裂}} \cdot\,H \cdots \overset{+}{O}H \xrightarrow{\beta\text{-H}} {}^{+}OH \cdots\cdot \xrightarrow{\delta\text{开裂}} \cdot + {}^{+}OH$$

$$R_1-\underset{R_2}{\overset{R_3}{C}}-\underset{R_4}{\overset{\cdot+}{N}}-CH_2-CH_2-R_5 \xrightarrow{\beta\text{开裂}} \begin{matrix}R_3\\ R_2\end{matrix}\!\!>C=\underset{R_4}{\overset{+}{N}}-CH_2-\overset{H}{CH}-R_5$$

$$\xrightarrow{i\text{开裂}} \begin{matrix}R_3\\ R_2\end{matrix}\!\!>C=\underset{R_4}{\overset{+}{N}}H+CH_2=CH-R_5$$

(4)双重重排裂解。

在质谱图上有时会出现比简单裂解多两个质量单位的碎片离子,这是由于裂解过程发生几个键的裂解,并有两个 H 原子从脱去的碎片上移到新生成的碎片离子上,这一过程称为双重重排或双氢重排。乙酯以上的酯和碳酸酯或相邻的两个碳原子上有适当取代基的化合物,均可发生双重重排。如乙二醇可以发生双重重排裂解,在 $m/e=33$ 处出现强峰。

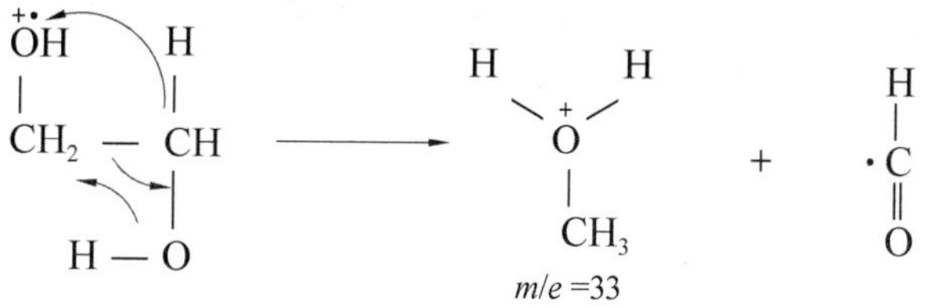

$$\begin{matrix}\overset{+\cdot}{O}H & H\\ | & |\\ CH_2 - & CH\\ & |\\ H - & O\end{matrix} \longrightarrow \underset{m/e=33}{\begin{matrix}H & & H\\ & \overset{+}{O} & \\ & | & \\ & CH_3 & \end{matrix}} + \cdot\overset{H}{\underset{O}{C}}$$

本节介绍了几类阳离子裂解的不同方式,有些有机化合物具有两个或两个以上的官能团,由于能够发生不同类型的裂解,选择哪一种裂解方式主要取决于阳离子的稳定性及所需能量多少。电离化过程产生的阳离子越稳定、所需能量越低、裂解越容易发生,也可以依据碎片离子的 m/e 来判裂解解过程。

5.3.4　亚稳离子峰

质谱图中一般离子峰都是强或弱很尖锐,但有时会出现一些不同寻常的离子峰,这类峰的特点是强度小、宽度大(有时能跨几个质量数),峰形有凸起、凹落和平缓等形状,其质荷比不是整数,这类离子峰称为亚稳离子峰。

分子离子和碎片离子都是在电离室中形成,而亚稳离子是碎片离子脱离电离室后在飞行过程中发生裂解而生成的低质量离子。离子流从在电离室中形成到被检测器检测,所用的时间大约为10×10^{-6} s。

从稳定性的观点出发，离子流中的离子一般分为三类：

第一类：稳定离子，寿命不小于 100×10^{-6} s，分子离子、碎片离子属于这一类。

第二类：不稳定离子，寿命小于 1×10^{-6} s，即形成不到 1×10^{-6} s 便发生分解。

第三类：亚稳离子，寿命在 $(1\sim10)\times10^{-6}$ s，这种离子在没有到达检测器之前的飞行途中就可能发生再裂解。

所以亚稳离子不是在电离室中形成，而是在加速之后，在飞行途中裂解形成。

飞行途中发生裂解的母离子称为亚稳离子，由母离子发生裂解形成的碎片离子为子离子，此过程称为亚稳跃迁。所以质谱图中记录的其实是子离子的质谱，其能量与它的母离子不同，但仍将其记录为质谱图中的亚稳离子。亚稳离子质荷比 m^* 示意图如图 5.5 所示。

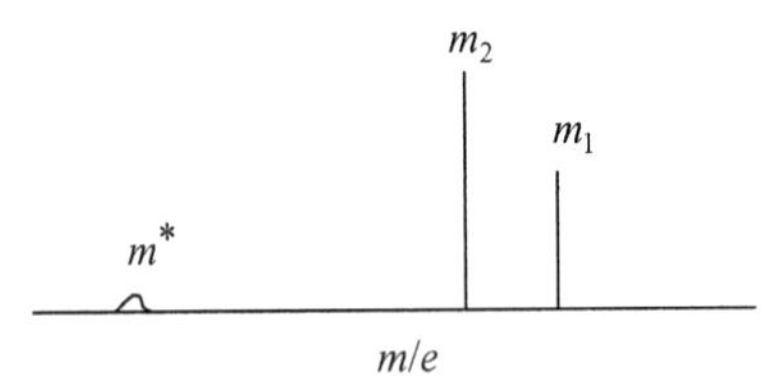

图 5.5　亚稳离子质荷比 m^* 示意图

(1) 亚稳离子峰的形成及表达方式。

若电离过程中生成质荷比为 m_1 的离子，部分 m_1 在电离室中进一步裂解生成质荷比为 m_2 的碎片，即 $m_1 m_2+\Delta m$(中性碎片)。若 m_1 和 m_2 都直接到达检测器，则它们均属于稳定离子。若上述裂解过程发生在电离室至接收器的飞行途中，产生的 m_2 比稳定离子状态的能量小，一部分动能被 Δm 带走，速度也小，此时的 m_2 称为亚稳离子。通常称质荷比为 m_1 的离子为母离子，质荷比为 m_2 的离子为子离子，质荷比为 m^* 的离子为亚稳离子，由动能和轨道半径推导得到三者关系如下：

$$m^*=\frac{(m_2)^2}{m_1}$$

例如：

$$\begin{array}{ccc} & C_4H_9^+ \longrightarrow & C_3H_5^+ + CH_4 \\ m/e & 57 & 41 \end{array}$$

则其亚稳离子峰应出现在 $m/e=41^2/57=29.5$ 处。

(2) 亚稳离子峰的应用。

亚稳离子峰的识别，可以帮助判断 m_1m_2 的裂解过程，也可以根据质谱图中的 m^* 找到 m_1 和 m_2。但并非所有的裂解过程都出现亚稳离子；亚稳离子不出现，并不意味着裂解过程 m_1m_2 不存在。

例如：$C_6H_5-\overset{\overset{O}{\|}}{C}-CH_3$ 在乙酰苯的质谱图中存在 $m/e=120$ (100) $(C_6H_5COCH_2)^+$ 的质谱峰；$m/e=105$ $(C_6H_5CO)^+$ 的质谱峰和 $m/e=77$ $(C_6H_5)^+$ 的质谱峰。$m/e=77$ $(C_6H_5)^+$ 碎片离子的形成有两种可能：

过程一：

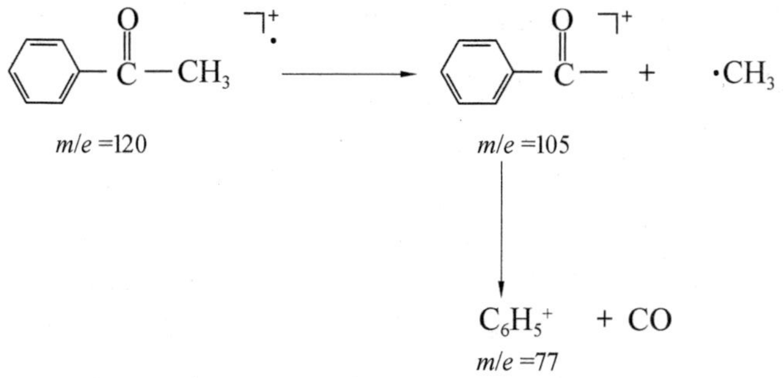

$$C_6H_5-\overset{\overset{O}{\|}}{C}-CH_3 \,]^{+\cdot} \longrightarrow C_6H_5-\overset{\overset{O}{\|}}{C}-\,]^{+} + \cdot CH_3$$

$m/e=120$　　　　$m/e=105$

$$\downarrow$$

$$C_6H_5^+ + CO$$

$m/e=77$

过程二：

$$C_6H_5-\overset{\overset{O}{\|}}{C}-CH_3 \,]^{+\cdot} \longrightarrow C_6H_5^+ + \cdot\overset{\overset{O}{\|}}{C}-CH_3$$

$m/e=120$　　　　$m/e=77$

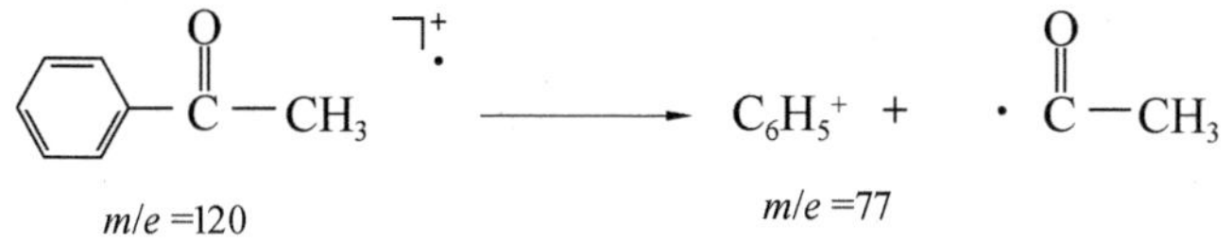

在质谱图上有亚稳离子 m^*，其 $m/e=56.47$。根据 $m^*=\frac{(m_2)^2}{m_1}=\frac{77^2}{105}$，而不等于$\frac{77^2}{102}$，表明裂解按照过程一进行。

5.4　有机质谱解析

5.4.1　解析程序

(1)分子离子的解析。

①确认分子离子峰，获取分子量及元素组成信息。

②依据 M^+ 为偶数还是奇数，含氮时则由氮数规则推知氮原子个数。

③观察 M+1 和 M+2 与 M 的比例，判断质谱图中是否出现 Cl、Br 等元素的同位素离子峰。

④根据分子离子峰和附近碎片离子峰的质荷比差值推测有机化合物的类别，查找贝农表推断可能的分子式。

⑤对于化学结构不复杂的有机化合物，根据分子式计算不饱和度。

(2)碎片离子的解析。

①找出主要碎片离子峰，记录其质荷比及相对强度。

②从离子的质荷比推测分子离子失去何种碎片，推断其可能结构及裂解类型(见附录 2)。

③根据 m/e 值看存在哪些重要离子(见附录 3)。

④若存在亚稳离子，利用 m^* 来确定 m_1 及 m_2，推断其裂解过程。

⑤由 m/e 值不同的碎片离子，判裂解解类型(注意 m/e 的奇偶)。

(3)列出部分结构单位。

(4)提出可能的结构式,并根据其他条件排除不可能的结构,认定可能的结构。

5.4.2 质谱例图与解析示例

1. 质谱例图

(1)壬烷及其异构体。

由图5.6~5.8可见,在图5.6中,有一系列质量差为14(CH_2)的峰。这是正构烷烃简单裂解而得的一系列以C_nH_{2n+1}为主的峰。这些峰的特征是将其峰的顶点连接起来可以得到一条平滑的曲线。此外,由于甲基$CH_3^{\cdot}$游离基不稳定,所以饱和直链烷烃丢失一个$CH_3^{\cdot}$产生的M-15的碎片峰很弱,一般看不到,如果在质谱图中观察到明显的M-15的碎片峰,则其往往是由甲基侧链裂解产生的。

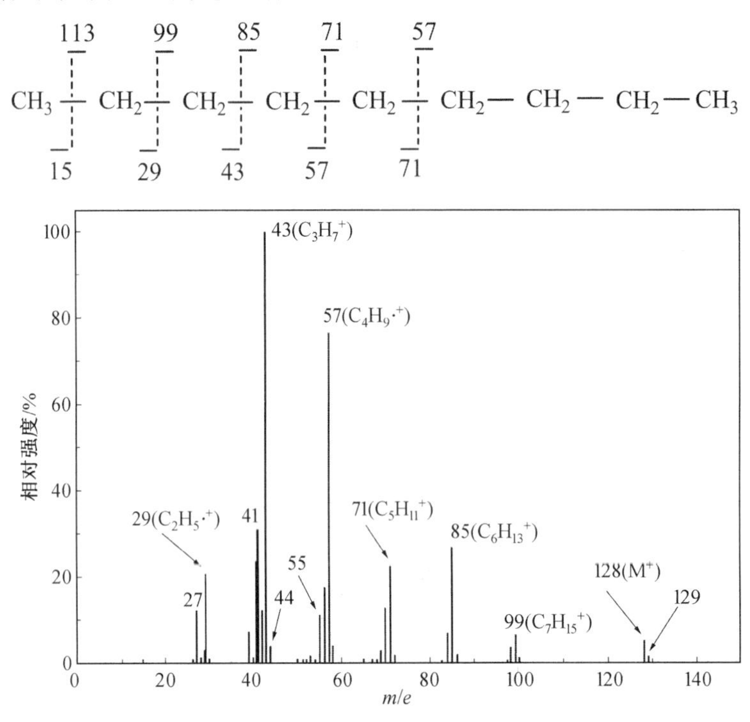

图5.6 正壬烷的质谱图

$C_3H_7^+$(m/e=43)为基峰,随着m/e的增大,峰的相对强度减小。在图5.7中,$C_5H_{11}^+$(m/e=71)和$C_7H_{13}^+$(m/e=99)的强度较图5.6中的大,这是该化合物的分子离子进一步裂解生成稳定的叔碳离子造成的。

99 CH_3 71 C_2H_5 29

CH_3—CH_2—CH—CH—C_2H_5

29　57　99

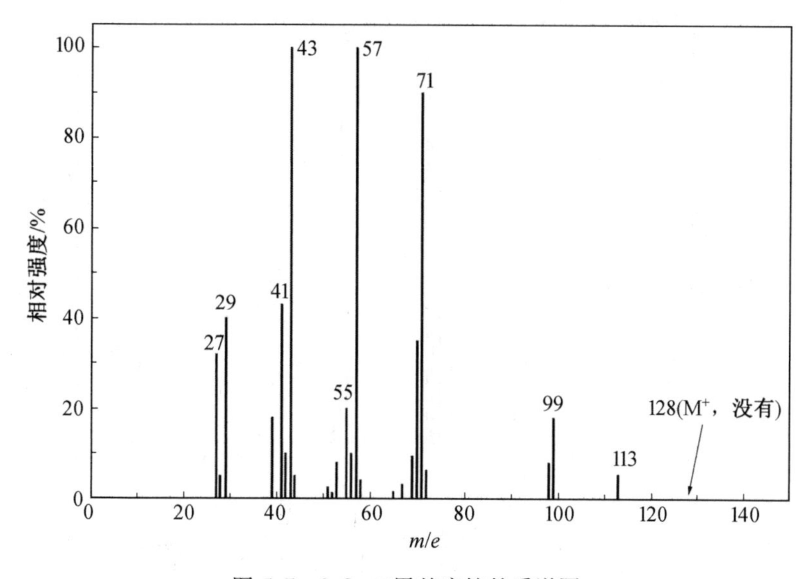

图5.7 3,3-二甲基庚烷的质谱图

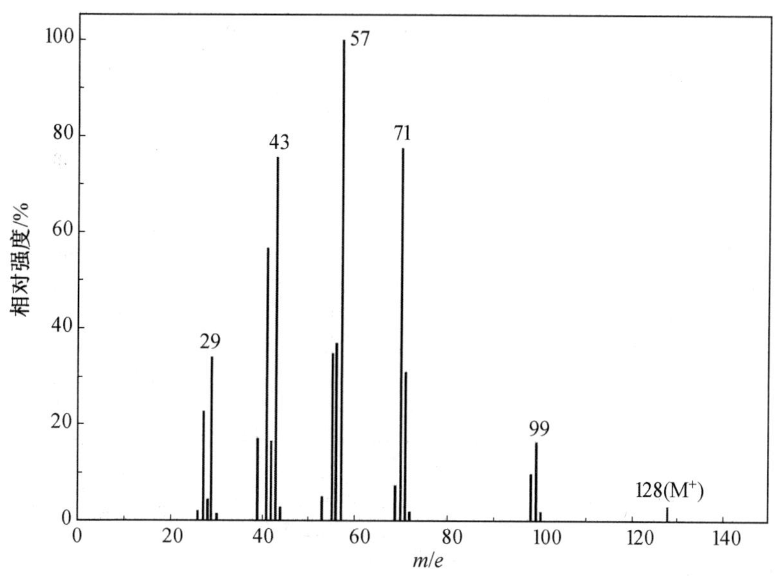

图5.8 3-甲基4-乙基己烷的质谱图

(2)环己烷与正己烷。

由图5.9和图5.10可见,环己烷比正己烷差两个质量单位,由于环裂解为碎片离子时至少要打开两个键,比直链化合物打开一个键要困难,因而环状化合物的分子离子比链状化合物相对稳定,从图中可见环己烷的分子离子峰强度要大于正己烷。

(3)正癸烷和正十六烷。

由图5.11和图5.12,结合图5.6、图5.9可知,随着直链烷烃链增长,分子离子更不稳定,易于裂解,表现为质谱图上分子离子峰相对强度降低。

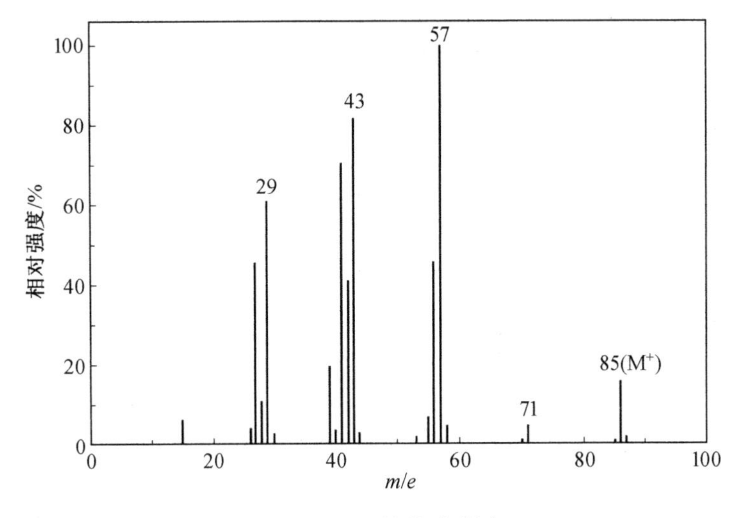

图 5.9　正己烷的质谱图

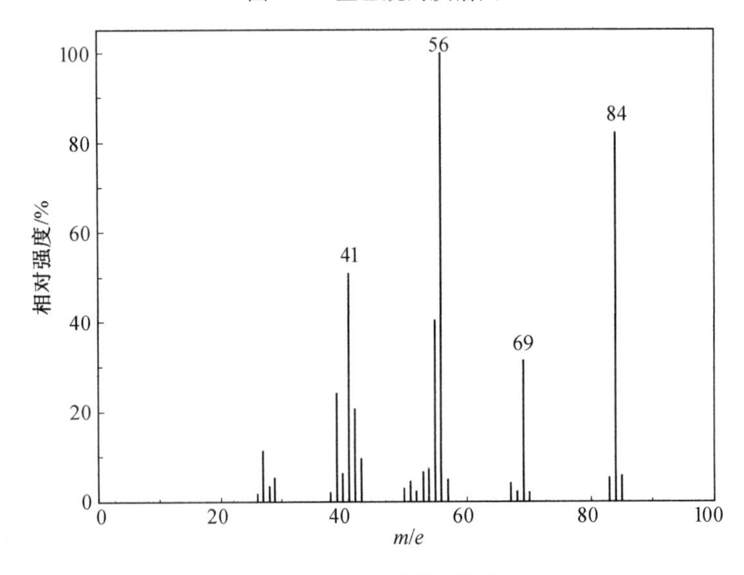

图 5.10　环己烷的质谱图

(4)支链烷烃。

支链烷烃的碎片与上述支链烷烃相似,均会产生以 $C_nH_{2n+1}^+$ 为主的碎片。二者的区别是在支链烷烃中由于支链处的裂解更容易发生,分子离子峰强度降低。支化程度越大,分子离子峰就越弱。当支链烷烃中含有季碳或叔碳时,其分子离子峰很小,甚至观察不到。此外,支链烷烃易在支链处发生裂解,且遵循最大烃基失去原则,电荷大多保留在支链碳原子上,形成碎片离子。这是由于超共轭效应导致的支链处碳正离子上的电荷更容易分散,使得碳正离子稳定性更好。因此,支链烷烃质谱图上各个峰的顶点连接起来不能形成一条平滑的曲线,而是形成了多个起伏,这是支链烷烃与直链烷烃最显著的区别。如图 5.13 所示,谱图中可观察到典型的烷基特征(m/e=29,43,57,…),但曲线的顶点连接起来不是平滑的曲线,在 m/e=113 处出现起伏。

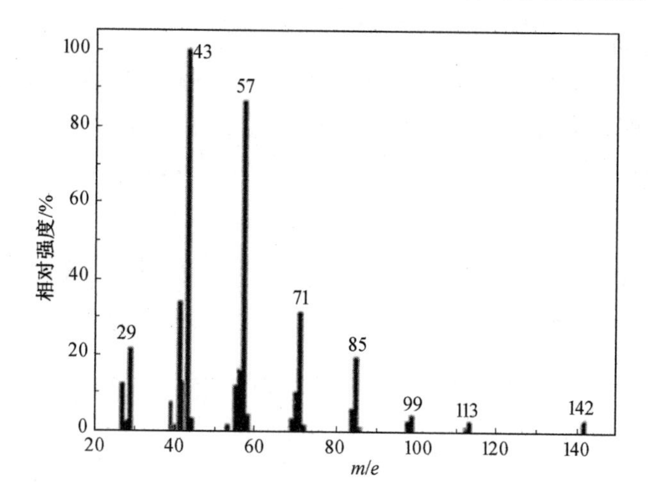

图 5.11　正癸烷的质谱图

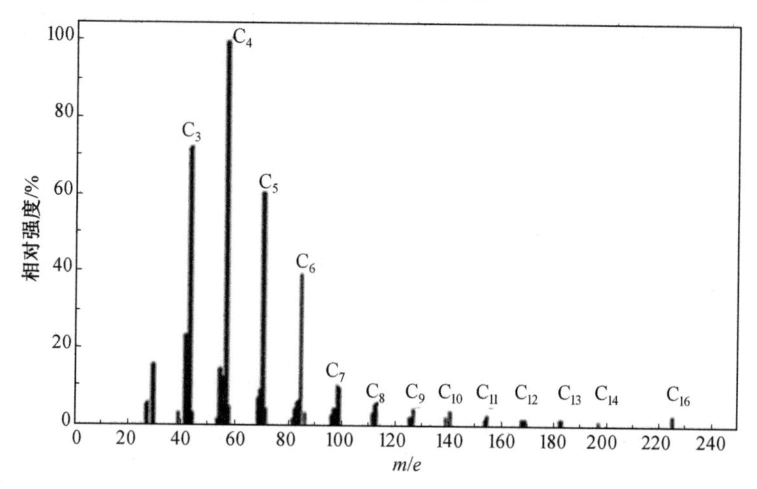

图 5.12　正十六烷的质谱图

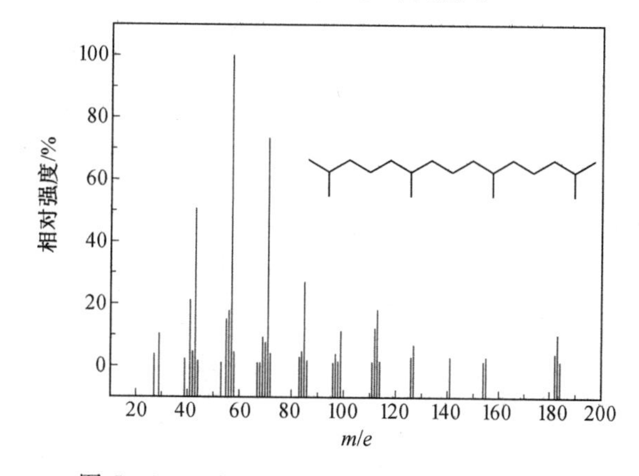

图 5.13　2,6,10,14-四甲基十五烷的质谱图

(5)芳环化合物。

由图 5.14 ~5.16 可知,含芳环的化合物的分子离子峰均较强。当环上无取代基时,如萘,其分子离子峰很强,且碎片很少。当带有取代基时,由于分子离子在支链处易发生 β 裂解,因而分子离子峰强度减弱。正丁基苯和异丁基苯的 β 裂解如下:

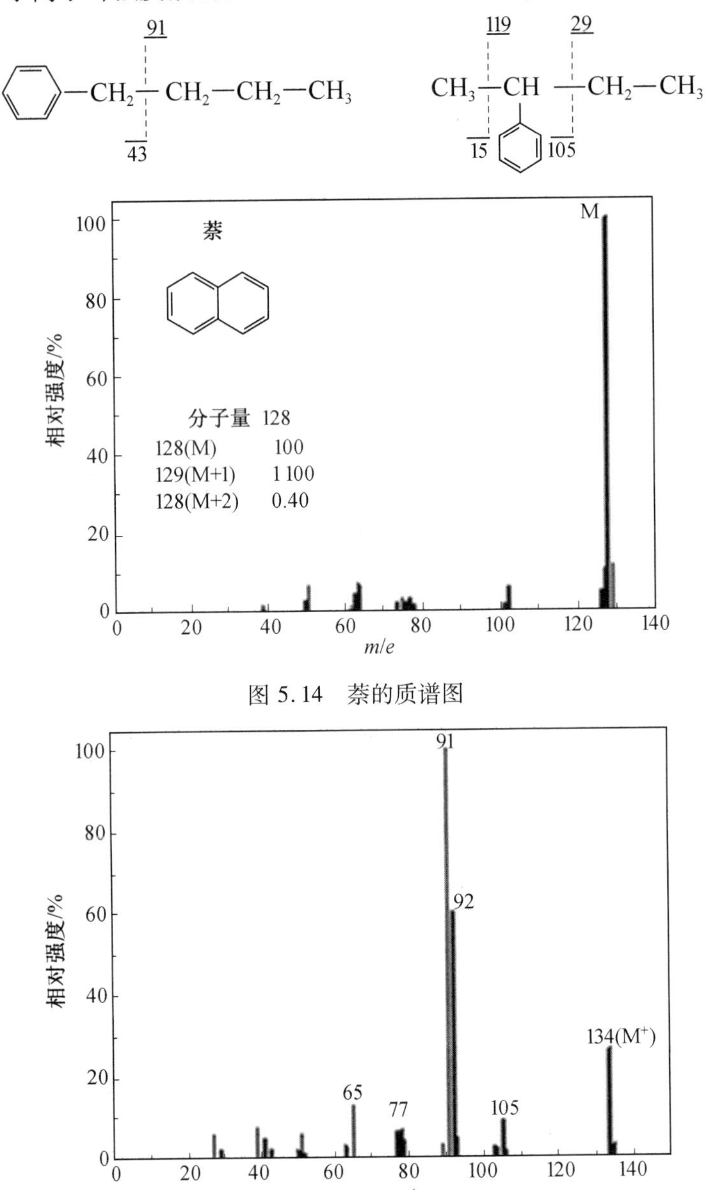

图 5.14 萘的质谱图

图 5.15 正丁基苯的质谱图

烷基苯在谱图上往往出现 $m/e=51$、77、65、39、91 等特征吸收峰,此外,烷基苯还有氢原子的麦氏重排,产生 $m/e=92$ 的碎片峰,如图 5.16 所示,异丁基苯的裂解过程如下:

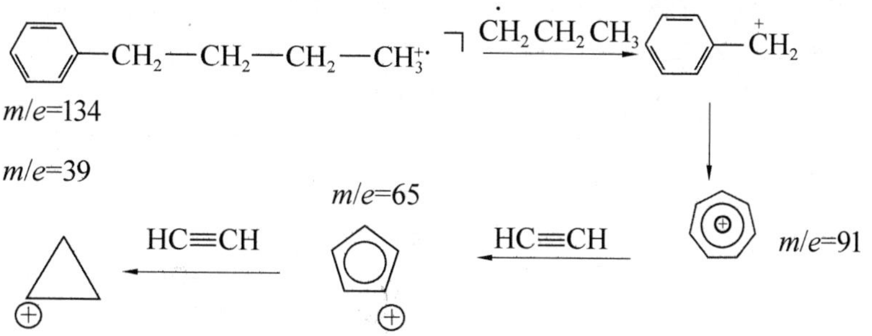

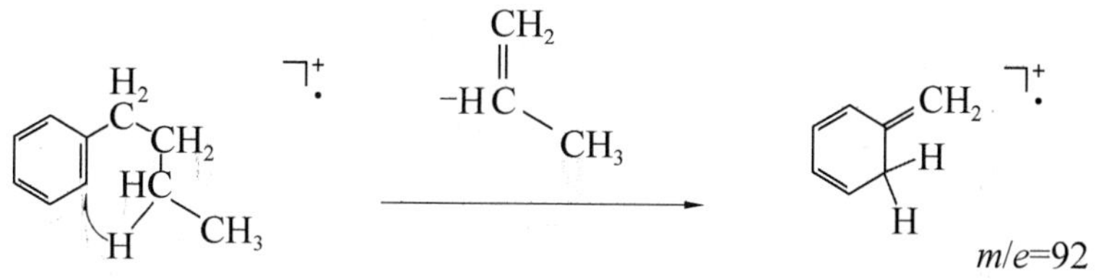

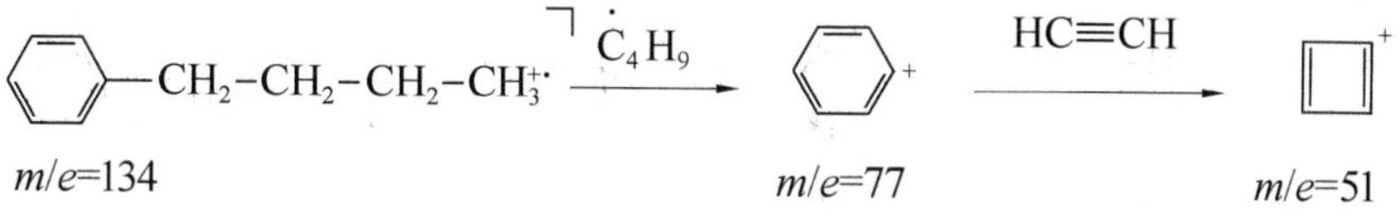

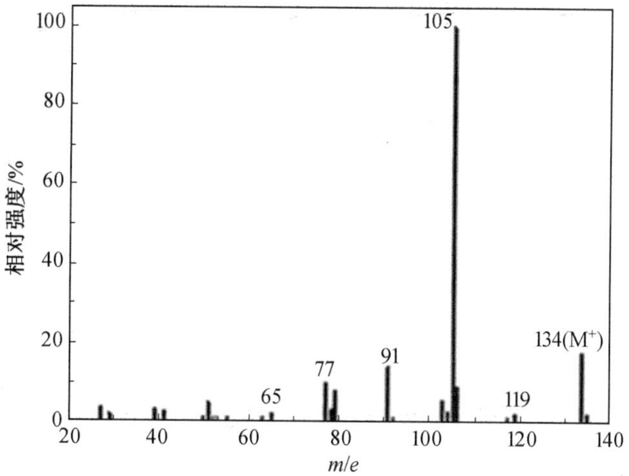

$C_6H_5-CH_2-CH_2-CH_2-CH_3^{+\cdot}$ ($m/e=134$) $\xrightarrow{-\dot{C}H_2CH_2CH_3}$ $C_6H_5-\overset{+}{C}H_2$ → 草鎓离子 ($m/e=91$) $\xrightarrow{-HC\equiv CH}$ ($m/e=65$) $\xrightarrow{-HC\equiv CH}$ ($m/e=39$)

异丁基苯分子离子 $\xrightarrow{-H\dot{C}(=CH_2)CH_3}$ ($m/e=92$)

$C_6H_5-CH_2-CH_2-CH_2-CH_3^{+\cdot}$ ($m/e=134$) $\xrightarrow{-\dot{C}_4H_9}$ $C_6H_5^+$ ($m/e=77$) $\xrightarrow{-HC\equiv CH}$ ($m/e=51$)

图 5.16　异丁基苯的质谱图

(6)烯烃化合物。

烯烃容易发生β裂解,这是因为裂解后形成的烯丙基正碳离子比较稳定,导致这种裂解容易发生,所形成的分子离子强度一般大于饱和烷烃的。单烯烃在裂解过程中,正电荷主要保留在双键一侧,在谱图上产生一系列 $C_nH_{2n-1}^+$(m/e=27,41,55,69,…)的特征碎片。此外,烯烃容易发生麦氏重排裂解,如图 5.17 和图 5.18 所示。

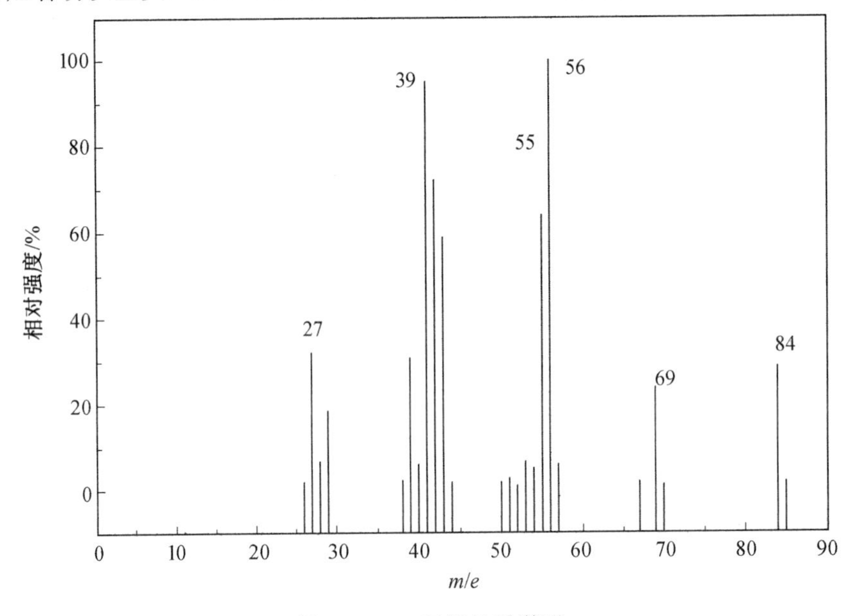

图 5.17　1-己烯的质谱图

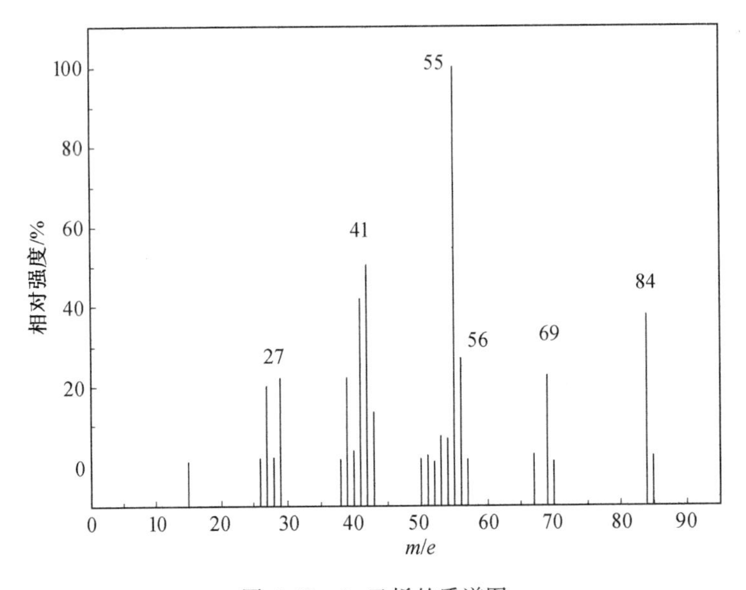

图 5.18　2-己烯的质谱图

1-己烯的裂解过程如下：

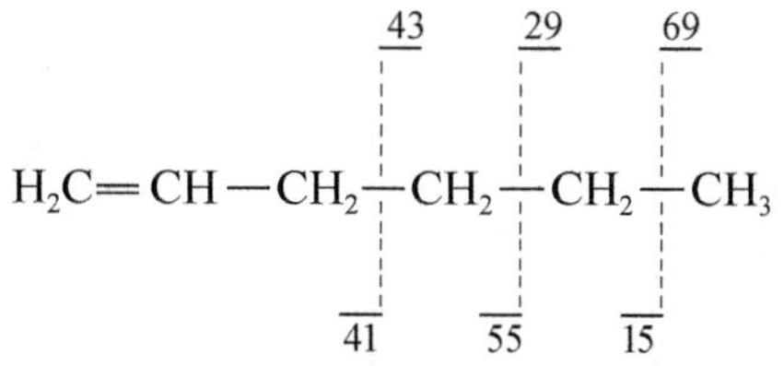

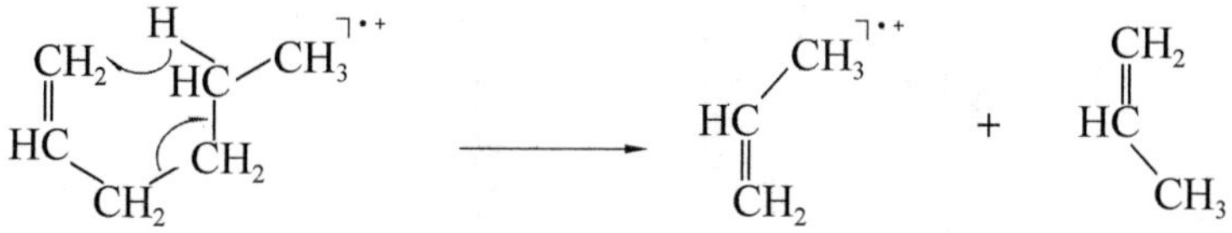

$$H_2C{=}CH-CH_2 \mid CH_2 \mid CH_2 \mid CH_3$$

（43/41, 29/55, 69/15）

$$\left[CH_2{=}CH-CH_2-CH_2-CH(H)-CH_3\right]^{+\cdot} \longrightarrow \left[CH_2{=}CH-CH_3\right]^{+\cdot} + CH_2{=}CH-CH_3$$

(7)醇类化合物。

醇类化合物的分子离子易发生β裂解，且易失去一个分子水或者甲基而发生重排，因此这类化合物的分子离子峰的相对强度较小，有时甚至没有。

醇类的β裂解遵循最大烃基失去原则，裂解过程如下：

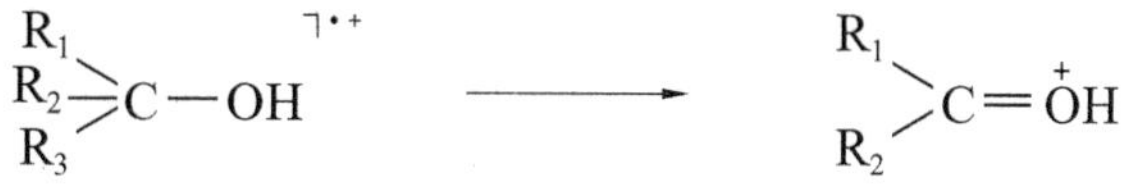

$$\left[R_1R_2R_3C-OH\right]^{+\cdot} \longrightarrow R_1R_2C{=}\overset{+}{O}H$$

醇类的β裂解产生的峰较强，在谱图中往往是基峰，该裂解产生的 $m/e=31$ 的峰可作为伯醇的标志。醇类还容易发生脱水裂解，形成 M-18 的峰，还可以脱水后接着脱去一个甲基，形成 M-33 的峰。由于醇类的分子离子峰较弱，甚至观察不到，因此要特别注意不要把 M-18 的峰误认为是分子离子峰。此外，醇分子脱水后形成烯烃，其谱图与烯烃的谱图相似，而醇类的分子离子峰又很弱，因此，在谱图解析时，要注意区分醇类和烯烃，醇类的β裂解产生的峰如 $m/e=31$ 往往可用于区分醇类和烯烃。

链状伯醇中可能发生麦氏重排，同时脱水和脱去烯烃，仲醇和叔醇一般不发生此类裂解。图 5.19～5.21 分别为正丁醇、2-甲基丁醇和 2-戊醇的质谱图。

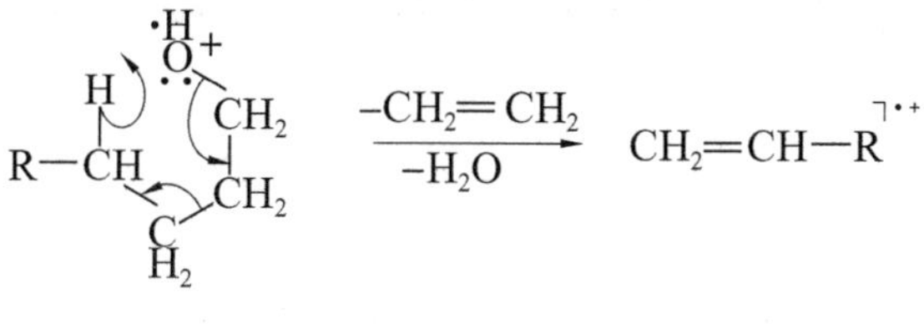

$$R-CH(H)-CH_2-CH_2-CH_2-\overset{\cdot}{O}H^{+} \xrightarrow[-H_2O]{-CH_2{=}CH_2} \left[CH_2{=}CH-R\right]^{+\cdot}$$

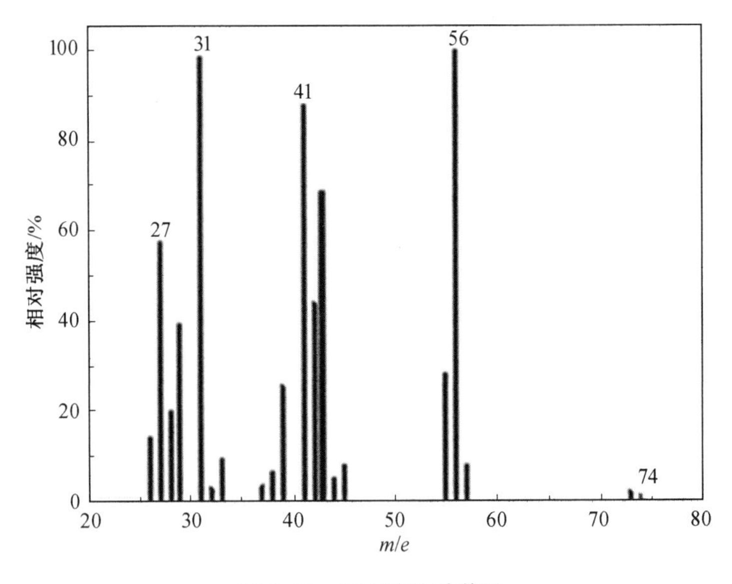

图 5.19　正丁醇的质谱图

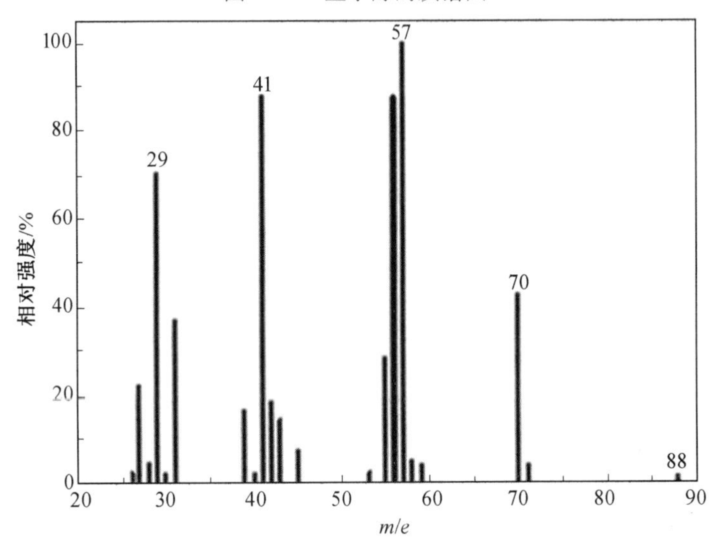

图 5.20　2-甲基丁醇的质谱图

43

正丁醇发生β裂解时，$CH_3—CH_2—CH_2 \vdots CH_2—OH$生成 m/e 为 31 和 43 的离子。从

31

分子离子（m/e 为 74）上脱去一个水分子，生成 m/e 为 56 的碎片离子，再脱去一个甲基，生成 m/e 为 41 的碎片离子。这样就可以找到图 5.19 中 m/e 为 31、41、43、45、74 这几个峰的归属。

同理，2-甲基丁醇发生裂解时，可生成 m/e 为 31、57（β 裂解）、55（$M^+—H_2O—CH_3$），70（$M^+—H_2O$）、88（M^+）等离子。2-戊醇发生裂解时，可生成 m/e 为 15、43、45、73（β 裂解）、70（$M^+—H_2O$）、55（$M^+—H_2O—CH_3$）及 88（M^+）等离子。

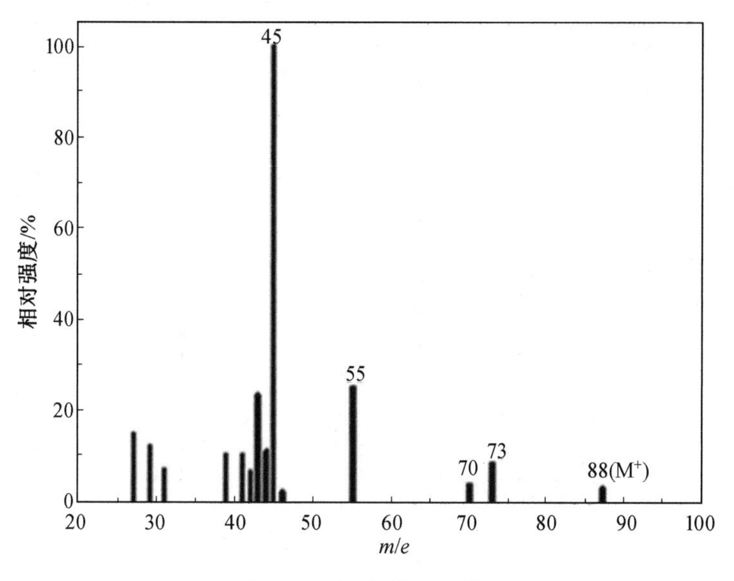

图 5.21　2-戊醇的质谱图

图 5.22 和图 5.23 分别为环己醇和对甲基环己醇的质谱图。对照图 5.19 ~5.21 可知,脂肪醇的分子离子峰较强,当环上带有侧链时,则分子离子峰减弱。

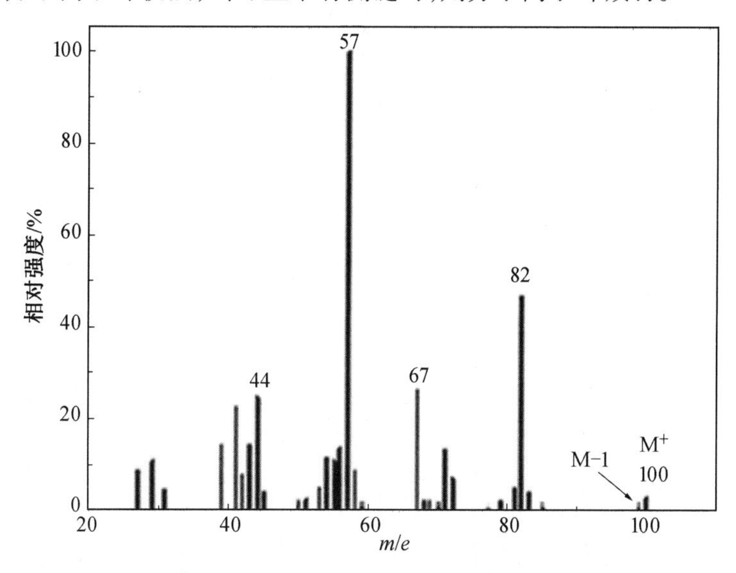

图 5.22　环己醇的质谱图

(8)醚类化合物。

醚类化合物与醇类化合物相似,一般分子离子峰都较弱,如图 5.24 和图 5.25 所示。这类化合物易发生 β 裂解。乙基-异丁基醚 β 裂解表示如下:

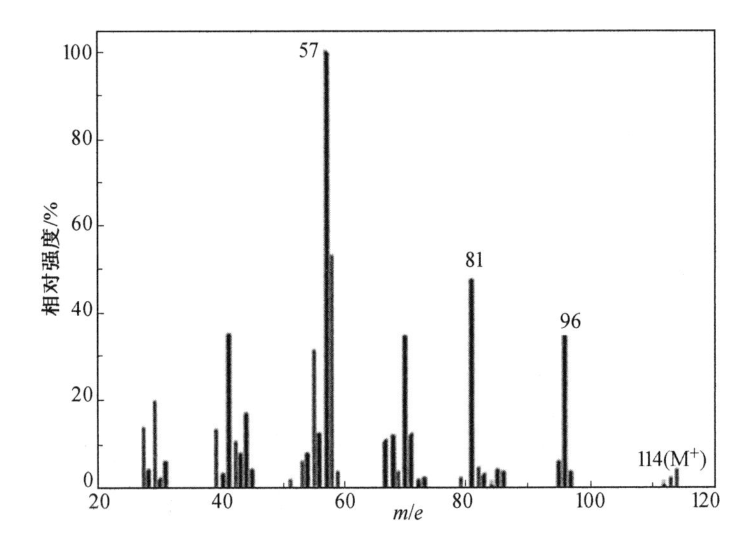

图 5.23　对甲基环己醇的质谱图

85　29

CH_3—CH—CH_2—CH_3

15　O　73

C_2H_5

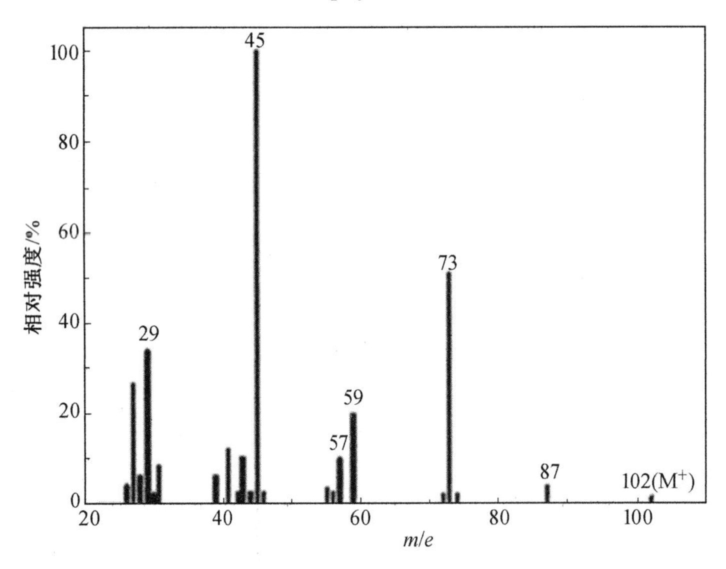

图 5.24　乙基-异丁基醚的质谱图

β 裂解产生的碎片离子发生重排反应：

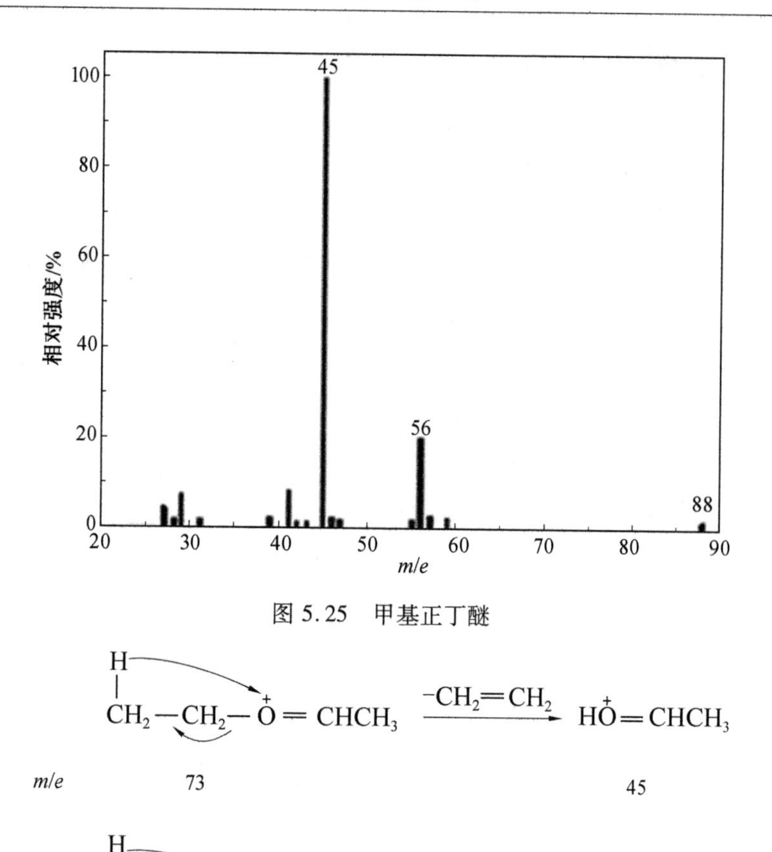

图 5.25 甲基正丁醚

$$\underset{m/e\ \ 73}{\overset{H}{CH_2}-CH_2-\overset{+}{O}=CHCH_3} \xrightarrow{-CH_2=CH_2} \underset{45}{H\overset{+}{O}=CHCH_3}$$

$$\underset{m/e\ \ 87}{\overset{H}{CH_2}-CH_2-\overset{+}{O}=CHC_3H_5} \xrightarrow{-CH_2=CH_2} \underset{59}{H\overset{+}{O}=CHC_2H_5}$$

甲基正丁基醚的 β 裂解如下：

$$\underbrace{CH_3OCH_2}_{45} \mid \underbrace{CH_2CH_2CH_3}_{43}$$

而 $m/e=56$ 是由分子离子发生重排产生的：

$$\underset{m/e\ \ 88}{CH_3-\overset{+\cdot}{O}-CH_2-\underset{H}{CH}-C_2H_5} \xrightarrow{-HOCH_3} \underset{56}{CH_2=CH_2-CH_2-CH_3}$$

(9)醛与酮。

醛与酮类化合物易发生 α 裂解及麦氏重排裂解。α 裂解时正电荷可以在氧原子上，也可以留在烷烃上，并遵循最大烃基丢失原则。麦氏重排产物如果仍满足重排规则，可以再发生重排裂解，形成更小的碎片离子。图 5.26～5.28 分别为 4-辛酮、甲基异丁基甲酮和戊醛的质谱图。

4-辛酮发生 α 裂解时，

$$\mathrm{CH_3-CH_2-CH_2\overset{43}{\underset{85}{\vdots}}\overset{O}{\overset{\|}{C}}\overset{71}{\underset{57}{\vdots}}CH_2-CH_2-CH_2{=}CH_3}$$

生成 m/e 为 43、57、71、85 的碎片离子。该化合物发生麦氏重排时，生成 m/e 为 58、86、100 的碎片离子。

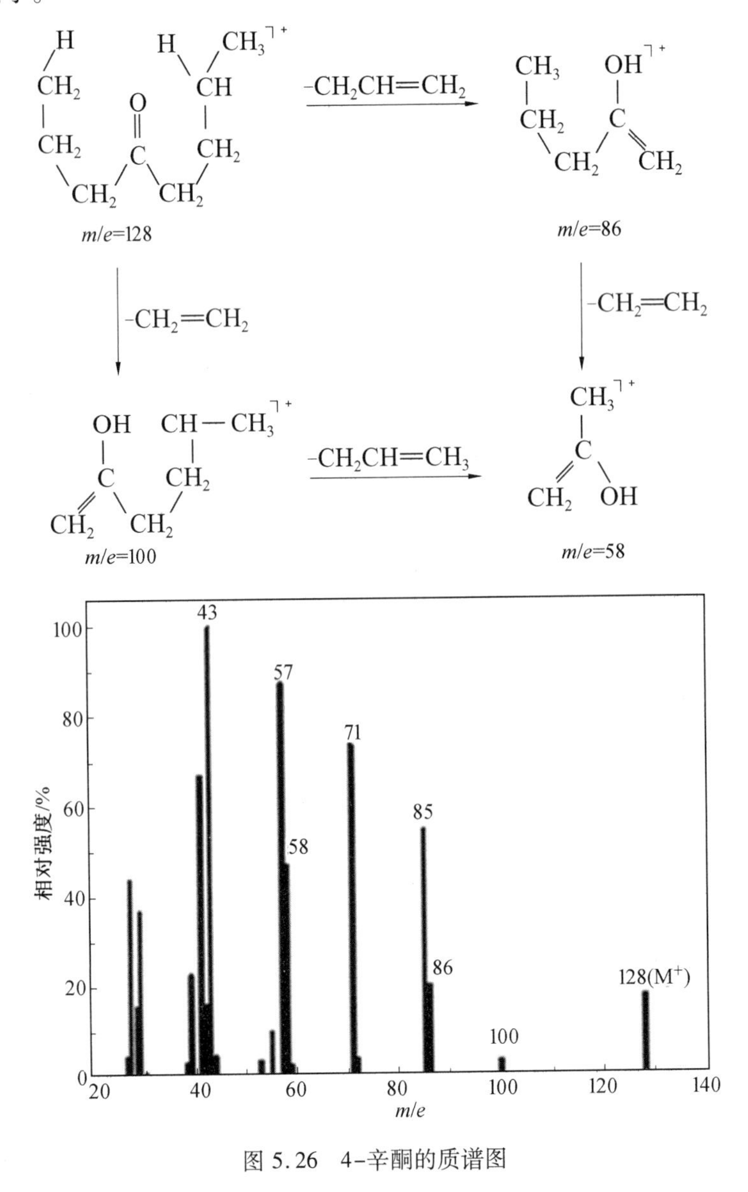

图 5.26　4-辛酮的质谱图

同理，甲基异丁基甲酮 $\mathrm{CH_3\overset{O}{\overset{\|}{C}}CH_2CH(CH_3)_2}$ 发生 α 裂解，可生成 m/e 为 15、43、57、

85 的碎片离子，发生麦氏重排可生成 m/e 为 58 的碎片离子、戊醛发生 α 裂解时生成 m/e 为 29、57 的碎片离子，发生麦氏重排裂解时，生成 m/e 为 44 的碎片离子。m/e 为 58、71 的碎片离子是这样产生的：

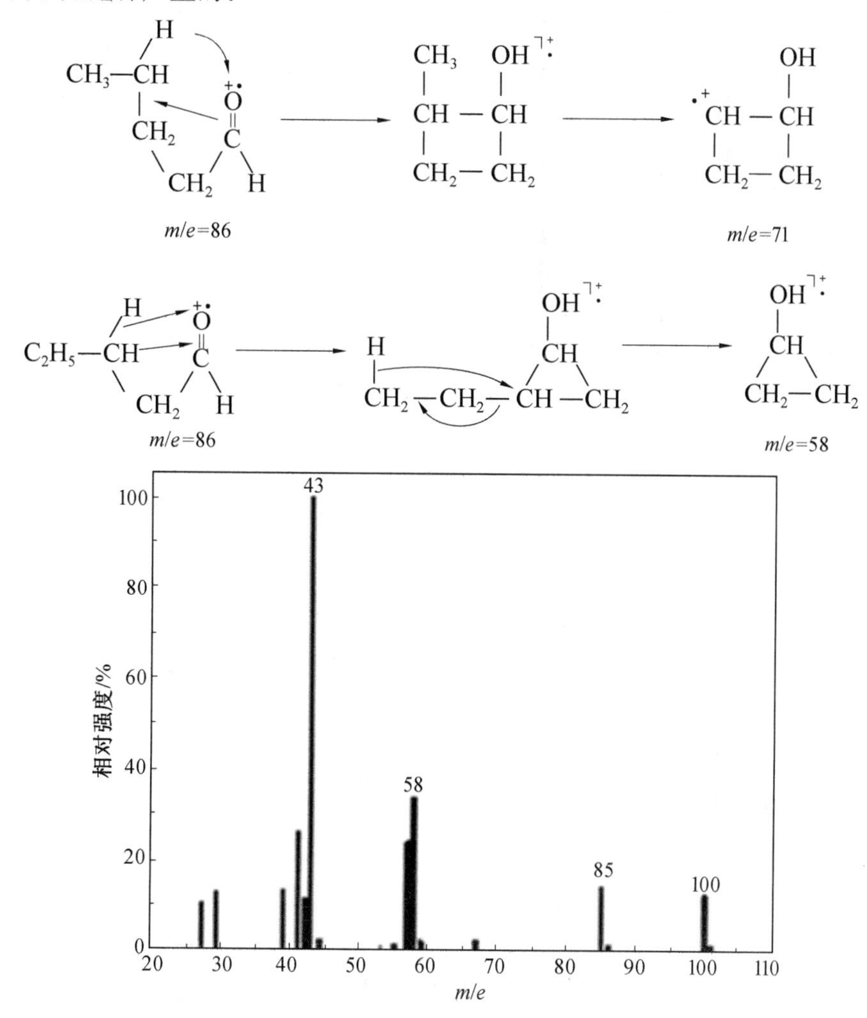

图 5.27　甲基异丁基甲酮的质谱图

（10）酸和酯。

这类化合物易发生单纯裂解，即在 α 位发生裂解。另外也可以发生麦氏重排等裂解。

图 5.29 和图 5.30 分别为正丁酸甲酯和正戊酸的质谱图。

正丁酸甲酯发生简单裂解时，

$$\overset{87}{\underset{15}{CH_3 \,|}}\!-CH_2-\overset{59}{\underset{43}{CH_2\,|}}\!-\overset{O}{\overset{\|}{C}}\overset{31}{\underset{71}{|}}\!-O\overset{15}{\underset{87}{|}}\!-CH_3$$

生成 m/e 为 15、31、43、59、71、87 的碎片离子峰。

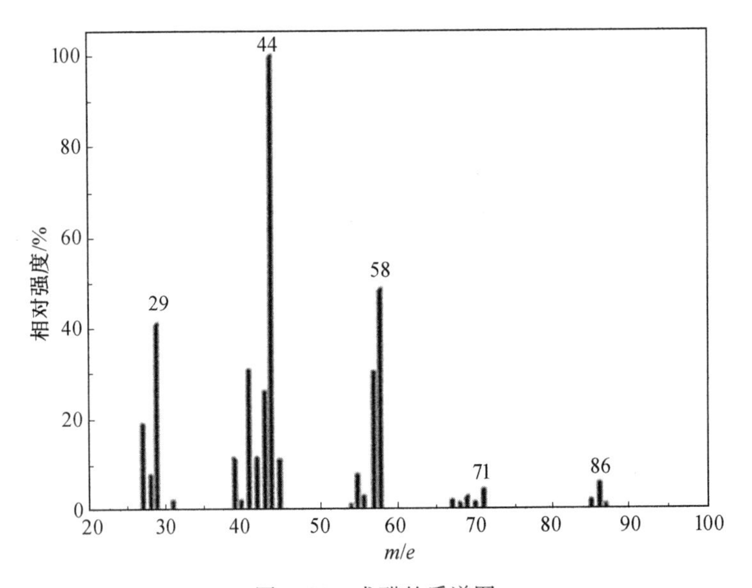

图 5.28　戊醛的质谱图

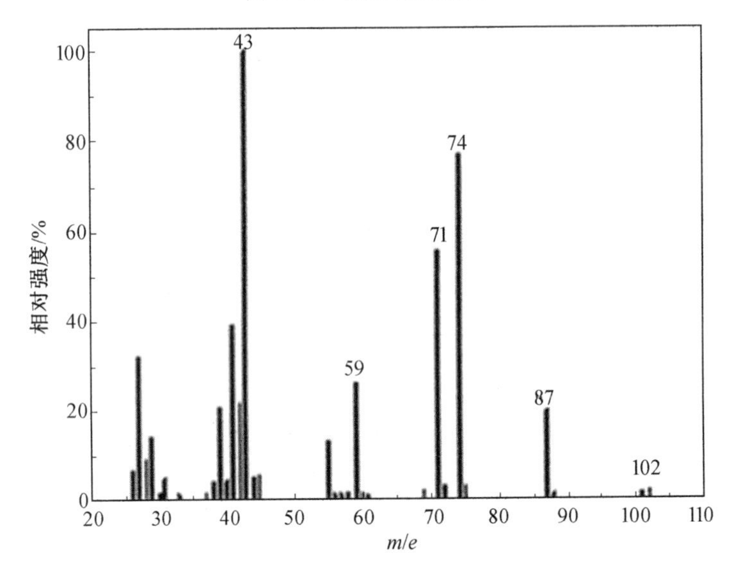

图 5.29　正丁酸甲酯的质谱图

其发生麦氏重排时，

$$\left[\begin{array}{c} H \\ / \\ CH_2 \\ | \\ CH_2 \quad\quad \overset{O}{\overset{\|}{C}} \\ \diagdown \quad / \quad \diagdown \\ CH_2 \quad OCH_3 \end{array}\right]^{+} \xrightarrow{-CH_2=CH_2} \left[\begin{array}{c} OH \\ | \\ C \\ / \quad \diagdown \\ CH_2 \quad OCH_3 \end{array}\right]^{+}$$

m/e=86　　　　　　　　m/e=74

生成 m/e 为 74 的碎片离子。

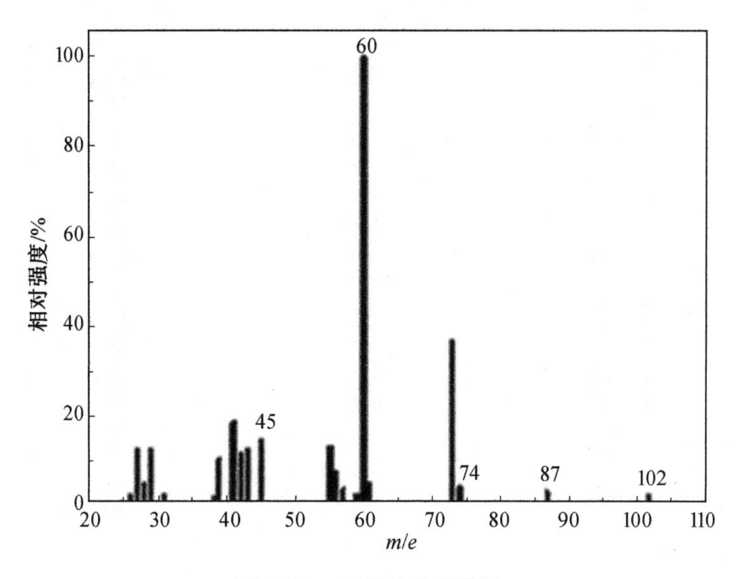

图 5.30　正戊酸的质谱图

正戊酸发生简单裂解时，

$$\underset{87}{\overset{15}{CH_3 \vdots}} CH_2 - CH_2 - CH_2 \underset{45}{\overset{57}{\vdots}} \overset{O}{\overset{\|}{C}} - OH$$

正戊酸发生重排裂解时，

$$\underset{m/e=102}{CH_3CH(H)CH_2CH_2C(=O)OH} \xrightarrow{-CH_2CH=CH_2} \underset{m/e=60}{CH_2=C(OH)\overset{+\bullet}{O}H}$$

$$\underset{m/e=102}{CH_3CH_2CH_2CH_2C(=\overset{+\bullet}{O})OH} \xrightarrow{-CH_2=CH_2} \underset{m/e=74}{CH_2=C(OH)\overset{+\bullet}{O}CH_3}$$

(11)含卤素化合物。

卤代烷的 α、β 位及远处烃基均有可能裂解，图 5.31 为溴乙烷的质谱图。

溴乙烷的裂解如下：

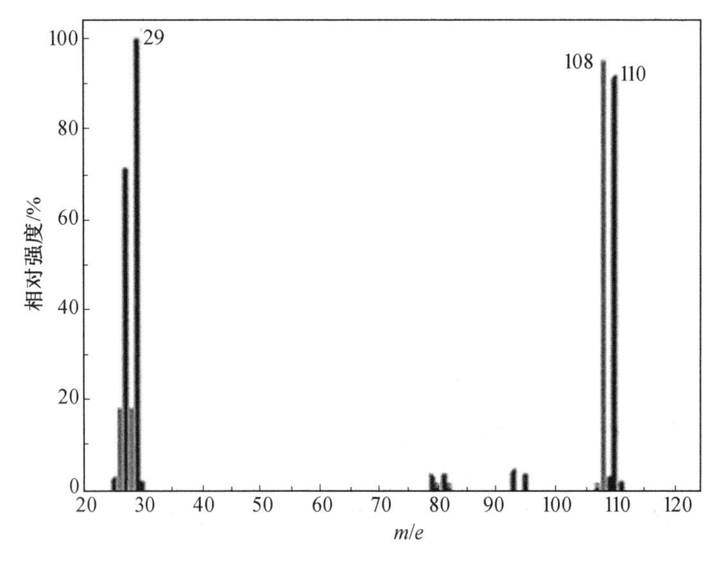

图 5.31　溴乙烷的质谱图

15　29

CH_3 — CH_2 — Br

93　79

由图 5.31 可知,溴乙烷发生 α、β 裂解而得的含卤素的碎片离子的相对强度很小。m/e 为 108、110,分别是 $C_2H_5^{79}Br^+$ 和 $C_2H_5^{81}Br^+$,其强度比为 1 ∶ 1。

2. 质谱解析示例

【例 5.1】　某化合物,经测定其分子中只含有 C、H、O 三种元素,红外在 3 100 ~ 3 700 cm^{-1}间无吸收。其质谱图如图 5.32 所示(图中未表示出亚稳离子峰在 33.8 和56.5 处)。试推测其结构。

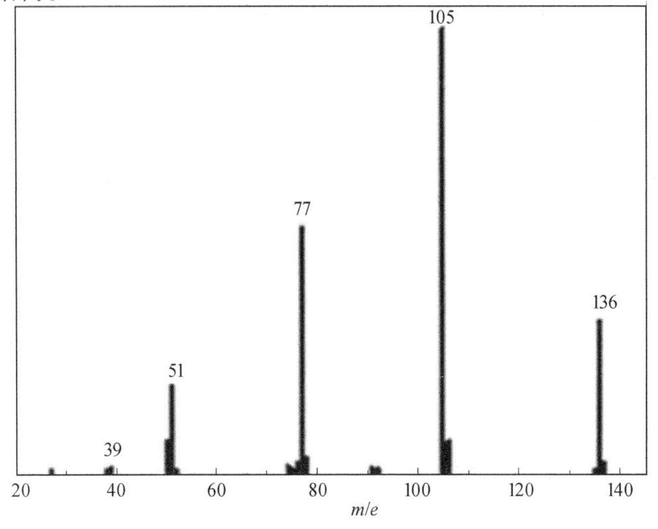

图 5.32　某未知物的质谱图

【解】　首先判断分子离子峰。由于只含有 C、H、O 三种元素，由 N 数规则可知 $m/e=136$ 对应的峰即为该化合物的分子离子峰。所以该化合物的分子量为 136。查贝农表找出可能的四个分子式：①$C_9H_{12}O$；②$C_8H_8O_2$；③$C_7H_4O_3$；④$C_5H_{12}O_4$。分别计算它们的不饱和度：①$\Omega=4$；②$\Omega=5$；③$\Omega=6$；④$\Omega=0$。

检查碎片离子：$m/e=105$ 为基峰，查附录 2，其可能为苯甲酰 $C_6H_5-\overset{O}{\overset{\|}{C}}-$ （$\Omega=5$）。$m/e=39$、50、51、77 为芳环的特征吸收峰，进一步说明有苯环存在。

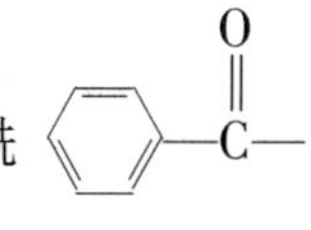

亚稳离子峰：$m^*=33.8$，其中 $51^2/77=33.8$，$m^*=56.5$，其中 $77^2/105=56.5$。亚稳离子的存在表明有如下的裂解过程：

$$C_6H_5CO^{\urcorner +} \xrightarrow{-CO} C_6H_5^{\urcorner +} \xrightarrow{-C_2H_2} C_4H_3^{\urcorner +}$$

$m/e=105$　　$m/e=77$　　$m/e=51$

从以上分析可知：分子中确实含有 $C_6H_5-\overset{O}{\overset{\|}{C}}-$ （$\Omega=5$），其中苯环上有 5 个 H，所以该化合物至少应有 5 个 H 原子，不饱和度 Ω 应不小于 5。

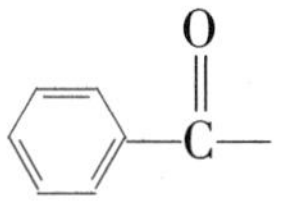

上述四个分子式中①和④的不饱和度不够，③的 H 原子数不够，因而只剩下可能的分子式②为 $C_8H_8O_2$。苯甲酰基为 C_7H_5O，因而剩余 CH_3O，其可能的基团有两种：CH_3O- 和 $-CH_3OH$。这表明该化合物有图 5.33 所示的两种可能的结构：

$C_6H_5-\overset{O}{\overset{\|}{C}}-OCH_3$　(a)　　　$C_6H_5-\overset{O}{\overset{\|}{C}}-CH_2OH$　(b)

图 5.33　未知物的两种可能的结构

又因红外在 3 100～3 700 cm^{-1} 无吸收，故无羟基存在。所以可以确定为苯甲酸甲酯，即图 5.33(a)。

本章习题

1. 某质谱仪分辨率为 10 000 u，它能使 $m/e=200$、$m/e=500$、$m/e=800$、$m/e=1\ 000$ 的离子各与多少质量单位的离子分开？

2. 在低分辨质谱中 m/e 为 28 的离子可能是 CO、N_2、CH_2N、C_2H_4 中的某一个。高分辨质谱仪测定为 28.031 2，试问上述四种离子中的哪一个最符合该数据？

3. 图 5.34 是 2-甲基丁醇（M=88）的质谱图，试根据谱图确定—OH 的位置（提示：注意 $m/e=73$，59 的峰）。

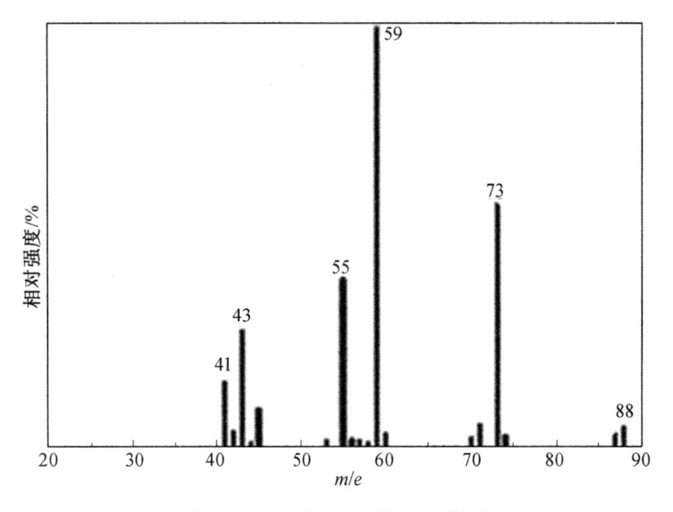

图 5.34　2-甲基丁醇的质谱图

4. 某化合物的分子离子峰已确认在 $m/e=151$ 处，试问其是否具有如下分子结构？为什么？

OH

N N N N N N

5. 图 5.35 所示的两个质谱图 A 和 B，哪一个是 3-甲基-2-戊酮，哪一个是 4-甲基-2-戊酮？

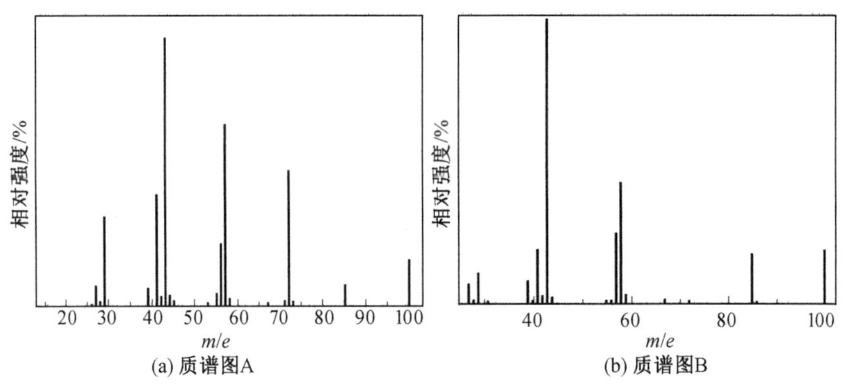

图 5.35　3-甲基-2-戊酮和 4-甲基-2-戊酮的质谱图

6. 胺类化合物 A、B、C，其分子式都是 $C_4H_{11}N$，$M=73$，指出图 5.36 质谱图分别属于何种结构。

A：$CH_3CH_2CH_2CH_2—NH_2$　　B：$CH_3—C(CH_3)_2—NH_2$　　C：$CH_3CH_2CH(CH_3)—NH_2$

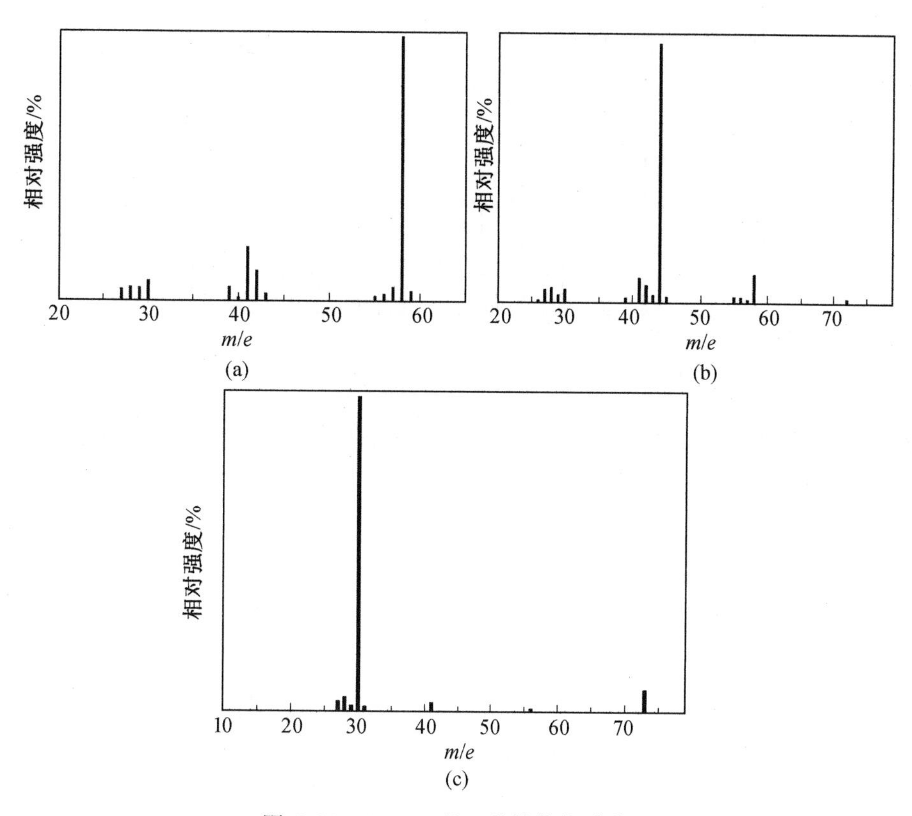

图 5.36　$C_4H_{11}N$ 的三种结构的质谱图

7. 试判断下列化合物质谱图上有几种碎片离子峰。何种强度最大？

$$CH_3-\overset{\displaystyle CH_3}{\underset{\displaystyle CH_3}{\overset{|}{\underset{|}{C}}}}-C_3H_7$$

8. 初步推测某种化合物可能为甲基环戊烷或乙基环丁烷。在质谱图上 M = 15 处显示一强峰，试问该化合物结构。为什么？

9. 解析图 5.37 烷烃质谱图，并提出该化合物的结构式。

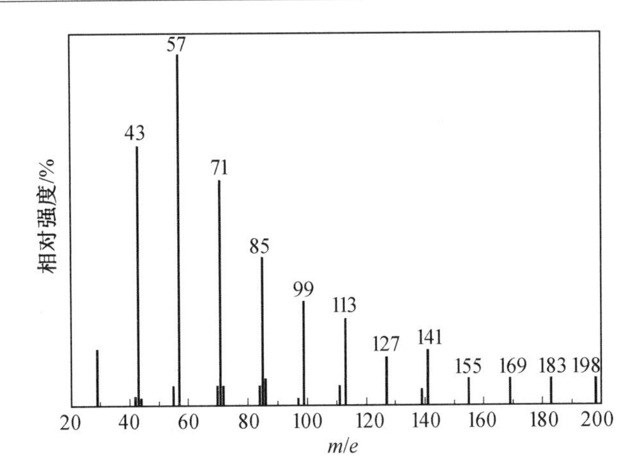

图 5.37　未知烷烃的质谱图

10. 某卤代烷类质谱图如图 5.38 所示,试解析该化合物的结构。

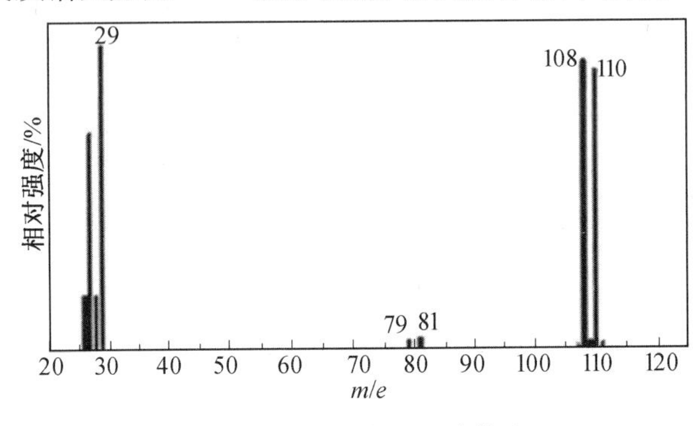

图 5.38　某卤代烷的质谱图

11. 某酯类化合物,其分子量为 116,初步推断其可能结构为 A 或 B 或 C,质谱图上 m/e=57(100%),m/e=29(57%),m/e=43(27%)。试问该化合物结构。为什么?

A:$(CH_3)_2CHCOOC_2H_5$　　B:$CH_3CH_2COOCH_2CH_2CH_3$

C:$CH_3CH_2CH_2CH_2COOCH_3$

12. 初步推测某酯的结构为 A 或 B,在质谱图上于 m/e=74(70%)处有一强峰,试确定其结构。

A:$CH_3CH_2CH_2COOCH_3$　　B:$(CH_3)_2CHCOOCH_3$

13. 在氯丁烷质谱中出现 m/e=56 的峰,试说明该峰产生的机理。

14. 在一个烃类的质谱图上观察到 m/e=57 与 m/e=43 两个峰,在 m/e=32.5 处又观察到一个宽矮峰,试说明两峰间有何关系。

本章参考文献

[1] 崔永芳. 实用有机物波谱分析[M]. 北京:中国纺织出版社,1994.

[2] 常建华,董绮功. 波谱原理及解析[M]. 3 版. 北京:科学出版社,2017.

[3] 朱为宏,杨雪艳,李晶,等. 有机波谱及性能分析法[M]. 北京:化学工业出版社,2007.
[4] 张华.《现代有机波谱分析》学习指导与综合练习[M]. 北京:化学工业出版社,2007.
[5] 白玲,郭会时,刘文杰. 仪器分析[M]. 北京:化学工业出版社,2019.
[6] 熊维巧. 仪器分析[M]. 成都:西南交通大学出版社,2019.
[7] 朱鹏飞,陈集. 仪器分析教程[M]. 2 版. 北京:化学工业出版社,2016.
[8] 张纪梅. 仪器分析[M]. 北京:中国纺织出版社,2013.
[9] 邓芹英,刘岚,邓慧敏. 波谱分析教程[M]. 北京:科学出版社,2007.

第6章　综合解析

6.1　综合解析的一般步骤

6.1.1　综合解析初步知识

综合解析就是将与某化合物结构相关的各种测试结果汇总起来,进行综合分析,从而确定化合物结构的方法。

波谱各自能够提供大量结构信息和特点,因此波谱是当前鉴定有机物和测定其结构的常用方法。一般来说,除紫外-可见光谱之外,其余三种谱都能独立用于简单有机物的结构分析。不过对于稍微复杂一些的实际问题,单凭一种谱学方法往往不能解决问题,而要综合运用这四种谱来互相补充、互相印证,才能得出正确结论。但是,波谱综合解析的含意并非追求四谱俱全,而是以准确、简便和快速解决问题为目标,根据实际需要选择其中两谱、三谱或四谱的结合。

6.1.2　综合解析一般步骤

波谱综合解析并无固定的步骤,下面介绍波谱综合解析的一般思路,仅供参考,在具体运用时应根据实际情况取舍。

(1)确定检品是否为纯物质。

只有纯物质才能运用波谱分析的手段正确无误地确认其结构。但实际工作中遇到的样品往往不是纯物质,为确认其结构有必要在运用波谱分析之前对其进行判断以至分离或提纯。判断其是混合物还是单纯物质,最常用的有薄层色谱法、测定物理常数等简便方法。当已知样品为混合物或纯度很低的单纯物质时,常常用柱层析的方法将混合物分离提纯。少量样品可用制备色谱分离。有时也可采用蒸馏、重结晶、溶剂抽提、低温浓缩、凝胶过滤等方法纯化,甚至可以根据情况灵活采用多种纯化法配合使用。

(2)确定分子量。

对于普通有机物,确定分子量最好的方法是MS法。如无条件时也可以采用冰点下降法或其他方法测定分子量。高分子化合物常用凝胶渗透色谱法(GPC)确定其平均分子量及分子量分布。

(3)确定分子式。

常用确定分子式的方法是元素分析法。根据元素分析结果可以准确了解分子中所含元素的种类及其百分含量。再根据已知的分子量即可方便地计算出各种元素的比例及分子式。除元素分析法外,有时也可根据高分辨质谱仪提供的分子量(精确到小数点后数位)，结合贝农表中所提供的可能的分子式，将不符合已知条件的式子排除，即可得到所需的分子式。另外还有运用 NMR 求出各种不同的 C、H 的数目，从而确定分子式的方法。

(4)计算不饱和度。

根据分子式和不饱和度的计算公式可计算出分子的不饱和程度，这对进一步确定分子结构有重要参考价值。

(5)推断结构式。

根据红外光谱(IR)可以判断被测化合物存在的官能团及不可能存在的官能团；根据^{1}H-NMR 谱图可以确定化合物分子中含有几种不同化学环境的氢及其数量比；据^{13}C-NMR可确定分子含有几种不同化学环境的碳；根据质谱(MS)除确认其分子量外，还可以通过碎片离子峰、同位素峰、亚稳离子峰等确认分子的裂解过程，验证分子结构。

(6)对可能结构进行“指认”或对照标准谱图，确定最终结果。

对于比较复杂的化合物，步骤(5)常常会列出不止一个可能结构。因此，对每一种可能结构进行“指认”，然后选择出最可能的结构是必不可少的一步。即使在推测过程中只列出一个可能结构，进行核对以避免错误也是必要的。

所谓“指认”就是从分子结构出发，根据原理去推测各谱，并与实测的谱图进行对照。例如，利用^{1}H 化学位移表或经验公式来推测每一个可能结构中碎裂方式及碎片离子的质荷比。通过“指认”，排除明显不合理的结构。如果对各谱的“指认”均很满意，说明该结构是合理、正确的。

当推测出的可能结构有标准谱图可对照时，也可以用对照标准谱图的办法确定最终结果。当测定条件固定时，红外与核磁共振波谱有相当好的重复性。若未知物谱与某一标准谱完全吻合，可以认为两者有相同的结构。同分异构体的质谱有时非常相似，因此单独使用质谱标准谱图时要注意。若有两种或两种以上的标准谱图用于对照，则结果相当可靠。

如果有几种可能结构与谱图均大致相符时，可以利用经验公式对几种可能结构中的某些碳原子或某些氢原子的 δ 值进行计算，由计算值与实验值的比较，得出最为合理的结论。

6.1.3　综合解析前的初步分析

在进行结构分析之前，首先要了解样品的来源，这样可以很快地将分析范围缩小。另外应尽量多了解一些试样的理化性质，这对结构分析很有帮助。综合解析的方法具有十分重要的应用。但掌握综合解析方法需通过对具体未知物的分析过程不断总结、积累，才能运用自如。

6.2　综合解析例题

【例6.1】　图6.1是某未知化合物的质谱、红外光谱、核磁共振氢谱。紫外-可见光谱数据：乙醇溶剂中 $\lambda_{max}=220$ nm($\lg\varepsilon=4.08$)，$\lambda_{max}=287$ nm($\lg\varepsilon=4.36$)。根据这些光

谱,推测其结构。

【解】 ①质谱:高质量端 m/e 为 146 的峰,从它与相邻低质量离子峰的关系可知它可能为分子离子峰。m/e 为 147 的(M+1)峰,相对于分子离子峰,其强度为 10.81%;m/e 为 148 的(M+2)峰,强度为 0.73%。根据分子量与同位素峰的相对强度,从贝农表中可查出分子式 $C_{10}H_{10}O$ 的(M+1)为 10.65%,(M+2)为 0.75%,与已知的谱图数据最为接近。从 $C_{10}H_{10}O$ 可以算出不饱和度为 6,因此该未知物可能是芳香族化合物。

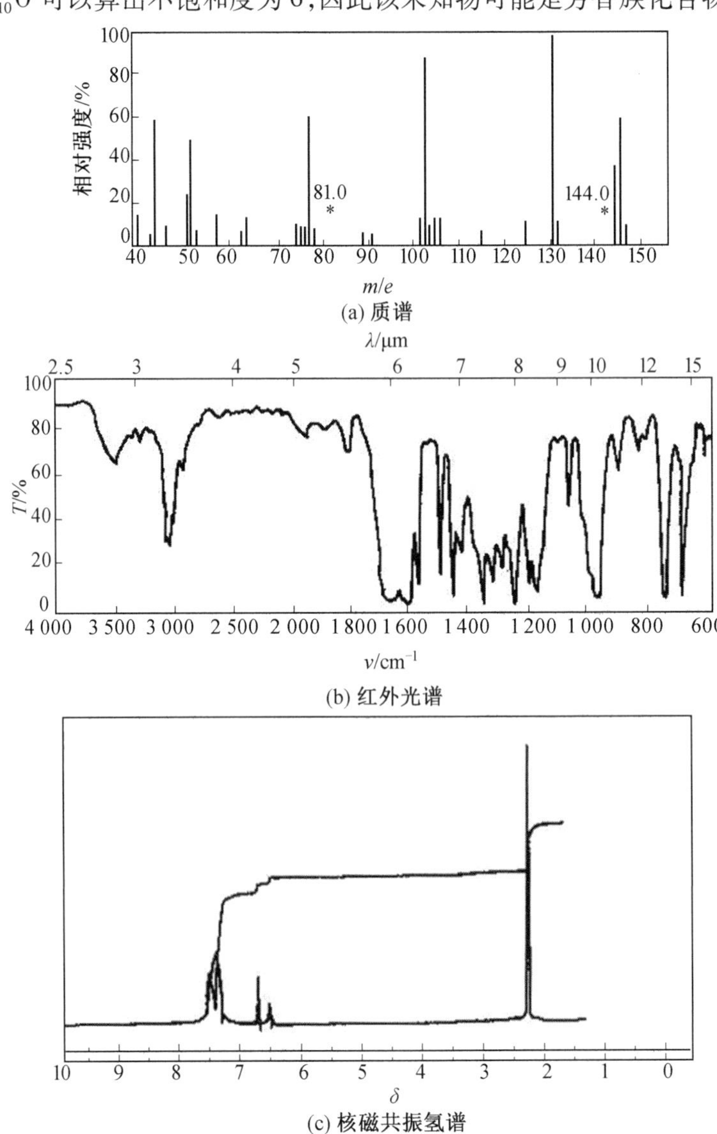

图 6.1 某未知化合物的质谱、红外光谱、核磁共振氢谱

②红外光谱:3 090 cm^{-1} 处的中等强度吸收带是 $\nu_{=CH}$;1 600 cm^{-1}、1 575 cm^{-1} 及 1 495 cm^{-1} 处的较强吸收带是苯环的骨架振动 $\nu_{C=C}$;740 cm^{-1} 和 690 cm^{-1} 处的较强吸收带是苯环的面外 $\delta_{=CH}$,结合 2 000 ~ 1 660 cm^{-1} 的 $\delta_{=CH}$ 倍频峰,表明该化合物是单取代苯。1 670 cm^{-1} 的强吸收带表明未知物结构中含有羰基,波数较低,可能是共轭羰基。3 100 ~

3 000 cm^{-1}除苯环的 $\nu_{=CH}$ 以外，还有不饱和碳氢伸缩振动吸收带。1 620 cm^{-1}吸收带可能是 $\nu_{C=C}$，因与其他双键共轭，吸收带向低波数移动。970 cm^{-1}强吸收带为面外 $\delta_{=CH}$，表明双键上有反式二取代。

③核磁共振氢谱：共有三组峰，自高场至低场为单峰、双峰和多重峰，谱线强度比为 3 ∶ 1 ∶ 6。高场 $\delta_H=2.25$，归属于甲基质子，低场 $\delta_H=7.5\sim7.2$，归属于苯环上的五个质子和一个烯键质子。由谱线强度可知 $\delta_H=6.67$、6.50 的双峰为一个质子的贡献，两峰间隔 0.17，而低场多重峰中 $\delta_H=7.47$、7.30 的两峰相隔也是 0.17，因此这四个峰形成 AB 型谱形。测量所用 NMR 波谱仪是 100 MHz 的，所以裂距为 17 Hz，由此可推断双键上一定是反式二取代。

综合以上的分析，该未知物所含的结构单元有

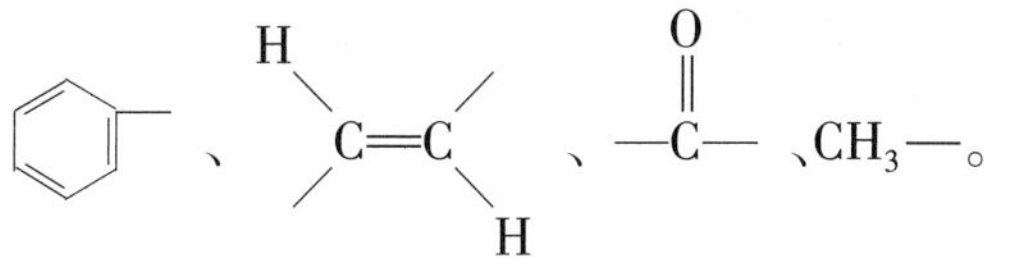

C_6H_5—、（反式）HC=CH、—C(=O)—、CH_3—。

甲基不可能与一元取代苯连接，因为那样会使结构闭合。如果甲基与烯相连，那么甲基的 δ_H 应为 1.9～1.6，与氢谱不符，予以否定。甲基与羰基相连，甲基的 δ_H 应为 2.6～2.1，与氢谱（$\delta_H=2.25$）相符。

④紫外-可见光谱：$\lambda_{max}=220$ nm（lg $\varepsilon=4.08$）为 $\pi\rightarrow\pi^*$ 跃迁的 K 吸收带，表明分子结构中存在共轭双键；$\lambda_{max}=287$ nm（lg $\varepsilon=4.36$）为苯环的吸收带，表明苯环与双键有共轭关系。因此未知物的结构为

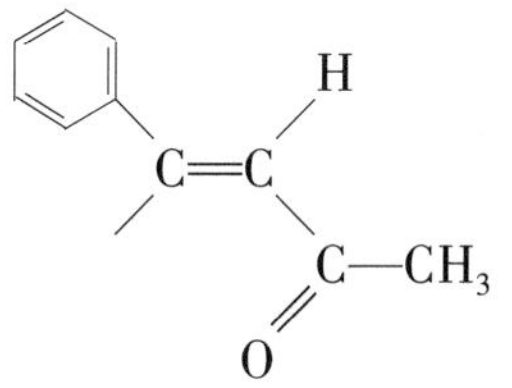

C_6H_5—CH=CH—C(=O)—CH_3（反式）

质谱验证：m^* 为 81.0，因 $81.0=\frac{103^2}{131}$，证明了 $m/e=131$ 的离子裂解为 $m/e=103$ 的离子。质谱图上都有上述的碎片离子峰，因此结构式是正确的。

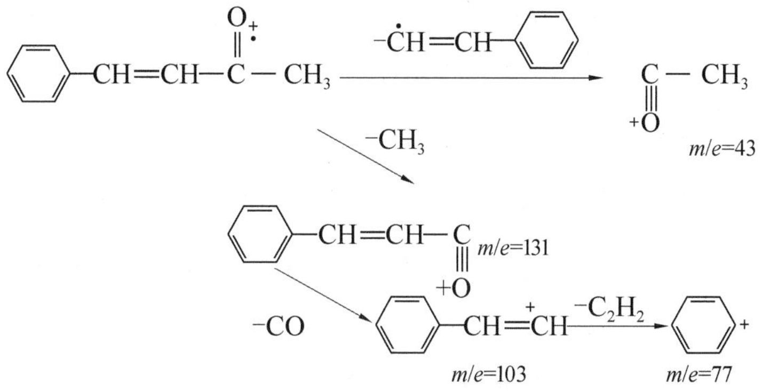

C_6H_5—CH=CH—C(=$O^{+\cdot}$)—CH_3 $\xrightarrow{-\dot{C}H=CH-C_6H_5}$ CH_3—C≡O^+ （$m/e=43$）

C_6H_5—CH=CH—C(=$O^{+\cdot}$)—CH_3 $\xrightarrow{-CH_3}$ C_6H_5—CH=CH—C≡O^+ （$m/e=131$）

C_6H_5—CH=CH—C≡O^+ $\xrightarrow{-CO}$ C_6H_5—CH=$\overset{+}{C}H$ （$m/e=103$） $\xrightarrow{-C_2H_2}$ $C_6H_5^+$ （$m/e=77$）

【例 6.2】　某化合物的 IR、UV-Vis、MS 以及 ^1H-NMR、^{13}C-NMR 谱图如图 6.2 所示，试解析该化合物结构。

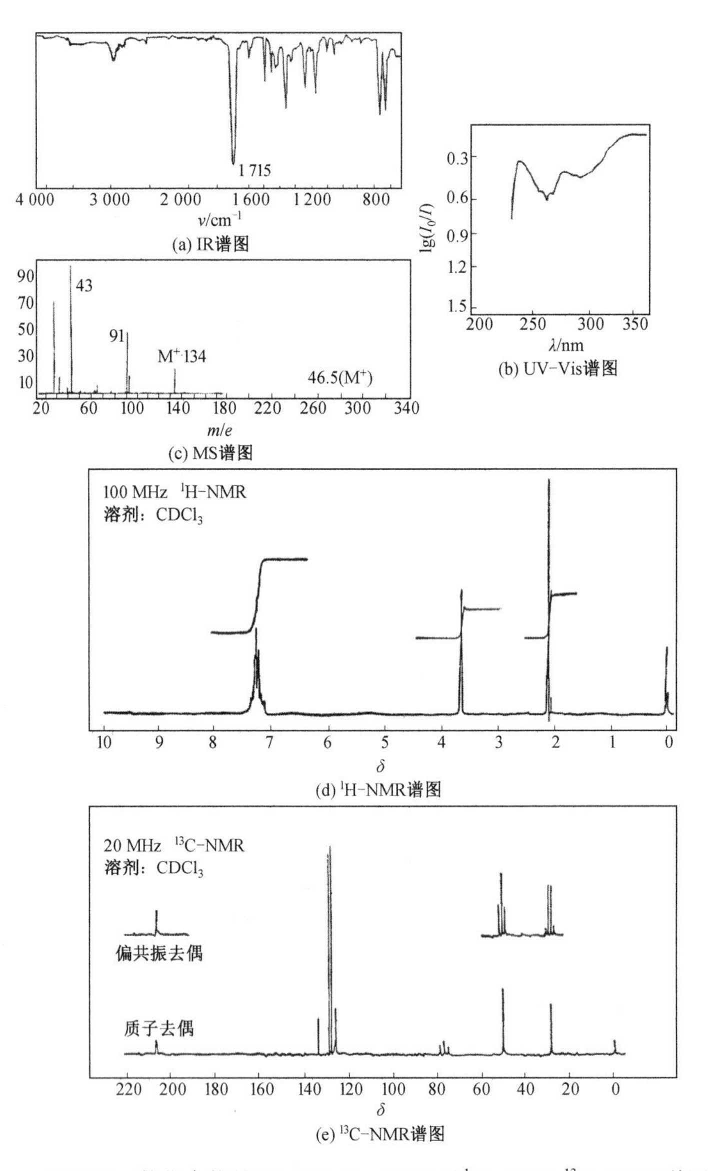

图 6.2　某化合物的 IR、UV-Vis、MS 以及^{1}H-NMR、^{13}C-NMR 谱图

【解】　根据 MS 图 $M^+=134$,可知该化合物分子量为 134。根据 IR 在 1 715 cm^{-1}处有吸收,表示含有 $>C=O$ 。从^{1}H-NMR 谱中可见有苯环氢,UV 谱也表示有苯环结构。^{13}C-NMR 中物质共振峰可见有七组碳,因此碳原子数大于等于 7。查贝农表中 $M=134$ 的各种分子式,其中碳原子数大于等于 7,又含有 $>C=O$,并符合 NMR 的合理的可能结构为 $C_9H_{10}O$。

从^{1}H-NMR 谱中可见有三组氢,除苯环氢外还有两组单峰,由此可见这两组氢应在 $>C=O$ 两侧,才不会分裂,据此判断,该化合物可能的结构为

$$C_6H_5-\overset{H_2}{C}-\overset{\overset{O}{\|}}{C}-CH_3$$

用 MS 核对：

$$C_6H_5-\overset{H_2}{C}\ \underset{43}{\overset{91}{\vdots}}\ \overset{\overset{O}{\|}}{C}-CH_3$$

与质谱的碎片峰完全相符，证明所推断的上述结构正确无误。

【例 6.3】　某化合物的波谱分析结果如图 6.3 所示，试解析该化合物结构。

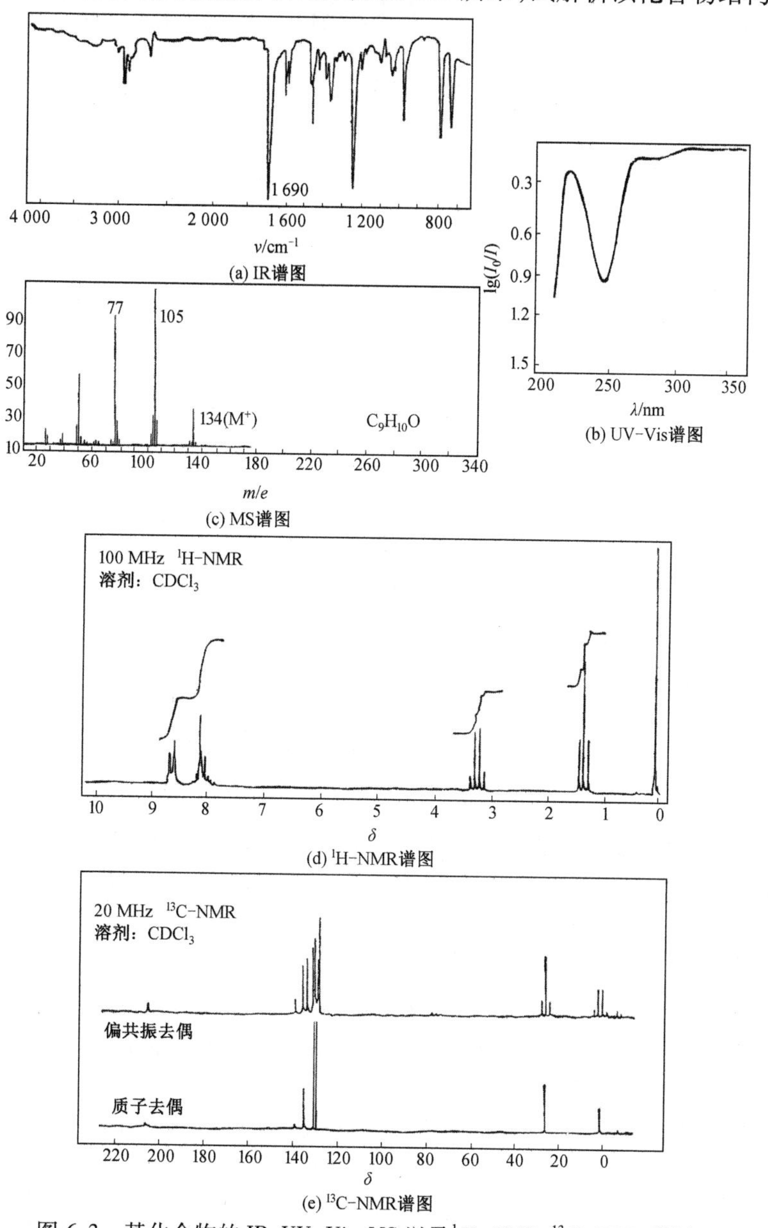

图 6.3　某化合物的 IR、UV-Vis、MS 以及 ^{1}H-NMR、^{13}C-NMR 谱图

【解】 该化合物质谱图表明 $M^+=134$，质谱计算机检索给出的分子式为 $C_9H_{10}O$。IR 在 1 690 cm^{-1} 处有吸收，表明该化合物含有羰基（$>C=O$），在 1 600 cm^{-1}、1 580 cm^{-1} 处有吸收表示含有苯环，在 700 cm^{-1} 附近的两个吸收峰是单取代苯的特征吸收。UV-Vis 及 ^{1}H-NMR谱图也表明含有芳环。

MS 中主要碎片峰为 $m/e=77$，其碎片结构为 C_6H_5—；最强的碎片离子峰 $m/e=105$，其可能的碎片结构为 $C_6H_5-\overset{O}{\overset{\|}{C}}$、$C_6H_5-\overset{H_2}{C}-CH_2$、$C_6H_5-\overset{H}{C}-CH_3$。已知分子量为 134，134-105=29，$m/e=29$ 的可能碎片为 C_2H_5、CHO。根据以上信息推断，可能的结构为醛或酮，如 $C_6H_5-\overset{O}{\overset{\|}{C}}-C_2H_5$、$C_6H_5-\overset{H_2}{C}-\overset{H_2}{C}-CHO$、$C_6H_5-CH(CHO)-CH_3$。从 ^{1}H-NMR 可见化合物有三组氢：

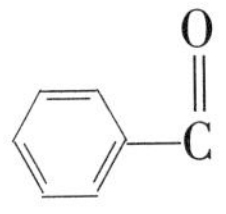

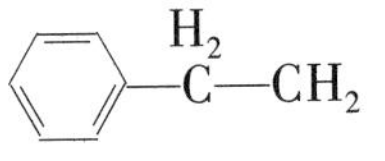

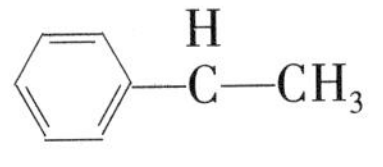

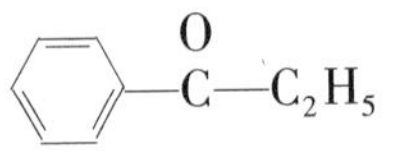

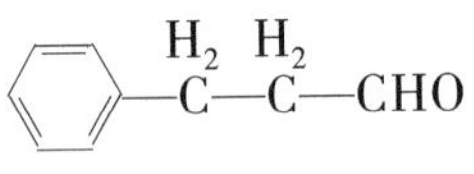

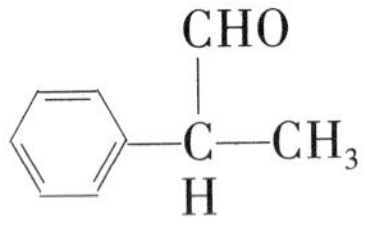

苯环氢：7.5 和 8.0 处为 $>C=O$ 相连的苯环氢。

乙基氢：$-CH_2CH_3$。

所以该化合物唯一可能的结构为

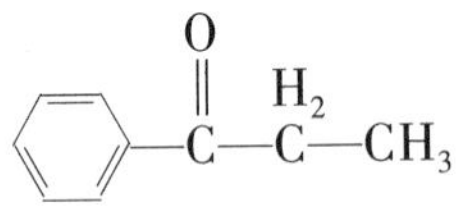

$$C_6H_5-\overset{O}{\overset{\|}{C}}-\overset{H_2}{C}-CH_3$$

用 MS 核对：

综合以上分析判断，该化合物为 $C_6H_5 \,\vdots\, \overset{O}{\overset{\|}{C}} \,\vdots\, \overset{H_2}{C}-CH_3$（77、105、29 为碎片断裂位置）

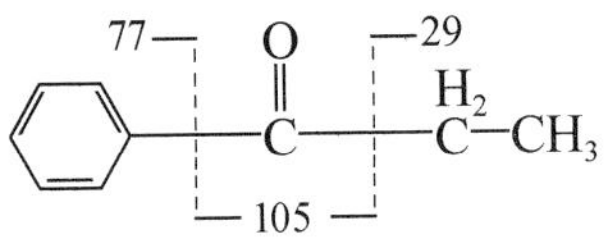

【例 6.4】 某无色液体化合物，沸点为 144 ℃，其 IR、^{1}H-NMR、MS 如图 6.4 所示，试推测其结构。

紫外-可见光谱数据：$\lambda_{max}=275$ nm，$\varepsilon_{max}=12$。

由计算机给出的质荷比及相对强度数据如下：27(40)，28(7.5)，29(8.5)，31(1)，39(18)，41(26)，42(10)，43(100)，70(1)，71(76)，72(3)，86(1)，99(2)，114(13)，115(1)，116(0.06)。

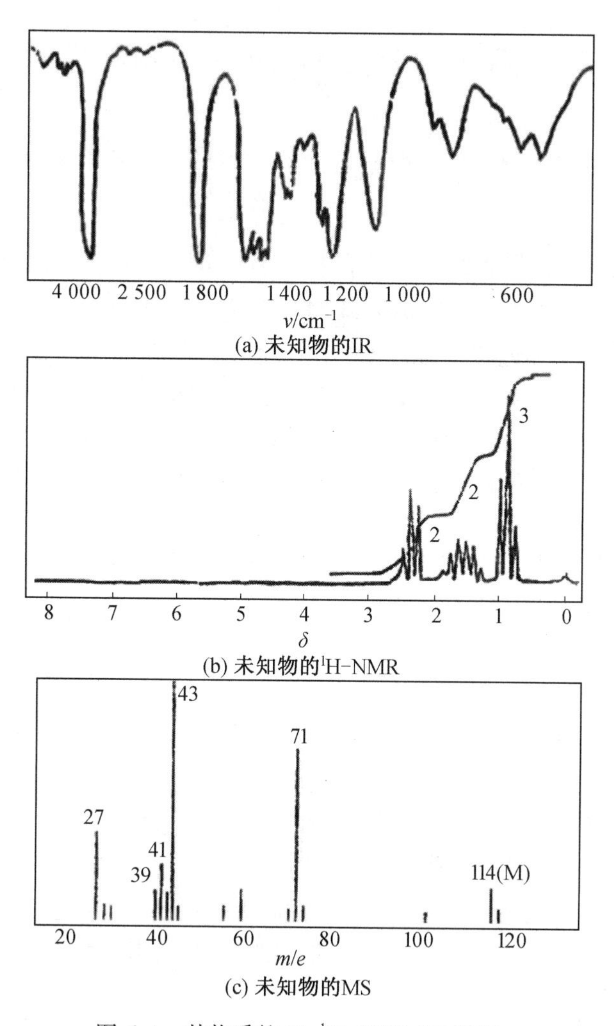

(a) 未知物的IR

(b) 未知物的¹H-NMR

(c) 未知物的MS

图 6.4　其物质的 IR、^{1}H-NMR、MS 谱图

【解】　根据该化合物有固定的物理常数(沸点为 144℃),判断其为纯物质。又据其质谱图 M=114 可知,该化合物分子量为 114。另外从 IR、UV-Vis、^{1}H-NMR 可见无芳香环结构。

据 MS 计算机数据表:(M+1)/M=1/13=7.7%;(M+2)/M=0.06/13=0.46%。查贝农表,符合 M=114 且(M+1)/M 在 6.7%～8.4%的式子有七个,除去三个奇数氮原子的只剩四个:

$C_6H_{10}O_2$:M+1,6.72;M+2,0.59。　　　　$C_6H_{14}N_2$:M+1,7.47;M+2,0.24。

$C_7H_{14}O$:M+1,7.83;M+2,0.47。　　　　$C_7H_2N_2$:M+1,8.36;M+2,0.31。

其中(M+2)/M 与已知数据相近的只有 $C_7H_{14}O$。计算 $C_7H_{14}O$ 的不饱和度:

$$\Omega=7+1-14/2=1$$

UV-Vis 谱在 275 nm 有弱峰,说明无共轭体系,只有 $n\to\pi^*$ 跃迁,存在 n 电子发色团。由 IR 可见 2 950 cm^{-1}(γC—H、CH_2、CH_3)、1 709 cm^{-1}(γC=O、>C=O),表明分子中唯一的氧原子以羰基形式存在,因而化合物应为醛或酮。不饱和度为 1,表明分子中除

$\gt C{=}O$ 外无不饱和键或环。IR 在 2 720～2 700 cm^{-1}范围未见醛基 $\gamma C—H$，所以该化合物只能是酮。

由^1H-NMR 谱可知化合物有三组氢，其比例为 2∶2∶3，其中 $\delta=2.37$ 处的三重峰与电负性较强基团相连，本身具有两个氢，可能为 $—\overset{O}{\overset{\|}{C}}—CH_2—CH_2—$ 中与羰基邻近的碳原子上的两个氢。$\delta=1.57$ 左右呈现多重峰，本身也具有两个氢，可能为中间的$—CH_2—$的氢。$\delta=0.86$处的三重峰说明邻近碳原子上有两个氢，本身的氢核数目为3，是端基的甲基氢。

由上述分析可见化合物存在的碎片，其组成为 C_4H_7O。从分子式中去除碎片后剩余部分组成应为 C_3H_7，C_3H_7 有两种可能的结构，即正丙基和异丙基。其中 NMR 只有三组氢，只可能是对称结构，排除了 $CH_2—\underset{|}{C}H—\underset{|}{C}H$ 的可能。该化合物结构为 $CH_3—CH_2—CH_2—\underset{\underset{O}{\|}}{C}—CH_2—CH_2—CH_2—CH_2$。用 MS 碎片峰进行核对：酮易发生 α 裂解，

$$\underset{71}{\overset{43}{CH_3—CH_2—CH_2\vdots}}\ \overset{O}{\overset{\|}{C}}\ \underset{43}{\overset{71}{\vdots CH_2—CH_2—CH_3}}$$

主要碎片峰的 m/e 值为 43、71，与质谱图中所示一致，由此可进一步确认所提出的结构是合理的，该化合物为 4-庚酮。

【例 6.5】 一未知物沸点为 219 ℃，元素分析表明：C%＝78.6%，H%＝8.3%。MS、IR、^1H-NMR 谱、UV-Vis 谱如图 6.5 所示，根据给出的谱图求其结构。

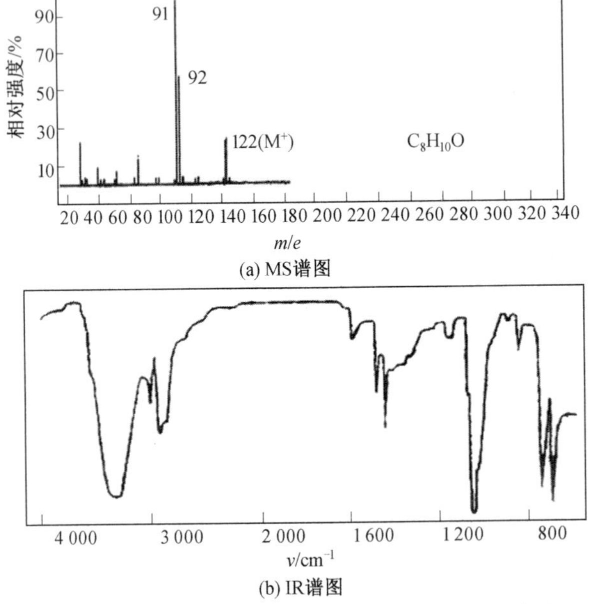

(a) MS谱图

(b) IR谱图

图 6.5 其物质的 MS、IR、^1H-NMR、UV-Vis 谱图

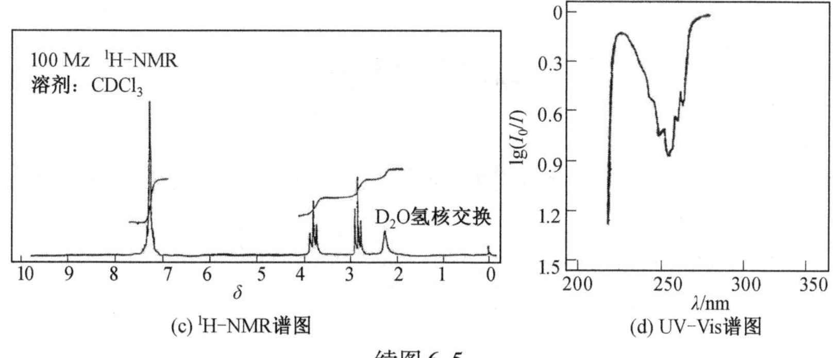

(c) ¹H-NMR谱图　　(d) UV-Vis谱图

续图 6.5

【解】 从质谱图可知未知物分子量为 122，元素分析结果计算分子式如下：

C：$122\times78.6\%\times1/12=8$

H：$122\times8.3\%\times1/1=10$

O：$122\times((100-78.6-8.3)/100)\times1/16=1$

经计算可知未知物的分子式为 $C_8H_{10}O$。其不饱和度 $\Omega=8+1-10/2=4$。

UV-Vis 谱 $\lambda_{max}=285$ nm 处有苯环状吸收峰，苯环不饱和度为 4，推测存在苯环结构。

IR 在 3 350 cm^{-1} 处有强吸收峰，含氧原子，表示有羟基(—OH)的存在。另外在 1 710 cm^{-1} 处无吸收，表示无 >C═O 存在。从 ^{1}H-NMR 谱可推测有四种氢：

$\delta=7.2$，约 5 个氢(单峰)；$\delta=3.7$，约 2 个氢(三重峰)；

$\delta=2.7$，约 2 个氢(三重峰)；$\delta=2.4$，约 1 个氢(宽峰)。

化学位移为 7.2 的峰来自苯环氢。红外光谱中 1 500～1 600 cm^{-1} 有吸收证明苯环存在。根据苯环上有 5 个氢可判断苯环是单取代。根据 $\delta=3.7$ 及 $\delta=2.7$ 处吸收峰裂分及数目可初步推断存在—CH_2—CH_2—结构。据苯环氢吸收峰呈单峰，可见苯环直接与饱和碳原子相连，即存在 —C₆H₄—CH_2—CH_2— 结构，减掉该结构有一羟基(—OH)，$\delta=2.4$ 处的宽峰恰为羟基氢的峰。所以推断该化合物为

$$C_6H_5—CH_2—CH_2—OH$$

用 MS 核对：

$$C_6H_5—CH_2 \mid CH_2—OH \quad (91 \mid 31)$$

其质谱图中 $m/e=91$ 的强峰正是 $C_6H_5—\overset{+}{C}H_2$，$m/e=65$ 的峰为芳香环裂解的产物。再用亚稳离子峰核对：

$$91^2/122=68 \qquad 92^2/122=69.4 \qquad 65^2/91=46.4$$

这与质谱图中给出的亚稳离子峰 69 和 46.5 符合，其中 $m/e=92$ 的峰为 91 质量结构的正离子捕获一个氢原子所致。由亚稳离子峰可以证实上述裂解方式的存在。由此证实该化合物为苯乙醇。

本章习题

1. 某化合物只含有 C、H、O，元素分析结果含有 C% =66.7%，H% =11.1%，其谱图如图 6.6 所示，试推断其结构。

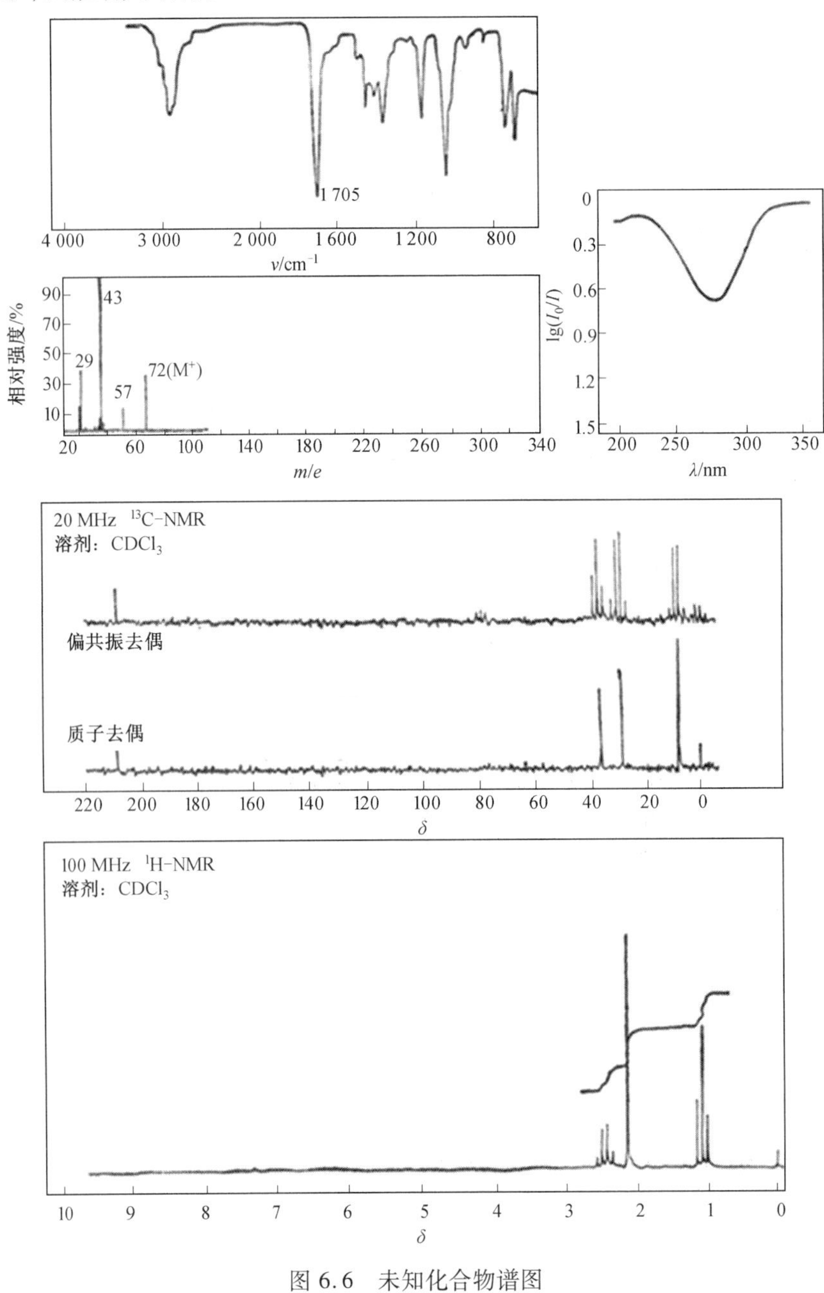

图 6.6 未知化合物谱图

2. 某化合物沸点 207 ℃，元素分析结果 C% =71.7%，H% =7.9，S% =20.8%，该化合物波谱分析结果如图 6.7 所示，求其结构。

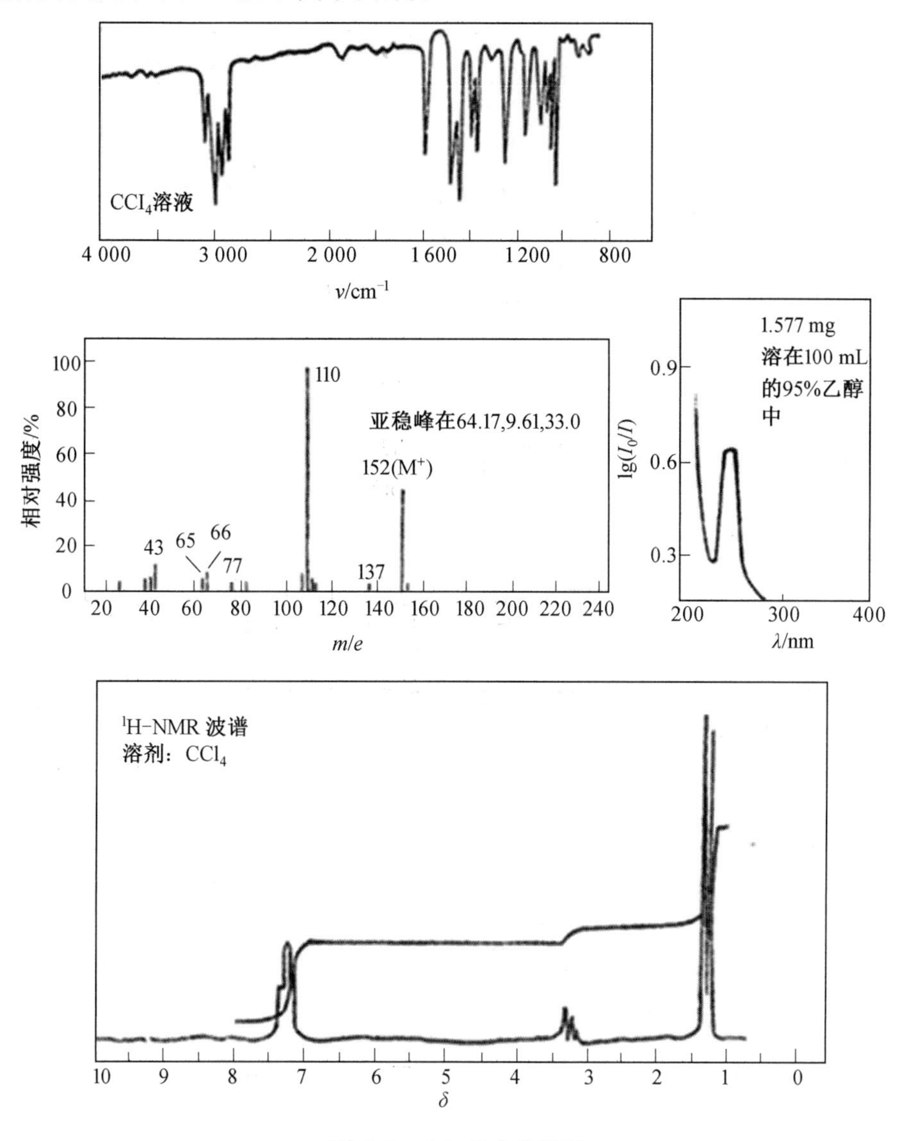

图 6.7　未知化合物谱图

3. 某化合物 $M^+ = 102$，M+1 与 M 相对强度比为 5.64，M+2 与 M 相对强度比为 0.53。其波谱分析结果如图 6.8 所示，试确定该化合物的结构。

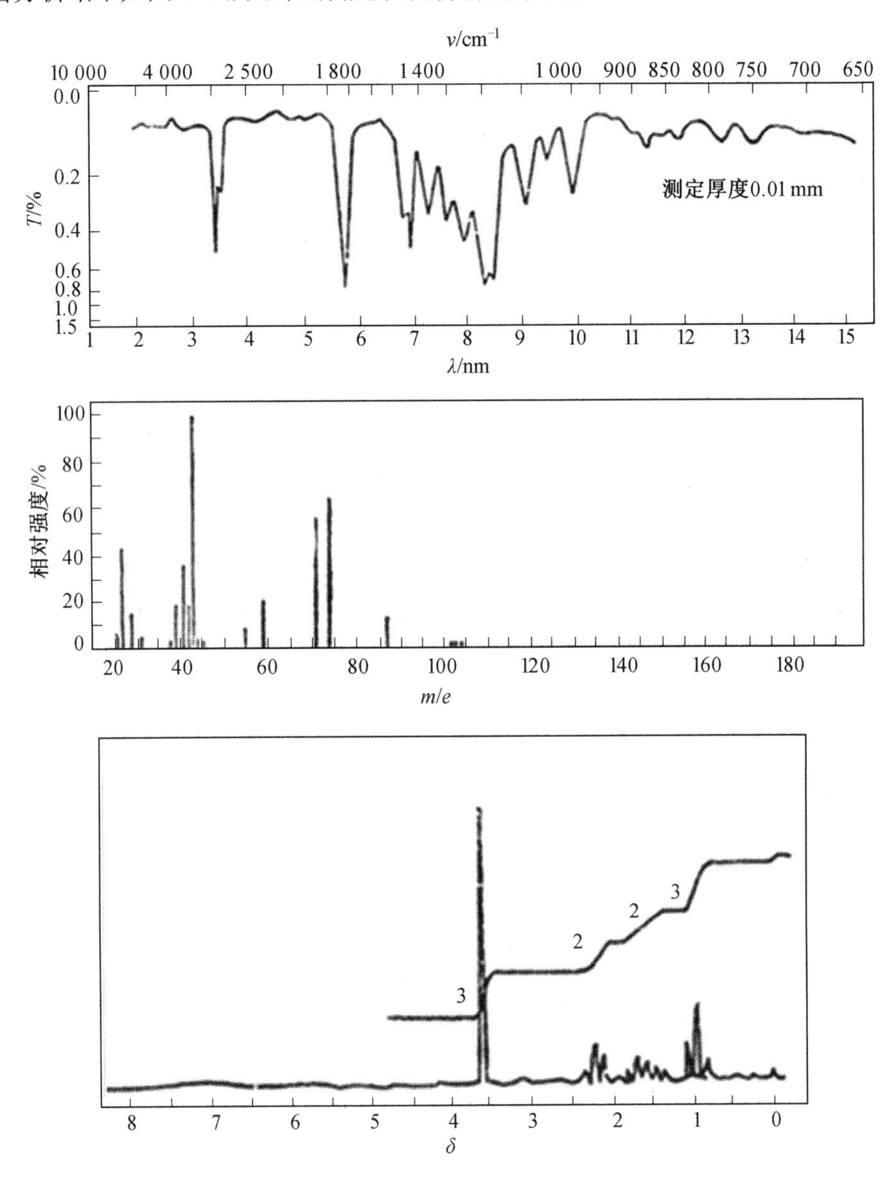

图 6.8 未知化合物谱图

4. 某未知物沸点为 155 ℃，元素分析结果 C% = 77. 8%，H% = 7. 5%，波谱分析结果如图 6.9 所示，推断其结构。

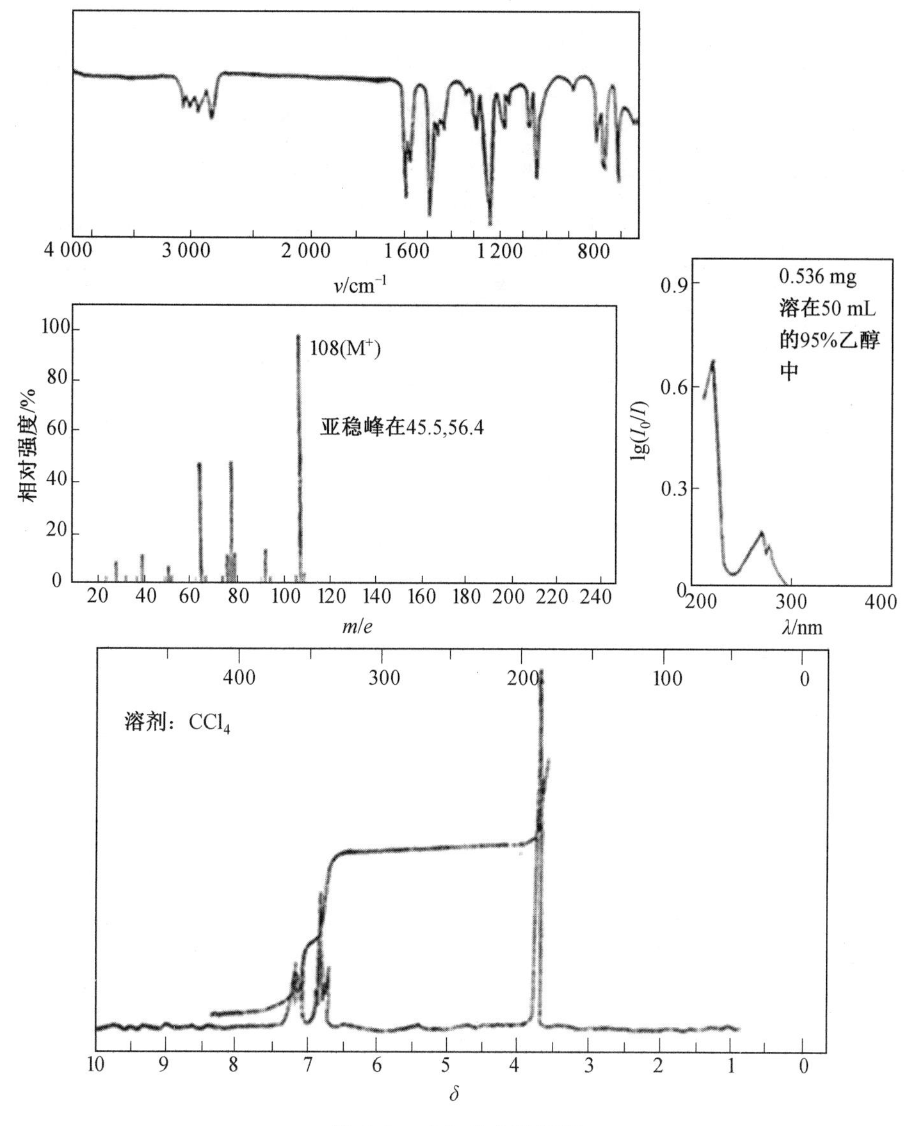

图 6.9 未知化合物谱图

5. 某未知化合物为片状结晶，熔点 76 ℃，元素分析结果 C% = 70.7%，H% = 6.0%，波谱分析结果如图 6.10 所示，推断其结构。

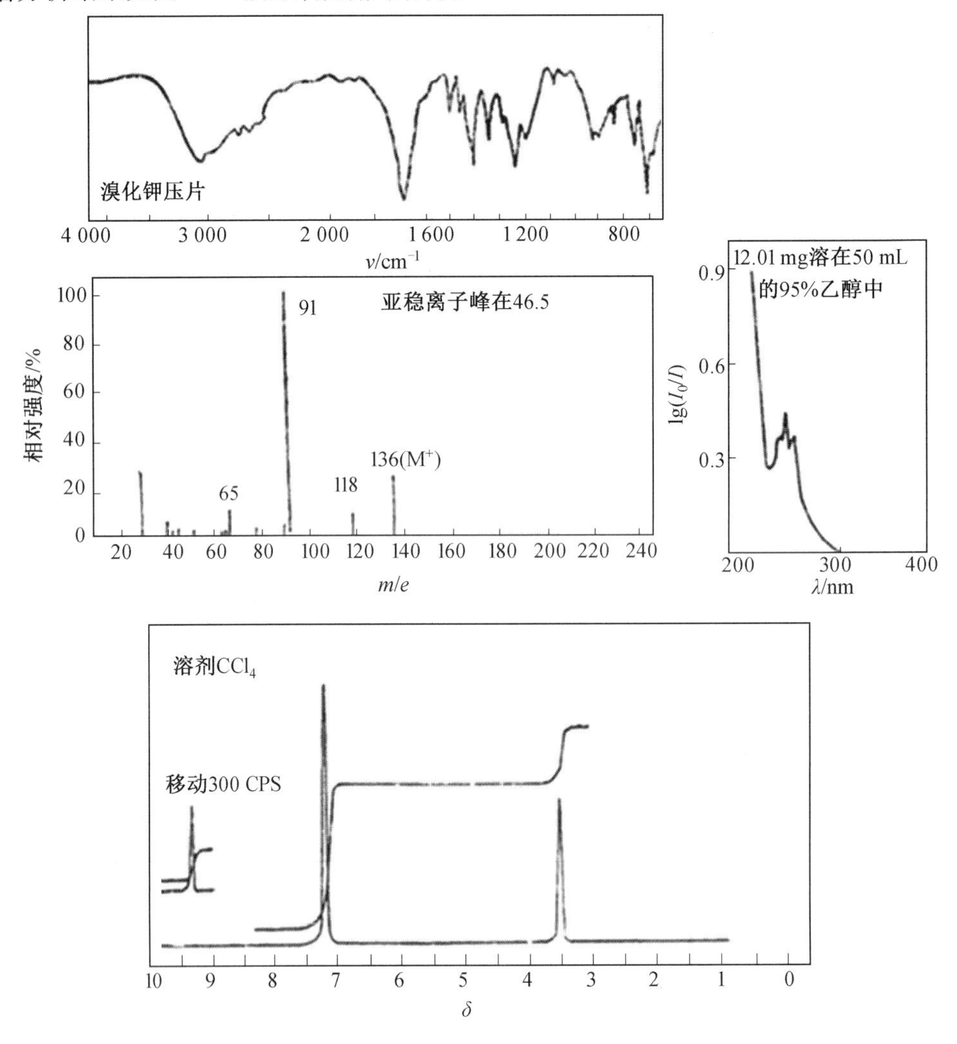

图 6.10 未知化合物谱图

6. 某化合物沸点为 124 ℃，元素分析表明 C% = 73.5%，H% = 12.4%，其 UV-Vis、IR、^{1}H-NMR 及 MS 谱图如图 6.11 所示，求其结构。

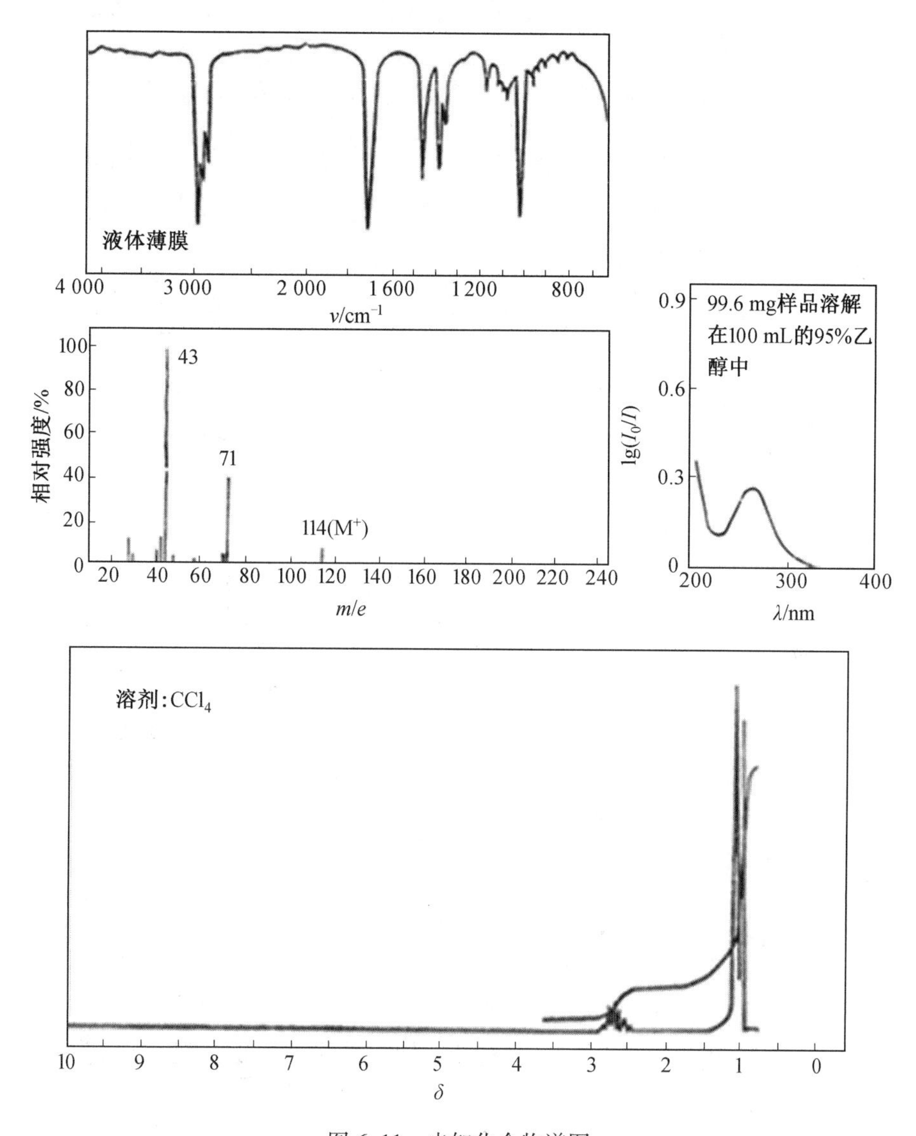

图 6.11　未知化合物谱图

7.某化合物紫外-可见光谱在 200 nm 以上没有吸收,元素分析数据 C% =39.8%,H% =7.3%,并含卤素。根据 IR、^{1}H-NMR 谱、MS 解析化合物的结构(谱图如图 6.12 所示)。

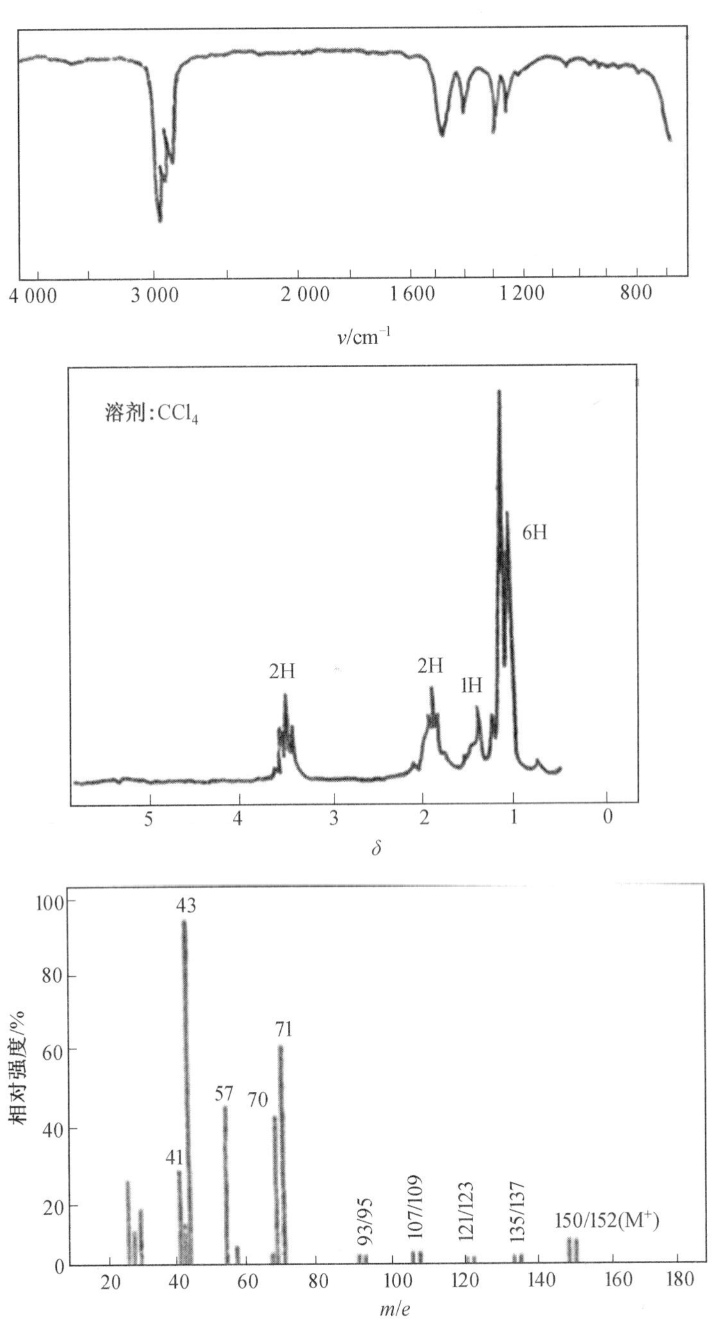

图 6.12　未知化合物谱图

8. 某化合物含有卤素，其 UV-Vis 光谱表明在 95% 的乙醇溶剂中，最大吸收波长为 258 nm($\lg \varepsilon=2.6$)，其 MS、IR 及 ^{1}H-NMR 谱测试结果如图 6.13 所示，求其结构。

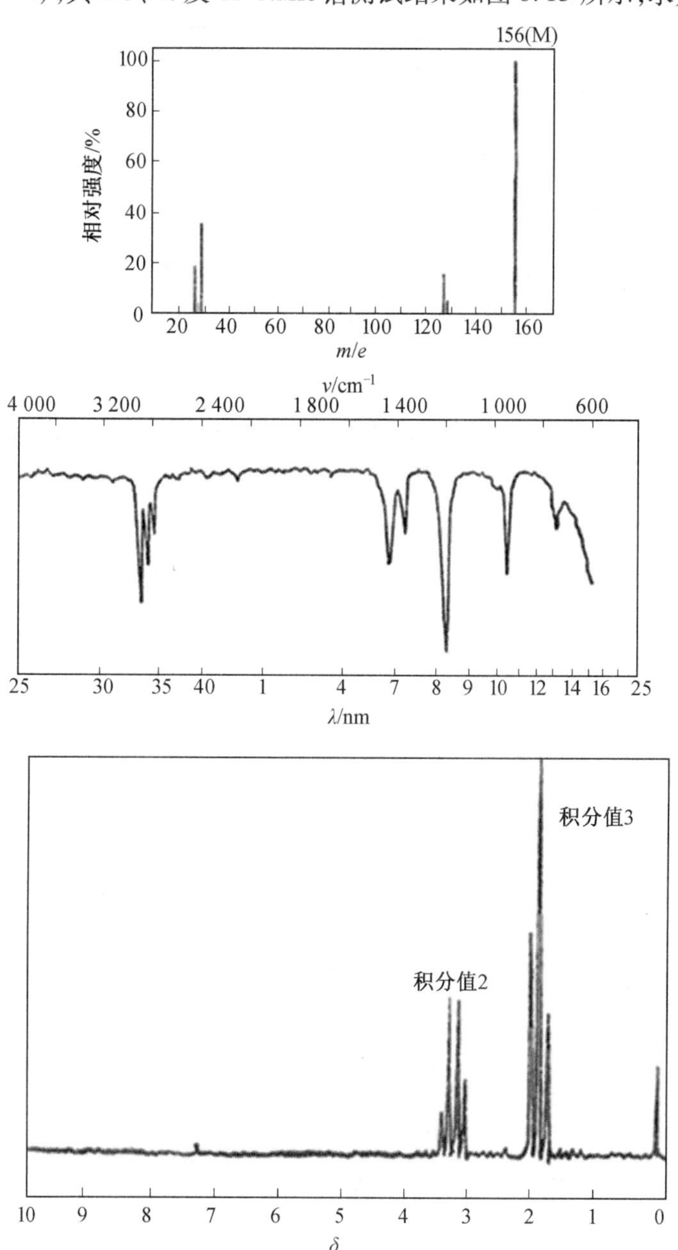

图 6.13　未知化合物谱图

9. 某未知化合物的紫外-可见光谱在 205 nm 处可见 $n\rightarrow\pi^*$ 跃迁的吸收峰，其质谱、红外光谱及核磁共振氢谱结果如图 6.14 所示，试解析该化合物的结构。

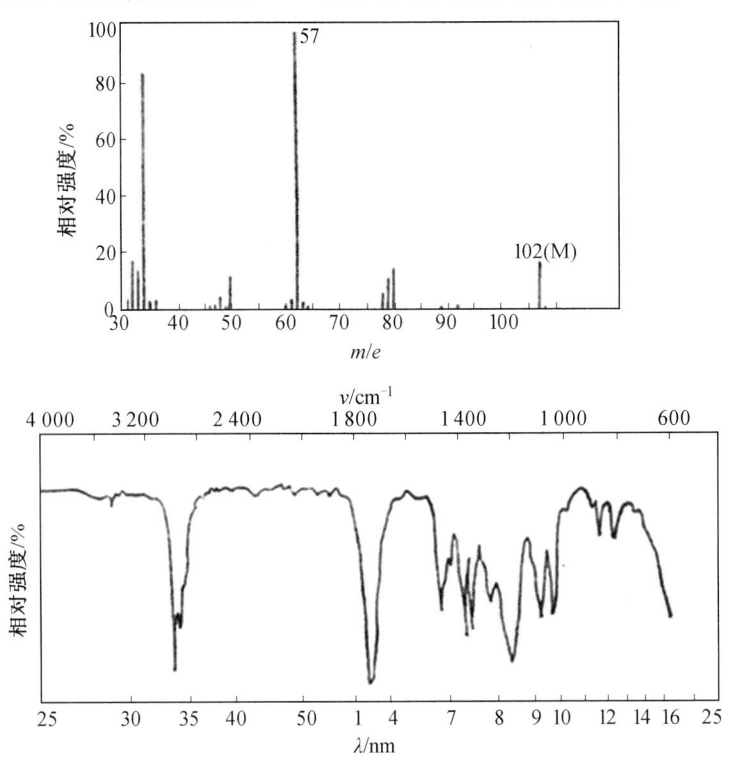

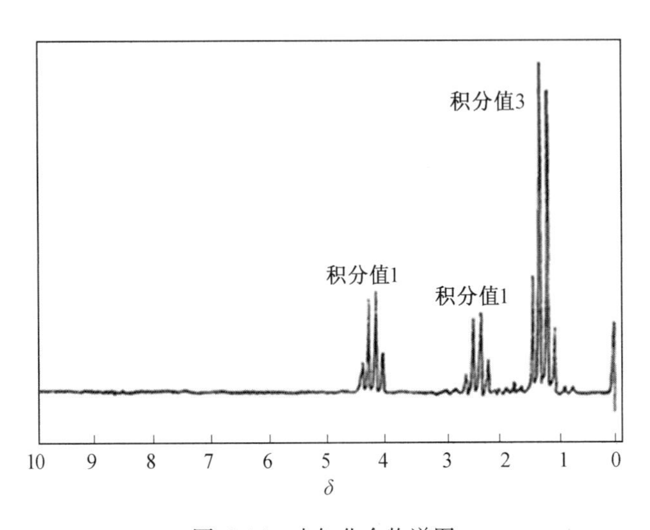

图 6.14　未知化合物谱图

本章参考文献

[1] BJRKLUND J, TOLLBCK P, HIÄRNE C, et al. Influence of the injection technique and the column system on gas chromatographic determination of polybrominated diphenyl ethers [J]. J. Chromatogr. A, 2004, 1041: 201-210.

[2] 钟山，冯子刚. 裂解毛细管柱气相色谱–傅里叶变换红外光谱的剖析应用[J]. 色谱，1995, 13(4): 46-47.

[3] 丁亚平，车自有，吴庆生，等. 气相色谱–红外光谱联用分离鉴定烷基磷酸酯类同分异构体[J]. 分析化学，2003, 31(8): 1022.

[4] 蔡锡兰，吴国萍，张大明，等. 傅里叶变换红外光谱和气相色谱–质谱法快速检测鼠药[J]. 分析化学，2003, 21(7): 836-839.

[5] 赖碧清，郑晓航，韩银涛. 高效液相色谱–四极杆质谱联用测定饲料中三聚氰胺含量[J]. 饲料工业，2008, 29(4): 47-48.

[6] 张佩璇，李剑峰，韦亚兵，等. 氟代四氢小檗碱的波谱特征与结构解析[J]. 波谱学杂志，2009, 26(1): 111-119.

[7] 张秀菊，李占杰，蔡晓军，等. 聚丙烯中新型阻燃剂的综合解析[J]. 质谱学报，2002, 23(4): 230.

[8] 袁耀佐，张玫，杭太俊，等. 蒜氨酸精制品的纯化与结构确证[J]. 中国新药杂志，2008, 17(24): 2125-2129.

[9] 张纪梅. 仪器分析[M]. 北京：中国纺织出版社，2013.

第7章　实　验

实验1　有机化合物的紫外-可见光谱及溶剂效应

1.1　实验目的

①了解紫外-可见分光光度法的原理及应用范围。

②了解紫外-可见分光光度计的基本构造及设计原理。

③了解苯及其衍生物的紫外-可见光谱及鉴定方法。

④观察溶剂对紫外-可见光谱的影响。

1.2　实验原理

紫外-可见光谱是由于分子中价电子的跃迁而产生的。这种吸收光谱取决于分子中价电子的分布和结合情况。分子内部的运动分为价电子运动、分子内原子在平衡位置附近的振动和分子绕其重心的转动。因此分子具有电子能级、振动能级和转动能级。通常电子能级间隔为1～20 eV,这一能量恰好落在紫外与可见光区。每一个电子能级之间的跃迁,都伴随着分子的振动能级和转动能级的变化,因此,电子跃迁的吸收线就变成了内含分子振动和转动精细结构的较宽的谱带。

芳香族化合物的紫外-可见光谱的特点是具有由 $\pi\rightarrow\pi^*$ 跃迁产生的3个特征吸收带。例如,苯在184 nm附近有一个强吸收带,$\varepsilon=68\ 000$;在204 nm处有一较弱的吸收带,$\varepsilon=8\ 800$;在254 nm附近有一个弱吸收带,$\varepsilon=250$。当苯处在气态时,这个吸收带具有很好的精细结构。当苯环上带有取代基时,则强烈地影响苯的3个特征吸收带。

1.3　实验仪器与试剂

(1)仪器。

UV-1600型紫外-可见分光光度计。比色管(带塞):5 mL 10支,10 mL 3支。移液管:1 mL 6支,0.1 mL 2支。

(2)试剂。

苯、乙醇、环己烷、正己烷、氯仿、丁酮、HCl(0.1 mol/L)、NaOH(0.1 mol/L)、苯的环己烷溶液(1∶250)、甲苯的环己烷溶液(1∶250)、苯的环己烷溶液(0.3 g/L)、苯甲酸的环己烷溶液(0.8 g/L)、苯酚的水溶液(0.4 g/L)。

1.4　实验步骤

(1)取代基对苯紫外-可见光谱的影响。

在5个5 mL带塞比色管中,分别加入0.5 mL苯、甲苯、苯酚、苯甲酸的环己烷溶液,用环己烷溶液稀释至刻度,摇匀。采用带盖的石英吸收池,以环己烷作为参比溶液,在紫外区进行波长扫描,得出4种溶液的吸收光谱。

(2)溶剂对紫外-可见光谱的影响。

溶剂极性对 $n\rightarrow\pi^*$ 跃迁的影响:在3 mL带塞比色管中,分别加入0.02 mL丁酮,然后分别用水、乙醇、氯仿稀释至刻度,摇匀。用1 cm石英吸收池,将各自的溶剂作为参比溶液,在紫外区做波长扫描,得到3种溶液的紫外-可见光谱。

(3)溶液的酸碱性对苯酚紫外-可见光谱的影响。

在2个5 mL带塞比色管中,各加入苯酚的水溶液0.5 mL,分别用HCl和NaOH溶液稀释至刻度,摇匀。用石英吸收池,以水作为参比溶液,绘制两种溶液的紫外-可见光谱。

1.5　数据处理

①比较苯、甲苯、苯酚和苯甲酸的紫外-可见光谱,计算各取代基使苯的最大吸收波长红移了多少纳米。解释原因。

②比较溶剂和溶液酸碱性对紫外-可见光谱的影响。

1.6　结果与讨论

依据实验过程中出现的现象和数据进行讨论。

1.7　思考题

①本实验中需要注意的事项有哪些?

②为什么溶剂极性增大, $n\rightarrow\pi^*$ 跃迁产生的吸收带发生蓝移,而 $\pi\rightarrow\pi^*$ 跃迁产生的吸收带则发生红移?

实验2　紫外-可见分光光度法测定苯酚

2.1　实验目的

①了解紫外-可见分光光度计的结构、性能及使用方法。

②熟悉定性、定量测定的方法。

2.2　实验原理

紫外-可见分光光度法是研究分子吸收190~1 100 nm波长范围内的吸收光谱。紫外-可见光谱主要产生于分子价电子在电子能级间的跃迁,是研究物质电子光谱的分析方法。通过测定分子对紫外光的吸收,可以对大量的无机物和有机物进行定性和定量测定。

苯酚是一种剧毒物质,可以致癌,已经被列入有机污染物的黑名单。但在一些药品、食品添加剂、消毒液等产品中均含有一定量的苯酚。如果其含量超标,就会产生很大的毒害作用。苯酚在紫外光区的最大吸收波长 $\lambda_{max}=270$ nm。对苯酚溶液进行扫描时,在270 nm处有较强的吸收峰。

定性分析时,可在相同的条件下,对标准样品和未知样品进行波长扫描,通过比较未知样品和标准样品的光谱图对未知样品进行鉴定。在没有标准样品的情况下,可根据标准谱图或有关的电子光谱数据表进行比较。

定量分析是在 270 nm 处测定不同浓度苯酚的标准样品的吸光值,并自动绘制标准曲线。再在相同的条件下测定未知样品的吸光度值,根据标准曲线可得出未知样中苯酚的含量。

2.3　实验仪器与试剂

(1)仪器。

UV-1600 型紫外-可见分光光度计,容量瓶(1 000 mL、250 mL),比色管(50 mL),吸量管(10 mL、5 mL)。

(2)试剂。

苯酚储备液(1 000 μg/mL):准确称取苯酚 1.000 g 溶解于 200 mL 蒸馏水中,溶解后定量转移到 1 000 mL 的容量瓶中。苯酚标准溶液(10 μg/mL)。

2.4　实验步骤

(1)设置仪器参数。

(2)波长扫描。

①确定波长扫描参数:测量方式、扫描速度、波长范围、光度范围、换灯点等。②放入参比液和样品。③波长扫描。

(3)定性分析。

(4)定量分析。

①标准系列的配制:在 5 支 50 mL 的比色管中,用吸量管分别加入 0.5 mL、2 mL、5 mL、10 mL、20 mL 的 10 μg/mL 苯酚标准溶液,用蒸馏水定容至刻度,摇匀。②确定定量分析参数:波长,样品池厚度、浓度等。

(5) 测量完毕,返回主页面,关机。

2.5　数据处理

①定性分析:比较未知样品和标准样品的光谱图对未知样品进行鉴定。

②定量分析:根据标准曲线可得出未知样品中苯酚的含量。

2.6　结果与讨论

定性分析和定量分析的理论依据和方法。

2.7　思考题

①紫外-可见分光光度计的主要组成部件有哪些?
②试说明紫外-可见分光光度法的特点及适用范围。

实验3　红外光谱实验

3.1　实验目的

①学习有机化合物红外光谱测定的制样方法。
②学习 FTIR-650 红外光谱仪的操作技术。

3.2　实验原理

由于分子吸收了红外线的能量,分子内振动能级跃迁,从而产生相应的吸收信号——红外光谱。通过红外光谱可以判定各种有机化合物的官能团;如果结合对照标准红外光谱还可用以鉴定有机化合物的结构。

3.3　红外光谱法对试样的要求

红外光谱的试样可以是液体、固体或气体,一般应满足如下要求:

①试样应该是单一组分的纯物质,纯度应大于 98% 或符合商业规格,才便于与纯物质的标准光谱进行对照。

②试样中不应含有游离水。水本身有红外吸收,会严重干扰样品谱,而且会侵蚀吸收池的盐窗。

③试样的浓度和测试厚度应选择适当,以使光谱图中的大多数吸收峰的透射比处于 10% ~80% 范围内。

3.4　制样的方法

(1)气体样品。

气体样品可在玻璃气体槽内进行测定,它的两端粘有红外透光的 NaCl 或 KBr 窗片。先将气体槽抽真空,再将试样注入。气体槽结构示意图如图 7.1 所示。

(2)液体和溶液试样。

①液体池法。

沸点较低、挥发性较大的试样,可注入封闭液体池中,液层厚度一般为 0.01 ~1 mm。可拆式液体槽结构如图 7.2 所示。

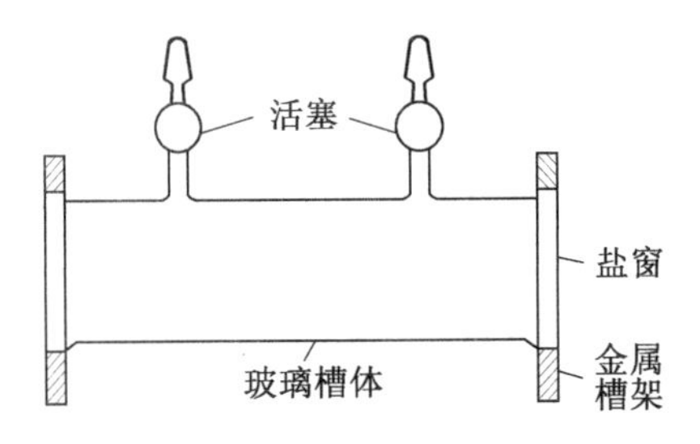

图 7.1　气体槽结构示意图

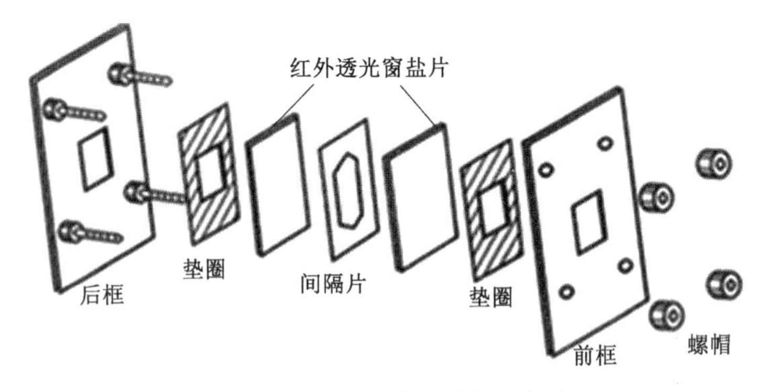

图 7.2　可拆式液体槽结构示意图

②液膜法。

沸点较高的试样,直接滴在两片盐片之间,形成液膜。

(3)固体试样。

①压片法。

将 1 ~2 mg 试样与 200 mg 纯 KBr 研细均匀,置于模具中,用$(5 \sim 10) \times 10^7$ Pa 压力在油压机上压成透明薄片,即可用于测定。试样和 KBr 都应经干燥处理,研磨到粒度小于 2 μm,以免散射光影响。

②石蜡糊法。

将干燥处理后的试样研细,与液状石蜡或全氟代烃混合,调成糊状,夹在盐片中测定。

③薄膜法。

薄膜法主要用于高分子化合物的测定。可将它们直接加热熔融后涂制或压制成膜;也可将试样溶解在低沸点的易挥发溶剂中,涂在盐片上,待溶剂挥发后成膜测定。

3.5　实验用样品

苯乙酮,苏丹Ⅱ。

3.6　实验注意事项

(1)待测样品及盐片均需充分干燥处理。

(2)为了防潮,宜在红外干燥灯下操作。

(3)测试完毕,应及时用丙酮擦洗样品。干燥后,置入干燥器中备用。

预习:苯乙酮、苏丹Ⅱ的物理化学性质。

实验4　核磁共振波谱的测定

4.1　实验目的

①了解核磁共振的基本原理及核磁共振波谱仪的基本操作。

②了解核磁共振波谱样品的制备、测定方法和步骤。

③掌握一些典型化合物质子化学位移的测定方法及常用的实验手段，以进一步巩固谱图解析知识。

4.2　实验原理

核磁共振波谱仪可分为三大组成部分：磁体、探头和谱仪。

(1)磁体。

与其他波谱不同，NMR信号的产生和接收都需在磁场中进行。核磁共振波谱仪要求磁体能产生强大、均匀和稳定的磁场。目前采用三类磁体：永久磁体、电磁体和超导磁体。

①永久磁体。永久磁体稳定、运转费用低，但产生的磁场强度低(一般是1.4 T)，而且不能在宽范围内调节。

②电磁体。电磁体的磁场强度上限约为2.50 T，改变励磁电流可获得强度范围大的磁场，但需要很稳定的电源及恒温冷却系统。

③超导磁体。采用超导磁体，可获得非常强的磁场，其灵敏度和分辨率都大为提高，不过，为了形成超导磁体，需将Nb-Ti合金等材料做成的超导线圈浸在价格昂贵的液氦中。

(2)探头。

探头是NMR谱仪的“心脏”，安装在磁体极靴间的空隙中，调节其位置使样品处于最佳匀场区内，压缩空气使样品进入探头和旋转。探头内安有变温装置，还有与谱仪主机相连的发射线圈和接收线圈，用于发射射频和接收核磁共振信号。在两磁极端处安装了扫描线圈和匀场线圈，用于在一定范围内改变磁场强度和补偿磁场的不均匀性。

(3)谱仪。

NMR谱仪的工作方式有两种：连续波(CW)工作方式和脉冲傅立叶(PFT)工作方式。

①CW。CW工作方式是指用连续变化频率的射频或连续变化强度的磁场激发自旋系统。它的缺点是扫描时间较长，工作效率低。

②PFT。PFT谱仪采用射频脉冲激发，每次发射的脉冲频宽覆盖了所有欲观测核的范围，可使全部核同时发生共振，优点是可采用高次数信号累加，大大提高灵敏度和分辨率，快速、效率高，并适用于研究动态过程。

磁矩不为零的原子核存在核自旋，在强的外磁场中，核自旋的能级将发生裂分，当外界发射一个电磁辐射时，位于低能级的原子核将吸收相当于能级差的电磁辐射而跃迁到高能级，产生核磁共振现象。而断开射频辐射后，高能级的核通过非辐射的途径回到低能级(弛豫),同时产生感应电动势,即自由感应衰减(FID),其特征为随时间而递减的点响应信号,再经过傅立叶变换后,得到强度随频率的变化曲线,即为核磁共振波谱图。

根据 NMR 谱图中化学位移、耦合常数值、谱峰的裂分数、谱峰面积等实验数据,运用一级近似(n+1)规律,进行简单谱图解析,可找出各谱峰所对应的官能团及它们相互的连接,结合给定的已知条件可推出样品的分子结构式。

4.3 操作步骤

(1)样品配制(本实验样品均由实验室事先准备)。

①0.1% 乙基苯溶液,$CDCl_3$ 溶剂,TMS 内标。

②1% 乙醇溶液,$CDCl_3$ 溶剂,TMS 内标。

③1% 乙醇溶液+0.05 mL D_2O,$CDCl_3$ 溶剂,TMS 内标。

(2)开机,绘制谱图。

操作步骤因仪器不同而不同,由指导教师现场示范指导。

(3)谱图解析。

①解析乙基苯的 NMR 谱,指出各吸收峰的归属,标明各质子的化学位移和自旋-自旋耦合常数。

②解析乙醇的 NMR 谱,比较滴加 D_2O 后谱图的变化,解释变化原因。

③将以上结果写在实验报告上。

4.4 思考题

①化学位移是否随外加磁场而变化?为什么?

②在测得的氢谱中活泼氢的位置怎样确定?

附　　录

附录1　紫外-可见参考光谱

1. 烯烃和炔烃的紫外-可见光谱

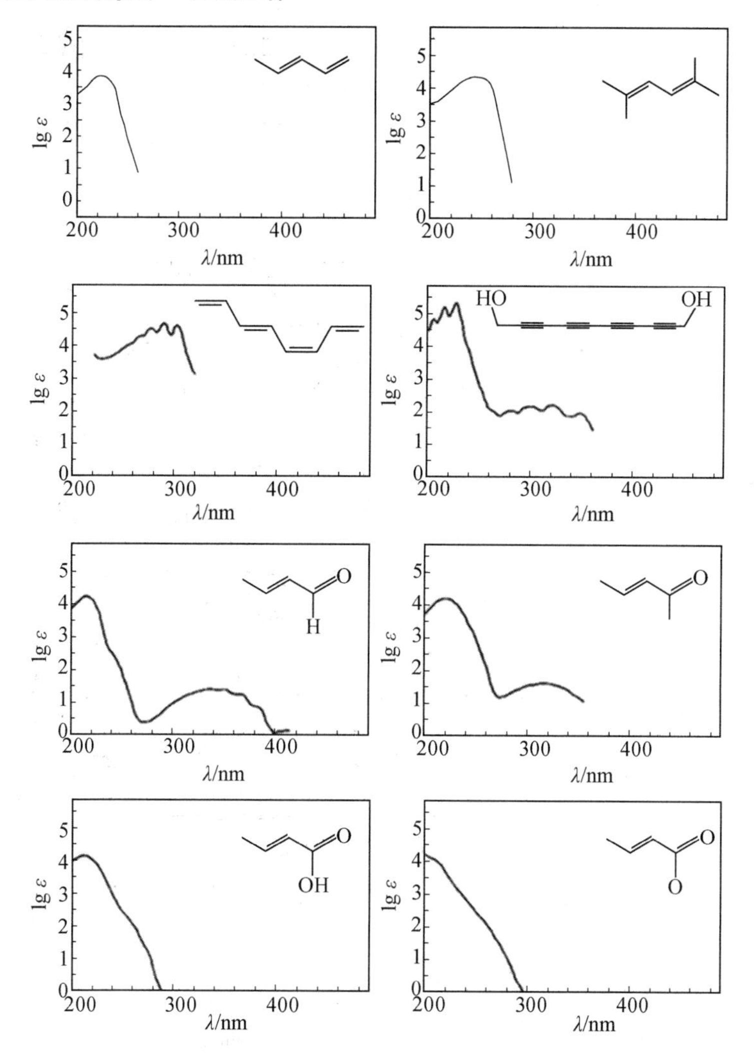

2. 芳香族化合物的紫外–可见光谱

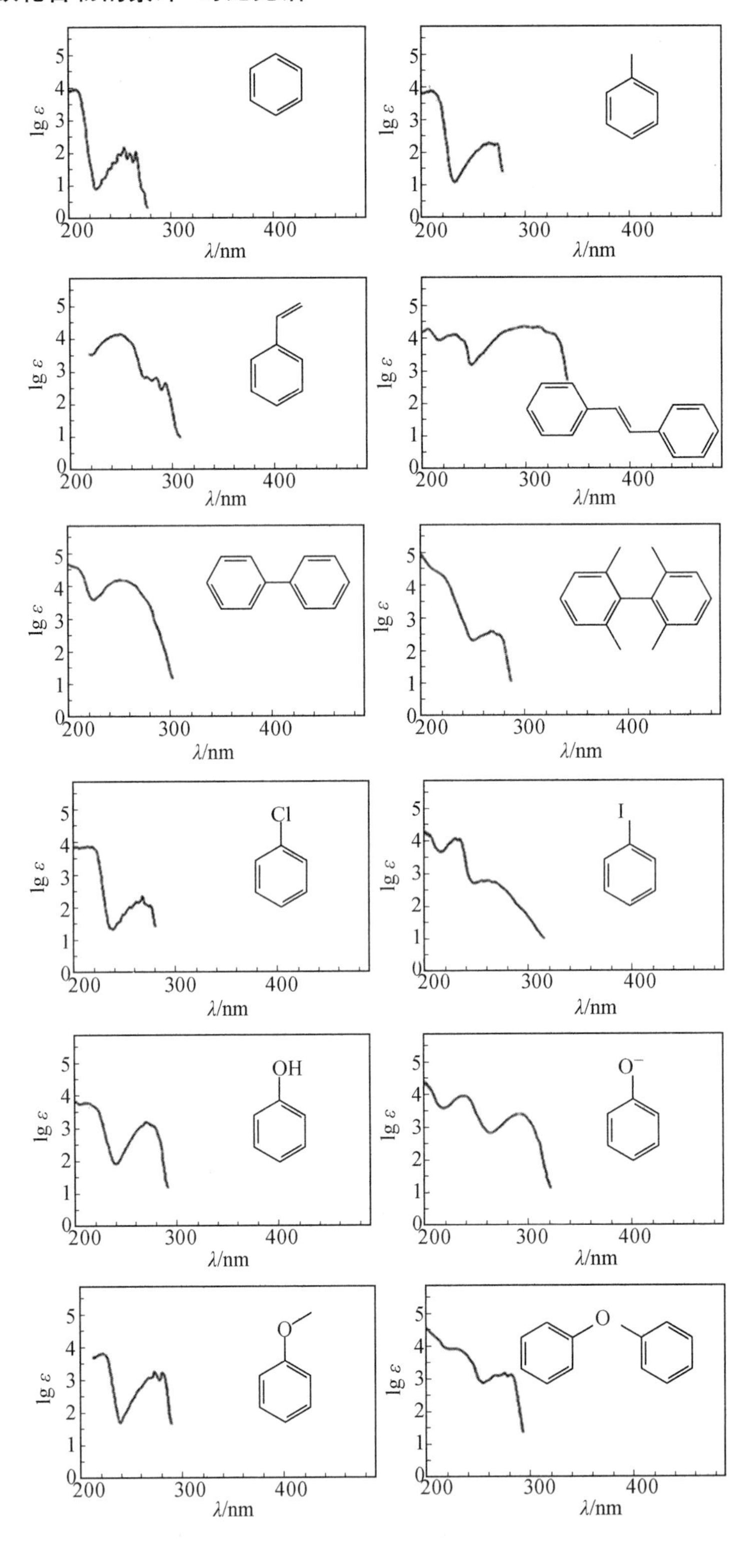

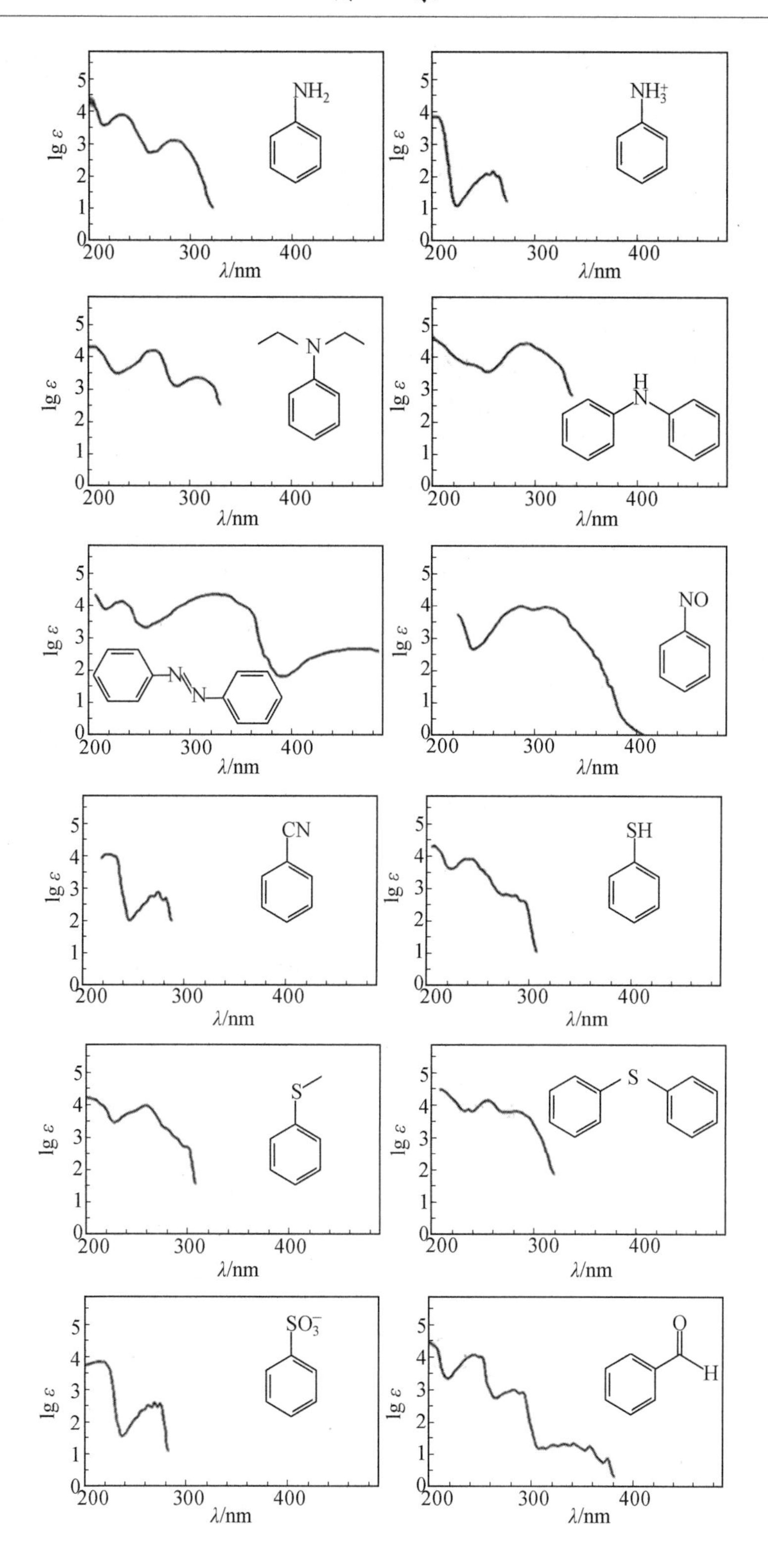

lg ε
λ/nm
NH_2
NH_3^+
N
H N
N N
NO
CN
SH
S
S
SO_3^-
O
H

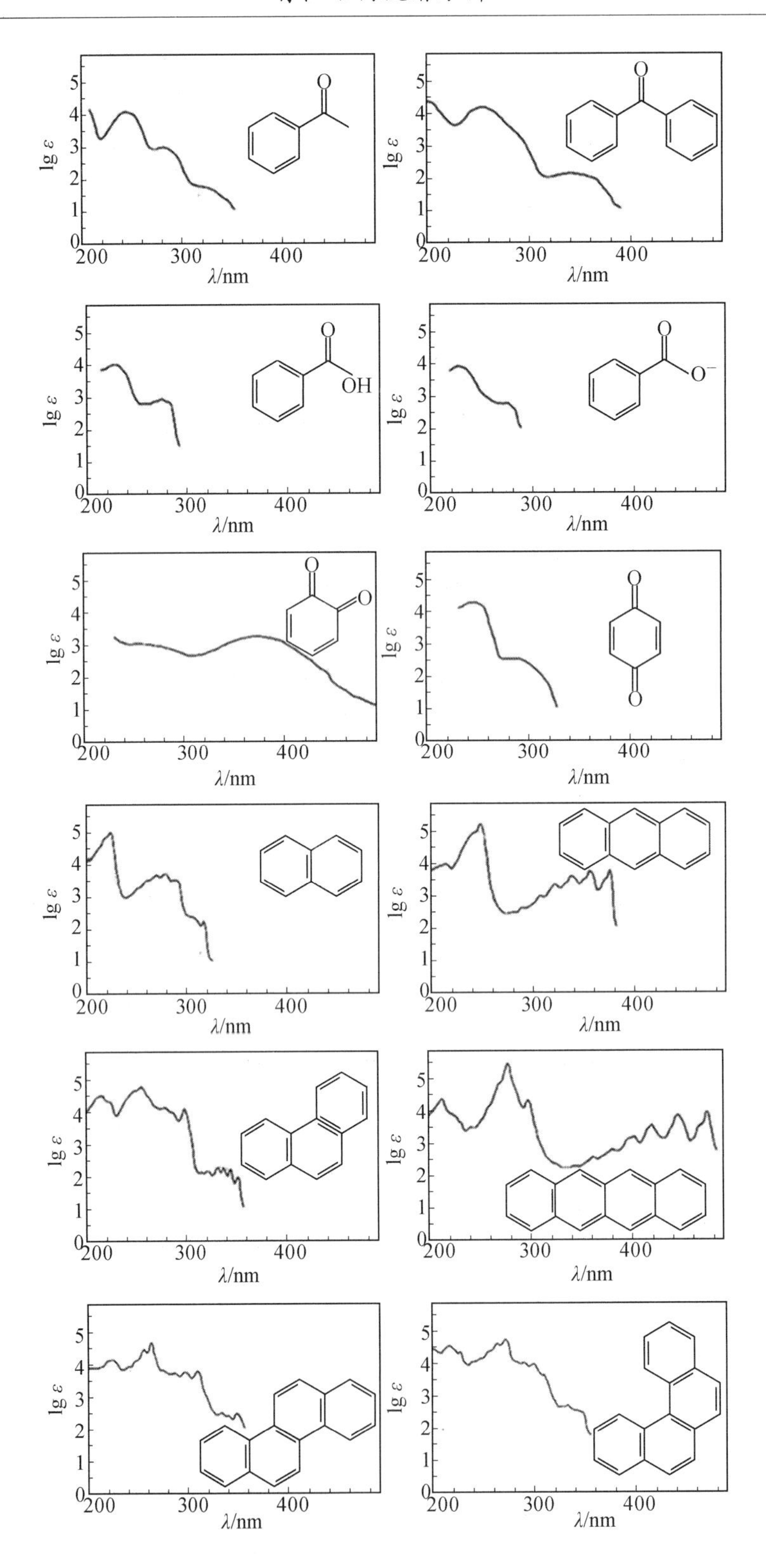
lg ε
λ/nm
O
OH
O⁻

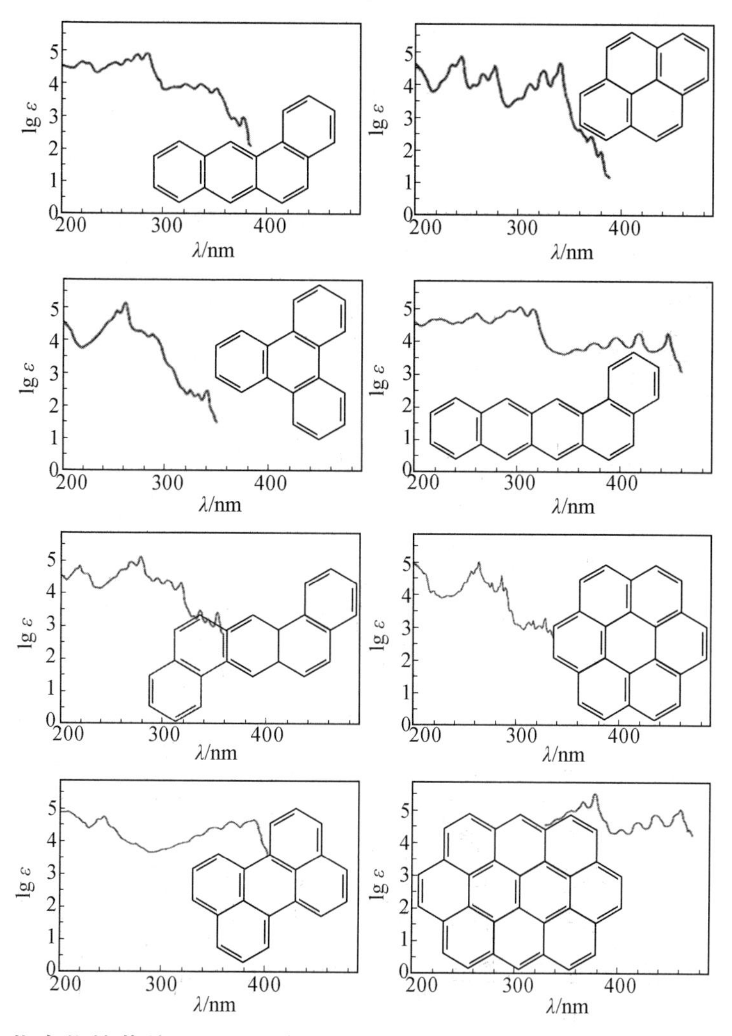

3. 芳杂环化合物的紫外-可见光谱

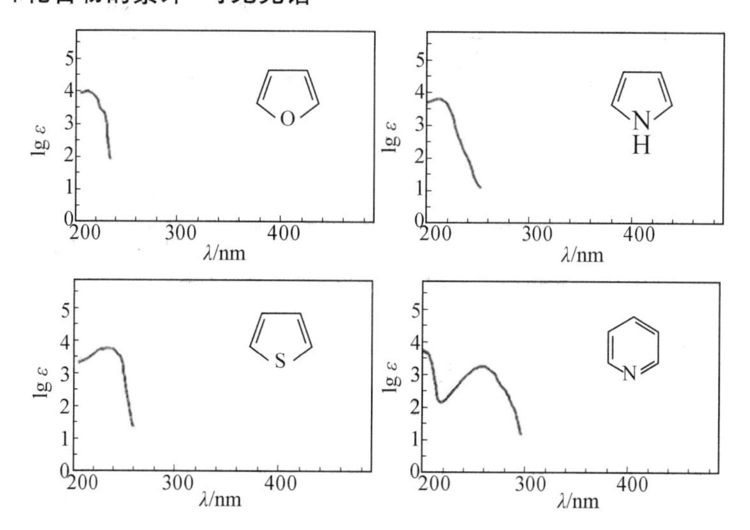

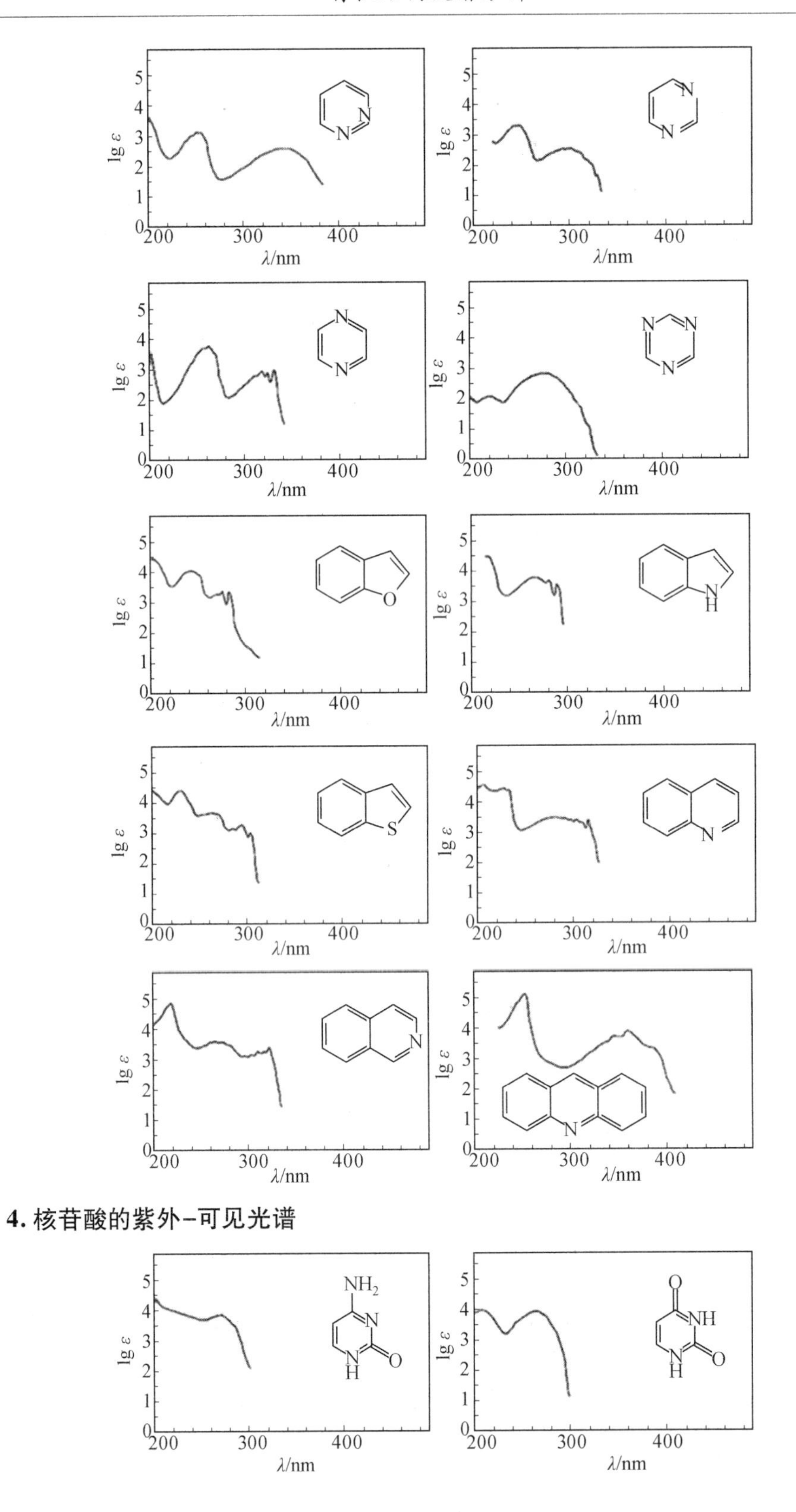

4. 核苷酸的紫外-可见光谱

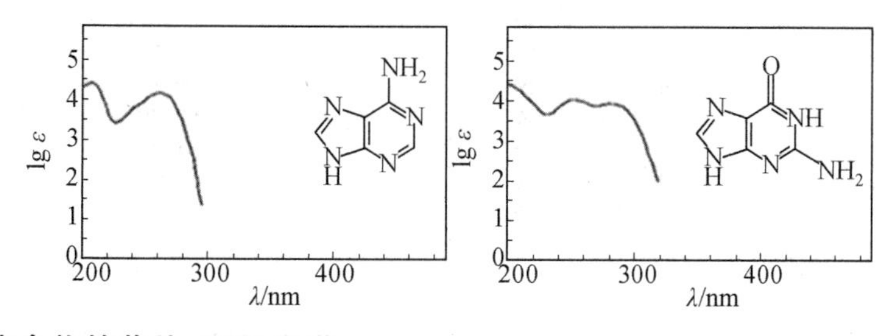

5. 其他化合物的紫外-可见光谱

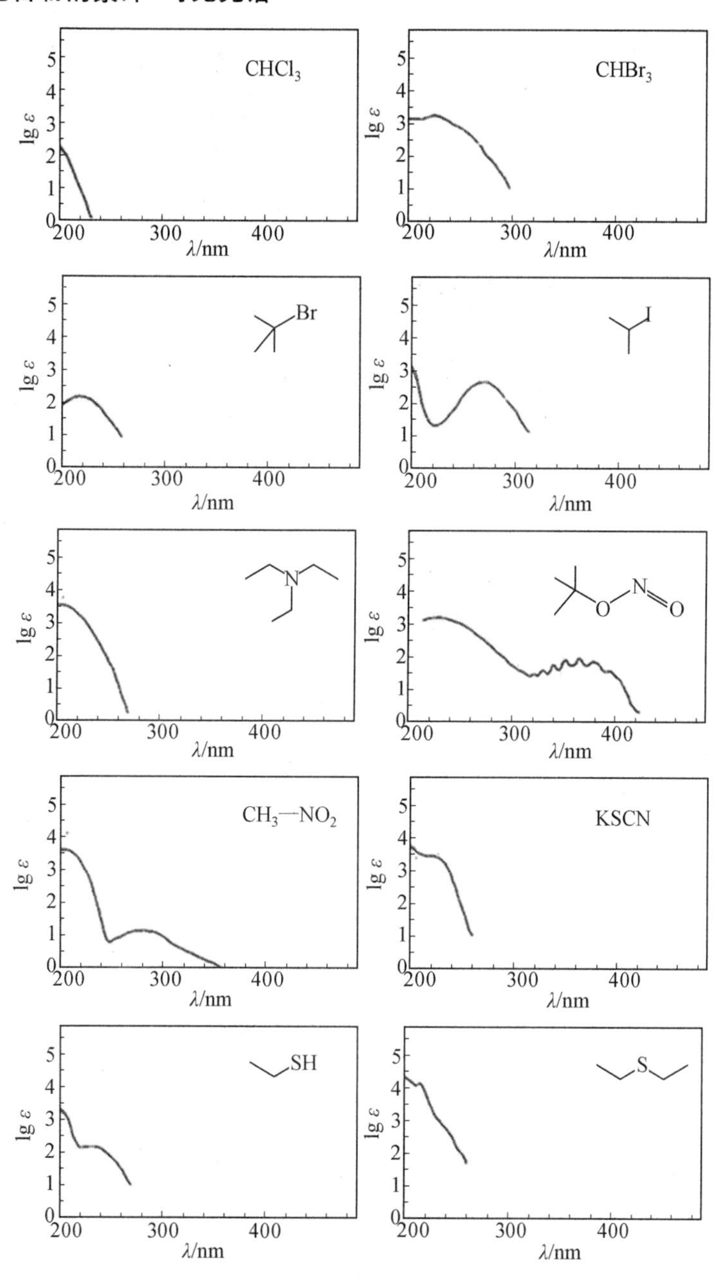

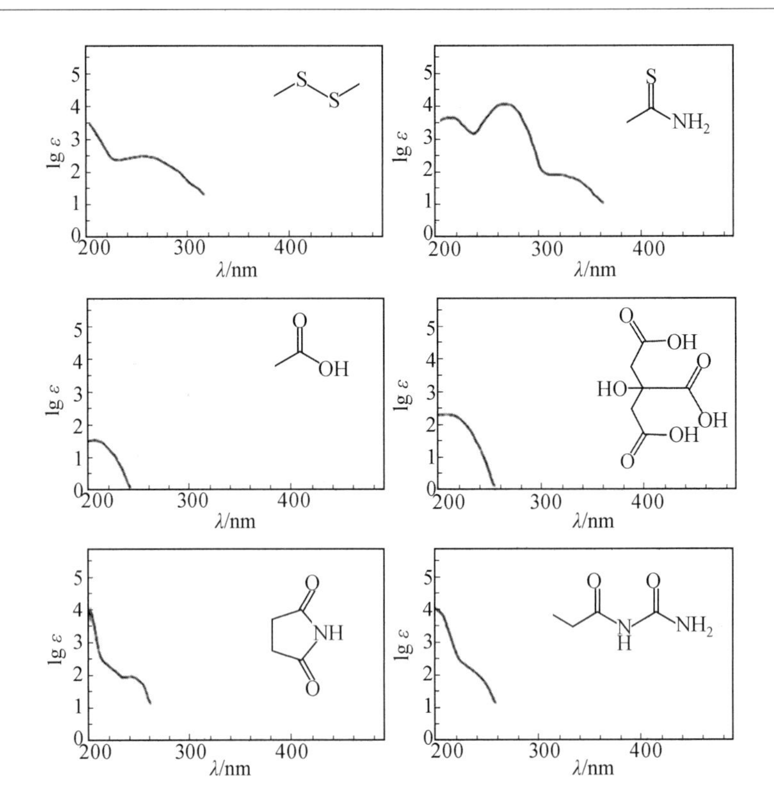
lg ε
λ/nm
S
S
NH2
O
OH
HO
NH
H

附录 2　常见的碎片离子

m/e	离子
14	CH_2
15	CH_3
16	O
17	OH
18	H_2O, NH_4
19	F, H_3O
26	$C{\equiv}N$
27	C_2H_3
28	C_2H_4, CO, N_2, $CH{=}NH$
29	C_2H_5, CHO
30	CH_2NH_2, NO
31	CH_2OH, OCH_3
32	O_2(air)
33	SH, CH_2F
34	H_2S
35	Cl
36	HCl
39	C_3H_3
40	$CH_2C{\equiv}N$, Ar (air)
41	C_3H_5, $CH_2C{\equiv}N+H$, C_2H_2NH
42	C_3H_6
43	C_3H_7, $CH_3C{=}O$, C_2H_5N
44	$CH_2CH{=}O+H$, CH_3CHNH_2, CO_2, $NH_2C{=}O$, $(CH_3)_2N$
45	CH_3CHOH, CH_2CH_2OH, CH_2OCH_3, $O{=}C{-}OH$, $CH_3CH{-}O+H$
59	$(CH_3)_2COH$, $CH_2OC_2H_5$, $O{=}COCH_3$, NH_2COCH_2+H, CH_3OCHCH_3, CH_3CHCH_2OH
60	$CH_2COOH+H$, CH_2ONO
61	$O{=}C{-}OCH_3+2H$, CH_2CH_2SH, CH_2SCH_3
65	
67	C_5H_7
68	$CH_2CH_2CH_2C{\equiv}N$
69	C_5H_9, CF_3, $CH_3CH{=}CHC{=}O$, $CH_2{=}C(CH_3)C{=}O$
70	C_5H_{10}
71	C_5H_{11}, $C_3H_7C{=}O$
72	$C_2H_5COCH_2+H$, $C_3H_7CHNH_2$, $(CH_3)_2N{=}C{=}O$, $C_2H_5NHCHCH_3$, 以及同分异构体
73	与 59 对应的同系物
74	CH_2COOCH_3+H
75	$O{=}C{-}OC_2H_5+2H$, $CH_2SC_2H_5$, $(CH_3)_2CSH$, $(CH_3O)_2CH$
77	C_6H_5
78	C_6H_5+H
79	C_6H_5+2H, Br
80	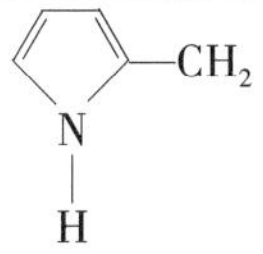 (N—H ring)$-CH_2$, CH_3SS+H

续表

m/e	离子
46	NO_2
47	CH_2SH, CH_3S
48	CH_3S+H
49	CH_2Cl
51	CHF_2
53	C_4H_5
54	$CH_2CH_2C\equiv N$
55	C_4H_7, $CH_2=CHC=O$
56	C_4H_8
57	C_4H_9, $C_2H_5C=O$
58	CH_3CO-CH_2+H, $C_2H_5CHNH_2$, $(CH_3)_2NCH_2$, $C_2H_5NHCH_2$, C_2H_2S
89	$O=C-OC_3H_7$+2H, 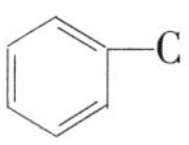 C
90	CH_3CHONO_2, 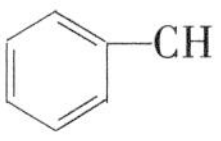 CH
91	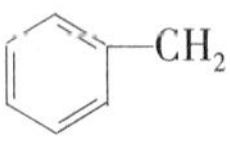 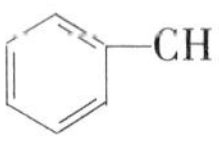 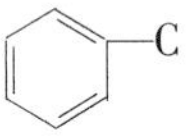 CH_2, CH +H, C +2H, $(CH_2)_4Cl$, 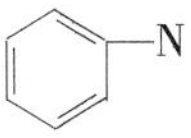 N
92	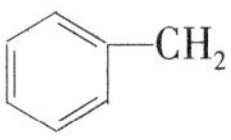 CH_2 +H, CH_2 N, O 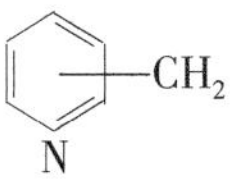 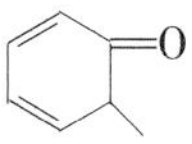
81	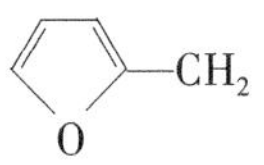 CH_2 O, C_6H_9, 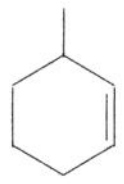
82	$CH_2CH_2CH_2CH_2C\equiv N$, CCl_2, C_6H_{10}
83	C_6H_{11}, $CHCl_2$, 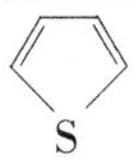 S
85	C_6H_{13}, $C_4H_9C=O$, $CClF_2$
86	$C_3H_7COCH_2$+H, $C_4H_9CHNH_2$，以及同分异构体
87	C_3H_7COO，与 73 对应的同系物，$CH_2CH_2COOCH_3$
88	$CH_2COOC_2H_5$+H
108	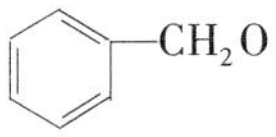 CH_2O +H, C=O N CH_3 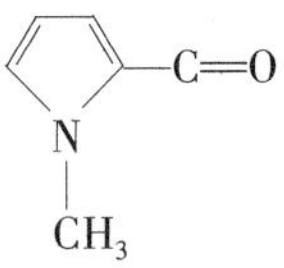
109	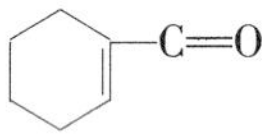 C=O
111	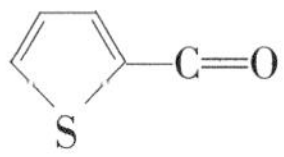 C=O S
119	CF_3CF_2, 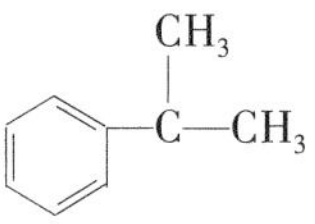 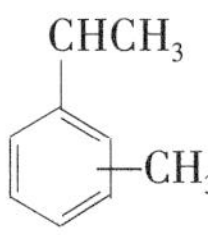 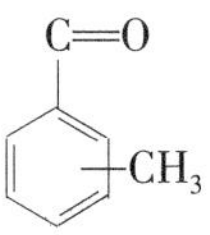 CH_3 C CH_3, CHCH$_3$ CH_3, C=O CH_3

续表

m/e	离子
93	CH_2Br, 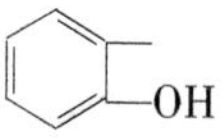 —OH（苯环）, C_7H_9, 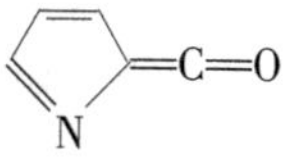 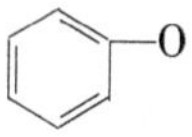 =C=O（N）, —O（苯环）, C_7H_9(terpenes)
94	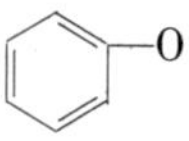 —O（苯环）+H, —C=O（NH） 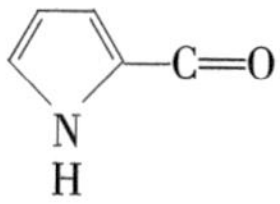
95	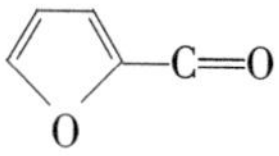 —C=O（O）
96	$(CH_2)_5C\equiv N$
97	C_7H_{13}、—CH_2（S） 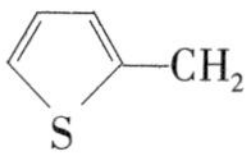
98	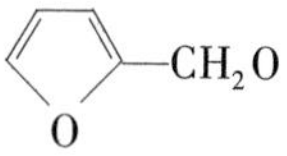 —CH_2O + H（O）
99	C_7H_{15}, $C_6H_{11}O$
100	$C_4H_9COCH_2$+H, $C_5H_{11}CHNH_2$
101	$O=C-OC_4H_9$
102	$CH_2COOC_3H_7$+H
103	$O=C-OC_4H_9$+2H, $C_5H_{11}S$, $CH(OCH_2CH_3)_2$
104	$C_2H_5CHONO_2$
105	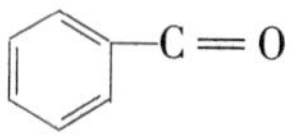 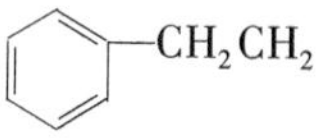 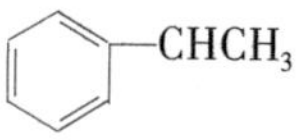 —C=O（苯环）, —CH_2CH_2（苯环）, —$CHCH_3$（苯环）
120	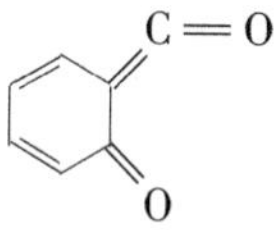 C=O, O（环）
121	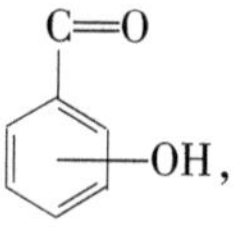 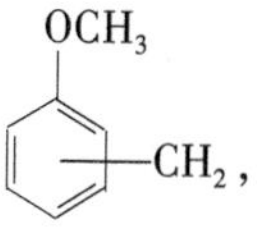 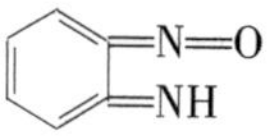 C=O, —OH（苯环）, OCH_3, —CH_2（苯环）, =N=O, =NH（苯环）, C_9H_{13}(terpenes)
123	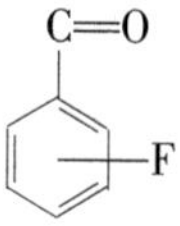 C=O, —F（苯环）
125	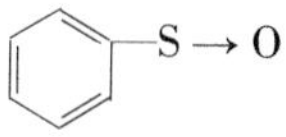 S→O（苯环）
127	I
131	C_3F_5, 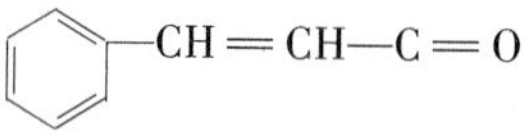 —CH=CH—C=O（苯环）
135	$(CH_2)_4Br$
138	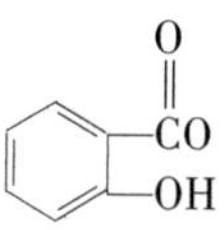 O, —CO, —OH（苯环）+H
139	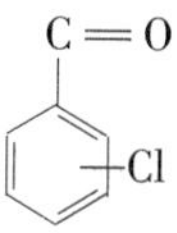 C=O, —Cl（苯环）
149	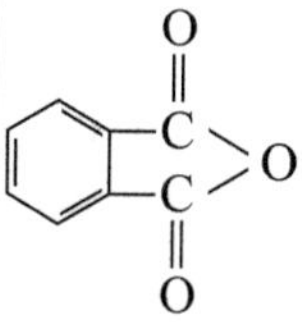 O, C, O, C, O（苯环）+H

续表

m/e	离子	*m/e*	离子
106	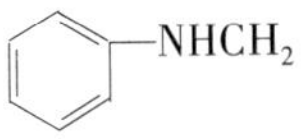 —$NHCH_2$	150	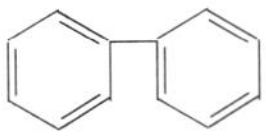
107	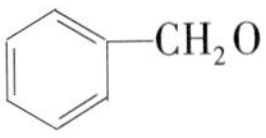  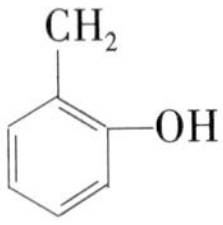 —CH_2O , CH_2 OH , CH_2 —OH		

附录 3　从分子离子脱去的常见碎片

失去质量	碎片
1	$H\cdot$
15	$CH_3\cdot$
17	$HO\cdot$
18	H_2O
19	$F\cdot$
20	HF
26	$CH{\equiv}CH$，$\cdot C{\equiv}N$
27	$CH_2{=}CH\cdot$，$HC{\equiv}N$
28	$CH_2{=}CH_2$，CO，$H_2C{=}N$
29	$CH_3CH_2\cdot$，$\cdot CHO$
30	$NH_2CH_2\cdot$，CH_2O，NO
31	$\cdot OCH_3$，$\cdot CH_2OH$，$CHNH_2$
32	CH_3OH
33	$HS\cdot$，[$\cdot CH_3$ 和 H_2O]
34	H_2S
35	$Cl\cdot$
36	HCl
37	H_2Cl
40	$CH_3C{\equiv}CH$
41	$CH_2{=}CHCH_2\cdot$
42	$CH_2{=}CHCH_3$，$CH_2{=}C{=}O$，环丙烷（CH_2—CH_2—CH_2 三元环）
43	$C_3H_7\cdot$，$CH_3\overset{\overset{\large O}{\|}}{C}\cdot$，$CH_2{=}CH{-}O\cdot$，[$CH_3\cdot$ 和 $CH_2{=}CH_2$]
44	$CH_2{=}CHOH$，CO_2
46	[H_2O 和 $CH_2{=}CH_2$]，CH_3CH_2OH，$\cdot NO_2$
47	$CH_2S\cdot$
48	CH_3SH
49	$\cdot CH_2Cl$
51	$\cdot CHF$
54	$CH_2{=}CH{-}CH{=}CH_2$
55	$CH_2{=}\dot{C}HCHCH_3$
56	$CH_2{=}CHCH_2CH_3$，$CH_3CH{=}CHCH_3$
57	$C_4H_9\cdot$
58	$\cdot NCS$
59	$CH_3O\overset{\overset{\large O}{\|}}{C}\cdot$，$CH_3\overset{\overset{\large O}{\|}}{C}NH_2$
60	C_3H_7OH
61	$CH_3CH_2S\cdot$
62	[H_2S 和 $CH_2{=}CH_2$]
63	$\cdot CH_2CH_2Cl$
68	$CH_2{=}\overset{\overset{\large CH_3}{\mid}}{C}{-}CH{=}CH_2$
69	$CF_3\cdot$
71	$C_5H_{11}\cdot$
73	$CH_3CH_2O\overset{\overset{\large O}{\|}}{C}\cdot$
74	C_4H_9OH
79	$Br\cdot$
80	HBr
85	$\cdot CClF_2$
122	C_6H_5COOH

续表

失去质量	碎片	失去质量	碎片
45	CH_3CHOH,$CH_3CH_2O\cdot$	127	I·
		128	HI

附录4　贝农表

	M+1	M+2		M+1	M+2		M+1	M+2
12			**27**			NOH_3	0.47	0.20
C	1.08		CHN	1.48		N_2H_5	0.84	
13			C_2H_3	2.21	0.01	CH_5O	1.12	
CH	1.10		**28**			**34**		
14			N_2	0.76		N_2H_6	0.86	
N	0.38		CO	1.12	0.02	**36**		
CH_2	1.11		CH_2N	1.49		C_3	3.24	0.04
15			C_2H_4	2.23	0.01	**37**		
NH	0.40		**29**			C_3H	3.26	0.04
CH_3	1.13		N_2H	0.78		**38**		
16			CHO	1.14	0.20	C_2N	2.54	0.02
O	0.04	0.20	CH_3N	1.51		C_3H_2	3.27	0.04
NH_2	0.41		C_2H_5	2.24	0.01	**39**		
CH_4	1.15		**30**			C_2HN	2.56	0.02
17			NO	0.42	0.20	C_3H_3	3.29	0.04
OH	0.06	0.20	N_2H_2	0.79		**40**		
NH_3	0.43		CH_2O	1.15	0.20	CN_2	1.84	0.01
CH_5	1.16		CH_4N	1.53	0.01	C_2O	2.20	0.21
18			C_2H_6	2.26	0.01	C_2H_2N	2.58	0.02
H_2O	0.07	0.20	**31**			C_3H_4	3.31	0.04
NH_4	0.45		NOH	0.44	0.20	**41**		
19			N_2H_3	0.81		CHN_2	1.86	
H_3O	0.09	0.20	CH_3O	1.17	0.20	C_2HO	2.22	0.21
24			CH_5N	1.54		C_2H_3N	2.59	0.02
C_2	2.16	0.01	**32**			C_3H_5	3.32	0.04
25			O_2	0.08	0.40	**42**		
C_2H	2.18	0.01	NOH_2	0.45	0.20	CNO	1.50	0.21
26			N_2H_4	0.83		CH_2N_2	1.88	0.01
CN	1.46		CH_4O	1.18	0.20	C_2H_2O	2.23	0.21
C_2H_2	2.19	0.01	**33**			C_2H_4N	2.61	0.02

续表

	M+1	M+2		M+1	M+2		M+1	M+2
C_3H_6	3.34	0.04	**47**			**55**		
43			CH_3O_2	1.21	0.40	C_2HNO	2.60	0.22
CHNO	1.52	0.21	CH_5NO	1.58	0.21	$C_2H_3N_2$	2.97	0.03
CH_3N_2	1.89	0.01	CH_7N_2	1.96	0.01	C_3H_3O	3.33	0.24
C_2H_3O	2.25	0.21	C_2H_7O	2.31	0.22	C_3H_5N	3.70	0.05
C_2H_5N	2.62	0.02	**48**			C_4H_7	4.43	0.08
C_3H_7	3.35	0.04	CH_4O_2	1.22	0.40	**56**		
44			C_4	4.32	0.07	CH_2N_3	2.26	0.02
N_2O	0.80	0.20	**49**			C_2O_2	2.24	0.41
CO_2	1.16	0.40	CH_5O_2	1.24	0.40	C_2H_2NO	2.61	0.22
CH_2NO	1.53	0.21	C_4H	4.34	0.07	$C_2H_4N_2$	2.99	0.03
CH_4N_2	1.91	0.01	**50**			C_3H_4O	3.35	0.24
C_2H_4O	2.26	0.21	C_4H_2	4.34	0.07	C_3H_6N	3.72	0.05
C_2H_6N	2.64	0.02	**51**			C_4H_8	4.45	0.08
C_3H_8	3.37	0.04	C_4H_3	4.37	0.07	**57**		
45			**52**			CHN_2O	1.90	0.21
HN_2O	0.82	0.20	C_2N_2	2.92	0.03	CH_3N_3	2.27	0.02
CHO_2	1.18	0.40	C_3H_2N	3.66	0.05	C_2HO_2	2.26	0.41
CH_3NO	1.55	0.21	C_4H_4	4.39	0.07	C_2H_3NO	2.63	0.22
CH_5N_2	1.92	0.01	**53**			$C_2H_5N_2$	3.00	0.03
C_2H_5O	2.28	0.21	C_2HN_2	2.94	0.03	C_3H_5O	3.36	0.24
C_2H_7N	2.66	0.02	C_3HO	3.30	0.24	C_3H_7N	3.74	0.05
46			C_3H_3N	3.67	0.05	C_4H_9	4.47	0.08
NO_2	0.46	0.40	C_4H_5	4.40	0.07	**58**		
N_2H_2O	0.83	0.20	**54**			CNO_2	1.54	0.41
CH_2O_2	1.19	0.40	C_2NO	2.58	0.22	CH_2N_2O	1.92	0.21
CH_4NO	1.57	0.21	$C_2H_2N_2$	2.96	0.03	CH_4N_3	2.29	0.02
CH_6N_2	1.94	0.01	C_3H_2O	3.31	0.24	$C_2H_2O_2$	2.27	0.42
C_2H_6O	2.30	0.22	C_3H_4N	3.69	0.05	C_2H_4NO	2.65	0.22
C_2H_8N	2.66	0.02	C_4H_6	4.42	0.07	$C_2H_6N_2$	3.02	0.03

续表

	M+1	M+2
C_3H_6O	3.38	0.24
C_3H_8N	3.75	0.05
C_4H_{10}	4.48	0.08
59		
$CHNO_2$	1.56	0.41
CH_3N_2O	1.93	0.21
CH_5N_3	2.31	0.02
$C_2H_3O_2$	2.29	0.42
C_2H_5NO	2.66	0.22
$C_2H_7N_2$	3.04	0.03
C_3H_7O	3.39	0.24
C_3H_9N	3.77	0.05
60		
CH_2NO_2	1.57	0.41
CH_4N_2O	1.95	0.21
CH_6N_3	2.32	0.02
$C_2H_4O_2$	2.30	0.04
C_2H_6NO	2.68	0.22
$C_2H_8N_2$	3.05	0.03
C_3H_8O	3.41	0.24
61		
CHO_3	1.21	0.60
CH_3NO_2	1.59	0.41
CH_5N_2O	1.96	0.21
CH_7N_3	2.34	0.02
$C_2H_5O_2$	2.32	0.42
C_2H_7NO	2.69	0.22
C_3H_9O	3.43	0.24
C_5H	5.42	0.12
62		
CH_2O_3	1.23	0.60
CH_4NO_2	1.60	0.41
CH_6N_2O	1.98	0.21
CH_8N_3	2.35	0.02
$C_2H_6O_2$	2.34	0.42
C_5H_2	5.44	0.12
63		
CH_3O_3	1.25	0.60
CH_5NO_2	1.62	0.41
C_4HN	4.72	0.09
C_5H_3	5.45	0.12
64		
CH_4O_3	1.26	0.60
C_4H_2N	4.74	0.09
C_5H_4	5.47	0.12
65		
C_3HN_2	4.02	0.06
C_4HO	4.38	0.27
C_4H_3N	4.75	0.09
C_5H_5	5.48	0.12
66		
$C_3H_2N_2$	4.04	0.06
C_4H_2O	4.39	0.27
C_4H_4N	4.77	0.09
C_5H_6	5.50	0.12
67		
C_2HN_3	3.32	0.04
C_3HNO	3.68	0.25
$C_3H_3N_2$	4.05	0.06
C_4H_3O	4.41	0.27
C_4H_5N	4.78	0.09
C_5H_7	5.52	0.12
68		
$C_2H_2N_3$	3.34	0.04
C_3O_2	3.32	0.44
C_3H_2NO	3.69	0.25
$C_3H_4N_2$	4.07	0.06
C_4H_4O	4.43	0.28
C_4H_6N	4.80	0.09
C_5H_8	5.53	0.12
69		
CNH_4	2.62	0.03
C_2HN_2O	2.98	0.23
$C_2H_3N_3$	3.35	0.04
C_3HO_2	3.34	0.44
C_3H_3NO	3.71	0.25
$C_3H_5N_2$	4.09	0.06
C_4H_5O	4.44	0.28
C_4H_7N	4.82	0.09
C_5H_9	5.55	0.12
70		
CH_2N_4	2.64	0.03
C_2NO_2	2.62	0.42
$C_2H_2N_2O$	3.00	0.23
$C_2H_4N_3$	3.37	0.04
$C_3H_2O_2$	3.35	0.44
C_3H_4NO	3.73	0.25
$C_3H_6N_2$	4.10	0.07
C_4H_6O	4.46	0.28
C_4H_8N	4.83	0.09

续表

	M+1	M+2		M+1	M+2		M+1	M+2
C_5H_{10}	5.56	0.13	C_2HO_3	2.29	0.62	$CH_3N_2O_2$	1.97	0.41
71			$C_2H_3NO_2$	2.67	0.42	CH_5N_3O	2.34	0.22
CHN_3O	2.28	0.22	$C_2H_5N_2O$	3.04	0.23	CH_7N_4	2.72	0.03
CH_3N_4	2.65	0.03	$C_2H_7N_3$	3.42	0.04	$C_2H_3O_3$	2.33	0.62
C_2HNO_2	2.64	0.42	$C_3H_5O_2$	3.40	0.44	$C_2H_5NO_2$	2.70	0.43
$C_2H_3N_2O$	3.01	0.23	C_3H_7NO	3.77	0.25	$C_2H_7N_2O$	3.08	0.23
$C_2H_5N_3$	3.39	0.04	$C_3H_9N_2$	4.15	0.07	$C_2H_9N_3$	3.45	0.05
$C_3H_3O_2$	3.37	0.44	C_4H_9O	4.51	0.28	$C_3H_7O_2$	3.43	0.44
C_3H_5NO	3.74	0.25	$C_4H_{11}N$	4.88	0.09	C_3H_9NO	3.81	0.25
$C_3H_7N_2$	4.12	0.07	C_6H	6.50	0.18	C_5HN	5.80	0.14
C_4H_7O	4.47	0.28	**74**			C_6H_3	6.53	0.18
C_4H_9N	4.85	0.09	N_3O_2	1.22	0.41	**76**		
C_5H_{11}	5.58	0.13	H_2N_4O	1.60	0.21	N_2O_3	0.88	0.60
72			$CH_2N_2O_2$	1.95	0.41	$H_2N_3O_2$	1.25	0.41
CH_2N_3O	2.30	0.22	CH_4N_3O	2.33	0.22	H_4N_4O	1.63	0.21
CH_4N_4	2.67	0.03	CH_6N_4	2.70	0.03	CO_4	1.24	0.80
$C_2H_2NO_2$	2.65	0.42	$C_2H_2O_3$	2.31	0.62	CH_2NO_3	1.61	0.61
$C_2H_4N_2O$	3.03	0.23	$C_2H_4NO_2$	2.68	0.42	$CH_4N_2O_2$	1.99	0.41
$C_2H_6N_3$	3.40	0.44	$C_2H_6N_2O$	3.06	0.23	CH_8N_4	2.73	0.03
$C_3H_4O_2$	3.38	0.44	$C_2H_8N_3$	3.43	0.05	$C_2H_4O_3$	2.34	0.62
C_3H_6NO	3.76	0.25	$C_3H_6O_2$	3.42	0.44	$C_2H_6NO_2$	2.72	0.43
$C_3H_8N_2$	4.13	0.07	C_3H_3NO	3.79	0.25	$C_2H_8N_2O$	3.09	0.24
C_4H_8O	4.49	0.28	$C_3H_{10}N_2$	4.16	0.07	$C_3H_8O_2$	3.45	0.44
$C_4H_{10}N$	4.86	0.09	$C_4H_{10}O$	4.52	0.28	C_4N_2	5.09	0.10
C_5H_{12}	5.60	0.13	C_5N	5.78	0.14	C_5O	5.44	0.32
73			C_6H_2	6.52	0.18	C_5H_2N	5.82	0.14
HN_4O	1.58	0.21	**75**			C_6H_4	6.55	0.18
CHN_2O_2	1.94	0.41	HN_3O_2	1.24	0.41	**77**		
CH_3N_3O	2.31	0.22	H_3N_4O	1.61	0.21	HN_2O_3	0.90	0.60
CH_5N_4	2.69	0.03	$CHNO_3$	1.60	0.61	$H_3N_3O_2$	1.27	0.41

续表

	M+1	M+2		M+1	M+2		M+1	M+2
H_5N_4O	1.64	0.21	CH_3O_4	1.28	0.80	C_5H_7N	5.90	0.14
CHO_4	1.25	0.80	CH_5NO_3	1.66	0.61	C_6H_9	6.63	0.18
CH_3NO_3	1.63	0.61	C_3HN_3	4.40	0.08	**82**		
$CH_5N_2O_2$	2.00	0.41	C_4HNO	4.76	0.29	C_2N_3O	3.34	0.24
CH_7N_3O	2.38	0.22	$C_4H_3N_2$	5.13	0.11	$C_2H_2N_4$	3.72	0.05
$C_2H_5O_3$	2.36	0.62	C_5H_3O	5.49	0.32	C_3NO_2	3.70	0.45
$C_2H_7NO_2$	2.73	0.43	C_5H_5N	5.86	0.14	$C_3H_2N_2O$	4.08	0.36
C_4HN_2	5.10	0.11	C_6H_7	6.60	0.18	$C_3H_4N_3$	4.45	0.08
C_5HO	5.46	0.32	**80**			$C_4H_2O_2$	4.43	0.48
C_5H_3N	5.83	0.14	H_2NO_4	0.57	0.80	C_4H_4NO	4.81	0.29
C_6H_5	6.56	0.18	$H_4N_2O_3$	0.94	0.60	$C_4H_6N_2$	4.18	0.11
78			CH_4O_4	1.30	0.80	C_5H_6O	5.54	0.32
NO_4	0.54	0.80	C_2N_4	3.69	0.05	C_5H_8N	5.91	0.14
$H_2N_2O_3$	0.91	0.60	C_3N_2O	4.04	0.26	C_6H_{10}	6.64	0.19
$H_4N_3O_2$	1.29	0.41	$C_3H_2N_3$	4.42	0.08	**83**		
H_6N_4O	1.66	0.21	C_4O_2	4.40	0.47	C_2HN_3O	3.36	0.24
CH_2O_4	1.27	0.80	C_4H_2NO	4.77	0.29	$C_2H_3N_4$	3.74	0.06
CH_4NO_3	1.64	0.61	$C_4H_4N_2$	5.15	0.11	C_3HNO_2	3.72	0.45
$CH_6N_2O_2$	2.02	0.41	C_5H_4O	5.51	0.32	$C_3H_3N_2O$	4.09	0.27
$C_2H_6O_3$	2.37	0.62	C_5H_6N	5.88	0.14	$C_3H_5N_3$	4.47	0.08
C_3N_3	4.39	0.08	C_6H_8	6.61	0.18	$C_4H_3O_2$	4.45	0.48
C_4NO	4.74	0.29	**81**			C_4H_5NO	4.82	0.29
$C_4H_2N_2$	5.12	0.11	H_3NO_4	0.59	0.80	$C_4H_7N_2$	5.20	0.11
C_5H_2O	5.47	0.32	C_2HN_4	3.70	0.05	C_5H_7O	5.55	0.33
C_5H_4N	5.49	0.14	C_3HN_2O	4.06	0.26	C_5H_9N	5.93	0.15
C_6H_6	6.58	0.18	$C_3H_3N_3$	4.43	0.08	C_6H_{11}	6.66	0.19
79			C_4HO_2	4.42	0.48	**84**		
HNO_4	0.55	0.80	C_4H_3NO	4.79	0.29	CN_4O	2.65	0.23
$H_3N_2O_3$	0.93	0.60	$C_4H_5N_2$	5.17	0.11	$C_2N_2O_2$	3.00	0.43
$H_5N_3O_2$	1.30	0.41	C_5H_5O	5.52	0.32	$C_2H_2N_3O$	3.38	0.24

续表

	M+1	M+2		M+1	M+2		M+1	M+2
$C_2H_4N_4$	3.75	0.06	CH_2N_4O	2.68	0.23	$C_4H_{11}N_2$	5.26	0.11
C_3O_3	3.36	0.64	C_2NO_3	2.66	0.62	$C_5H_{11}O$	5.62	0.33
$C_3H_2NO_2$	3.73	0.45	$C_2H_2N_2O_2$	3.03	0.43	$C_5H_{13}N$	5.99	0.15
$C_3H_4N_2O$	4.11	0.27	$C_2H_4N_3O$	3.41	0.24	C_6HN	6.88	0.20
$C_3H_6N_3$	4.48	0.81	$C_2H_6N_4$	3.78	0.06	C_7H_3	7.61	0.25
$C_4H_4O_2$	4.46	0.48	$C_3H_2O_3$	3.39	0.64	**88**		
C_4H_6NO	4.84	0.29	$C_3H_4NO_2$	3.77	0.45	N_4O_2	1.60	0.41
$C_4H_8N_2$	5.21	0.11	$C_3H_6N_2O$	4.14	0.27	CN_2O_3	1.96	0.61
C_5H_8O	5.57	0.33	$C_3H_8N_3$	4.51	0.08	$CH_2N_3O_2$	2.34	0.42
$C_5H_{10}N$	5.94	0.15	$C_4H_6O_2$	4.50	0.48	CH_4N_4O	2.71	0.23
C_6H_{12}	6.68	0.19	C_4H_8NO	4.87	0.30	C_2O_4	2.32	0.82
C_7	7.56	0.25	$C_4H_{10}N_2$	5.25	0.11	$C_2H_2NO_3$	2.69	0.63
85			$C_5H_{10}O$	5.60	0.33	$C_2H_4N_2O_2$	3.07	0.43
CHN_4O	2.66	0.23	$C_5H_{12}N$	5.98	0.15	$C_2H_6N_3O$	3.44	0.25
$C_2HN_2O_2$	3.02	0.43	C_6H_{14}	6.71	0.19	$C_2H_8N_4$	3.82	0.06
$C_2H_3N_3O$	3.39	0.24	C_6N	6.87	0.20	$C_3H_4O_3$	3.42	0.64
$C_2H_5N_4$	3.77	0.06	C_7H_2	7.60	0.25	$C_3H_6NO_2$	3.80	0.45
C_3HO_3	3.38	0.64	**87**			$C_3H_8N_2O$	4.17	0.27
$C_3H_3NO_2$	3.75	0.45	CHN_3O_2	2.32	0.42	$C_3H_{10}N_3$	4.55	0.08
$C_3H_5N_2O$	4.12	0.27	CH_3N_4O	2.69	0.23	$C_4H_8O_2$	4.53	0.48
$C_3H_7N_3$	4.50	0.08	C_2HNO_3	2.68	0.62	$C_4H_{10}NO$	4.90	0.30
$C_4H_5O_2$	4.48	0.48	$C_2H_3N_2O_2$	3.05	0.43	$C_4H_{12}N_2$	5.28	0.11
C_4H_7NO	4.85	0.29	$C_2H_5N_3O$	3.42	0.25	$C_5H_{12}O$	5.63	0.33
$C_4H_9N_2$	5.23	0.11	$C_2H_7N_4$	3.80	0.06	C_5N_2	6.17	0.16
C_5H_9O	5.59	0.33	$C_3H_3O_3$	3.41	0.64	C_6O	6.52	0.38
$C_5H_{11}N$	5.96	0.15	$C_3H_5NO_2$	3.78	0.45	C_6H_2N	6.90	0.20
C_6H_{13}	6.69	0.19	$C_3H_7N_2O$	4.16	0.27	C_7H_4	7.63	0.25
C_7H	7.58	0.25	$C_3H_9N_3$	4.53	0.08	**89**		
86			$C_4H_7O_2$	4.51	0.48	HN_4O_2	1.62	0.41
CN_3O_2	2.30	0.42	C_4H_9NO	4.89	0.30	CHN_2O_3	1.98	0.61

续表

	M+1	M+2		M+1	M+2		M+1	M+2
$CH_3N_3O_2$	2.35	0.42	$C_3H_8NO_2$	3.83	0.46	$H_2N_3O_3$	1.29	0.61
CH_5N_4O	2.73	0.23	$C_3H_{10}N_2O$	4.20	0.27	$H_4N_4O_2$	1.67	0.41
C_2HO_4	2.33	0.82	$C_4H_{10}O_2$	4.56	0.48	CH_2NO_4	1.67	0.81
$C_2H_3NO_3$	2.71	0.63	C_4N_3	5.47	0.12	$CH_4N_2O_3$	2.02	0.61
$C_2H_5N_2O_2$	3.08	0.44	C_5NO	5.82	0.34	$CH_6N_3O_2$	2.40	0.42
$C_2H_7N_3O$	3.46	0.25	$C_5H_2N_2$	6.20	0.16	CH_8N_4O	2.77	0.23
$C_2H_9N_4$	3.83	0.06	C_6H_2O	6.56	0.38	$C_2H_4O_4$	2.38	0.82
$C_3H_5O_3$	3.44	0.64	C_6H_4N	6.93	0.20	$C_2H_6NO_3$	2.76	0.63
$C_3H_7NO_2$	3.81	0.46	C_7H_6	7.66	0.25	$C_2H_8N_2O_2$	3.13	0.44
$C_3H_9N_2O$	4.19	0.27	**91**			$C_3H_8O_3$	3.49	0.64
$C_3H_{11}N_3$	4.56	0.84	HN_3O_3	1.28	0.61	C_3N_4	4.77	0.09
$C_4H_9O_2$	4.54	0.48	$H_3N_4O_2$	1.65	0.41	C_4N_2O	5.12	0.31
$C_4H_{11}NO$	4.92	0.30	$CHNO_4$	1.63	0.81	$C_4H_2N_3$	5.50	0.13
C_5HN_2	6.18	0.16	$CH_3N_2O_3$	2.01	0.61	C_5O_2	5.48	0.52
C_6HO	6.54	0.38	$CH_5N_3O_2$	2.38	0.42	C_5H_2NO	5.86	0.34
C_6H_3N	6.91	0.20	CH_7N_4O	2.76	0.23	$C_5H_4N_2$	6.23	0.16
C_7H_5	7.64	0.25	$C_2H_3O_4$	2.37	0.82	C_6H_4O	6.59	0.38
90			$C_2H_5NO_3$	2.74	0.63	C_6H_6N	6.96	0.21
N_3O_3	1.26	0.61	$C_2H_7N_2O_2$	3.11	0.44	C_7H_8	7.69	0.25
$H_2N_4O_2$	1.64	0.41	$C_2H_9N_3O$	3.49	0.25	**93**		
CNO_4	1.62	0.81	$C_3H_7O_3$	3.47	0.64	HN_2O_4	0.94	0.80
$CH_2N_2O_3$	1.99	0.61	$C_3H_9NO_2$	3.85	0.46	$H_3N_3O_3$	1.31	0.61
$CH_4N_3O_2$	2.37	0.42	C_4HN_3	5.48	0.12	$H_5N_4O_2$	1.68	0.41
CH_6N_4O	2.74	0.23	C_5HNO	5.84	0.34	CH_3NO_4	1.67	0.81
$C_2H_2O_4$	2.35	0.82	$C_5H_3N_2$	6.21	0.16	$CH_5N_2O_3$	2.04	0.61
$C_2H_4NO_3$	2.72	0.63	C_6H_3O	6.57	0.38	$CH_7N_3O_2$	2.42	0.42
$C_2H_6N_2O_2$	3.10	0.44	C_6H_5N	6.95	0.21	$C_2H_5O_4$	2.40	0.82
$C_2H_8N_3O$	3.47	0.25	C_7H_7	7.68	0.25	$C_2H_7NO_3$	2.77	0.63
$C_2H_{10}N_4$	3.85	0.06	**92**			C_3HN_4	4.78	0.09
$C_3H_6O_3$	3.46	0.64	N_2O_4	9.19	0.80	C_4HN_2O	5.14	0.31

续表

	M+1	M+2		M+1	M+2		M+1	M+2
$C_4H_3N_3$	5.51	0.13	$C_3H_3N_4$	4.82	0.10	$C_3H_5N_4$	4.85	0.10
C_5HO_2	5.50	0.52	C_4HNO_2	4.80	0.49	C_4HO_3	4.46	0.68
C_5H_3NO	5.87	0.34	$C_4H_3N_2O$	5.17	0.31	$C_4H_3NO_2$	4.83	0.49
$C_5H_5N_2$	6.25	0.16	$C_4H_5N_3$	5.55	0.13	$C_4H_5N_2O$	5.20	0.31
C_6H_5O	6.60	0.38	$C_5H_3O_2$	5.53	0.52	$C_4H_7N_3$	5.58	0.13
C_6H_7N	6.98	0.21	C_5H_5NO	5.90	0.34	$C_5H_5O_2$	5.56	0.53
C_7H_9	7.71	0.26	$C_5H_7N_2$	6.28	0.17	C_5H_7NO	5.94	0.35
94			C_6H_7O	6.63	0.39	$C_5H_9N_2$	6.31	0.17
$H_2N_2O_4$	0.95	0.80	C_6H_9N	7.01	0.21	C_6H_9O	6.67	0.39
$H_4N_3O_3$	1.33	0.61	C_7H_{11}	7.74	0.26	$C_6H_{11}N$	7.04	0.21
$H_6N_4O_2$	1.70	0.41	**96**			C_7H_{13}	7.77	0.26
CH_4NO_4	1.68	0.81	$H_4N_2O_4$	0.98	0.81	C_8H	8.66	0.33
$CH_6N_2O_3$	2.06	0.62	C_2N_4O	3.73	0.26	**98**		
$C_2H_6O_4$	2.41	0.82	$C_3N_2O_2$	4.08	0.47	$C_2N_3O_2$	3.38	0.44
C_3N_3O	4.43	0.28	$C_3H_2N_3O$	4.46	0.28	$C_2H_2N_4O$	3.76	0.26
$C_3H_2N_4$	4.80	0.09	$C_3H_4N_4$	4.83	0.10	C_3NO_3	3.74	0.65
C_4NO_2	4.78	0.49	$C_4H_2NO_2$	4.81	0.49	$C_3H_2N_2O_2$	4.11	0.47
$C_4H_2N_2O$	5.16	0.31	$C_4H_4N_2O$	5.19	0.31	$C_3H_4N_3O$	4.49	0.28
$C_4H_4N_3$	5.53	0.13	$C_4H_6N_3$	5.56	0.13	$C_3H_6N_4$	4.86	0.10
$C_5H_2O_2$	5.51	0.52	$C_5H_4O_2$	5.55	0.53	$C_4H_2O_3$	4.47	0.68
C_5H_4NO	5.89	0.34	C_5H_6NO	5.92	0.35	$C_4H_4NO_2$	4.85	0.49
$C_5H_6N_2$	6.26	0.17	$C_5H_8N_2$	6.29	0.17	$C_4H_6N_2O$	5.22	0.31
C_6H_6O	6.62	0.38	C_6H_8O	6.65	0.39	$C_4H_8N_3$	5.59	0.13
C_6H_8N	6.99	0.21	$C_6H_{10}N$	7.03	0.21	$C_5H_6O_2$	5.58	0.53
C_7H_{10}	7.72	0.26	C_7H_{12}	7.76	0.26	C_5H_8NO	5.95	0.35
95			C_8	8.64	0.33	$C_5H_{10}N_2$	6.33	0.17
$H_3N_2O_4$	0.97	0.81	**97**			$C_6H_{10}O$	6.68	0.39
$H_5N_3O_3$	1.34	0.61	C_2HN_4O	3.74	0.26	$C_6H_{12}N$	7.06	0.21
CH_5NO_4	1.70	0.81	$C_3HN_2O_2$	4.10	0.47	C_7H_{14}	7.79	0.26
C_3HN_3O	4.44	0.28	$C_3H_3N_3O$	4.47	0.28	C_7N	7.95	0.27

续表

	M+1	M+2		M+1	M+2		M+1	M+2
C_8H_2	8.68	0.33	$C_4H_4O_3$	4.50	0.68	$C_5H_{13}N_2$	6.37	0.17
99			$C_4H_6NO_2$	4.88	0.50	C_6HN_2	7.26	0.23
$C_2HN_3O_2$	3.40	0.44	$C_4H_8N_2O$	5.25	0.31	$C_6H_{13}O$	6.73	0.39
$C_2H_3N_4O$	3.77	0.26	$C_4H_{10}N_3$	5.63	0.13	$C_6H_{15}N$	7.11	0.22
C_3HNO_3	3.76	0.65	$C_5H_8O_2$	5.61	0.53	C_7HO	7.62	0.45
$C_3H_3N_2O_2$	4.13	0.47	$C_5H_{10}NO$	5.98	0.35	C_7H_3N	7.99	0.28
$C_3H_5N_3O$	4.51	0.28	$C_5H_{12}N_2$	6.36	0.17	C_8H_5	8.73	0.33
$C_3H_7N_4$	4.88	0.10	$C_6H_{12}O$	6.71	0.39	**102**		
$C_4H_3O_3$	4.49	0.68	$C_6H_{14}N$	7.09	0.22	CN_3O_3	2.34	0.62
$C_4H_5NO_2$	4.86	0.50	C_6N_2	7.25	0.23	$CH_2N_4O_2$	2.72	0.43
$C_4H_7N_2O$	5.24	0.31	C_7H_{16}	7.82	0.26	C_2NO_4	2.70	0.83
$C_4H_9N_3$	5.61	0.13	C_7O	7.60	0.45	$C2H_2N_2O_3$	3.07	0.64
$C_5H_7O_2$	5.59	0.53	C_7H_2N	7.98	0.28	$C_2H_4N_3O2$	3.45	0.45
C_5H_9NO	5.97	0.35	C_8H_4	8.71	0.33	$C_2H_6N_4O$	3.82	0.26
$C_5H_{11}N_2$	6.34	0.17	**101**			$C_3H_2O_4$	3.43	0.84
$C_6H_{11}O$	6.70	0.39	CHN_4O_2	2.70	0.43	$C_3H_4NO_3$	3.80	0.66
$C_6H_{13}N$	7.07	0.21	$C_2HN_2O_3$	3.06	0.64	$C_3H_6N_2O_2$	4.18	0.47
C_7HN	7.96	0.28	$C_2H_3N_3O_2$	3.43	0.45	$C_3H_8N_3O$	4.55	0.28
C_7H_{15}	7.80	0.26	$C_2H_5N_4O$	3.81	0.26	$C_3H_{10}N_4$	4.93	0.10
C_8H_3	8.69	0.33	C_3HO_4	3.41	0.84	$C_4H_6O_3$	4.54	0.68
100			$C_3H_3NO_3$	3.79	0.65	$C_4H_8NO_2$	4.91	0.50
CN_4O_2	2.68	0.43	$C_3H_5N_2O_2$	4.16	0.47	$C_4H_{10}N_2O$	5.28	0.32
$C_2N_2O_3$	3.04	0.63	$C_3H_7N_3O$	4.51	0.28	$C_4H_{12}N_3$	5.66	0.13
$C_2H_2N_3O_2$	3.42	0.45	$C_3H_9N_4$	4.91	0.10	$C_5H_{10}O_2$	5.64	0.53
$C_2H_4N_4O$	3.79	0.26	$C_4H_5O_3$	4.52	0.68	$C_5H_{12}NO$	6.02	0.35
C_3O_4	3.40	0.84	$C_4H_7NO_2$	4.89	0.50	$C_5H_{14}N_2$	6.39	0.17
$C_3H_2NO_3$	3.77	0.65	$C_4H_9N_2O$	5.27	0.31	C_5N_3	6.55	0.18
$C_3H_4N_2O_2$	4.15	0.47	$C_4H_{11}N_3$	5.64	0.13	C_6NO	6.90	0.40
$C_3H_6N_3O$	4.52	0.28	$C_5H_9O_2$	5.63	0.53	C_6H_2N2	7.28	0.23
$C_3H_8N_4$	4.90	0.10	$C_5H_{11}NO$	6.00	0.35	$C_6H_{14}O$	6.75	0.39

续表

	M+1	M+2		M+1	M+2		M+1	M+2
C_7H_2O	7.64	0.45	$CH_4N_4O_2$	2.75	0.43	$C_2H_9N_4O$	3.87	0.26
C_7H_4N	8.01	0.28	$C_2H_2NO_4$	2.73	0.83	$C_3H_5O_4$	3.48	0.84
C_8H_6	8.74	0.34	$C_2H_4N_2O_3$	3.11	0.64	$C_3H_7NO_3$	3.85	0.66
103			$C_2H_6N_3O_2$	3.48	0.45	$C_3H_9N_2O_2$	4.23	0.47
CHN_3O_3	2.36	0.62	$C_2H_8N_4O$	3.85	0.26	$C_3H_{11}N_3O$	4.60	0.29
$CH_3N_4O_2$	2.73	0.43	$C_3H_4O_4$	3.46	0.84	C_4HN_4	5.86	0.15
C_2HNO_4	2.72	0.83	$C_3H_6NO_3$	3.84	0.66	$C_4H_9O_3$	4.58	0.68
$C_2H_3N_2O_3$	3.09	0.64	$C_3H_8N_2O_2$	4.21	0.47	$C_4H_{11}NO_2$	4.96	0.50
$C_2H_5N_3O_2$	3.46	0.45	$C_3H_{10}N_3O$	4.59	0.29	C_5HN_2O	6.22	0.36
$C_2H_7N_4O$	3.84	0.26	$C_3H_{12}N_4$	4.96	0.10	$C_5H_3N_3$	6.60	0.19
$C_3H_3O_4$	3.45	0.84	$C_4H_8O_3$	4.57	0.68	C_6HO_2	6.58	0.58
$C_3H_5NO_3$	3.82	0.66	$C_4H_{10}NO_2$	4.94	0.50	C_6H_3NO	6.95	0.41
$C_3H_7N_2O_2$	4.19	0.47	$C_4H_{12}N_2O$	5.32	0.32	$C_6H_5N_2$	7.33	0.23
$C_3H_5N_3O$	4.57	0.29	C_4N_4	5.85	0.14	C_7H_5O	7.68	0.45
$C_3H_{11}N_4$	4.94	0.10	C_5N_2O	6.20	0.36	C_7H_7N	8.06	0.28
$C_4H_7O_3$	4.55	0.68	$C_5H_2N_3$	6.58	0.19	C_8H_9	8.79	0.34
$C_4H_9NO_2$	4.93	0.50	$C_5H_{12}O_2$	5.67	0.53	**106**		
$C_4H_{11}N_2O$	5.30	0.32	C_6O_2	6.56	0.58	$CH_2N_2O_4$	2.03	0.82
$C_4H_{13}N_3$	5.67	0.14	C_6H_2NO	6.94	0.41	$CH_4N_3O_3$	2.41	0.62
C_5HN_3	6.56	0.18	$C_6H_4N_2$	7.31	0.23	$CH_6N_4O_2$	2.78	0.43
$C_5H_{11}O_2$	5.66	0.53	C_7H_4O	7.67	0.45	$C_2H_4NO_4$	2.76	0.83
$C_5H_{13}NO$	6.03	0.35	C_7H_6N	8.04	0.28	$C_2H_6N_2O_3$	3.14	0.64
C_6HNO	6.92	0.40	C_8H_8	8.77	0.34	$C_2H_8N_3O_2$	3.51	0.45
$C_6H_3N_2$	7.29	0.23	**105**			$C_2H_{10}N_4O$	3.89	0.26
C_7H_3O	7.65	0.45	CHN_2O_4	2.02	0.81	$C_3H_6O_4$	3.49	0.85
C_7H_5N	8.03	0.28	$CH_3N_3O_3$	2.39	0.62	$C_3H_8NO_3$	3.87	0.66
C_8H_7	8.76	0.34	$CH_5N_4O_2$	2.76	0.43	$C_3H_{10}N_2O_2$	4.24	0.47
104			$C_2H_3NO_4$	2.75	0.83	$C_4H_2N_4$	5.88	0.15
CN_2O_4	2.00	0.81	$C_2H_5N_2O_3$	3.12	0.64	$C_4H_{10}O_3$	4.60	0.68
$CH_2N_3O_3$	2.37	0.62	$C_2H_7N_3O_2$	3.50	0.45	C_4N_3O	5.51	0.33

续表

	M+1	M+2		M+1	M+2		M+1	M+2
C_5NO_2	5.86	0.54	$CH_4N_2O_4$	2.06	0.82	$C_5H_5N_2O$	6.29	0.37
$C_5H_2N_2O$	6.24	0.36	$CH_6N_3O_3$	2.44	0.62	$C_5H_7N_3$	6.66	0.19
$C_5H_4N_3$	6.61	0.19	$CH_8N_4O_2$	2.81	0.43	$C_6H_5O_2$	6.64	0.59
$C_6H_2O_2$	6.59	0.58	$C_2H_6NO_4$	2.80	0.83	C_6H_7NO	7.02	0.41
C_6H_4NO	6.97	0.41	$C_2H_8N_2O_3$	3.17	0.64	$C_6H_9N_2$	7.39	0.24
$C_6H_6N_2$	7.34	0.23	$C_3H_8O_4$	3.53	0.85	C_7H_9O	7.75	0.46
C_7H_6O	7.70	0.46	$C_4N_2O_2$	5.16	0.51	$C_7H_{11}N$	8.12	0.29
C_7H_8N	8.07	0.28	$C_4H_2N_3O$	5.54	0.33	C_8H_{13}	8.85	0.35
C_8H_{10}	8.80	0.34	$C_4H_4N_4$	5.91	0.15	C_9H	9.74	0.42
107			C_5O_3	5.52	0.72	**110**		
$CH_3N_2O_4$	2.05	0.82	$C_5H_2NO_2$	5.89	0.54	$CH_6N_2O_4$	2.10	0.82
$CH_5N_3O_3$	2.42	0.62	$C_5H_4N_2O$	6.27	0.37	$C_3N_3O_2$	4.46	0.48
$CH_7N_4O_2$	2.80	0.43	$C_5H_6N_3$	6.64	0.19	$C_3H_2N_4O$	4.84	0.30
$C_2H_5NO_4$	2.78	0.83	$C_6H_4O_2$	6.63	0.59	C_4NO_3	4.82	0.69
$C_2H_7N_2O_3$	3.15	0.64	C_6H_6NO	7.00	0.41	$C_4H_2N_2O_2$	5.20	0.51
$C_2H_9N_3O_2$	3.53	0.45	$C_6H_8N_2$	7.37	0.24	$C_4H_4N_3O$	5.57	0.33
$C_2H_7O_4$	3.51	0.85	C_7H_8O	7.73	0.46	$C_4H_6N_4$	5.94	0.15
$C_3H_9NO_3$	3.88	0.66	$C_7H_{10}N$	8.11	0.29	$C_5H_2O_3$	5.55	0.73
C_4HN_3O	5.52	0.33	C_8H_{12}	8.84	0.34	$C_5H_4NO_2$	5.93	0.55
$C_4H_3N_4$	5.90	0.15	C_9	9.37	0.42	$C_5H_6N_2O$	6.30	0.37
$C_5H_NO_2$	5.88	0.54	**109**			$C_5H_8N_3$	6.68	0.19
$C_5H_3N_2O$	6.25	0.37	$CH_5N_2O_4$	2.08	0.82	$C_6H_6O_2$	6.66	0.59
$C_5H_5N_3$	6.63	0.19	$CH_7N_3O_3$	2.45	0.62	C_6H_8NO	7.03	0.41
$C_6H_3O_2$	6.61	0.58	$C_2H_7NO_4$	2.81	0.83	$C_6H_{10}N_2$	7.41	0.24
C_6H_5NO	6.98	0.41	C_3HN_4O	4.82	0.30	$C_7H_{10}O$	7.76	0.46
$C_6H_7N_2$	7.36	0.23	$C_4HN_2O_2$	5.18	0.51	$C_7H_{12}N$	8.14	0.29
C_7H_7O	7.72	0.46	$C_4H_3N_3O$	5.55	0.33	C_8H_{14}	8.87	0.35
C_7H_9N	8.09	0.29	$C_4H_5N_4$	5.93	0.15	C_8N	9.03	0.36
C_8H_{11}	8.82	0.34	C_5HO_3	5.54	0.73	C_9H_2	9.76	0.42
108			$C_5H_3NO_2$	5.91	0.55	111		

续表

	M+1	M+2		M+1	M+2		M+1	M+2
$C_3HN_3O_2$	4.48	0.48	$C_5H_8N_2O$	6.33	0.37	$C_7H_{15}N$	8.19	0.29
$C_3H_3N_4O$	4.86	0.30	$C_5H_{10}N_3$	6.71	0.19	C_7HN_2	8.34	0.31
C_4HNO_3	4.84	0.69	$C_6H_8O_2$	6.69	0.59	C_8H_{17}	8.92	0.35
$C_4H_3N_2O_2$	5.21	0.51	$C_6H_{10}NO$	7.06	0.41	C_8HO	8.70	0.53
$C_4H_5N_3O$	5.59	0.33	$C_6H_{12}N_2$	7.44	0.24	C_8H_3N	9.07	0.36
$C_4H_7N_4$	5.96	0.15	$C_7H_{12}O$	7.80	0.46	C_9H_5	9.81	0.43
$C_5H_3O_3$	5.57	0.73	$C_7H_{14}N$	8.17	0.29	**114**		
$C_5H_5NO_2$	5.94	0.55	C_7N_2	8.33	0.30	$C_2N_3O_3$	3.42	0.65
$C_5H_7N_2O$	6.32	0.37	C_8O	8.68	0.53	$C_2H_2N_4O_2$	3.80	0.46
$C_5H_9N_3$	6.69	0.19	C_8H_{16}	8.90	0.35	C_3NO_4	3.78	0.80
$C_6H_7O_2$	6.67	0.59	C_8H_2N	9.06	0.36	$C_3H_2N_2O_3$	4.15	0.67
C_6H_9NO	7.05	0.41	C_9H_4	9.79	0.43	$C_3H_4N_3O_2$	4.53	0.48
$C_6H_{11}N_2$	7.42	0.24	**113**			$C_3H_6N_4O$	4.90	0.30
$C_7H_{11}O$	7.78	0.46	$C_2HN_4O_2$	3.78	0.46	$C_4H_2O_4$	4.51	0.88
$C_7H_{13}N$	8.15	0.29	$C_3HN_2O_3$	4.14	0.67	$C_4H_4NO_3$	4.89	0.70
C_8H_{15}	8.88	0.35	$C_3H_3N_3O_2$	4.51	0.48	$C_4H_6N_2O_2$	5.26	0.51
C_8HN	9.04	0.36	$C_3H_5N_4O$	4.89	0.30	$C_4H_8N_3O$	5.63	0.33
C_9H_3	9.77	0.43	C_4HO_4	4.49	0.88	$C_4H_{10}N_4$	6.01	0.15
112			$C_4H_3NO_3$	4.87	0.70	$C_5H_6O_3$	5.62	0.73
$C_2N_4O_2$	3.77	0.46	$C_4H_5N_2O_2$	5.24	0.51	$C_5H_8NO_2$	5.99	0.55
$C_3N_2O_3$	4.12	0.67	$C_4H_7N_3O$	5.62	0.33	$C_5H_{10}N_2O$	6.37	0.37
$C_3H_2N_3O_2$	4.50	0.48	$C_4H_9N_4$	5.99	0.16	$C_5H_{12}N_3$	6.74	0.20
$C_3H_4N_4O$	4.87	0.30	$C_5H_5O_3$	5.60	0.73	$C_6H_{10}O_2$	6.72	0.59
C_4O_4	4.48	0.88	$C_5H_7NO_2$	5.97	0.55	$C_6H_{12}NO$	7.10	0.42
$C_4H_2NO_3$	4.85	0.70	$C_5H_9N_2O$	6.35	0.37	$C_6H_{14}N_2$	7.47	0.24
$C_4H_4N_2O_2$	5.23	0.51	$C_5H_{11}N_3$	6.72	0.19	C_6N_3	7.63	0.25
$C_4H_6N_3O$	5.60	0.33	$C_6H_9O_2$	6.71	0.59	$C_7H_{14}O$	7.83	0.47
$C_4H_8N_4$	5.98	0.15	$C_6H_{11}NO$	7.09	0.42	$C_7H_{16}N$	8.20	0.29
$C_5H_4O_3$	5.58	0.73	$C_6H_{13}N_2$	7.45	0.24	$C_7H_2N_2$	8.36	0.31
$C_5H_6NO_2$	5.96	0.55	$C_7H_{13}O$	7.81	0.46	C_7NO	7.98	0.48

续表

	M+1	M+2		M+1	M+2		M+1	M+2
C_8H_{18}	8.93	0.35	C_9H_7	9.84	0.43	**117**		
C_8H_2O	8.72	0.53	**116**			$C_2HN_2O_4$	3.10	0.84
C_8H_4N	9.09	0.37	$C_2N_2O_4$	3.08	0.84	$C_2H_3N_3O_3$	3.47	0.65
C_9H_6	9.82	0.43	$C_2H_2N_3O_3$	3.45	0.65	$C_2H_5N_4O_2$	3.85	0.46
115			$C_2H_4N_4O_2$	3.83	0.46	$C_3H_3NO_4$	3.83	0.86
$C_2HN_3O_3$	3.44	0.65	$C_3H_2NO_4$	3.81	0.86	$C_3H_5N_2O_3$	4.20	0.67
$C_2H_3N_4O_2$	3.81	0.46	$C_3H_4N_2O_3$	4.19	0.67	$C_3H_7N_3O_2$	4.58	0.49
C_3HNO_4	3.80	0.86	$C_3H_6N_3O_2$	4.56	0.49	$C_3H_9N_4O$	4.95	0.30
$C_3H_3N_2O_3$	4.17	0.67	$C_3H_8N_4O$	4.93	0.30	$C_4H_5O_4$	4.56	0.88
$C_3H_5N_3O_2$	4.54	0.48	$C_4H_4O_4$	4.54	0.88	$C_4H_7NO_3$	4.93	0.70
$C_3H_7N_4O$	4.92	0.30	$C_4H_6NO_3$	4.92	0.70	$C_4H_9N_2O_2$	5.31	0.52
$C_4H_3O_4$	4.53	0.88	$C_4H_8N_2O_2$	5.29	0.52	$C_4H_{11}N_3O$	5.68	0.34
$C_4H_5NO_3$	4.90	0.70	$C_4H_{10}N_3O$	5.67	0.34	$C_4H_{13}N_4$	6.06	0.16
$C_4H_7N_2O_2$	5.28	0.52	$C_4H_{12}N_4$	6.04	0.16	$C_5H_9O_3$	5.66	0.73
$C_4H_9N_3O$	5.65	0.33	$C_5H_8O_3$	5.65	0.73	$C_5H_{11}NO_2$	6.04	0.55
$C_4H_{11}N_4$	6.02	0.16	$C_5H_{10}NO_2$	6.02	0.55	$C_5H_{13}N_2O$	6.41	0.38
$C_5H_7O_3$	5.63	0.73	$C_5H_{12}N_2O$	6.40	0.37	$C_5H_{15}N_3$	6.79	0.20
$C_5H_9NO_2$	6.01	0.55	$C_5H_{14}N_3$	6.77	0.20	C_5HN_4	6.98	0.21
$C_5H_{11}N_2O$	6.38	0.37	C_5N_4	6.93	0.21	$C_6H_{13}O_2$	6.77	0.60
$C_5H_{13}N_3$	6.76	0.20	$C_6H_{12}O_2$	6.75	0.59	$C_6H_{15}NO$	7.14	0.42
$C_6H_{11}O_2$	6.74	0.59	$C_6H_{14}NO$	7.13	0.42	C_6HN_2O	7.30	0.43
$C_6H_{13}NO$	7.11	0.42	$C_6H_{16}N_2$	7.50	0.24	$C_6H_3N_3$	7.68	0.26
$C_6H_{15}N_2$	7.49	0.24	$C_6H_2N_3$	7.66	0.26	C_7HO_2	7.66	0.65
C_6HN_3	7.64	0.25	$C_7H_{16}O$	7.86	0.47	C_7H_3NO	8.03	0.48
$C_7H_{15}O$	7.84	0.47	C_7O_2	7.64	0.65	$C_7H_5N_2$	8.41	0.31
C_7HNO	8.00	0.48	C_7H_2NO	8.02	0.48	C_8H_5O	8.76	0.54
$C_7H_{17}N$	8.22	0.30	$C_7H_4N_2$	8.39	0.31	C_8H_7N	9.14	0.37
$C_7H_3N_2$	8.38	0.31	C_8H_4O	8.75	0.54	C_9H_9	9.87	0.43
C_8H_3O	8.73	0.53	C_8H_6N	9.12	0.37	**118**		
C_8H_5N	9.11	0.37	C_9H_8	9.85	0.43	$C_2H_2N_2O_4$	3.11	0.84

续表

	M+1	M+2		M+1	M+2		M+1	M+2
$C_2H_4N_3O_3$	3.49	0.65	$C_3H_5NO_4$	3.86	0.86	$C_4H_{10}NO_3$	4.98	0.70
$C_2H_6N_4O_2$	3.86	0.46	$C_3H_7N_2O_3$	4.23	0.67	$C_4H_{12}N_2O_2$	5.36	0.52
$C_3H_4NO_4$	3.84	0.86	$C_3H_9N_3O_2$	4.61	0.49	C_4N_4O	5.89	0.35
$C_3H_6N_2O_3$	4.22	0.67	$C_3H_{11}N_4O$	4.98	0.30	$C_5H_{12}O_3$	5.71	0.74
$C_3H_8N_3O_2$	4.59	0.49	$C_4H_7O_4$	4.59	0.88	$C_5N_2O_2$	6.24	0.57
$C_3H_{10}N_4O$	4.97	0.30	$C_4H_9NO_3$	4.97	0.70	$C_5H_2N_3O$	6.62	0.39
$C_4H_6O_4$	4.58	0.88	$C_4H_{11}N_2O_2$	5.34	0.52	$C_5H_4N_4$	6.99	0.21
$C_4H_8NO_3$	4.95	0.70	$C_4H_{13}N_3O$	5.71	0.34	C_6O_3	6.60	0.78
$C_4H_{10}N_2O_2$	5.32	0.52	$C_5H_{11}O_3$	5.70	0.73	$C_6H_2NO_2$	6.98	0.61
$C_4H_{12}N_3O$	5.70	0.34	$C_5H_{13}NO_2$	6.07	0.56	$C_6H_4N_2O$	7.35	0.43
$C_4H_{14}N_4$	6.07	0.16	C_5HN_3O	6.60	0.39	$C_6H_6N_3$	7.72	0.26
$C_5H_{10}O_3$	5.68	0.73	$C_5H_3N_4$	6.98	0.21	$C_7H_4O_2$	7.71	0.66
$C_5H_{12}NO_2$	6.05	0.55	C_6HNO_2	6.96	0.61	C_7H_6NO	8.08	0.49
$C_5H_{14}N_2O$	6.43	0.38	$C_6H_3N_2O$	7.33	0.43	$C_7H_8N_2$	8.46	0.32
C_5N_3O	6.59	0.39	$C_6H_5N_3$	7.71	0.26	C_8H_8O	8.81	0.54
$C_5H_2N_4$	6.96	0.21	$C_7H_3O_2$	7.69	0.66	$C_8H_{10}N$	9.19	0.37
$C_6H_{14}O_2$	6.79	0.60	C_7H_5NO	8.06	0.48	C_9H_{12}	9.92	0.44
C_6NO_2	6.94	0.61	$C_7H_7N_2$	8.44	0.31	C_{10}	10.81	0.53
$C_6H_2N_2O$	7.32	0.43	C_8H_7O	8.80	0.54	**121**		
$C_6H_4N_3$	7.69	0.26	C_8H_9N	9.17	0.37	$C_2H_5N_2O_4$	3.16	0.84
$C_7H_2O_2$	7.67	0.65	C_9H_{11}	9.90	0.44	$C_2H_7N_3O_3$	3.53	0.65
C_7H_4NO	8.05	0.48	**120**			$C_2H_9N_4O_2$	3.91	0.46
$C_7H_6N_2$	8.42	0.31	$C_2H_4N_2O_4$	3.15	0.84	$C_3H_7NO_4$	3.89	0.86
C_8H_6O	8.78	0.54	$C_2H_6N_3O_3$	3.52	0.65	$C_3H_9N_2O_3$	4.27	0.67
C_8H_8N	9.15	0.37	$C_2H_8N_4O_2$	3.89	0.46	$C_3H_{11}N_3O_2$	4.64	0.49
C_9H_{10}	9.89	0.44	$C_3H_6NO_4$	3.88	0.86	$C_4H_9O_4$	4.62	0.89
119			$C_3H_8N_2O_3$	4.25	0.67	$C_4H_{11}NO_3$	5.00	0.70
$C_2H_3N_2O_4$	3.13	0.84	$C_3H_{10}N_3O_2$	4.62	0.49	C_4HN_4O	5.90	0.35
$C_2H_5N_3O_3$	3.50	0.65	$C_3H_{12}N_4O$	5.00	0.30	$C_5HN_2O_2$	6.26	0.57
$C_2H_7N_4O_2$	3.88	0.46	$C_4H_8O_4$	4.61	0.88	$C_5H_3N_3O$	6.63	0.39

续表

	M+1	M+2		M+1	M+2		M+1	M+2
$C_5H_5N_4$	7.01	0.21	C_7H_8NO	8.11	0.49	$C_2H_8N_2O_4$	3.21	0.84
C_6HO_3	6.62	0.79	$C_7H_{10}N_2$	8.49	0.32	$C_3H_4O_2$	4.85	0.50
$C_6H_3NO_2$	6.99	0.61	$C_8H_{10}O$	8.84	0.54	$C_4N_2O_3$	5.20	0.71
$C_6H_5N_2O$	7.37	0.44	$C_8H_{12}N$	9.22	0.38	$C_4H_2N_3O_2$	5.58	0.53
$C_6H_7N_3$	7.74	0.26	C_9H_{14}	9.95	0.44	$C_4H_4N_4O$	5.95	0.35
$C_7H_5O_2$	7.72	0.66	C_9N	10.11	0.46	C_5O_4	5.56	0.93
C_7H_7NO	8.10	0.49	$C_{10}H_2$	10.84	0.53	$C_5H_2NO_3$	5.93	0.75
$C_7H_9N_2$	8.47	0.32	**123**			$C_5H_4N_2O_2$	6.31	0.57
C_8H_9O	8.83	0.54	$C_2H_7N_2O_4$	3.19	0.84	$C_5H_6N_3O$	6.68	0.39
$C_8H_{11}N$	9.20	0.28	$C_2H_9N_3O_3$	3.57	0.65	$C_5H_8N_4$	7.06	0.22
C_9H_{13}	9.93	0.44	$C_3H_9NO_4$	3.92	0.86	$C_6H_4O_3$	6.66	0.79
$C_{10}H$	10.82	0.53	$C_4HN_3O_2$	5.56	0.53	$C_6H_6NO_2$	7.04	0.61
122			$C_4H_3N_4O$	5.94	0.35	$C_6H_8N_2O$	7.41	0.44
$C_2H_6N_2O_4$	3.18	0.84	C_5HNO_3	5.92	0.75	$C_6H_{10}N_3$	7.79	0.27
$C_2H_8N_3O_3$	3.55	0.65	$C_5H_3N_2O_2$	6.29	0.57	$C_7H_8O_2$	7.77	0.66
$C_2H_{10}N_4O_2$	3.93	0.46	$C_5H_5N_3O$	6.67	0.39	$C_7H_{10}NO$	8.14	0.49
$C_3H_8NO_4$	3.91	0.86	$C_5H_7N_4$	7.04	0.22	$C_7H_{12}N_2$	8.52	0.32
$C_3H_{10}N_2O_3$	4.28	0.67	$C_6H_3O_3$	6.65	0.79	$C_8H_{12}O$	8.88	0.55
$C_4H_{10}O_4$	4.64	0.89	$C_6H_5NO_2$	7.02	0.61	$C_8H_{14}N$	9.25	0.38
$C_4N_3O_2$	5.54	0.53	$C_6H_7N_2O$	7.40	0.44	C_8N_2	9.41	0.39
$C_4H_2N_4O$	5.92	0.35	$C_6H_9N_3$	7.77	0.26	C_9H_{16}	9.98	0.45
C_5NO_3	5.90	0.75	$C_7H_7O_2$	7.75	0.66	C_9O	9.76	0.62
$C_5H_2N_2O_2$	6.28	0.57	C_7H_9NO	8.13	0.49	C_9H_2N	10.14	0.46
$C_5H_4N_3O$	6.65	0.39	$C_7H_{11}N_2$	8.50	0.32	$C_{10}H_4$	10.87	0.53
$C_5H_6N_4$	7.02	0.21	$C_8H_{11}O$	8.86	0.55	**125**		
$C_6H_2O_3$	6.63	0.79	$C_8H_{13}N$	9.23	0.38	$C_3HN_4O_2$	4.86	0.50
$C_6H_4NO_2$	7.01	0.61	C_9H_{15}	9.97	0.44	$C_4HN_2O_3$	5.22	0.71
$C_6H_6N_2O$	7.38	0.44	C_9HN	10.12	0.46	$C_4H_3N_3O_2$	5.59	0.53
$C_6H_8N_3$	7.76	0.26	$C_{10}H_3$	10.85	0.53	$C_4H_5N_4O$	5.97	0.35
$C_7H_6O_2$	7.74	0.66	**124**			C_5HO_4	5.58	0.93

续表

	M+1	M+2		M+1	M+2		M+1	M+2
$C_5H_3NO_3$	5.95	0.75	$C_6H_6O_3$	6.70	0.79	$C_6H_{11}N_2O$	7.46	0.44
$C_5H_5N_2O_2$	6.32	0.57	$C_6H_8NO_2$	7.07	0.62	$C_6H_{13}N_3$	7.84	0.27
$C_5H_7N_3O$	6.70	0.39	$C_6H_{10}N_2O$	7.45	0.44	$C_7H_{11}O_2$	7.82	0.67
$C_5H_9N_4$	7.07	0.22	$C_6H_{12}N_3$	7.82	0.27	$C_7H_{13}NO$	8.19	0.49
$C_6H_5O_3$	6.68	0.79	$C_7H_{10}O_2$	7.80	0.66	$C_7H_{15}N_2$	8.57	0.32
$C_6H_7NO_2$	7.06	0.61	$C_7H_{12}NO$	8.18	0.49	C_7HN_3	8.72	0.34
$C_6H_9N_2O$	7.43	0.44	$C_7H_{14}N_2$	8.55	0.32	$C_8H_{15}O$	8.92	0.55
$C_6H_{11}N_3$	7.80	0.27	C_7N_3	8.71	0.34	C_8HNO	9.08	0.57
$C_7H_9O_2$	7.79	0.66	$C_8H_{14}O$	8.91	0.55	$C_8H_{17}N$	9.30	0.38
$C_7H_{11}NO$	8.16	0.49	C_8NO	9.07	0.56	$C_8H_3N_2$	9.46	0.40
$C_7H_{13}N_2$	8.54	0.32	$C_8H_{16}N$	9.28	0.38	C_9H_3O	9.81	0.63
$C_8H_{13}O$	8.89	0.55	$C_8H_2N_2$	9.44	0.40	C_9H_5N	10.19	0.47
$C_8H_{15}N$	9.27	0.38	C_9H_{18}	10.01	0.45	C_9H_{19}	10.03	0.45
C_8HN_2	9.42	0.40	C_9H_2O	9.80	0.63	$C_{10}H_7$	10.92	0.54
C_9H_{17}	10.00	0.45	C_9H_4N	10.17	0.46	**128**		
C_9HO	9.78	0.63	$C_{10}H_6$	10.90	0.54	$C_3N_2O_4$	4.16	0.87
C_9H_3N	10.15	0.46	**127**			$C_3H_2N_3O_3$	4.54	0.68
$C_{10}H_5$	10.89	0.53	$C_3HN_3O_3$	4.52	0.68	$C_3H_4N_4O_2$	4.91	0.50
126			$C_3H_3N_4O_2$	4.89	0.50	$C_4H_2NO_4$	4.89	0.90
$C_3H_3O_3$	4.50	0.68	C_4HNO_4	4.88	0.90	$C_4H_4N_2O_3$	5.27	0.72
$C_3H_2N_4O_2$	4.88	0.50	$C_4H_3N_2O_3$	5.25	0.71	$C_4H_6N_3O_2$	5.64	0.53
C_4NO_4	4.86	0.90	$C_4H_5N_3O_2$	5.62	0.53	$C_4H_8N_4O$	6.02	0.36
$C_4H_2N_2O_3$	5.23	0.71	$C_4H_7N_4O$	6.00	0.35	$C_5H_4O_4$	5.62	0.93
$C_4H_4N_3O_2$	5.61	0.53	$C_5H_3O_4$	5.61	0.93	$C_5H_6NO_3$	6.00	0.75
$C_4H_6N_4O$	5.98	0.35	$C_5H_5NO_3$	5.98	0.75	$C_5H_8N_2O_2$	6.37	0.57
$C_5H_2O_4$	5.59	0.93	$C_5H_7N_2O_2$	6.36	0.57	$C_5H_{10}N_3O$	6.75	0.40
$C_5H_4NO_3$	5.97	0.75	$C_5H_9N_3O$	6.73	0.40	$C_5H_{12}N_4$	7.12	0.22
$C_5H_6N_2O_2$	6.34	0.57	$C_5H_{11}N_4$	7.10	0.22	$C_6H_8O_3$	6.73	0.79
$C_5H_8N_3O$	6.71	0.35	$C_6H_7O_3$	6.71	0.79	$C_6H_{10}NO_2$	7.10	0.62
$C_5H_{10}N_4$	7.09	0.22	$C_6H_9NO_2$	7.09	0.62	$C_6H_{12}N_2O$	7.48	0.44

续表

	M+1	M+2		M+1	M+2		M+1	M+2
$C_6H_{14}N_3$	7.85	0.27	$C_6H_{11}NO_2$	7.12	0.62	$C_6H_{10}O_3$	6.76	0.79
C_6N_4	8.01	0.28	$C_6H_{13}N_2O$	7.49	0.44	$C_6H_{12}NO_2$	7.14	0.62
$C_7H_{12}O_2$	7.83	0.67	$C_6H_{15}N_3$	7.87	0.27	$C_6H_{14}N_2O$	7.51	0.45
$C_7H_{14}NO$	8.21	0.50	C_6HN_4	8.03	0.28	C_6N_3O	7.67	0.46
$C_7H_{16}N_2$	8.58	0.33	$C_7H_{13}O_2$	7.85	0.67	$C_6H_{16}N_3$	7.88	0.27
C_7N_2O	8.37	0.51	$C_7H_{15}NO$	8.22	0.50	$C_6H_2N_4$	8.04	0.29
$C_7H_2N_3$	8.74	0.34	C_7HN_2O	8.38	0.51	$C_7H_{14}O_2$	7.87	0.67
$C_8H_{16}O$	8.94	0.65	$C_7H_{17}N_2$	8.60	0.33	C_7NO_2	8.02	0.68
C_8O_2	8.72	0.37	$C_7H_3N_3$	8.76	0.34	$C_7H_{16}NO$	8.24	0.50
$C_8H_{18}N$	9.31	0.39	C_8HO_2	8.74	0.74	$C_7H_2N_2O$	8.40	0.51
C_8H_2NO	9.10	0.57	$C_8H_{17}O$	8.96	0.55	$C_7H_{18}N_2$	8.62	0.33
$C_8H_4N_2$	9.47	0.40	C_8H_3NO	9.11	0.57	$C_7H_4N_3$	8.77	0.34
C_9H_{20}	10.05	0.45	$C_8H_{19}N$	9.33	0.39	$C_8H_2O_2$	8.75	0.74
C_9H_4O	9.83	0.63	$C_8H_5N_2$	9.49	0.40	$C_8H_{18}O$	8.97	0.56
C_9H_6N	10.20	0.47	C_9H_5O	9.84	0.63	C_8H_4NO	9.13	0.57
$C_{10}H_8$	10.93	0.54	C_9H_7N	10.22	0.47	$C_8H_6N_2$	9.50	0.40
129			$C_{10}H_9$	10.95	0.54	C_9H_6O	9.86	0.63
$C_3HN_2O_4$	4.18	0.87	**130**			C_9H_8N	10.23	0.47
$C_3H_3N_3O_3$	4.55	0.69	$C_3H_2N_2O_4$	4.19	0.87	$C_{10}H_{10}$	10.97	0.54
$C_3H_5N_4O_2$	4.93	0.50	$C_3H_4N_3O_3$	4.57	0.69	**131**		
$C_4H_3NO_4$	4.91	0.90	$C_3H_6N_4O_2$	4.94	0.50	$C_3H_3N_2O_4$	4.21	0.87
$C_4H_5N_2O_3$	5.28	0.72	$C_4H_4NO_4$	4.92	0.90	$C_3H_5N_3O_3$	4.58	0.69
$C_4H_7N_3O_2$	5.66	0.54	$C_4H_6N_2O_3$	5.30	0.72	$C_3H_7N_4O_2$	4.96	0.50
$C_4H_9N_4O$	6.03	0.36	$C_4H_8N_3O_2$	5.67	0.54	$C_4H_5NO_4$	4.94	0.90
$C_5H_5O_4$	5.64	0.93	$C_4H_{10}N_4O$	6.05	0.36	$C_4H_7N_2O_3$	5.31	0.72
$C_5H_7NO_3$	6.01	0.75	$C_5H_6O_4$	5.66	0.93	$C_4H_9N_3O_2$	5.69	0.54
$C_5H_9N_2O_2$	6.39	0.57	$C_5H_8NO_3$	6.03	0.75	$C_4H_{11}N_4O$	6.06	0.36
$C_5H_{11}N_3O$	6.76	0.40	$C_5H_{10}N_2O_2$	6.40	0.58	$C_5H_7O_4$	5.67	0.93
$C_5H_{13}N_4$	7.14	0.22	$C_5H_{12}N_3O$	6.78	0.40	$C_5H_9NO_3$	6.05	0.75
$C_6H_9O_3$	6.74	0.79	$C_5H_{14}N_4$	7.15	0.22	$C_5H_{11}N_2O_2$	6.42	0.58

续表

	M+1	M+2		M+1	M+2		M+1	M+2
$C_5H_{13}N_3O$	6.79	0.40	$C_5H_{14}N_3O$	6.81	0.40	$C_5H_{11}NO_3$	6.08	0.76
$C_5H_{15}N_4$	7.17	0.22	$C_5H_{16}N_4$	7.18	0.23	$C_5H_{13}N_2O_2$	6.45	0.58
$C_6H_{11}O_3$	6.78	0.80	C_5N_4O	6.97	0.41	$C_5H_{15}N_3O$	6.83	0.40
$C_6H_{13}NO_2$	7.15	0.62	$C_6H_{12}O_3$	6.97	0.80	C_5HN_4O	6.98	0.41
$C_6H_{15}N_2O$	7.53	0.45	$C_6H_{14}NO_2$	7.17	0.62	$C_6H_{13}O_3$	6.81	0.80
C_6HN_3O	7.68	0.46	$C_6N_2O_2$	7.32	0.63	$C_6H_{15}NO_2$	7.18	0.62
$C_6H_{17}N_3$	7.90	0.27	$C_6H_{16}N_2O$	7.54	0.45	$C_6HN_2O_2$	7.34	0.63
$C_6H_3N_4$	8.06	0.29	$C_6H_2N_3O$	7.70	0.46	$C_6H_3N_3O$	7.72	0.46
$C_7H_{15}O_2$	7.88	0.67	$C_6H_4N_4$	8.07	0.29	$C_6H_5N_4$	8.09	0.29
C_7HNO_2	8.04	0.68	C_7O_3	7.68	0.86	C_7HO_3	7.70	0.86
$C_7H_3N_2O$	8.14	0.51	$C_7H_{16}O_2$	7.90	0.67	$C_7H_3NO_2$	8.07	0.69
$C_7H_{17}NO$	8.26	0.50	$C_7H_2NO_2$	8.06	0.68	$C_7H_5N_2O$	8.45	0.51
$C_7H_5N_3$	8.79	0.34	$C_7H_4N_2O$	8.43	0.51	$C_7H_7N_3$	8.82	0.35
$C_8H_3O_2$	8.77	0.74	$C_7H_6N_3$	8.80	0.34	$C_8H_5O_2$	8.80	0.74
C_8H_5NO	9.15	0.57	$C_8H_4O_2$	8.79	0.74	C_8H_7NO	9.18	0.57
$C_8H_7N_2$	9.52	0.41	C_8H_6NO	9.16	0.57	$C_8H_9N_2$	9.55	0.41
C_9H_7O	9.88	0.64	$C_8H_8N_2$	9.54	0.41	C_9H_9O	9.91	0.64
C_9H_9N	10.25	0.47	C_9H_8O	9.89	0.64	$C_9H_{11}N$	10.28	0.48
$C_{10}H_{11}$	10.98	0.54	$C_9H_{10}N$	10.27	0.47	$C_{10}H_{13}$	11.01	0.55
132			$C_{10}H_{12}$	11.00	0.55	$C_{11}H$	11.90	0.64
$C_3H_4N_2O_4$	4.23	0.87	C_{11}	11.89	0.64	**134**		
$C_3H_6N_3O_3$	4.60	0.69	**133**			$C_3H_6N_2O_4$	4.26	0.87
$C_3H_8N_4O_2$	4.97	0.50	$C_3H_5N_2O_4$	4.24	0.87	$C_3H_8N_3O_3$	4.63	0.69
$C_4H_6NO_4$	4.96	0.90	$C_3H_7N_3O_3$	4.62	0.69	$C_3H_{10}N_4O_2$	5.01	0.51
$C_4H_8N_2O_3$	5.33	0.72	$C_3H_9N_4O_2$	4.99	0.51	$C_4H_8NO_4$	4.99	0.90
$C_4H_{10}N_3O_2$	5.70	0.54	$C_4H_7NO_4$	4.97	0.90	$C_4H_{10}N_2O_3$	5.36	0.72
$C_4H_{12}N_4O$	6.08	0.36	$C_4H_9N_2O_3$	5.35	0.72	$C_4H_{12}N_3O_2$	5.74	0.54
$C_5H_8O_4$	5.69	0.93	$C_4H_{11}N_3O_2$	5.72	0.54	$C_4H_{14}N_4O$	6.11	0.36
$C_5H_{10}NO_3$	6.06	0.76	$C_4H_{13}N_4O$	6.10	0.36	$C_5H_{10}O_4$	5.72	0.94
$C_5H_{12}N_2O_2$	6.44	0.58	$C_5H_9O_4$	5.70	0.94	$C_5H_{12}NO_3$	6.09	0.76

续表

	M+1	M+2		M+1	M+2		M+1	M+2
$C_5H_{14}N_2O_2$	6.47	0.58	$C_5H_3N_4O$	7.02	0.41	$C_6H_4N_2O_2$	7.39	0.64
$C_5N_3O_2$	6.63	0.59	C_6HNO_3	7.00	0.81	$C_6H_6N_3O$	7.76	0.46
$C_5H_2N_4O$	7.00	0.41	$C_6H_3N_2O_2$	7.37	0.64	$C_6H_8N_4$	8.14	0.29
$C_6H_{14}O_3$	6.83	0.80	$C_6H_5N_3O$	7.75	0.46	$C_7H_4O_3$	7.75	0.86
C_6NO_3	6.98	0.81	$C_6H_7N_4$	8.12	0.29	$C_7H_6NO_2$	8.12	0.69
$C_6H_2N_2O_2$	7.36	0.64	$C_7H_3O_3$	7.73	0.86	$C_7H_8N_2O$	8.49	0.52
$C_6H_4N_3O$	7.73	0.46	$C_7H_5NO_2$	8.10	0.69	$C_7H_{10}N_3$	8.87	0.35
$C_6H_6N_4$	8.11	0.29	$C_7H_7N_2O$	8.48	0.52	$C_8H_8O_2$	8.85	0.75
$C_7H_2O_3$	7.71	0.86	$C_7H_9N_3$	8.85	0.35	$C_8H_{10}NO$	9.23	0.58
$C_7H_4NO_2$	8.09	0.69	$C_8H_7O_2$	8.84	0.74	$C_8H_{12}N_2$	9.60	0.41
$C_7H_6N_2O$	8.46	0.52	C_8H_9NO	9.21	0.58	$C_9H_{12}O$	9.96	0.64
$C_7H_8N_3$	8.84	0.35	$C_8H_{11}N_2$	9.58	0.41	$C_9H_{14}N$	10.33	0.48
$C_8H_6O_2$	8.82	0.74	$C_9H_{11}O$	9.94	0.64	C_9N_2	10.49	0.50
C_8H_8NO	9.19	0.58	$C_9H_{13}N$	10.31	0.48	$C_{10}O$	10.85	0.73
$C_8H_{10}N_2$	9.57	0.41	$C_{10}H_{15}$	11.05	0.55	$C_{10}H_{16}$	11.06	0.55
$C_9H_{10}O$	9.92	0.64	$C_{10}HN$	11.20	0.57	$C_{10}H_2N$	11.22	0.57
$C_9H_{12}N$	10.30	0.48	$C_{11}H_3$	11.93	0.65	$C_{11}H_4$	11.95	0.65
$C_{10}H_{14}$	11.03	0.55	**136**			**137**		
$C_{10}N$	11.19	0.57	$C_3H_8N_2O_4$	4.29	0.87	$C_3H_9N_2O_4$	4.31	0.88
$C_{11}H_2$	11.92	0.65	$C_3H_{10}N_3O_3$	4.66	0.69	$C_3H_{11}N_3O_3$	4.68	0.69
135			$C_3H_{12}N_4O_2$	5.04	0.51	$C_4HN_4O_2$	5.94	0.55
$C_3H_7N_2O_4$	4.27	0.87	$C_4H_{10}NO_4$	5.02	0.90	$C_4H_{11}NO_4$	5.04	0.90
$C_3H_9N_3O_3$	4.65	0.69	$C_4H_{12}N_2O_3$	5.39	0.72	$C_5HN_2O_3$	6.30	0.77
$C_3H_{11}N_4O_2$	5.02	0.51	$C_4N_4O_2$	5.93	0.55	$C_5H_3N_3O_2$	6.67	0.59
$C_4H_9NO_4$	5.00	0.90	$C_5H_{12}O_4$	5.75	0.94	$C_5H_5N_4O$	7.05	0.42
$C_4H_{11}N_2O_3$	5.38	0.72	$C_5N_2O_3$	6.28	0.77	C_6HO_4	6.66	0.99
$C_4H_{13}N_3O_2$	5.75	0.54	$C_5H_2N_3O_2$	6.66	0.59	$C_6H_3NO_3$	7.03	0.81
$C_5H_{11}O_4$	5.74	0.94	$C_5H_4N_4O$	7.03	0.42	$C_6H_5N_2O_2$	7.40	0.64
$C_5H_{13}NO_3$	6.11	0.76	C_6O_4	6.64	0.99	$C_6H_7N_3O$	7.78	0.47
$C_5HN_3O_2$	6.64	0.59	$C_6H_2NO_3$	7.01	0.81	$C_6H_9N_4$	8.15	0.29

续表

	M+1	M+2		M+1	M+2		M+1	M+2
$C_7H_5O_3$	7.76	0.86	$C_7H_{12}N_3$	8.90	0.35	$C_8H_{13}NO$	9.27	0.58
$C_7H_7NO_2$	8.14	0.69	$C_8H_{10}O_2$	8.88	0.75	$C_8H_{15}N_2$	9.65	0.42
$C_7H_{19}N_2O$	8.51	0.52	$C_8H_{12}NO$	9.26	0.58	C_8HN_3	9.81	0.43
$C_7H_{11}N_3$	8.88	0.35	$C_8H_{14}N_2$	9.63	0.42	$C_9H_{15}O$	10.00	0.65
$C_8H_9O_2$	8.87	0.75	C_8N_3	9.79	0.43	$C_9H_{17}N$	10.38	0.49
$C_8H_{11}NO$	9.24	0.58	$C_9H_{14}O$	9.99	0.65	C_9HNO	10.16	0.66
$C_8H_{13}N_2$	9.62	0.41	$C_9H_{16}N$	10.36	0.48	$C_9H_3N_2$	10.54	0.50
$C_9H_{13}O$	9.97	0.65	C_9NO	10.15	0.66	$C_{10}H_{19}$	11.11	0.56
$C_9H_{15}N$	10.35	0.48	$C_9H_2N_2$	10.52	0.50	$C_{10}H_2O$	10.89	0.74
C_9HN_2	10.50	0.50	$C_{10}H_2O$	10.88	0.73	$C_{10}H_5N$	11.27	0.58
$C_{10}HO$	10.86	0.73	$C_{10}H_{18}$	11.09	0.56	$C_{11}H_7$	12.00	0.66
$C_{10}H_{17}$	11.08	0.56	$C_{10}H_4N$	11.25	0.57	**140**		
$C_{10}H_3N$	11.24	0.57	$C_{11}H_6$	11.98	0.65	$C_4N_2O_4$	5.24	0.91
$C_{11}H_5$	11.97	0.65	**139**			$C_4H_2N_3O_3$	5.62	0.73
138			$C_4H_3N_3O_3$	5.60	0.73	$C_4H_4N_4O_2$	5.99	0.55
$C_3H_{10}N_2O_4$	4.32	0.88	$C_4H_3N_4O_2$	5.97	0.55	$C_5H_2NO_4$	5.97	0.95
$C_4N_3O_3$	5.58	0.73	C_5HNO_4	5.96	0.95	$C_5H_4N_2O_3$	6.35	0.77
$C_4H_2N_4O_2$	5.96	0.55	$C_5H_3N_2O_3$	6.33	0.77	$C_5H_6N_3O_2$	6.72	0.60
C_5NO_4	5.94	0.95	$C_5H_5N_3O_2$	6.71	0.59	$C_5H_8N_4O$	7.10	0.42
$C_5H_2N_2O_3$	6.32	0.77	$C_5H_7N_4O$	7.08	0.42	$C_6H_4O_4$	6.70	0.99
$C_5H_4N_3O_2$	6.69	0.59	$C_6H_3O_4$	6.69	0.99	$C_6H_6NO_3$	7.08	0.82
$C_5H_6N_4O$	7.06	0.42	$C_6H_5NO_3$	7.06	0.82	$C_6H_8N_2O_2$	7.45	0.64
$C_6H_2O_4$	6.67	0.99	$C_6H_7N_2O_2$	7.44	0.64	$C_6H_{10}N_3O$	7.83	0.47
$C_6H_4NO_3$	7.05	0.81	$C_6H_9N_3O$	7.81	0.47	$C_6H_{12}N_4$	8.20	0.30
$C_6H_6N_2O_2$	7.42	0.64	$C_6H_{11}N_4$	8.19	0.30	$C_7H_8O_3$	7.81	0.87
$C_6H_8N_3O$	7.80	0.47	$C_7H_7O_3$	7.79	0.86	$C_7H_{10}NO_2$	8.18	0.69
$C_6H_{10}N_4$	8.17	0.30	$C_7H_9NO_2$	8.17	0.69	$C_7H_{12}N_2O$	8.56	0.52
$C_7H_6O_3$	7.78	0.86	$C_7H_{11}N_2O$	8.54	0.52	$C_7H_{14}N_3$	8.93	0.36
$C_7H_8NO_2$	8.15	0.69	$C_7H_{13}N_3$	8.92	0.35	C_7N_4	9.09	0.37
$C_7H_{10}N_2O$	8.53	0.52	$C_8H_{11}O_2$	8.90	0.75	$C_8H_{12}O_2$	8.92	0.75

续表

	M+1	M+2		M+1	M+2		M+1	M+2
$C_8H_{14}NO$	9.29	0.58	C_7HN_4	9.11	0.37	$C_7H_{14}N_2O$	8.59	0.53
C_8N_2O	9.45	0.60	$C_8H_{13}O_2$	8.93	0.75	$C_7H_{16}N_3$	8.96	0.36
$C_8H_{16}N_2$	9.66	0.42	$C_8H_{15}NO$	9.31	0.59	C_7N_3O	8.75	0.54
$C_8H_2N_3$	9.82	0.43	C_8HN_2O	9.46	0.60	$C_7H_2N_4$	9.12	0.37
C_9O_2	9.80	0.83	$C_8H_{17}N_2$	9.68	0.42	$C_8H_{14}O_2$	8.95	0.75
$C_9H_{16}O$	10.02	0.65	$C_8H_3N_3$	9.84	0.43	C_8NO_2	9.10	0.77
C_9H_2NO	10.18	0.67	C_9HO_2	9.82	0.83	$C_8H_{16}NO$	9.32	0.59
$C_9H_{18}N$	10.39	0.49	$C_9H_{17}O$	10.04	0.65	$C_8H_2N_2O$	9.48	0.60
$C_9H_4N_2$	10.55	0.50	C_9H_3NO	10.19	0.67	$C_8H_{18}N_2$	9.70	0.42
$C_{10}H_{20}$	11.13	0.56	$C_9H_{19}N$	10.41	0.49	$C_8H_4N_3$	9.85	0.44
$C_{10}H_4O$	10.91	0.74	$C_9H_5N_2$	10.57	0.50	$C_9H_2O_2$	9.84	0.83
$C_{10}H_6N$	11.28	0.58	$C_{10}H_5O$	10.93	0.74	$C_9H_{18}O$	10.05	0.65
$C_{11}H_8$	12.02	0.66	$C_{10}H_7N$	11.30	0.58	C_9H_4NO	10.21	0.67
141			$C_{10}H_{21}$	11.14	0.56	$C_9H_{20}N$	10.43	0.49
$C_4HN_2O_4$	5.26	0.92	$C_{11}H_9$	12.03	0.66	$C_9H_6N_2$	10.58	0.51
$C_4H_3N_3O_3$	5.63	0.73	**142**			$C_{10}H_6O$	10.94	0.74
$C_4H_5N_4O_2$	6.01	0.56	$C_4H_2N_2O_4$	5.27	0.92	$C_{10}H_8N$	11.32	0.58
$C_5H_3NO_4$	5.99	0.95	$C_4H_4N_3O_3$	5.65	0.74	$C_{10}H_{22}$	11.16	0.56
$C_5H_5N_2O_3$	6.36	0.77	$C_4H_6N_4O_2$	6.02	0.56	$C_{11}H_{10}$	12.05	0.66
$C_5H_7N_3O_2$	6.74	0.60	$C_5H_4NO_4$	6.00	0.95	**143**		
$C_5H_9N_4O$	7.11	0.42	$C_5H_6N_2O_3$	6.38	0.77	$C_4H_3N_2O_4$	5.29	0.92
$C_6H_5O_4$	6.72	0.99	$C_5H_8N_3O_2$	6.75	0.60	$C_4H_5N_3O_3$	5.66	0.74
$C_6H_7NO_3$	7.09	0.82	$C_5H_{10}N_4O$	7.13	0.42	$C_4H_7N_4O_2$	6.04	0.56
$C_6H_9N_2O_2$	7.47	0.64	$C_6H_6O_4$	6.74	0.99	$C_5H_5NO_4$	6.02	0.95
$C_6H_{11}N_3O$	7.84	0.47	$C_6H_8NO_3$	7.11	0.82	$C_5H_7N_2O_3$	6.40	0.78
$C_6H_{13}N_4$	8.22	0.30	$C_6H_{10}N_2O_2$	7.48	0.64	$C_5H_9N_3O_2$	6.77	0.60
$C_7H_9O_3$	7.83	0.87	$C_6H_{12}N_3O$	7.86	0.47	$C_5H_{11}N_4O$	7.14	0.42
$C_7H_{11}NO_2$	8.20	0.70	$C_6H_{14}N_4$	8.23	0.30	$C_6H_7O_4$	6.75	0.99
$C_7H_{13}N_2O$	8.57	0.53	$C_7H_{10}O_3$	7.84	0.87	$C_6H_9NO_3$	7.13	0.82
$C_7H_{15}N_3$	8.95	0.36	$C_7H_{12}NO_2$	8.22	0.70	$C_6H_{11}N_2O_2$	7.50	0.65

续表

	M+1	M+2		M+1	M+2		M+1	M+2
$C_6H_{13}N_3O$	7.88	0.47	$C_6H_8O_4$	6.77	1.00	$C_4H_8N_4O_2$	6.07	0.56
$C_6H_{15}N_4$	8.25	0.30	$C_6H_{10}NO_3$	7.14	0.82	$C_5H_7NO_4$	6.05	0.96
$C_7H_{11}O_3$	7.86	0.87	$C_6H_{12}N_2O_2$	7.52	0.65	$C_5H_9N_2O_3$	6.43	0.78
$C_7H_{13}NO_2$	8.23	0.70	$C_6H_{14}N_3O$	7.89	0.47	$C_5H_{11}N_3O_2$	6.80	0.60
$C_7H_{15}N_2O$	8.61	0.53	$C_6H_{16}N_4$	8.27	0.30	$C_5H_{13}N_4O$	7.18	0.43
C_7HN_3O	8.76	0.54	$C_7H_{12}O_3$	7.87	0.87	$C_6H_9O_4$	6.78	1.00
$C_7H_{17}N_3$	8.98	0.36	$C_7H_{14}NO_2$	8.25	0.70	$C_6H_{11}NO_3$	7.16	0.82
$C_7H_3N_4$	9.14	0.37	$C_7N_2O_2$	8.41	0.71	$C_6H_{13}N_2O_2$	7.53	0.65
$C_8H_{15}O_2$	8.96	0.76	$C_7H_{16}N_2O$	8.62	0.53	$C_6H_{15}N_3O$	7.91	0.48
C_8HNO_2	9.12	0.77	$C_7H_2N_3O$	8.78	0.54	C_6HN_4O	8.06	0.49
$C_8H_{17}NO$	9.34	0.59	$C_7H_{18}N_3$	9.00	0.36	$C_6H_{17}N_4$	8.28	0.30
$C_8H_3N_2O$	9.49	0.60	$C_7H_4N_4$	9.15	0.38	$C_7H_{13}O_3$	7.89	0.87
$C_8H_{19}N_2$	9.71	0.42	C_8O_3	8.76	0.94	$C_7H_{15}NO_2$	8.26	0.70
$C_8H_5N_3$	9.87	0.44	$C_8H_{16}O_2$	8.98	0.76	$C_7HN_2O_2$	8.42	0.71
$C_9H_3O_2$	9.85	0.83	$C_8H_2NO_2$	9.14	0.77	$C_7H_{17}N_2O$	8.64	0.53
$C_9H_{19}O$	10.07	0.65	$C_8H_{18}NO$	9.35	0.59	$C_7H_3N_3O$	8.80	0.54
C_9H_5NO	10.23	0.67	$C_8H_4N_2O$	9.51	0.60	$C_7H_{19}N_3$	9.01	0.36
$C_9H_{21}N$	10.44	0.49	$C_8H_{20}N_2$	9.73	0.42	$C_7H_5N_4$	9.17	0.38
$C_9H_7N_2$	10.60	0.51	$C_8H_6N_3$	9.89	0.44	C_8HO_3	8.78	0.94
$C_{10}H_7O$	10.96	0.74	$C_9H_{20}O$	10.08	0.66	$C_8H_{17}O_2$	9.00	0.76
$C_{10}H_9N$	11.33	0.58	$C_9H_4O_2$	9.87	0.84	$C_8H_3NO_2$	9.15	0.77
$C_{11}H_{11}$	12.06	0.66	C_9H_6NO	10.24	0.67	$C_8H_{19}NO$	9.37	0.59
144			$C_9H_8N_2$	10.62	0.51	$C_8H_5N_2O$	9.53	0.61
$C_4H_4N_2O_4$	5.31	0.92	$C_{10}H_8O$	10.97	0.74	$C_8H_7N_3$	9.90	0.44
$C_4H_6N_3O_3$	5.68	0.74	$C_{10}H_{10}N$	11.35	0.58	$C_9H_5O_2$	9.88	0.84
$C_4H_8N_4O_2$	6.05	0.56	$C_{11}H_{12}$	12.08	0.67	C_9H_7NO	10.26	0.67
$C_5H_6NO_4$	6.04	0.95	C_{12}	12.97	0.77	$C_9H_9N_2$	10.63	0.51
$C_5H_8N_2O_3$	6.41	0.78	**145**			$C_{10}H_9O$	10.99	0.75
$C_5H_{10}N_3O_2$	6.79	0.60	$C_4H_5N_2O_4$	5.32	0.92	$C_{10}H_{11}N$	11.36	0.59
$C_5H_{12}N_4O$	7.16	0.42	$C_4H_7N_3O_3$	5.70	0.74	$C_{11}H_{13}$	12.09	0.67

续表

	M+1	M+2		M+1	M+2		M+1	M+2
$C_{12}H$	12.98	0.77	$C_{10}H_{10}O$	11.01	0.75	C_9H_9NO	10.29	0.68
146			$C_{10}H_{12}N$	11.38	0.59	$C_9H_{11}N_2$	10.66	0.51
$C_4H_6N_2O_4$	5.34	0.92	$C_{11}H_{14}$	12.11	0.67	$C_{10}H_{11}O$	11.02	0.75
$C_4H_8N_3O_3$	5.71	0.74	$C_{11}N$	12.27	0.69	$C_{10}H_{13}N$	11.40	0.59
$C_4H_{10}N_4O_2$	6.09	0.56	$C_{12}H_2$	13.00	0.77	$C_{11}H_{15}$	12.13	0.67
$C_5H_8NO_4$	6.07	0.96	**147**			$C_{11}HN$	12.28	0.69
$C_5H_{10}N_2O_3$	6.44	0.78	$C_4H_7N_2O_4$	5.35	0.92	$C_{12}H_3$	13.02	0.78
$C_5H_{12}N_3O_2$	6.82	0.60	$C_4H_9N_3O_3$	5.73	0.74	**148**		
$C_5H_{14}N_4O$	7.19	0.43	$C_4H_{11}N_4O_2$	6.10	0.56	$C_4H_8N_2O_4$	5.37	0.92
$C_6H_{10}O_4$	6.80	1.00	$C_5H_9NO_4$	6.08	0.96	$C_4H_{10}N_3O_3$	5.74	0.74
$C_6H_{12}NO_3$	7.17	0.82	$C_5H_{11}N_2O_3$	6.46	0.78	$C_4H_{12}N_4O_2$	6.12	0.56
$C_6H_{14}N_2O_2$	7.55	0.65	$C_5H_{13}N_3O_2$	6.83	0.60	$C_5H_{10}NO_4$	6.10	0.96
$C_6H_{16}N_3O$	7.92	0.48	$C_5H_{15}N_4O$	7.21	0.43	$C_5H_{12}N_2O_3$	6.48	0.78
$C_6H_2N_4O$	8.08	0.49	$C_6H_{11}O_4$	6.82	1.00	$C_5H_{14}N_3O_2$	6.85	0.60
$C_6H_{18}N_4$	8.30	0.31	$C_6H_{13}NO_3$	7.19	0.82	$C_5H_{16}N_4O$	7.22	0.43
$C_7H_{14}O_3$	7.91	0.87	$C_6H_{15}N_2O_2$	7.56	0.65	$C_5N_4O_2$	7.01	0.61
C_7NO_3	8.06	0.88	$C_6HN_3O_2$	7.72	0.66	$C_6H_{12}O_4$	6.83	1.00
$C_7H_{16}NO_2$	8.28	0.70	$C_6H_{17}N_3O$	7.94	0.48	$C_6H_{14}NO_3$	7.21	0.83
$C_7H_2N_2O_2$	8.44	0.71	$C_6H_3N_4O$	8.10	0.49	$C_6N_2O_3$	7.36	0.84
$C_7H_{18}N_2O$	8.65	0.53	$C_7H_{15}O_3$	7.92	0.87	$C_6H_{16}N_2O_2$	7.58	0.65
$C_7H_4N_3O$	8.81	0.55	C_7HNO_3	8.08	0.89	$C_6H_2N_3O_2$	7.74	0.66
$C_7H_6N_4$	9.19	0.38	$C_7H_{17}NO_2$	8.30	0.70	$C_6H_4N_4O$	8.11	0.49
$C_8H_2O_3$	8.79	0.94	$C_7H_3N_2O_2$	8.45	0.72	C_7O_4	7.72	1.06
$C_8H_{18}O_2$	9.01	0.76	$C_7H_5N_3O$	8.83	0.55	$C_7H_{16}O_3$	7.94	0.88
$C_8H_4NO_2$	9.17	0.77	$C_7H_7N_4$	9.20	0.38	$C_7H_2NO_3$	8.09	0.89
$C_8H_6N_2O$	9.54	0.61	$C_8H_3O_3$	8.81	0.94	$C_7H_4N_2O_2$	8.47	0.72
$C_8H_8N_3$	9.92	0.44	$C_8H_5NO_2$	9.18	0.78	$C_7H_6N_3O$	8.84	0.55
$C_9H_6O_2$	9.90	0.84	$C_8H_7N_2O$	9.56	0.61	$C_7H_8N_4$	9.22	0.38
C_9H_8NO	10.27	0.67	$C_8H_9N_3$	9.93	0.44	$C_8H_4O_3$	8.83	0.94
$C_9H_{10}N_2$	10.65	0.51	$C_9H_7O_2$	9.92	0.84	$C_8H_6NO_2$	9.20	0.78

续表

	M+1	M+2		M+1	M+2		M+1	M+2
$C_8H_8N_2O$	9.57	0.51	$C_8H_5O_3$	8.84	0.95	$C_7H_8N_3O$	8.88	0.55
$C_8H_{10}N_3$	9.95	0.45	$C_8H_7NO_2$	9.22	0.78	$C_7H_{10}N_4$	9.25	0.38
$C_9H_8O_2$	9.93	0.84	$C_8H_9N_2O$	9.59	0.61	$C_8H_6O_3$	8.86	0.95
$C_9H_{10}NO$	10.31	0.68	$C_8H_{11}N_3$	9.97	0.45	$C_8H_5NO_2$	9.23	0.78
$C_9H_{12}N_2$	10.68	0.52	$C_9H_9O_2$	9.95	0.84	$C_8H_{10}N_2O$	9.61	0.61
$C_{10}H_{12}O$	11.04	0.75	$C_9H_{11}NO$	10.32	0.68	$C_8H_{12}N_3$	9.98	0.45
$C_{10}H_{14}N$	11.41	0.59	$C_9H_{13}N_2$	10.70	0.52	$C_9H_{10}O_2$	9.96	0.84
$C_{10}N_2$	11.57	0.61	$C_{10}H_{13}O$	11.05	0.75	$C_9H_{12}NO$	10.34	0.68
$C_{11}H_{16}$	12.14	0.67	$C_{10}H_{15}N$	11.43	0.59	$C_9H_{14}N_2$	10.71	0.52
$C_{11}O$	11.93	0.85	$C_{10}HN_2$	11.58	0.61	C_9N_3	10.87	0.54
$C_{11}H_2N$	12.30	0.69	$C_{11}H_{17}$	12.16	0.67	$C_{10}H_{14}O$	11.07	0.75
$C_{12}H_4$	13.03	0.78	$C_{11}HO$	11.94	0.85	$C_{10}NO$	11.23	0.77
149			$C_{11}H_3N$	12.32	0.69	$C_{10}H_{16}N$	11.44	0.60
$C_4H_9N_2O_4$	5.39	0.92	$C_{12}H_5$	13.05	0.78	$C_{10}H_2N_2$	11.60	0.61
$C_4H_{11}N_3O_3$	5.76	0.74	**150**			$C_{11}H_{18}$	12.17	0.68
$C_4H_{13}N_4O_2$	6.13	0.56	$C_4H_{10}N_2O_4$	5.40	0.92	$C_{11}H_2O$	11.96	0.85
$C_5H_{11}NO_4$	6.12	0.96	$C_4H_{12}N_3O_3$	5.78	0.74	$C_{11}H_4N$	12.33	0.70
$C_5H_{13}N_2O_3$	6.49	0.78	$C_4H_{14}N_4O_2$	6.15	0.56	$C_{12}H_6$	13.06	0.78
$C_5H_{15}N_3O_2$	6.87	0.61	$C_5H_{12}NO_4$	6.13	0.96	**151**		
$C_5HN_4O_2$	7.02	0.62	$C_5H_{14}N_2O_3$	6.51	0.78	$C_4H_{11}N_2O_4$	5.42	0.92
$C_6H_{13}O_4$	6.85	1.00	$C_5H_3O_3$	6.66	0.79	$C_4H_{13}N_3O_3$	5.79	0.74
$C_6H_{15}NO_3$	7.22	0.83	$C_5H_2N_4O_2$	7.04	0.62	$C_5HN_3O_3$	6.68	0.79
$C_6HN_2O_3$	7.38	0.84	$C_6H_{14}O_4$	6.86	1.00	$C_5H_3N_4O_2$	7.06	0.62
$C_6H_3N_3O_2$	7.75	0.66	C_6NO_4	7.02	1.01	$C_5H_{13}NO_4$	6.15	0.96
$C_6H_5N_4O$	8.13	0.49	$C_6H_2N_2O_3$	7.40	0.84	C_6HNO_4	7.04	1.01
C_7HO_4	7.74	1.06	$C_6H_4N_3O_2$	7.77	0.67	$C_6H_3N_2O_3$	7.41	0.84
$C_7H_3NO_3$	8.11	0.89	$C_6H_6N_4O$	8.14	0.49	$C_6H_5N_3O_2$	7.79	0.67
$C_7H_5N_2O_2$	8.49	0.72	$C_7H_2O_4$	7.75	1.06	$C_6H_7N_4O$	8.16	0.50
$C_7H_7N_3O$	8.86	0.55	$C_7H_4NO_3$	8.13	0.89	$C_7H_3O_4$	7.77	1.06
$C_7H_9N_4$	9.23	0.38	$C_7H_6N_2O_2$	8.50	0.72	$C_7H_5NO_3$	8.14	0.89

续表

	M+1	M+2		M+1	M+2		M+1	M+2
$C_7H_7N_2O_2$	8.52	0.72	$C_7H_{10}N_3O$	8.91	0.55	$C_7H_{13}N_4$	9.30	0.30
$C_7H_9N_3O$	8.89	0.55	$C_7H_{12}N_4$	9.28	0.39	C_8HN_4	10.10	0.47
$C_7H_{11}N_4$	9.27	0.39	$C_8H_8O_3$	8.89	0.95	$C_8H_9O_3$	8.91	0.95
$C_8H_7O_3$	8.87	0.95	$C_8H_{10}NO_2$	9.27	0.78	$C_8H_{11}NO_2$	9.28	0.78
$C_8H_9NO_2$	9.25	0.78	$C_8H_{12}N_2O$	9.64	0.62	$C_8H_{13}N_2O$	9.66	0.62
$C_8H_{11}N_2O$	9.62	0.62	$C_8H_{14}N_3$	10.01	0.45	$C_8H_{15}N_3$	10.03	0.45
$C_8H_{13}N_3$	10.00	0.45	$C_9H_2N_3$	10.90	0.54	C_9HN_2O	10.54	0.70
C_9HN_3	10.89	0.54	$C_9H_{12}O_2$	10.00	0.85	$C_9H_3N_3$	10.92	0.54
$C_9H_{11}O_2$	9.98	0.85	$C_9H_{14}NO$	10.37	0.68	$C_9H_{13}O_2$	10.01	0.85
$C_9H_{13}NO$	10.36	0.68	$C_9H_{16}N_2$	10.74	0.52	$C_9H_{15}NO$	10.39	0.69
$C_9H_{15}N_2$	10.73	0.52	$C_{10}H_2NO$	11.26	0.78	$C_9H_{17}N_2$	10.76	0.52
$C_{10}HNO$	11.24	0.77	$C_{10}H_4N_2$	11.63	0.62	$C_{10}HO_2$	10.90	0.94
$C_{10}H_3N_2$	11.62	0.61	$C_{10}H_{16}O$	11.10	0.76	$C_{10}H_3NO$	11.28	0.78
$C_{10}H_{15}O$	11.09	0.76	$C_{10}H_{18}N$	11.48	0.60	$C_{10}H_5N_2$	11.65	0.62
$C_{10}H_{17}N$	11.46	0.60	$C_{11}H_4O$	11.99	0.86	$C_{10}H_{17}O$	11.12	0.76
$C_{11}H_3O$	11.97	0.85	$C_{11}H_6$	12.36	0.70	$C_{10}H_{19}N$	11.49	0.60
$C_{11}H_5N$	12.35	0.70	$C_{11}H_{20}$	12.21	0.68	$C_{11}H_5O$	12.01	0.86
$C_{11}H_{19}$	12.19	0.68	$C_{12}H_8$	13.10	0.79	$C_{11}H_7N$	12.38	0.70
$C_{12}H_7$	13.08	0.79	**153**			$C_{11}H_{21}$	12.22	0.68
152			$C_5HN_2O_4$	6.34	0.97	$C_{12}H_9$	13.11	0.79
$C_4H_{12}N_2O_4$	5.43	0.92	$C_5H_3N_3O_3$	6.71	0.80	**154**		
$C_5H_2N_3O_3$	6.70	0.79	$C_5H_5N_4O_2$	7.00	0.62	$C_5H_2N_2O_4$	6.35	0.91
$C_5H_4N_4O_2$	7.07	0.62	$C_6H_3NO_4$	7.07	1.02	$C_5H_4N_3O_3$	6.73	080
$C_6H_2NO_4$	7.05	1.01	$C_6H_5N_2O_3$	7.44	0.84	$C_5H_6N_4O_2$	7.10	0.62
$C_6H_4N_2O_3$	7.43	0.84	$C_6H_7N_3O_2$	7.82	0.67	$C_6H_4NO_4$	7.09	1.02
$C_6H_6N_3O_2$	7.80	0.67	$C_6H_9N_4O$	8.19	0.50	$C_6H_6N_2O_3$	7.46	0.84
$C_6H_8N_4O$	8.18	0.50	$C_7H_5O_4$	7.80	1.07	$C_6H_8N_3O_2$	7.83	0.67
$C_7H_4O_4$	7.79	1.06	$C_7H_7NO_3$	8.18	0.89	$C_6H_{10}N_4O$	8.21	0.50
$C_7H_6NO_3$	8.16	0.89	$C_7H_9N_2O_2$	8.55	0.72	$C_7H_6O_4$	7.82	1.07
$C_7H_8N_2O_2$	8.53	0.72	$C_7H_{11}N_3O$	8.92	0.56	$C_7H_8NO_3$	8.19	0.90

续表

	M+1	M+2		M+1	M+2		M+1	M+2
$C_7H_{10}N_2O_2$	8.57	0.73	$C_7H_7O_4$	7.83	1.07	$C_6H_6NO_4$	7.12	1.02
$C_7H_{12}N_3O$	8.94	0.56	$C_7H_9NO_3$	8.21	0.90	$C_6H_8N_2O_3$	7.49	0.85
$C_7H_{14}N_4$	9.31	0.39	$C_7H_{11}N_2O_2$	8.58	0.73	$C_6H_{10}N_3O_2$	7.87	0.67
$C_8H_2N_4$	10.20	0.47	$C_7H_{13}N_3O$	8.96	0.56	$C_6H_{12}N_4O$	8.24	0.50
$C_8H_{10}O_3$	8.92	0.95	$C_7H_{15}N_4$	9.33	0.39	$C_7H_8O_4$	7.85	1.07
$C_8H_{12}NO_2$	9.30	0.79	C_8HN_3O	9.84	0.64	$C_7H_{10}NO_3$	8.22	0.90
$C_8H_{14}N_2O$	9.67	0.62	$C_8H_3N_4$	10.22	0.47	$C_7H_{12}N_2O_2$	8.60	0.73
$C_8H_{16}N_3$	10.05	0.46	$C_8H_{11}O_3$	8.94	0.95	$C_7H_{14}N_3O$	8.97	0.56
$C_9H_2N_2O$	10.56	0.70	$C_8H_{13}NO_2$	9.31	0.79	$C_7H_{16}N_4$	9.35	0.39
$C_9H_4N_3$	10.93	0.54	$C_8H_{15}N_2O$	9.69	0.62	$C_8H_2N_3O$	9.86	0.64
$C_9H_{14}O_2$	10.03	0.85	$C_8H_{17}N_3$	10.06	0.46	$C_8H_4N_4$	10.24	0.47
$C_9H_{16}NO$	10.40	0.69	C_9HNO_2	10.20	0.87	$C_8H_{12}O_3$	8.95	0.96
$C_9H_{18}N_2$	10.78	0.53	$C_9H_3N_2O$	10.58	0.71	$C_8H_{14}NO_2$	9.33	0.79
$C_{10}H_2O_2$	10.92	0.94	$C_9H_5N_3$	10.95	0.54	$C_8H_{16}N_2O$	9.70	0.62
$C_{10}H_4NO$	11.29	0.78	$C_9H_{15}O_2$	10.04	0.85	$C_8H_{18}N_3$	10.08	0.46
$C_{10}H_6N_2$	11.67	0.62	$C_9H_{17}NO$	10.42	0.69	$C_9H_2NO_2$	10.22	0.87
$C_{10}H_{18}O$	11.13	0.76	$C_9H_{19}N_2$	10.79	0.53	$C_9H_4N_2O$	10.59	0.71
$C_{10}H_{20}N$	11.51	0.60	$C_{10}H_3O_2$	10.93	0.94	$C_9H_6N_3$	10.97	0.55
$C_{11}H_6O$	12.02	0.86	$C_{10}H_5NO$	11.31	0.78	$C_9H_{16}O_2$	10.06	0.85
$C_{11}H_8N$	12.40	0.70	$C_{10}H_7N_2$	11.68	0.62	$C_9H_{18}NO$	10.43	0.69
$C_{11}H_{22}$	12.24	0.68	$C_{10}H_{19}O$	11.15	0.76	$C_9H_{20}N_2$	10.81	0.53
$C_{12}H_{10}$	13.13	0.79	$C_{10}H_{21}N$	11.52	0.60	$C_{10}H_4O_2$	10.95	0.94
155			$C_{11}H_7O$	12.04	0.86	$C_{10}H_6NO$	11.32	0.78
$C_5H_3N_2O_4$	6.37	0.97	$C_{11}H_9N$	12.41	0.71	$C_{10}H_8N_2$	11.70	0.62
$C_5H_5N_3O_3$	6.75	0.80	$C_{11}H_{23}$	12.26	0.69	$C_{10}H_{20}O$	11.17	0.77
$C_5H_7N_4O_2$	7.12	0.62	$C_{12}H_{11}$	13.14	0.79	$C_{10}H_{22}N$	11.54	0.61
$C_6H_5NO_4$	7.10	1.02	**156**			$C_{11}H_8O$	12.05	0.86
$C_6H_7N_2O_3$	7.48	0.84	$C_5H_4N_2O_4$	6.39	0.98	$C_{11}H_{10}N$	12.43	0.71
$C_6H_9N_3O_2$	7.85	0.67	$C_5H_6N_3O_3$	6.76	0.80	$C_{11}H_{24}$	12.27	0.69
$C_6H_{11}N_4O$	8.23	0.50	$C_5H_8N_4O_2$	7.14	0.62	$C_{12}H_{12}$	13.16	0.80

续表

	M+1	M+2		M+1	M+2		M+1	M+2
157			$C_{10}H_9N_2$	11.71	0.63	$C_9H_6N_2O$	10.62	0.71
$C_5H_5N_2O_4$	6.40	0.98	$C_{10}H_{21}O$	11.18	0.77	$C_9H_8N_3$	11.00	0.55
$C_5H_7N_3O_3$	6.78	0.80	$C_{10}H_{23}N$	11.56	0.61	$C_9H_{18}O_2$	10.09	0.86
$C_5H_9N_4O_2$	7.15	0.62	$C_{11}H_9O$	12.07	0.86	$C_9H_{20}NO$	10.47	0.69
$C_6H_7NO_4$	7.13	1.02	$C_{11}H_{11}N$	12.44	0.71	$C_9H_{22}N_2$	10.84	0.53
$C_6H_9N_2O_3$	7.51	0.85	$C_{12}H_{13}$	13.18	0.80	$C_{10}H_6O_2$	10.98	0.95
$C_6H_{11}N_3O_2$	7.88	0.67	$C_{13}H$	14.06	0.91	$C_{10}H_8NO$	11.36	0.79
$C_6H_{13}N_4O$	8.26	0.50	**158**			$C_{10}H_{10}N_2$	11.73	0.63
C_7HN_4O	9.15	0.57	$C_5H_6N_2O_4$	6.42	0.98	$C_{10}H_{22}O$	11.20	0.77
$C_7H_9O_4$	7.87	1.07	$C_5H_8N_3O_3$	6.79	0.80	$C_{11}H_{10}O$	12.09	0.87
$C_7H_{11}NO_3$	8.24	0.90	$C_5H_{10}N_4O_2$	7.17	0.63	$C_{11}H_{12}N$	12.46	0.71
$C_7H_{13}N_2O_2$	8.61	0.73	$C_6H_8NO_4$	7.15	1.02	$C_{12}H_{14}$	13.19	0.80
$C_7H_{15}N_3O$	8.99	0.56	$C_6H_{10}N_2O_3$	7.52	0.85	$C_{13}H_2$	14.08	0.92
$C_7H_{17}N_4$	9.36	0.39	$C_6H_{12}N_3O_2$	7.90	0.68	**159**		
$C_8HN_2O_2$	9.50	0.80	$C_6H_{14}N_4O$	8.27	0.50	$C_5H_7N_2O_4$	6.43	0.98
$C_8H_3N_3O$	9.88	0.64	$C_7H_2N_4O$	9.16	0.58	$C_5H_9N_3O_3$	6.81	0.80
$C_8H_5N_4$	10.25	0.48	$C_7H_{10}O_4$	7.88	1.07	$C_5H_{11}N_4O_2$	7.38	0.63
$C_8H_{13}O_3$	8.97	0.96	$C_7H_{12}NO_3$	8.26	0.90	$C_6H_9NO_4$	7.17	1.02
$C_8H_{15}NO_2$	9.35	0.79	$C_7H_{14}N_2O_2$	8.63	0.73	$C_6H_{11}N_2O_3$	7.54	0.85
$C_8H_{17}N_2O$	9.72	0.62	$C_7H_{16}N_3O$	9.00	0.56	$C_6H_{13}N_3O_2$	7.91	0.68
$C_8H_{19}N_3$	10.09	0.46	$C_7H_{18}N_4$	9.38	0.40	$C_6H_{15}N_4O$	8.29	0.51
C_9HO_3	9.86	1.03	$C_8H_2N_2O_2$	9.52	0.81	$C_7HN_3O_2$	8.80	0.75
$C_9H_3NO_2$	10.23	0.87	$C_8H_4N_3O$	9.89	0.64	$C_7H_3N_4O$	9.18	0.58
$C_9H_5N_2O$	10.61	0.71	$C_8H_6N_4$	10.27	0.48	$C_7H_{11}O_4$	7.90	1.07
$C_9H_7N_3$	10.98	0.55	$C_8H_{14}O_3$	8.99	0.96	$C_7H_{13}NO_3$	8.27	0.90
$C_9H_{17}O_2$	10.08	0.86	$C_8H_{16}NO_2$	9.36	0.79	$C_7H_{15}N_2O_2$	8.65	0.73
$C_9H_{19}NO$	10.45	0.69	$C_8H_{18}N_2O$	9.74	0.63	$C_7H_{17}N_3O$	9.02	0.56
$C_9H_{21}N_2$	10.82	0.53	$C_8H_{20}N_3$	10.11	0.46	$C_7H_{19}N_4$	9.39	0.40
$C_{10}H_5O_2$	10.96	0.94	$C_9H_2O_3$	9.88	1.04	C_8HNO_3	9.16	0.97
$C_{10}H_7NO$	11.34	0.73	$C_9H_4NO_2$	10.25	0.87	$C_8H_3N_2O_2$	9.53	0.81

续表

	M+1	M+2		M+1	M+2		M+1	M+2
$C_8H_5N_3O$	9.91	0.64	$C_7H_{12}O_4$	7.91	1.07	$C_6H_{11}NO_4$	7.20	1.03
$C_8H_7N_4$	10.28	0.48	$C_7H_{14}NO_3$	8.29	0.90	$C_6H_{13}N_2O_3$	7.57	0.85
$C_8H_{15}O_3$	9.00	0.96	$C_7H_{16}N_2O_2$	8.66	0.73	$C_6H_{15}N_3O_2$	7.95	0.68
$C_8H_{17}NO_2$	9.38	0.79	$C_7H_{18}N_3O$	9.04	0.57	$C_6H_{17}N_4O$	8.32	0.51
$C_8H_{19}N_2O$	9.75	0.63	$C_7H_{20}N_4$	9.41	0.40	$C_7HN_2O_3$	8.46	0.92
$C_8H_{21}N_3$	10.13	0.46	$C_8H_2NO_3$	9.18	0.97	$C_7H_3N_3O_2$	8.84	0.75
$C_9H_3O_3$	9.89	1.04	$C_8H_4N_2O_2$	9.55	0.81	$C_7H_5N_4O$	9.21	0.58
$C_9H_5NO_2$	10.27	0.87	$C_8H_6N_3O$	9.92	0.64	$C_7H_{13}O_4$	7.93	1.08
$C_9H_7N_2O$	10.64	0.71	$C_8H_8N_4$	10.30	0.48	$C_7H_{15}NO_3$	8.30	0.90
$C_9H_9N_3$	11.01	0.55	$C_8H_{16}O_3$	9.02	0.96	$C_7H_{17}N_2O_2$	8.68	0.74
$C_9H_{19}O_2$	10.11	0.86	$C_8H_{18}NO_2$	9.39	0.79	$C_7H_{19}N_3O$	9.05	0.57
$C_9H_{21}NO$	10.48	0.70	$C_8H_{20}N_2O$	9.77	0.63	C_8HO_4	8.82	1.14
$C_{10}H_7O_2$	11.00	0.95	$C_9H_4O_3$	9.91	1.04	$C_8H_3NO_3$	9.19	0.98
$C_{10}H_9NO$	11.37	0.79	$C_9H_6NO_2$	10.28	0.88	$C_8H_5N_2O_2$	9.57	0.81
$C_{10}H_{11}N_2$	11.75	0.63	$C_9H_8N_2O$	10.66	0.71	$C_8H_7N_3O$	9.94	0.65
$C_{11}H_{11}O$	12.10	0.87	$C_9H_{10}N_3$	11.03	0.55	$C_8H_9N_4$	10.32	0.48
$C_{11}H_{13}N$	12.48	0.71	$C_9H_{20}O_2$	10.12	0.86	$C_8H_{17}O_3$	9.03	0.96
$C_{12}HN$	13.37	0.82	$C_{10}H_8O_2$	11.01	0.95	$C_8H_{19}NO_2$	9.41	0.80
$C_{12}H_{15}$	13.21	0.80	$C_{10}H_{10}NO$	11.39	0.79	$C_9H_5O_3$	9.92	1.04
$C_{13}H_3$	14.10	0.92	$C_{10}H_{12}N_2$	11.76	0.63	$C_9H_7NO_2$	10.30	0.88
160			$C_{11}H_{12}O$	12.12	0.87	$C_9H_9N_2O$	10.67	0.72
$C_5H_8N_2O_4$	6.45	0.98	$C_{11}H_{14}N$	12.49	0.72	$C_9H_{11}N_3$	11.05	0.56
$C_5H_{10}N_3O_3$	6.83	0.80	$C_{12}H_2N$	13.38	0.82	$C_{10}H_9O_2$	11.03	0.95
$C_5H_{12}N_4O_2$	7.20	0.63	$C_{12}H_{16}$	13.22	0.80	$C_{10}H_{11}NO$	11.40	0.79
$C_6H_{10}NO_4$	7.18	1.02	$C_{13}H_4$	14.11	0.92	$C_{10}H_{13}N_2$	11.78	0.63
$C_6H_{12}N_2O_3$	7.56	0.85	**161**			$C_{11}HN_2$	12.67	0.74
$C_6H_{14}N_3O_2$	7.93	0.68	$C_5H_9N_2O_4$	6.47	0.98	$C_{11}H_{13}O$	12.13	0.87
$C_6H_{16}N_4O$	8.31	0.51	$C_5H_{11}N_3O_3$	6.84	0.80	$C_{11}H_{15}N$	12.51	0.72
$C_7H_2N_3O_2$	8.82	0.75	$C_5H_{13}N_4O_2$	7.22	0.63	$C_{12}HO$	13.02	0.98
$C_7H_4N_4O$	9.19	0.58	$C_6HN_4O_2$	8.10	0.69	$C_{12}H_3N$	13.40	0.83

续表

	M+1	M+2		M+1	M+2		M+1	M+2
$C_{12}H_{17}$	13.24	0.81	$C_{11}H_2N_2$	12.68	0.74	$C_9H_{13}N_3$	11.08	0.56
$C_{13}H_5$	14.13	0.92	$C_{11}H_{14}O$	12.15	0.87	$C_{10}HN_3$	11.97	0.66
162			$C_{11}H_{16}N$	12.52	0.72	$C_{10}H_{11}O_2$	11.06	0.95
$C_5H_{10}N_2O_4$	6.48	0.98	$C_{12}H_2O$	13.04	0.98	$C_{10}H_{13}NO$	11.44	0.80
$C_5H_{12}N_3O_3$	6.86	0.81	$C_{12}H_4N$	13.41	0.83	$C_{10}H_{15}N_2$	11.81	0.64
$C_5H_{14}N_4O_2$	7.23	0.63	$C_{12}H_{18}$	13.26	0.81	$C_{11}HNO$	12.32	0.89
$C_6H_2N_4O_2$	8.12	0.69	$C_{13}H_6$	14.14	0.92	$C_{11}H_3N_2$	12.70	0.74
$C_6H_{12}NO_4$	7.21	1.03	**163**			$C_{11}H_{15}O$	12.17	0.88
$C_6H_{14}N_2O_3$	7.59	0.85	$C_5H_{11}N_2O_4$	6.50	0.98	$C_{11}H_{17}N$	12.54	0.72
$C_6H_{16}N_3O_2$	7.96	0.68	$C_5H_{13}N_3O_3$	6.87	0.81	$C_{12}H_3O$	13.05	0.98
$C_6H_{18}N_4O$	8.34	0.51	$C_5H_{15}N_4O_2$	7.25	0.63	$C_{12}H_5N$	13.43	0.83
$C_7H_2N_2O_3$	8.48	0.92	$C_6HN_3O_3$	7.76	0.87	$C_{12}H_{19}$	13.27	0.81
$C_7H_4N_3O_2$	8.85	0.75	$C_6H_3N_4O_2$	8.14	0.69	$C_{13}H_7$	14.16	0.93
$C_7H_6N_4O$	9.23	0.58	$C_6H_{13}NO_4$	7.23	1.03	**164**		
$C_7H_{14}O_4$	7.95	1.08	$C_6H_{15}N_2O_3$	7.60	0.85	$C_5H_{12}N_2O_4$	6.51	0.98
$C_7H_{16}NO_3$	8.32	0.91	$C_6H_{17}N_3O_2$	7.98	0.68	$C_5H_{14}N_3O_3$	6.89	0.81
$C_7H_{18}N_2O_2$	8.69	0.74	C_7HNO_4	8.12	1.09	$C_5H_{16}N_4O_2$	7.26	0.63
$C_8H_2O_4$	8.83	1.15	$C_7H_3N_2O_3$	8.49	0.92	$C_6H_2N_3O_3$	7.78	0.87
$C_8H_4NO_3$	9.21	0.98	$C_7H_5N_3O_2$	8.87	0.75	$C_6H_4N_4O_2$	8.15	0.70
$C_8H_6N_2O_2$	9.58	0.81	$C_7H_7N_4O$	9.24	0.58	$C_6H_{14}NO_4$	7.25	1.03
$C_8H_8N_3O$	9.96	0.65	$C_7H_{15}O_4$	7.96	1.08	$C_6H_{16}N_2O_3$	7.62	0.86
$C_8H_{10}N_4$	10.33	0.48	$C_7H_{17}NO_3$	8.34	0.91	$C_7H_2NO_4$	8.13	1.09
$C_8H_{18}O_3$	9.05	0.96	$C_8H_3O_4$	8.85	1.15	$C_7H_4N_2O_3$	8.51	0.92
$C_9H_6O_3$	9.94	1.04	$C_8H_5NO_3$	9.22	0.98	$C_7H_6N_3O_2$	8.88	0.75
$C_9H_8NO_2$	10.31	0.88	$C_8H_7N_2O_2$	9.60	0.81	$C_7H_6N_4O$	9.26	0.59
$C_9H_{10}N_2O$	10.69	0.72	$C_8H_9N_3O$	9.97	0.65	$C_7H_{16}O_4$	7.98	1.08
$C_9H_{12}N_3$	11.06	0.56	$C_8H_{11}N_4$	10.35	0.49	$C_8H_4O_4$	8.87	1.15
$C_{10}H_{10}O_2$	11.04	0.95	$C_9H_7O_3$	9.96	1.04	$C_8H_6NO_3$	9.24	0.98
$C_{10}H_{12}NO$	11.42	0.79	$C_9H_9NO_2$	10.33	0.88	$C_8H_8N_2O_2$	9.61	0.81
$C_{10}H_{14}N_2$	11.79	0.64	$C_9H_{11}N_2O$	10.70	0.72	$C_8H_{10}N_3O$	9.99	0.65

续表

	M+1	M+2		M+1	M+2		M+1	M+2
$C_8H_{12}N_4$	10.36	0.49	$C_8H_9N_2O_2$	9.63	0.82	$C_7H_{10}N_4O$	9.29	0.59
$C_9H_8O_3$	9.97	1.05	$C_8H_{11}N_3O$	10.00	0.65	$C_8H_6O_4$	8.90	1.15
$C_9H_{10}NO_2$	10.35	0.88	$C_8H_{13}N_4$	10.38	0.49	$C_8H_8NO_3$	9.27	0.98
$C_9H_{12}N_2O$	10.72	0.72	C_9HN_4	11.27	0.58	$C_8H_{10}N_2O_2$	9.65	0.82
$C_9H_{14}N_3$	11.09	0.56	$C_9H_9O_3$	9.99	1.05	$C_8H_{12}N_3O$	10.02	0.65
$C_{10}H_2N_3$	11.98	0.66	$C_9H_{11}NO_2$	10.36	0.88	$C_8H_{14}N_4$	10.40	0.49
$C_{10}H_{12}O_2$	11.08	0.96	$C_9H_{13}N_2O$	10.74	0.72	$C_9H_2N_4$	11.28	0.58
$C_{10}H_{14}NO$	11.45	0.80	$C_9H_{15}N_3$	11.11	0.56	$C_9H_{10}O_3$	10.00	1.05
$C_{10}H_{16}N_2$	11.83	0.64	$C_{10}HN_2O$	11.62	0.82	$C_9H_{12}NO_2$	10.38	0.89
$C_{11}H_2NO$	12.34	0.90	$C_{10}H_3N_3$	12.00	0.66	$C_9H_{14}N_2O$	10.75	0.72
$C_{11}H_4N_2$	12.71	0.74	$C_{10}H_{13}O_2$	11.09	0.96	$C_9H_{16}N_3$	11.13	0.56
$C_{11}H_{16}O$	12.18	0.88	$C_{10}H_{15}NO$	11.47	0.80	$C_{10}H_2N_2O$	11.64	0.82
$C_{11}H_{18}N$	12.56	0.72	$C_{10}H_{17}N_2$	11.84	0.64	$C_{10}H_4N_3$	12.01	0.66
$C_{12}H_4O$	13.07	0.98	$C_{11}HO_2$	11.98	1.05	$C_{10}H_{14}O_2$	11.11	0.96
$C_{12}H_6N$	13.45	0.83	$C_{11}H_3NO$	12.36	0.90	$C_{10}H_{16}NO$	11.48	0.80
$C_{12}H_{20}$	13.29	0.81	$C_{11}H_5N_2$	12.73	0.74	$C_{10}H_{18}N_2$	11.86	0.64
$C_{13}H_8$	14.18	0.93	$C_{11}H_{17}O$	12.20	0.88	$C_{11}H_2O_2$	12.00	1.06
165			$C_{11}H_{19}N$	12.57	0.73	$C_{11}H_4NO$	12.37	0.90
$C_5H_{13}N_2O_4$	6.53	0.98	$C_{12}H_5O$	13.09	0.99	$C_{11}H_6N_2$	12.75	0.75
$C_5H_{15}N_3O_3$	6.91	0.81	$C_{12}H_7N$	13.46	0.84	$C_{11}H_{18}O$	12.21	0.88
$C_6HN_2O_4$	7.42	1.04	$C_{12}H_{21}$	13.30	0.81	$C_{11}H_{20}N$	12.59	0.73
$C_6H_3N_3O_3$	7.79	0.87	$C_{13}H_9$	14.19	0.93	$C_{12}H_6O$	13.10	0.99
$C_6H_5N_4O_2$	8.17	0.70	**166**			$C_{12}H_8N$	13.48	0.84
$C_6H_{15}NO_4$	7.26	1.03	$C_5H_{14}N_2O_4$	6.65	0.99	$C_{12}H_{22}$	13.32	0.82
$C_7H_3NO_4$	8.15	1.09	$C_6H_2N_2O_4$	7.44	1.04	$C_{13}H_{10}$	14.21	0.93
$C_7H_5N_2O_3$	8.52	0.92	$C_6H_4N_3O_3$	7.81	0.87	**167**		
$C_7H_7N_3O_2$	8.90	0.75	$C_6H_6N_4O_2$	8.18	0.70	$C_6H_3N_2O_4$	7.45	1.04
$C_7H_9N_4O$	9.27	0.59	$C_7H_4NO_4$	8.17	1.09	$C_6H_5N_3O_3$	7.83	0.87
$C_8H_5O_4$	8.88	1.15	$C_7H_6N_2O_3$	8.54	0.92	$C_6H_7N_4O_2$	8.20	0.70
$C_8H_7NO_3$	9.26	0.98	$C_7H_8N_3O_2$	8.92	0.76	$C_7H_5NO_4$	8.18	1.10

续表

	M+1	M+2		M+1	M+2		M+1	M+2
$C_7H_7N_2O_3$	8.56	0.93	$C_6H_4N_2O_4$	7.47	1.04	$C_{12}H_{10}N$	13.51	0.84
$C_7H_9N_3O_2$	8.93	0.76	$C_6H_6N_3O_3$	7.84	0.87	$C_{12}H_{24}$	13.35	0.82
$C_7H_{11}N_4O$	9.31	0.59	$C_6H_8N_4O_2$	8.22	0.70	$C_{13}H_{12}$	14.24	0.94
$C_8H_7O_4$	8.91	1.15	$C_7H_6NO_4$	8.20	1.10	**169**		
$C_8H_9NO_3$	9.29	0.99	$C_7H_8N_2O_3$	8.57	0.93	$C_6H_5N_2O_4$	7.48	1.05
$C_8H_{11}N_2O_2$	9.66	0.82	$C_7H_{10}N_3O$	8.95	0.76	$C_6H_7N_3O_3$	7.86	0.87
$C_8H_{13}N_3O$	10.04	0.66	$C_7H_{12}N_4O$	9.32	0.59	$C_6H_9N_4O_2$	8.23	0.70
$C_8H_{15}N_4$	10.41	0.49	$C_8H_8O_4$	8.93	1.15	$C_7H_7NO_4$	8.21	1.10
C_9HN_3O	10.93	0.74	$C_8H_{10}NO_3$	9.30	0.99	$C_7H_9N_2O_3$	8.59	0.93
$C_9H_3N_4$	11.30	0.58	$C_8H_{12}N_2O_2$	9.68	0.82	$C_7H_{11}N_3O_2$	8.96	0.76
$C_9H_{11}O_3$	10.02	1.05	$C_8H_{14}N_3O$	10.05	0.66	$C_7H_{13}N_4O$	9.34	0.59
$C_9H_{13}NO_2$	10.39	0.89	$C_8H_{16}N_4$	10.43	0.49	C_8HN_4O	10.23	0.67
$C_9H_{15}N_2O$	10.77	0.73	$C_9H_2N_3O$	10.94	0.74	$C_8H_9O_4$	8.95	1.16
$C_9H_{17}N_3$	11.14	0.57	$C_9H_4N_4$	11.32	0.58	$C_8H_{11}NO_3$	9.32	0.99
$C_{10}HNO_2$	11.28	0.98	$C_9H_{12}O_3$	10.04	1.05	$C_8H_{13}N_2O_2$	9.69	0.82
$C_{10}H_3N_2O$	11.66	0.82	$C_9H_{14}NO_2$	10.41	0.89	$C_8H_{15}N_3O$	10.07	0.66
$C_{10}H_5N_3$	12.03	0.66	$C_9H_{16}N_2O$	10.78	0.73	$C_8H_{17}N_4$	10.44	0.50
$C_{10}H_{15}O_2$	11.12	0.96	$C_9H_{18}N_3$	11.16	0.57	$C_9HN_2O_2$	10.58	0.91
$C_{10}H_{17}NO$	11.50	0.80	$C_{10}H_2NO_2$	11.30	0.98	$C_9H_3N_3O$	10.96	0.75
$C_{10}H_{19}N_2$	11.87	0.65	$C_{10}H_4N_2O$	11.67	0.82	$C_9H_5N_4$	11.33	0.59
$C_{11}H_3O_2$	12.01	1.06	$C_{10}H_6N_3$	12.05	0.67	$C_9H_{13}O_3$	10.05	1.05
$C_{11}H_5NO$	12.39	0.90	$C_{10}H_{16}O_2$	11.14	0.96	$C_9H_{15}NO_2$	10.43	0.89
$C_{11}H_7N_2$	12.76	0.75	$C_{10}H_{18}NO$	11.52	0.80	$C_9H_{17}N_2O$	10.80	0.73
$C_{11}H_{19}O$	12.23	0.88	$C_{10}H_{20}N_2$	11.89	0.65	$C_9H_{19}N_3$	11.17	0.57
$C_{11}H_{21}N$	12.60	0.73	$C_{11}H_4O_2$	12.03	1.06	$C_{10}HO_3$	10.94	1.14
$C_{12}H_7O$	13.12	0.99	$C_{11}H_6NO$	12.40	0.90	$C_{10}H_3NO_2$	11.31	0.98
$C_{12}H_9N$	13.49	0.84	$C_{11}H_8N_2$	12.78	0.75	$C_{10}H_5N_2O$	11.69	0.82
$C_{12}H_{23}$	13.34	0.82	$C_{11}H_{20}O$	12.25	0.89	$C_{10}H_7N_3$	12.06	0.67
$C_{13}H_{11}$	14.22	0.94	$C_{11}H_{22}N$	12.62	0.73	$C_{10}H_{17}O_2$	11.16	0.96
168			$C_{12}H_8O$	13.13	0.99	$C_{10}H_{19}NO$	11.53	0.81

续表

	M+1	M+2		M+1	M+2		M+1	M+2
$C_{10}H_{21}N_2$	11.91	0.65	$C_9H_{18}N_2O$	10.82	0.73	$C_8H_{13}NO_3$	9.35	0.99
$C_{11}H_5O_2$	12.05	1.06	$C_9H_{20}N_3$	11.19	0.57	$C_8H_{15}N_2O_2$	9.73	0.83
$C_{11}H_7NO$	12.42	0.91	$C_{10}H_2O_3$	10.96	1.14	$C_8H_{17}N_3O$	10.10	0.66
$C_{11}H_9N_2$	12.79	0.75	$C_{10}H_4NO_2$	11.33	0.98	$C_8H_{19}N_4$	10.48	0.50
$C_{11}H_{21}O$	12.26	0.89	$C_{10}H_6N_2O$	11.70	0.83	C_9HNO_3	10.24	1.07
$C_{11}H_{23}N$	12.64	0.73	$C_{10}H_8N_3$	12.08	0.67	$C_9H_3N_2O_2$	10.61	0.91
$C_{12}H_9O$	13.15	1.00	$C_{10}H_{18}O_2$	11.17	0.97	$C_9H_5N_3O$	10.99	0.75
$C_{12}H_{11}N$	13.53	0.84	$C_{10}H_{20}NO$	11.55	0.81	$C_9H_7N_4$	11.36	0.59
$C_{12}H_{25}$	13.37	0.82	$C_{10}H_{22}N_2$	11.92	0.65	$C_9H_{15}O_3$	10.08	1.06
$C_{13}H_{13}$	14.26	0.94	$C_{11}H_6O_2$	12.06	1.06	$C_9H_{17}NO_2$	10.46	0.89
$C_{14}H$	15.14	1.07	$C_{11}H_8NO$	12.44	0.91	$C_9H_{19}N_2O$	10.83	0.73
170			$C_{11}H_{10}N_2$	12.81	0.75	$C_9H_{21}N_3$	11.21	0.57
$C_6H_6N_2O_4$	7.50	1.05	$C_{11}H_{22}O$	12.28	0.89	$C_{10}H_3O_3$	10.97	1.14
$C_6H_8N_3O_3$	7.87	0.87	$C_{11}H_{24}N$	12.65	0.74	$C_{10}H_5NO_2$	11.35	0.99
$C_6H_{10}N_4O_2$	8.25	0.70	$C_{12}H_{10}O$	13.17	1.00	$C_{10}H_7N_2O$	11.72	0.83
$C_7H_8NO_4$	8.23	1.10	$C_{12}H_{12}N$	13.54	0.85	$C_{10}H_9N_3$	12.09	0.67
$C_7H_{10}N_{23}$	8.60	0.93	$C_{12}H_{26}$	13.38	0.83	$C_{10}H_{19}O_2$	11.19	0.97
$C_7H_{12}N_3O_2$	8.98	0.76	$C_{13}H_{14}$	14.27	0.94	$C_{10}H_{21}NO$	11.56	0.81
$C_7H_{14}N_4O$	9.35	0.59	$C_{14}H_2$	15.16	1.07	$C_{10}H_{23}N_2$	11.94	0.65
$C_8H_2N_4O$	10.24	0.68	**171**			$C_{11}H_7O_2$	12.08	1.07
$C_8H_{10}O_4$	8.96	1.16	$C_6H_7N_2O_4$	7.52	1.05	$C_{11}H_9NO$	12.45	0.91
$C_8H_{12}NO_3$	9.34	0.99	$C_6H_9N_3O_3$	7.89	0.88	$C_{11}H_{11}N_2$	12.83	0.76
$C_8H_{14}N_2O_2$	9.71	0.82	$C_6H_{11}N_4O_2$	8.26	0.70	$C_{11}H_{23}O$	12.29	0.89
$C_8H_{16}N_3O$	10.08	0.66	$C_7H_9NO_4$	8.25	1.10	$C_{11}H_{25}N$	12.67	0.74
$C_8H_{18}N_4$	10.46	0.50	$C_7H_{11}N_2O_3$	8.62	0.93	$C_{12}H_{11}O$	13.18	1.00
$C_9H_2N_2O_2$	10.60	0.91	$C_7H_{13}N_3O_2$	9.00	0.76	$C_{12}H_{13}N$	13.56	0.85
$C_9H_4N_3O$	10.97	0.75	$C_7H_{15}N_4O$	9.37	0.60	$C_{13}HN$	14.45	0.97
$C_9H_6N_4$	11.35	0.59	$C_8HN_3O_2$	9.88	0.84	$C_{13}H_{15}$	14.29	0.94
$C_9H_{14}O_3$	10.07	1.06	$C_8H_3N_4O$	0.26	0.68	$C_{14}H_3$	15.18	1.07
$C_9H_{16}NO_2$	10.44	0.89	$C_8H_{11}O_4$	8.98	1.16	172		

续表

	M+1	M+2		M+1	M+2		M+1	M+2
$C_6H_8N_2O_4$	7.53	1.05	$C_{11}H_{10}NO$	12.47	0.91	$C_9H_{17}O_3$	10.12	1.06
$C_6H_{10}N_3O_3$	7.91	0.88	$C_{11}H_{12}N_2$	12.84	0.76	$C_9H_{19}NO_2$	10.49	0.90
$C_6H_{12}N_4O_2$	8.28	0.71	$C_{11}H_{24}O$	12.31	0.89	$C_9H_{21}N_2O$	10.86	0.74
$C_7H_{10}NO_4$	8.26	1.10	$C_{12}H_{12}O$	13.20	1.00	$C_9H_{23}N_3$	11.24	0.58
$C_7H_{12}N_2O_3$	8.64	0.93	$C_{12}H_{14}N$	13.57	0.85	$C_{10}H_5O_3$	11.00	1.15
$C_7H_{14}N_3O_2$	9.01	0.76	$C_{13}H_2N$	14.46	0.97	$C_{10}H_7NO_2$	11.38	0.99
$C_7H_{16}N_4O$	9.39	0.60	$C_{13}H_{16}$	14.30	0.95	$C_{10}H_9N_2O$	11.75	0.83
$C_8H_2N_2O_2$	9.90	0.84	$C_{14}H_4$	15.19	1.07	$C_{10}H_{11}N_3$	12.13	0.67
$C_8H_4N_4O$	10.27	0.68	**173**			$C_{10}H_{21}O_2$	11.22	0.97
$C_8H_{12}O_4$	8.99	1.16	$C_6H_9N_2O_4$	7.55	1.05	$C_{10}H_{23}NO$	11.60	0.81
$C_8H_{14}NO_3$	9.37	0.99	$C_6H_{11}N_3O_3$	7.92	0.88	$C_{11}H_9O_2$	12.11	1.07
$C_8H_{16}N_2O_2$	9.74	0.83	$C_6H_{13}N_4O_2$	8.30	0.71	$C_{11}H_{11}NO$	12.48	0.91
$C_8H_{18}N_3O$	10.12	0.66	$C_7HN_4O_2$	9.18	0.78	$C_{11}H_{13}N_2$	12.86	0.76
$C_8H_{20}N_4$	10.49	0.50	$C_7H_{11}NO_4$	8.28	1.10	$C_{12}HN_2$	13.75	0.87
$C_9H_2NO_3$	10.26	1.07	$C_7H_{13}N_2O_3$	8.65	0.93	$C_{12}H_{13}O$	13.21	1.00
$C_9H_4N_2O_2$	10.63	0.91	$C_7H_{15}N_3O_2$	9.03	0.77	$C_{12}H_{15}N$	13.59	0.85
$C_9H_6N_3O$	11.01	0.75	$C_7H_{17}N_4O$	9.40	0.60	$C_{13}HO$	14.10	1.12
$C_9H_8N_4$	11.38	0.59	$C_8HN_2O_3$	9.54	1.01	$C_{13}H_3N$	14.48	0.97
$C_9H_{16}O_3$	11.10	1.06	$C_8H_3N_3O_2$	9.92	0.84	$C_{13}H_{17}$	14.32	0.95
$C_9H_{18}NO_2$	10.47	0.90	$C_8H_5N_4O$	10.29	0.68	$C_{14}H_5$	15.21	1.07
$C_9H_{20}N_2O$	10.85	0.73	$C_8H_{13}O_4$	9.01	1.16	**174**		
$C_9H_{22}N_3$	11.22	0.57	$C_8H_{15}NO_3$	9.38	0.99	$C_6H_{10}N_2O_4$	7.56	1.05
$C_{10}H_4O_3$	10.99	1.15	$C_8H_{17}N_2O_2$	9.76	0.83	$C_6H_{12}N_2O_3$	7.94	0.88
$C_{10}H_6NO_2$	11.36	0.99	$C_8H_{19}N_3O$	10.13	0.66	$C_6H_{14}N_4O_2$	8.31	0.71
$C_{10}H_8N_2O$	11.74	0.83	$C_8H_{21}N_4$	10.51	0.50	$C_7H_2N_4O_2$	9.20	0.78
$C_{10}H_{10}N_3$	12.11	0.67	C_9HO_4	9.90	1.24	$C_7H_{12}NO_4$	8.29	1.10
$C_{10}H_{20}O_2$	11.20	0.97	$C_9H_3NO_3$	10.27	1.08	$C_7H_{14}N_2O_3$	8.67	0.93
$C_{10}H_{22}NO$	11.58	0.81	$C_9H_5N_2O_2$	10.65	0.91	$C_7H_{16}N_3O_2$	9.04	0.77
$C_{10}H_{24}N_2$	11.95	0.65	$C_9H_7N_3O$	11.02	0.75	$C_7H_{18}N_4O$	9.42	0.60
$C_{11}H_8O_2$	12.09	1.07	$C_9H_9N_4$	11.40	0.59	$C_8H_2N_2O_3$	9.56	1.01

续表

	M+1	M+2		M+1	M+2		M+1	M+2
$C_8H_4N_3O_2$	9.93	0.85	$C_{14}H_6$	15.22	1.08	$C_{11}HN_3$	13.05	0.78
$C_8H_6N_4O$	10.31	0.68	**175**			$C_{11}H_{11}O_2$	12.14	1.07
$C_8H_{14}O_4$	9.03	1.16	$C_6H_{11}N_2O_4$	7.58	1.05	$C_{11}H_{13}NO$	12.52	0.92
$C_8H_{16}NO_3$	9.40	1.00	$C_6H_{13}N_3O_3$	7.95	0.88	$C_{11}H_{15}N_2$	12.89	0.77
$C_8H_{18}N_2O_2$	9.77	0.83	$C_6H_{15}N_4O_2$	8.33	0.71	$C_{12}HNO$	13.40	1.03
$C_8H_{20}N_3O$	10.15	0.67	$C_7HN_3O_3$	8.84	0.95	$C_{12}H_3N_2$	13.78	0.88
$C_8H_{22}N_4$	10.52	0.50	$C_7H_3N_4O_2$	9.22	0.78	$C_{12}H_{15}O$	13.25	1.01
$C_9H_2O_4$	9.91	1.24	$C_7H_{13}NO_4$	8.31	1.11	$C_{12}H_{17}N$	13.62	0.86
$C_9H_4NO_3$	10.29	1.08	$C_7H_{15}N_2O_3$	8.68	0.94	$C_{13}H_3O$	14.14	1.12
$C_9H_6N_2O_2$	10.66	0.92	$C_7H_{17}N_3O_2$	9.06	0.77	$C_{13}H_5N$	14.51	0.98
$C_9H_6N_2O_2$	10.66	0.92	$C_7H_{19}N_4O$	9.43	0.60	$C_{13}H_{19}$	14.35	0.95
$C_9H_8N_3O$	11.04	0.75	C_8HNO_4	9.20	1.18	$C_{14}H_7$	15.24	1.08
$C_9H_{10}N_4$	11.41	0.60	$C_8H_3N_2O_3$	9.57	1.01	**176**		
$C_9H_{18}O_3$	10.13	1.06	$C_8H_5N_3O_2$	9.95	0.85	$C_6H_{12}N_2O_4$	7.60	1.05
$C_9H_{20}NO_2$	10.51	0.90	$C_8H_7N_4O$	10.32	0.68	$C_6H_{14}N_3O_3$	7.97	0.88
$C_9H_{22}N_2O$	10.88	0.74	$C_8H_{17}NO_3$	9.42	1.00	$C_6H_{16}N_4O_2$	8.34	0.71
$C_{10}H_6O_3$	11.02	1.15	$C_8H_{19}N_2O_2$	9.79	0.83	$C_7H_2N_3O_3$	8.86	0.95
$C_{10}H_8NO_2$	11.39	0.99	$C_8H_{21}N_3O$	10.16	0.67	$C_7H_4N_4O_2$	9.23	0.78
$C_{10}H_{10}N_2O$	11.77	0.83	$C_8H_{15}O_4$	9.04	1.16	$C_7H_{14}NO_4$	8.33	1.11
$C_{10}H_{12}N_3$	12.14	0.68	$C_9H_3O_4$	9.93	1.24	$C_7H_{16}N_2O_3$	8.70	0.94
$C_{10}H_{22}O_2$	11.24	0.97	$C_9H_5NO_3$	10.30	1.08	$C_7H_{18}N_3O_2$	9.08	0.77
$C_{11}H_{10}O_2$	12.13	1.07	$C_9H_7N_2O_2$	10.68	0.92	$C_7H_{20}N_4O$	9.45	0.60
$C_{11}H_{12}NO$	12.50	0.92	$C_9H_9N_3O$	11.05	0.76	$C_8H_2NO_4$	9.22	1.18
$C_{11}H_{14}N_2$	12.87	0.76	$C_9H_{11}N_4$	11.43	0.60	$C_8H_4N_2O_3$	9.59	1.01
$C_{12}H_2N_2$	13.76	0.88	$C_9H_{19}O_3$	10.15	1.06	$C_8H_6N_3O_2$	9.96	0.85
$C_{12}H_{14}O$	13.23	1.01	$C_9H_{21}NO_2$	10.52	0.90	$C_8H_8N_4O$	10.34	0.69
$C_{12}H_{16}N$	13.61	0.85	$C_{10}H_7O_3$	11.04	1.15	$C_8H_{16}O_4$	9.06	1.17
$C_{13}H_2O$	14.12	1.12	$C_{10}H_9NO_2$	11.41	0.99	$C_8H_{18}NO_3$	9.43	1.00
$C_{13}H_4N$	14.49	0.97	$C_{10}H_{11}N_2O$	11.78	0.83	$C_8H_{20}N_2O_2$	9.81	0.83
$C_{13}H_{18}$	14.34	0.95	$C_{10}H_{13}N_3$	12.16	0.68	$C_9H_4O_4$	9.95	1.24

续表

	M+1	M+2		M+1	M+2		M+1	M+2
$C_9H_6NO_3$	10.32	1.08	$C_7H_{19}N_3O_2$	9.09	0.77	$C_{14}H_9$	15.27	1.08
$C_9H_8N_2O_2$	10.70	0.92	$C_8H_3NO_4$	9.23	1.18	**178**		
$C_9H_{10}N_3O$	11.07	0.76	$C_8H_5N_2O_3$	9.61	1.01	$C_6H_{14}N_2O_4$	7.63	1.06
$C_9H_{12}N_4$	11.44	0.60	$C_8H_7N_3O_2$	9.98	0.85	$C_6H_{16}N_3O_3$	8.00	0.86
$C_9H_{20}O_3$	10.16	1.07	$C_8H_9N_4O$	10.35	0.69	$C_6H_{18}N_4O_2$	8.38	0.71
$C_{10}H_8O_3$	11.05	1.15	$C_8H_{17}O_4$	9.07	1.17	$C_7H_2N_2O_4$	8.52	1.12
$C_{10}H_{10}NO_2$	11.43	0.99	$C_8H_{19}NO_3$	9.45	1.00	$C_7H_4N_3O_3$	8.89	0.95
$C_{10}H_{12}N_2O$	11.80	0.84	$C_9H_5O_4$	9.96	1.25	$C_7H_6N_4O_2$	9.26	0.79
$C_{10}H_{14}N_3$	12.17	0.68	$C_9H_7NO_3$	10.34	1.08	$C_7H_{16}NO_4$	8.36	1.11
$C_{11}H_2N_3$	13.06	0.79	$C_9H_9N_2O_2$	10.71	0.92	$C_7H_{18}N_2O_3$	8.73	0.94
$C_{11}H_{12}O_2$	12.16	1.08	$C_9H_{11}N_3O$	11.09	0.76	$C_8H_4NO_4$	9.25	1.18
$C_{11}H_{14}NO$	12.53	0.92	$C_9H_{13}N_4$	11.46	0.60	$C_8H_6N_2O_3$	9.62	1.02
$C_{11}H_{16}N_2$	12.91	0.77	$C_{10}HN_4$	12.35	0.70	$C_8H_8N_3O_2$	10.00	0.85
$C_{12}H_2NO$	13.42	1.03	$C_{10}H_9O_3$	11.07	1.16	$C_8H_{10}N_4O$	10.37	0.69
$C_{12}H_4N_2$	13.79	0.88	$C_{10}H_{11}NO_2$	11.44	1.00	$C_8H_{18}O_4$	9.09	1.17
$C_{12}H_{16}O$	13.26	1.01	$C_{10}H_{13}N_2O$	11.82	0.84	$C_9H_6O_4$	9.98	1.25
$C_{12}H_{18}N$	13.64	0.86	$C_{10}H_{15}N_3$	12.19	0.68	$C_9H_8NO_3$	10.35	1.08
$C_{13}H_4O$	14.15	1.13	$C_{11}HN_2O$	12.71	0.94	$C_9H_{10}N_2O_2$	10.73	0.92
$C_{13}H_6N$	14.53	0.98	$C_{11}H_3N_3$	13.08	0.79	$C_9H_{12}N_3O$	11.10	0.76
$C_{13}H_{20}$	14.37	0.96	$C_{11}H_{13}O_2$	12.17	1.08	$C_9H_{14}N_4$	11.48	0.60
$C_{14}H_8$	15.26	1.08	$C_{11}H_{15}NO$	12.55	0.92	$C_{10}H_2N_4$	12.36	0.70
177			$C_{11}H_{17}N_2$	12.92	0.77	$C_{10}H_{10}O_3$	11.08	1.16
$C_6H_{13}N_2O_4$	7.61	1.06	$C_{12}HO_2$	13.06	1.18	$C_{10}H_{12}NO_2$	11.46	1.00
$C_6H_{15}N_3O_3$	7.99	0.88	$C_{12}H_3NO$	13.44	1.03	$C_{10}H_{14}N_2O$	11.83	0.84
$C_6H_{17}N_4O_2$	8.36	0.71	$C_{12}H_5N_2$	13.81	0.88	$C_{10}H_{16}N_3$	12.21	0.68
$C_7HN_2O_4$	8.50	1.12	$C_{12}H_{17}O$	13.28	1.01	$C_{11}H_2N_2O$	12.72	0.94
$C_7H_3N_3O_3$	8.87	0.95	$C_{12}H_{19}N$	13.65	0.86	$C_{11}H_4N_3$	13.10	0.79
$C_7H_5N_4O_2$	9.25	0.78	$C_{13}H_5O$	14.17	1.13	$C_{11}H_{14}O_2$	12.19	1.08
$C_7H_{15}NO_4$	8.34	1.11	$C_{13}H_7N$	14.54	0.98	$C_{11}H_{16}NO$	12.56	0.92
$C_7H_{17}N_2O_3$	8.72	0.94	$C_{13}H_{21}$	14.38	0.96	$C_{11}H_{18}N_2$	12.94	0.77

续表

	M+1	M+2		M+1	M+2		M+1	M+2
$C_{12}H_2O_2$	13.08	1.19	$C_{10}H_{17}N_3$	12.22	0.69	$C_{10}H_2N_3O$	12.02	0.86
$C_{12}H_4NO$	13.45	1.03	$C_{11}HNO_2$	12.36	1.10	$C_{10}H_4N_4$	12.40	0.71
$C_{12}H_6N_2$	13.83	0.88	$C_{11}H_3N_2O$	12.74	0.95	$C_{10}H_{12}O_3$	11.12	1.16
$C_{12}H_{18}O$	13.29	1.01	$C_{11}H_5N_3$	13.11	0.79	$C_{10}H_{14}NO_2$	11.49	1.00
$C_{12}H_{20}N$	13.67	0.86	$C_{11}H_{15}O_2$	12.21	1.08	$C_{10}H_{16}N_2O$	11.86	0.84
$C_{13}H_6O$	14.18	1.13	$C_{11}H_{17}NO$	12.58	0.93	$C_{10}H_{18}N_3$	12.24	0.69
$C_{13}H_8N$	14.56	0.98	$C_{11}H_{19}N_2$	12.95	0.77	$C_{11}H_2NO_2$	12.38	1.10
$C_{13}H_{22}$	14.40	0.96	$C_{12}H_3O_2$	13.09	1.19	$C_{11}H_4N_2O$	12.75	0.95
$C_{14}H_{10}$	15.29	1.09	$C_{12}H_5NO$	13.47	1.04	$C_{11}H_6N_3$	13.13	0.80
179			$C_{12}H_7N_2$	13.84	0.89	$C_{11}H_{16}O_2$	12.22	1.08
$C_6H_{15}N_2O_4$	7.64	1.06	$C_{12}H_{19}O$	13.31	1.02	$C_{11}H_{18}NO$	12.60	0.93
$C_6H_{17}N_3O_3$	8.02	0.89	$C_{12}H_{21}N$	13.69	0.87	$C_{11}H_{20}N_2$	12.97	0.78
$C_7H_3N_2O_4$	8.53	1.12	$C_{13}H_7O$	14.20	1.13	$C_{12}H_4O_2$	13.11	1.19
$C_7H_5N_3O_3$	8.91	0.95	$C_{13}H_9N$	14.57	0.99	$C_{12}H_6NO$	13.48	1.04
$C_7H_7N_4O_2$	9.28	0.79	$C_{13}H_{23}$	14.42	0.96	$C_{12}H_8N_2$	13.86	0.89
$C_7H_{17}NO_4$	8.37	1.11	$C_{14}H_{11}$	15.30	1.09	$C_{12}H_{20}O$	13.33	1.02
$C_8H_5NO_4$	9.26	1.18	**180**			$C_{12}H_{22}N$	13.70	0.87
$C_8H_7N_2O_3$	9.64	1.02	$C_6H_{16}N_2O_4$	7.66	1.06	$C_{13}H_8O$	14.22	1.13
$C_8H_9N_3O_2$	10.01	0.85	$C_7H_4N_2O_4$	8.55	1.12	$C_{13}H_{10}N$	14.59	0.99
$C_8H_{11}N_4O$	10.39	0.69	$C_7H_6N_3O_3$	8.92	0.96	$C_{13}H_{24}$	14.43	0.97
$C_9H_7O_4$	9.99	1.25	$C_7H_8N_4O_2$	9.30	0.79	$C_{14}H_{12}$	15.32	1.09
$C_9H_9NO_3$	10.37	1.09	$C_8H_6NO_4$	9.28	1.18	**181**		
$C_9H_{11}N_2O_2$	10.74	0.92	$C_8H_8N_2O_3$	9.65	1.02	$C_7H_5N_2O_4$	8.56	1.13
$C_9H_{13}N_3O$	11.12	0.76	$C_8H_{10}N_3O_2$	10.03	0.85	$C_7H_7N_3O_3$	8.94	0.96
$C_9H_{15}N_4$	11.49	0.60	$C_8H_{12}N_4O$	10.40	0.69	$C_7H_9N_4O_2$	9.31	0.79
$C_{10}HN_3O$	12.01	0.86	$C_9H_8O_4$	10.01	1.25	$C_8H_7NO_4$	9.30	1.19
$C_{10}H_3N_4$	12.38	0.71	$C_9H_{10}NO_3$	10.38	1.09	$C_8H_9N_2O_3$	9.67	1.02
$C_{10}H_{11}O_3$	11.10	1.16	$C_9H_{12}N_2O_2$	10.76	0.93	$C_8H_{11}N_3O_2$	10.04	0.86
$C_{10}H_{13}NO_2$	11.47	1.00	$C_9H_{14}N_3O$	11.13	0.77	$C_8H_{13}N_4O$	10.42	0.69
$C_{10}H_{15}N_2O$	11.85	0.84	$C_9H_{16}N_4$	11.51	0.61	C_9HN_4O	11.31	0.78

续表

	M+1	M+2		M+1	M+2		M+1	M+2
$C_9H_9O_4$	10.03	1.25	$C_7H_6N_2O_4$	8.58	1.13	$C_{12}H_{22}O$	13.36	1.02
$C_9H_{11}NO_3$	10.40	1.09	$C_7H_8N_3O_3$	8.95	0.96	$C_{12}H_{24}N$	13.73	0.87
$C_9H_{13}N_2O_2$	10.78	0.93	$C_7H_{10}N_4O_2$	9.33	0.79	$C_{13}H_{10}O$	14.25	1.14
$C_9H_{15}N_3O$	11.15	0.77	$C_8H_8NO_4$	9.31	1.19	$C_{13}H_{12}N$	14.62	0.99
$C_9H_{17}N_4$	11.52	0.61	$C_8H_{10}N_2O_3$	9.69	1.02	$C_{13}H_{26}$	14.46	0.97
$C_{10}HN_2O_2$	11.66	1.02	$C_8H_{12}N_3O_2$	10.06	0.86	$C_{14}H_{14}$	15.35	1.10
$C_{10}H_3N_3O$	12.04	0.86	$C_8H_{14}N_4O$	10.43	0.70	$C_{15}H_2$	16.24	1.21
$C_{10}H_5N_4$	12.41	0.71	$C_9H_2N_4O$	11.32	0.79	**183**		
$C_{10}H_{13}O_3$	11.13	1.16	$C_9H_{10}O_4$	10.04	1.25	$C_7H_7N_2O_4$	8.60	1.13
$C_{10}H_{15}NO_2$	11.51	1.00	$C_9H_{12}NO_3$	10.42	1.09	$C_7H_9N_3O_3$	8.97	0.96
$C_{10}H_{17}N_2O$	11.88	0.85	$C_9H_{14}N_2O_2$	10.79	0.93	$C_7H_{11}N_4O_2$	9.34	0.79
$C_{10}H_{19}N_3$	12.25	0.69	$C_9H_{16}N_3O$	11.17	0.77	$C_8H_9NO_4$	9.33	1.19
$C_{11}HO_3$	12.02	1.26	$C_9H_{18}N_4$	11.54	0.61	$C_8H_{11}N_2O_3$	9.70	1.02
$C_{11}H_3NO_2$	12.39	1.10	$C_{10}H_2N_2O_2$	11.68	1.02	$C_8H_{13}N_3O_2$	10.08	0.86
$C_{11}H_5N_2O$	12.77	0.95	$C_{10}H_4N_3O$	12.05	0.87	$C_8H_{15}N_4O$	10.45	0.70
$C_{11}H_7N_3$	13.14	0.80	$C_{10}H_6N_4$	12.43	0.71	$C_9HN_3O_2$	10.96	0.95
$C_{11}H_{17}O_2$	12.24	1.09	$C_{10}H_{14}O_3$	11.15	1.16	$C_9H_3N_4O$	11.34	0.79
$C_{11}H_{19}NO$	12.61	0.93	$C_{10}H_{16}NO_2$	11.52	1.01	$C_9H_{11}O_4$	10.06	1.26
$C_{11}H_{21}N_2$	12.99	0.78	$C_{10}H_{18}N_2O$	11.90	0.85	$C_9H_{13}NO_3$	10.43	1.09
$C_{12}H_5O_2$	13.13	1.19	$C_{10}H_{20}N_3$	12.27	0.69	$C_9H_{15}N_2O_2$	10.81	0.93
$C_{12}H_7NO$	13.50	1.04	$C_{11}H_2O_3$	12.04	1.26	$C_9H_{17}N_3O$	11.18	0.77
$C_{12}H_9N_2$	13.87	0.89	$C_{11}H_4NO_2$	12.41	1.11	$C_9H_{19}N_4$	11.56	0.61
$C_{12}H_{21}O$	13.34	1.02	$C_{11}H_6N_2O$	12.79	0.95	$C_{10}HNO_3$	11.32	1.18
$C_{12}H_{23}N$	13.72	0.87	$C_{11}H_8N_3$	13.16	0.80	$C_{10}H_3N_2O_2$	11.70	1.03
$C_{13}H_9O$	14.23	1.14	$C_{11}H_{18}O_2$	12.25	1.09	$C_{10}H_5N_3O$	12.07	0.87
$C_{13}H_{11}N$	14.61	0.99	$C_{11}H_{20}NO$	12.63	0.93	$C_{10}H_7N_4$	12.44	0.71
$C_{13}H_{25}$	14.45	0.97	$C_{11}H_{22}N_2$	13.00	0.78	$C_{10}H_{15}O_3$	11.16	1.17
$C_{14}H_{13}$	15.34	1.09	$C_{12}H_6O_2$	13.14	1.19	$C_{10}H_{17}NO_2$	11.54	1.01
$C_{15}H$	16.23	1.23	$C_{12}H_8NO$	13.52	1.04	$C_{10}H_{19}N_2O$	11.91	0.85
182			$C_{12}H_{10}N_2$	13.89	0.89	$C_{10}H_{21}N_3$	12.29	0.69

续表

	M+1	M+2		M+1	M+2		M+1	M+2
$C_{11}H_5NO_2$	12.43	1.11	$C_9H_{18}N_3O$	11.20	0.77	$C_7H_{11}N_3O_3$	9.00	0.96
$C_{11}H_7N_2O$	12.80	0.95	$C_9H_{20}N_4$	11.57	0.61	$C_7H_{13}N_4O_2$	9.38	0.80
$C_{11}H_9N_3$	13.18	0.80	$C_{10}H_2NO_3$	11.34	1.18	$C_8HN_4O_2$	10.27	0.88
$C_{11}H_{19}O_2$	12.27	1.09	$C_{10}H_4N_2O_2$	11.71	1.03	$C_8H_{11}NO_4$	9.36	1.19
$C_{11}H_{21}NO$	12.64	0.93	$C_{10}H_6N_3O$	12.09	0.87	$C_8H_{13}N_2O_3$	9.73	1.03
$C_{11}H_{23}N_2$	13.02	0.78	$C_{10}H_8N_4$	12.46	0.71	$C_8H_{15}N_3O_2$	10.11	0.86
$C_{12}H_7O_2$	13.16	1.20	$C_{10}H_{16}O_3$	11.18	1.17	$C_8H_{17}N_4O$	10.48	0.70
$C_{12}H_9NO$	13.53	1.05	$C_{10}H_{18}NO_2$	11.55	1.01	$C_9HN_2O_3$	10.62	1.11
$C_{12}H_{11}N_2$	13.91	0.90	$C_{10}H_{20}N_2O$	11.93	0.85	$C_9H_2N_3O_2$	11.00	0.95
$C_{12}H_{23}O$	13.37	1.02	$C_{10}H_{22}N_3$	12.30	0.70	$C_9H_5N_4O$	11.37	0.79
$C_{12}H_{25}N$	13.75	0.87	$C_{11}H_4O_3$	12.07	1.27	$C_9H_{13}O_4$	10.09	1.26
$C_{13}H_{11}O$	14.26	1.14	$C_{11}H_6NO_2$	12.44	1.11	$C_9H_{15}NO_3$	10.46	1.10
$C_{13}H_{13}N$	14.64	0.99	$C_{11}H_8N_2O$	12.82	0.96	$C_9H_{17}N_2O_2$	10.84	0.93
$C_{13}H_{27}$	14.48	0.97	$C_{11}H_{10}N_3$	13.19	0.80	$C_9H_{19}N_3O$	11.21	0.77
$C_{14}HN$	15.53	1.12	$C_{11}H_{20}O_2$	12.29	1.09	$C_9H_{21}N_4$	11.59	0.62
$C_{14}H_{15}$	15.37	1.10	$C_{11}H_{22}NO$	12.66	0.94	$C_{10}HO_4$	10.98	1.35
$C_{15}H_3$	16.26	1.23	$C_{11}H_{24}N_2$	13.03	0.78	$C_{10}H_3NO_3$	11.35	1.19
184			$C_{12}H_8O_2$	13.17	1.20	$C_{10}H_5N_2O_2$	11.73	1.03
$C_7H_8N_2O_4$	8.61	1.13	$C_{12}H_{10}NO$	13.55	1.05	$C_{10}H_7N_3O$	12.10	0.87
$C_7H_{10}N_3O_3$	8.99	0.96	$C_{12}H_{12}N_2$	13.92	0.90	$C_{10}H_9N_4$	12.48	0.72
$C_7H_{12}N_4O_2$	9.36	0.80	$C_{12}H_{24}O$	13.39	1.03	$C_{10}H_{17}O_3$	11.20	1.17
$C_8H_{10}NO_4$	9.34	1.19	$C_{12}H_{26}N$	13.77	0.88	$C_{10}H_{19}NO_2$	11.57	1.01
$C_8H_{12}N_2O_3$	9.72	1.03	$C_{13}H_{12}O$	14.28	1.14	$C_{10}H_{21}N_2O$	11.94	0.85
$C_8H_{14}N_3O_2$	10.09	0.86	$C_{13}H_{14}N$	14.65	1.00	$C_{10}H_{23}N_3$	12.32	0.70
$C_8H_{16}N_4O$	10.47	0.70	$C_{13}H_{28}$	14.50	0.97	$C_{11}H_5O_3$	12.08	1.27
$C_9H_2N_3O_2$	10.98	0.95	$C_{14}H_2N$	15.54	1.13	$C_{11}H_7NO_2$	12.46	1.11
$C_9H_4N_4O$	11.35	0.79	$C_{14}H_{16}$	15.38	1.10	$C_{11}H_9N_2O$	12.83	0.96
$C_9H_{12}O_4$	10.07	1.26	$C_{15}H_4$	16.27	1.24	$C_{11}H_{11}N_3$	13.21	0.81
$C_9H_{14}NO_3$	10.45	1.09	**185**			$C_{11}H_{21}O_2$	12.30	1.09
$C_9H_{16}N_2O_2$	10.82	0.93	$C_7H_9N_2O_4$	8.63	1.13	$C_{11}H_{23}NO$	12.68	0.94

续表

	M+1	M+2		M+1	M+2		M+1	M+2
$C_{11}H_{25}N_2$	13.05	0.79	$C_{10}H_2O_4$	10.99	1.35	$C_7H_{15}N_4O_2$	9.41	0.80
$C_{12}H_9O_2$	13.19	1.20	$C_{10}H_4NO_3$	11.37	1.19	$C_8HN_3O_3$	9.92	1.04
$C_{12}H_{11}NO$	13.56	1.05	$C_{10}H_6N_2O_2$	11.74	1.03	$C_8H_3N_4O_2$	10.30	0.88
$C_{12}H_{13}N_2$	13.94	0.90	$C_{10}H_8N_3O$	12.12	0.87	$C_8H_{13}NO_4$	9.39	1.20
$C_{12}H_{25}O$	13.41	1.03	$C_{10}H_{10}N_4$	12.49	0.72	$C_8H_{15}N_2O_3$	9.77	1.03
$C_{12}H_{27}N$	13.73	0.88	$C_{10}H_{18}O_3$	11.21	1.17	$C_8H_{17}N_3O_2$	10.14	0.87
$C_{13}HN_2$	14.83	1.02	$C_{10}H_{20}NO_2$	11.59	1.01	$C_8H_{19}N_4O$	10.51	0.70
$C_{13}H_{13}O$	14.30	1.15	$C_{10}H_{22}N_2O$	11.96	0.86	C_9HNO_4	10.28	1.28
$C_{13}H_{15}N$	14.67	1.00	$C_{10}H_{24}N_3$	12.33	0.70	$C_9H_3N_2O_3$	10.65	1.11
$C_{14}HO$	15.18	1.27	$C_{11}H_6O_3$	12.10	1.27	$C_9H_5N_3O_2$	11.03	0.95
$C_{14}H_3N$	15.56	1.13	$C_{11}H_8NO_2$	12.47	1.11	$C_9H_7N_4O$	11.40	0.80
$C_{14}H_{17}$	15.40	1.10	$C_{11}H_{10}N_2O$	12.85	0.96	$C_9H_{15}O_4$	10.12	1.26
$C_{15}H_5$	16.29	1.24	$C_{11}H_{12}N_3$	13.22	0.81	$C_9H_{17}NO_3$	10.50	1.10
186			$C_{11}H_{22}O_2$	12.32	1.10	$C_9H_{19}N_2O_2$	10.87	0.94
$C_7H_{10}N_2O_4$	8.64	1.13	$C_{11}H_{24}NO$	12.69	0.94	$C_9H_{21}N_3O$	11.25	0.78
$C_7H_{12}N_3O_3$	9.02	0.97	$C_{11}H_{26}N_2$	13.07	0.79	$C_9H_{23}N_4$	11.62	0.62
$C_7H_{14}N_4O_2$	9.39	0.80	$C_{12}H_{10}O_2$	13.21	1.20	$C_{10}H_3O_4$	11.01	1.35
$C_8H_2N_4O_2$	10.28	0.88	$C_{12}H_{12}NO$	13.58	1.05	$C_{10}H_5NO_3$	11.39	1.19
$C_8H_{12}NO_4$	9.38	1.19	$C_{12}H_{14}N_2$	13.95	0.90	$C_{10}H_7N_2O_2$	11.76	1.03
$C_8H_{14}N_2O_3$	9.75	1.03	$C_{12}H_{26}O$	13.42	1.03	$C_{10}H_9N_3O$	12.13	0.88
$C_8H_{16}N_3O_2$	10.12	0.86	$C_{13}H_2N_2$	14.84	1.02	$C_{10}H_{11}N_4$	12.51	0.72
$C_8H_{18}N_4O$	10.50	0.70	$C_{13}H_{14}O$	14.31	1.15	$C_{10}H_{19}O_3$	11.23	1.17
$C_9H_2N_2O_3$	10.64	1.11	$C_{13}H_{16}N$	14.69	1.00	$C_{10}H_{21}NO_2$	11.60	1.01
$C_9H_4N_3O_2$	11.01	0.95	$C_{14}H_2O$	15.20	1.27	$C_{10}H_{23}N_2O$	11.98	0.86
$C_9H_6N_4O$	11.39	0.79	$C_{14}H_4N$	15.57	1.13	$C_{10}H_{25}N_3$	12.35	0.70
$C_9H_{14}O_4$	10.11	1.26	$C_{14}H_{18}$	15.42	1.11	$C_{11}H_7O_3$	12.12	1.27
$C_9H_{16}NO_3$	10.46	1.10	$C_{15}H_6$	16.31	1.24	$C_{11}H_9NO_2$	12.49	1.12
$C_9H_{18}N_2O_2$	10.86	0.94	**187**			$C_{11}H_{11}N_2O$	12.87	0.96
$C_9H_{20}N_3O$	11.23	0.78	$C_7H_{11}N_2O_4$	8.66	1.13	$C_{11}H_{13}N_3$	13.24	0.81
$C_9H_{22}N_4$	11.60	0.62	$C_7H_{13}N_3O_3$	9.03	0.97	$C_{11}H_{23}O_2$	12.33	1.10

续表

	M+1	M+2		M+1	M+2		M+1	M+2
$C_{11}H_{25}NO$	12.71	0.94	$C_9H_{22}N_3O$	11.26	0.78	$C_7H_{17}N_4O_2$	9.44	0.80
$C_{12}HN_3$	14.13	0.93	$C_9H_{24}N_4$	11.64	0.62	$C_8HN_2O_4$	9.58	1.21
$C_{12}H_{11}O_2$	13.22	1.20	$C_{10}H_4O_4$	11.03	1.35	$C_8H_3N_3O_3$	9.95	1.05
$C_{12}H_{13}NO$	13.60	1.05	$C_{10}H_6NO_3$	11.40	1.19	$C_8H_5N_4O_2$	10.33	0.88
$C_{12}H_{15}N_2$	13.97	0.90	$C_{10}H_8N_2O_2$	11.78	1.03	$C_8H_{15}NO_4$	9.42	1.20
$C_{13}HNO$	14.48	1.17	$C_{10}H_{10}N_3O$	12.15	0.88	$C_8H_{17}N_2O_3$	9.80	1.03
$C_{13}H_3N_2$	14.86	1.03	$C_{10}H_{12}N_4$	12.52	0.72	$C_8H_{19}N_3O_2$	10.17	0.87
$C_{13}H_{15}O$	14.33	1.15	$C_{10}H_{20}O_3$	11.24	1.18	$C_8H_{21}N_4O$	10.55	0.71
$C_{13}H_{17}N$	14.70	1.00	$C_{10}H_{22}NO_2$	11.62	1.02	$C_9H_3NO_4$	10.31	1.28
$C_{14}H_3O$	15.22	1.28	$C_{10}H_{24}N_2O$	11.99	0.86	$C_9H_5N_2O_3$	10.69	1.12
$C_{14}H_5N$	15.59	1.13	$C_{11}H_8O_3$	12.13	1.27	$C_9H_7N_3O_2$	11.06	0.96
$C_{14}H_{19}$	15.43	1.11	$C_{11}H_{10}NO_2$	12.51	1.12	$C_9H_9N_4O$	11.43	0.80
$C_{15}H_7$	16.32	1.24	$C_{11}H_{12}N_2O$	12.88	0.96	$C_9H_{17}O_4$	10.15	1.26
188			$C_{11}H_{14}N_3$	13.26	0.81	$C_9H_{19}NO_3$	10.53	1.10
$C_7H_{12}N_2O_4$	8.68	1.14	$C_{11}H_{24}O_2$	12.35	1.10	$C_9H_{21}N_2O_2$	10.90	0.94
$C_7H_{14}N_3O_3$	9.05	0.97	$C_{12}H_2N_3$	14.14	0.93	$C_9H_{23}N_3O$	11.28	0.78
$C_7H_{16}N_4O_2$	9.42	0.80	$C_{12}H_{12}O_2$	13.24	1.21	$C_{10}H_5O_4$	11.04	1.35
$C_8H_2N_3O_3$	9.94	1.05	$C_{12}H_{14}NO$	13.61	1.06	$C_{10}H_7NO_3$	11.42	1.19
$C_8H_4N_4O_2$	10.31	0.88	$C_{12}H_{16}N_2$	13.99	0.91	$C_{10}H_9N_2O_2$	11.79	1.04
$C_8H_{14}NO_4$	9.41	1.20	$C_{13}H_2NO$	14.50	1.18	$C_{10}H_{11}N_3O$	12.17	0.88
$C_8H_{16}N_2O_3$	9.78	1.03	$C_{13}H_4N_2$	14.88	1.03	$C_{10}H_{13}N_4$	12.54	0.72
$C_8H_{18}N_3O_2$	10.16	0.87	$C_{13}H_{16}O$	14.34	1.15	$C_{10}H_{21}O_3$	11.26	1.18
$C_8H_{20}N_4O$	10.53	0.71	$C_{13}H_{18}N$	14.72	1.01	$C_{10}H_{23}NO_2$	11.63	1.02
$C_9H_2NO_4$	10.30	1.28	$C_{14}H_4O$	15.23	1.28	$C_{11}HN_4$	13.43	0.83
$C_9H_4N_2O_3$	10.67	1.12	$C_{14}H_6N$	15.61	1.14	$C_{11}H_9O_3$	12.15	1.28
$C_9H_6N_3O_2$	11.04	0.96	$C_{14}H_{20}$	15.45	1.11	$C_{11}H_{11}NO_2$	12.52	1.12
$C_9H_8N_4O$	11.42	0.80	$C_{15}H_8$	16.34	1.25	$C_{11}H_{13}N_2O$	12.90	0.97
$C_9H_{16}O_4$	10.14	1.26	**189**			$C_{11}H_{15}N_3$	13.27	0.81
$C_9H_{18}NO_3$	10.51	1.10	$C_7H_{13}N_2O_4$	8.69	1.14	$C_{12}HN_2O$	13.79	1.08
$C_9H_{20}N_2O_2$	10.89	0.94	$C_7H_{15}N_3O_3$	9.07	0.97	$C_{12}H_3N_3$	14.16	0.93

续表

	M+1	M+2		M+1	M+2		M+1	M+2
$C_{12}H_{13}O_2$	13.25	1.21	$C_{10}H_6O_4$	11.06	1.35	$C_8H_5N_3O_3$	9.99	1.05
$C_{12}H_{15}NO$	13.63	1.06	$C_{10}H_8NO_3$	11.43	1.20	$C_8H_7N_4O_2$	10.36	0.89
$C_{12}H_{17}N_2$	14.00	0.91	$C_{10}H_{10}N_2O_2$	11.81	1.03	$C_8H_{17}NO_4$	9.46	1.20
$C_{13}HO_2$	14.14	1.33	$C_{10}H_{12}N_3O$	12.18	0.88	$C_8H_{19}N_2O_3$	9.83	1.04
$C_{13}H_3NO$	14.52	1.18	$C_{10}H_{14}N_4$	12.56	0.73	$C_8H_{21}N_3O_2$	10.20	0.87
$C_{13}H_5N_2$	14.89	1.03	$C_{10}H_{22}O_3$	11.28	1.18	$C_9H_5NO_4$	10.34	1.28
$C_{13}H_{17}O$	14.36	1.16	$C_{11}H_2N_4$	13.44	0.84	$C_9H_7N_2O_3$	10.72	1.12
$C_{13}H_{19}N$	14.73	1.01	$C_{11}H_{10}O_3$	12.16	1.28	$C_9H_9N_3O_2$	11.09	0.96
$C_{14}H_5O$	15.25	1.28	$C_{11}H_{12}NO_2$	12.54	1.12	$C_9H_{11}N_4O$	11.47	0.80
$C_{14}H_7N$	15.62	1.14	$C_{11}H_{14}N_2O$	12.91	0.97	$C_9H_{19}O_4$	10.19	1.27
$C_{14}H_{21}$	15.46	1.11	$C_{11}H_{16}N_3$	13.29	0.82	$C_9H_{21}NO_3$	10.56	1.11
$C_{15}H_9$	16.35	1.25	$C_{12}H_2N_2O$	13.80	1.08	$C_{10}H_7O_4$	11.07	1.36
190			$C_{12}H_4N_3$	14.18	0.93	$C_{10}H_9NO_3$	11.45	1.20
$C_7H_{14}N_2O_4$	8.71	1.14	$C_{12}H_{14}O_2$	13.27	1.21	$C_{10}H_{11}N_2O_2$	11.82	1.04
$C_7H_{16}N_3O_3$	9.08	0.97	$C_{12}H_{16}NO$	13.64	1.06	$C_{10}H_{13}N_3O$	12.20	0.88
$C_7H_{18}N_4O_2$	9.46	0.80	$C_{12}H_{18}N_2$	14.02	0.91	$C_{10}H_{15}N_4$	12.57	0.73
$C_8H_2N_2O_4$	9.60	1.21	$C_{13}H_2O_2$	14.16	1.33	$C_{11}HN_3O$	13.09	0.99
$C_8H_4N_3O_3$	9.97	1.05	$C_{13}H_4NO$	14.53	1.18	$C_{11}H_3N_4$	13.46	0.84
$C_8H_6N_4O_2$	10.35	0.89	$C_{13}H_6N_2$	14.91	1.03	$C_{11}H_{11}O_3$	12.18	1.28
$C_8H_{16}NO_4$	9.44	1.20	$C_{13}H_{18}O$	14.38	1.16	$C_{11}H_{13}NO_2$	12.55	1.12
$C_8H_{18}N_2O_3$	9.81	1.03	$C_{13}H_{20}N$	14.75	1.01	$C_{11}H_{15}N_2O$	12.98	0.97
$C_8H_{20}N_3O_2$	10.19	0.87	$C_{14}H_6O$	15.26	1.28	$C_{11}H_{17}N_3$	13.30	0.82
$C_8H_{22}N_4O$	10.56	0.71	$C_{14}H_8N$	15.64	1.14	$C_{12}HNO_2$	13.44	1.23
$C_9H_4NO_4$	10.33	1.28	$C_{14}H_{22}$	15.48	1.12	$C_{12}H_3N_2O$	13.82	1.08
$C_9H_6N_2O_3$	10.70	1.12	$C_{15}H_{10}$	16.37	1.25	$C_{12}H_5N_3$	14.19	0.93
$C_9H_8N_3O_2$	11.08	0.96	**191**			$C_{12}H_{15}O_2$	13.29	1.21
$C_9H_{10}N_4O$	11.45	0.80	$C_7H_{15}N_2O_4$	8.72	1.14	$C_{12}H_{17}NO$	13.66	1.06
$C_9H_{18}O_4$	10.17	1.27	$C_7H_{17}N_3O_3$	9.10	0.97	$C_{12}H_{19}N_2$	14.03	0.91
$C_9H_{20}NO_3$	10.54	1.10	$C_7H_{19}N_4O_2$	9.47	0.81	$C_{13}H_3O_2$	14.17	1.33
$C_9H_{22}N_2O_2$	10.92	0.94	$C_8H_3N_2O_4$	9.61	1.22	$C_{13}H_5NO$	14.55	1.18

续表

	M+1	M+2		M+1	M+2		M+1	M+2
$C_{13}H_7N_2$	14.92	1.04	$C_{11}H_{16}N_2O$	12.95	0.97	$C_{10}H_{11}NO_3$	11.48	1.20
$C_{13}H_{19}O$	14.39	1.16	$C_{11}H_{18}N_3$	13.32	0.82	$C_{10}H_{13}N_2O_2$	11.86	1.04
$C_{13}H_{21}N$	14.77	1.01	$C_{12}H_2NO_2$	13.46	1.24	$C_{10}H_{15}N_3O$	12.23	0.89
$C_{14}H_7O$	15.28	1.29	$C_{12}H_4N_2O$	13.83	1.09	$C_{10}H_{17}N_4$	12.60	0.73
$C_{14}H_9N$	15.65	1.14	$C_{12}H_6N_3$	14.21	0.94	$C_{11}HN_2O_2$	12.74	1.15
$C_{14}H_{23}$	15.50	1.12	$C_{12}H_{16}O_2$	13.30	1.22	$C_{11}H_3N_3O$	13.12	0.99
$C_{15}H_{11}$	16.39	1.25	$C_{12}H_{18}NO$	13.68	1.06	$C_{11}H_5N_4$	13.49	0.84
192			$C_{12}H_{20}N_2$	14.05	0.92	$C_{11}H_{13}O_3$	12.21	1.28
$C_7H_{16}N_2O_4$	8.74	1.14	$C_{13}H_4O_2$	14.19	1.33	$C_{11}H_{15}NO_2$	12.59	1.13
$C_7H_{18}N_3O_3$	9.11	0.97	$C_{13}H_6NO$	14.56	1.18	$C_{11}H_{17}N_2O$	12.96	0.97
$C_7H_{20}N_4O_2$	9.49	0.81	$C_{13}H_8N_2$	14.94	1.04	$C_{11}H_{19}N_3$	13.34	0.82
$C_8H_4N_2O_4$	9.63	1.22	$C_{13}H_{20}O$	14.41	1.16	$C_{12}HO_3$	13.10	1.39
$C_8H_6N_3O_3$	10.00	1.05	$C_{13}H_{22}N$	14.78	1.02	$C_{12}H_3NO_2$	13.48	1.24
$C_8H_8N_4O_2$	10.38	0.89	$C_{14}H_8O$	15.30	1.29	$C_{12}H_5N_2O$	13.85	1.09
$C_8H_{18}NO_4$	9.47	1.20	$C_{14}H_{10}N$	15.67	1.15	$C_{12}H_7N_3$	14.22	0.94
$C_8H_{20}N_2O_3$	9.85	1.04	$C_{14}H_{24}$	15.51	1.12	$C_{12}H_{17}O_2$	13.32	1.22
$C_9H_6NO_4$	10.36	1.29	$C_{15}H_{12}$	16.40	1.26	$C_{12}H_{19}NO$	13.69	1.07
$C_9H_8N_2O_3$	10.73	1.12	**193**			$C_{12}H_{21}N_2$	14.07	0.92
$C_9H_{10}N_3O_2$	11.11	0.96	$C_7H_{17}N_2O$	8.76	1.14	$C_{13}H_5O_2$	14.21	1.33
$C_9H_{12}N_4O$	11.48	0.80	$C_7H_{19}N_3O_3$	9.13	0.98	$C_{13}H_7NO$	14.58	1.19
$C_9H_{20}O_4$	10.20	1.27	$C_8H_5N_2O_4$	9.64	1.22	$C_{13}H_9N_2$	14.96	1.04
$C_{10}H_8O_4$	11.09	1.36	$C_8H_7N_3O_3$	10.02	1.05	$C_{13}H_{21}O$	14.42	1.16
$C_{10}H_{10}NO_3$	11.47	1.20	$C_8H_9N_4O_2$	10.39	0.88	$C_{13}H_{23}N$	14.80	1.02
$C_{10}H_{12}N_2O_2$	11.84	1.04	$C_8H_{19}NO_4$	9.49	1.20	$C_{14}H_9O$	15.31	1.29
$C_{10}H_{14}N_3O$	12.21	0.89	$C_9H_7NO_4$	10.38	1.29	$C_{14}H_{11}N$	15.69	1.15
$C_{10}H_{16}N_4$	12.59	0.73	$C_9H_9N_2O_3$	10.75	1.13	$C_{14}H_{25}$	15.53	1.12
$C_{11}H_2N_3O$	13.10	0.99	$C_9H_{11}N_3O_2$	11.12	0.96	$C_{15}H_{13}$	16.42	1.26
$C_{11}H_4N_4$	13.48	0.84	$C_9H_{13}N_4O$	11.50	0.81	$C_{16}H$	17.31	1.40
$C_{11}H_{12}O_3$	12.20	1.28	$C_{10}HN_4O$	12.39	0.91	**194**		
$C_{11}H_{14}NO_2$	12.57	1.13	$C_{10}H_9O_4$	11.11	1.36	$C_7H_{18}N_2O_4$	8.77	1.14

续表

	M+1	M+2		M+1	M+2		M+1	M+2
$C_8H_6N_2O_4$	9.66	1.22	$C_{13}H_{22}O$	14.44	1.17	$C_{12}H_3O_3$	13.13	1.39
$C_8H_8N_3O_3$	10.03	1.06	$C_{13}H_{24}N$	14.81	1.02	$C_{12}H_5NO_2$	13.51	1.24
$C_8H_{10}N_4O_2$	10.41	0.89	$C_{14}H_{10}O$	15.33	1.29	$C_{12}H_7N_2O$	13.88	1.09
$C_9H_8NO_4$	10.39	1.29	$C_{14}H_{12}N$	15.70	1.15	$C_{12}H_9N_3$	14.26	0.94
$C_9H_{10}N_2O_3$	10.77	1.13	$C_{14}H_{26}$	15.54	1.13	$C_{12}H_{19}O_2$	13.35	1.22
$C_9H_{12}N_3O_2$	11.14	0.97	$C_{15}H_{14}$	16.43	1.26	$C_{12}H_{21}NO$	13.72	1.07
$C_9H_{14}N_4O$	11.51	0.81	$C_{16}H_2$	17.32	1.41	$C_{12}H_{23}N_2$	14.10	0.92
$C_{10}H_2N_4O$	12.40	0.91	**195**			$C_{13}H_7O_2$	14.24	1.34
$C_{10}H_{10}O_4$	11.12	1.36	$C_8H_7N_2O_4$	9.68	1.22	$C_{13}H_9NO$	14.61	1.19
$C_{10}H_{12}NO_3$	11.50	1.20	$C_8H_9N_3O_3$	10.05	1.06	$C_{13}H_{11}N_2$	14.99	1.05
$C_{10}H_{14}N_2O_2$	11.87	1.05	$C_8H_{11}N_4O_2$	10.43	0.89	$C_{13}H_{23}O$	14.46	1.17
$C_{10}H_{16}N_3O$	12.25	0.89	$C_9H_9NO_4$	10.41	1.29	$C_{13}H_{25}N$	14.83	1.02
$C_{10}H_{18}N_4$	12.62	0.74	$C_9H_{11}N_2O_3$	10.78	1.13	$C_{14}H_{11}O$	15.34	1.30
$C_{11}H_2N_2O_2$	12.76	1.15	$C_9H_{13}N_3O_2$	11.16	0.97	$C_{14}H_{13}N$	15.72	1.15
$C_{11}H_4N_3O$	13.13	1.00	$C_9H_{15}N_4O$	11.53	0.81	$C_{14}H_{27}$	15.56	1.13
$C_{11}H_6N_4$	13.51	0.85	$C_{10}HN_3O_2$	12.05	1.07	$C_{15}HN$	16.61	1.29
$C_{11}H_{14}O_3$	12.23	1.28	$C_{10}H_3N_4O$	12.42	0.91	$C_{15}H_{15}$	16.45	1.27
$C_{11}H_{16}NO_2$	12.60	1.13	$C_{10}H_{11}O_4$	11.14	1.36	$C_{16}H_3$	17.34	1.41
$C_{11}H_{18}N_2O$	12.98	0.98	$C_{10}H_{13}NO_3$	11.51	1.21	**196**		
$C_{11}H_{20}N_3$	13.35	0.82	$C_{10}H_{15}N_2O_2$	11.89	1.05	$C_8H_8N_2O_4$	9.69	1.22
$C_{12}H_2O_3$	13.12	1.39	$C_{10}H_{17}N_3O$	12.26	0.89	$C_8H_{10}N_3O_3$	10.07	1.06
$C_{12}H_4NO_2$	13.49	1.24	$C_{10}H_{19}N_4$	12.64	0.74	$C_8H_{12}N_4O_2$	10.44	0.90
$C_{12}H_6N_2O$	13.87	1.09	$C_{11}HNO_3$	12.40	1.31	$C_9H_{10}NO_4$	10.42	1.29
$C_{12}H_8N_3$	14.24	0.94	$C_{11}H_3N_2O_2$	12.78	1.15	$C_9H_{12}N_2O_3$	10.80	1.13
$C_{12}H_{18}O_2$	13.33	1.22	$C_{11}H_5N_3O$	13.15	1.00	$C_9H_{14}N_3O_2$	11.17	0.97
$C_{12}H_{20}NO$	13.71	1.07	$C_{11}H_7N_4$	13.52	0.85	$C_9H_{16}N_4O$	11.55	0.81
$C_{12}H_{22}N_2$	14.08	0.92	$C_{11}H_{15}O_3$	12.24	1.29	$C_{10}H_2N_3O_2$	12.06	1.07
$C_{13}H_6O_2$	14.22	1.34	$C_{11}H_{17}NO_2$	12.62	1.13	$C_{10}H_4N_4O$	12.44	0.91
$C_{13}H_8NO$	14.60	1.19	$C_{11}H_{19}N_2O$	12.99	0.98	$C_{10}H_{12}O_4$	11.15	1.37
$C_{13}H_{10}N_2$	14.97	1.04	$C_{11}H_{21}N_3$	13.37	0.83	$C_{10}H_{14}NO_3$	11.53	1.21

续表

	M+1	M+2		M+1	M+2		M+1	M+2
$C_{10}H_{16}N_2O_2$	11.90	1.05	$C_8H_9N_2O_4$	9.71	1.23	$C_{12}H_{23}NO$	13.76	1.08
$C_{10}H_{18}N_3O$	12.28	0.89	$C_8H_{11}N_3O_3$	10.08	1.06	$C_{12}H_{25}N_2$	14.13	0.93
$C_{10}H_{20}N_4$	12.65	0.74	$C_8H_{13}N_4O_2$	10.46	0.90	$C_{13}H_9O_2$	14.27	1.34
$C_{11}H_2NO_3$	12.42	1.31	$C_9HN_4O_2$	11.35	0.99	$C_{13}H_{11}NO$	14.64	1.20
$C_{11}H_4N_2O_2$	12.79	1.15	$C_9H_{11}NO_4$	10.44	1.29	$C_{13}H_{13}N_2$	15.02	1.05
$C_{11}H_6N_3O$	13.17	1.00	$C_9H_{13}N_2O_3$	10.81	1.13	$C_{13}H_{25}O$	14.49	1.17
$C_{11}H_8N_4$	13.54	0.85	$C_9H_{15}N_3O_2$	11.19	0.97	$C_{13}H_{27}N$	14.86	1.03
$C_{11}H_{16}O_3$	12.26	1.29	$C_9H_{17}N_4O$	11.56	0.81	$C_{14}HN_2$	15.91	1.18
$C_{11}H_{18}NO_2$	12.63	1.13	$C_{10}HN_2O_3$	11.70	1.23	$C_{14}H_{13}O$	15.38	1.30
$C_{11}H_{20}N_2O$	13.01	0.98	$C_{10}H_3N_3O_2$	12.08	1.07	$C_{14}H_{15}N$	15.75	1.16
$C_{11}H_{22}N_3$	13.38	0.83	$C_{10}H_5N_4O$	12.45	0.91	$C_{14}H_{29}$	15.59	1.13
$C_{12}H_4O_3$	13.15	1.40	$C_{10}H_{13}O_4$	11.17	1.37	$C_{15}HO$	16.26	1.44
$C_{12}H_6NO_2$	13.52	1.24	$C_{10}H_{15}NO_3$	11.55	1.21	$C_{15}H_3N$	16.64	1.30
$C_{12}H_8N_2O$	13.90	1.09	$C_{10}H_{17}N_2O_2$	11.92	1.05	$C_{15}H_{17}$	16.48	1.27
$C_{12}H_{10}N_3$	14.27	0.95	$C_{10}H_{19}N_3O$	12.29	0.90	$C_{16}H_5$	17.37	1.42
$C_{12}H_{20}O_2$	13.37	1.22	$C_{10}H_{21}N_4$	12.67	0.74	**198**		
$C_{12}H_{22}NO$	13.74	1.07	$C_{11}HO_4$	12.06	1.46	$C_8H_{10}N_2O_4$	9.72	1.23
$C_{12}H_{24}N_2$	14.11	0.92	$C_{11}H_3NO_3$	12.43	1.31	$C_8H_{12}N_3O_3$	10.10	1.06
$C_{13}H_8O_2$	14.25	1.34	$C_{11}H_5N_2O_2$	12.81	1.16	$C_8H_{14}N_4O$	10.47	0.90
$C_{13}H_{10}NO$	14.63	1.19	$C_{11}H_7N_3O$	13.18	1.00	$C_9H_2N_4O_2$	11.36	0.99
$C_{13}H_{12}N_2$	15.00	1.05	$C_{11}H_9N_4$	13.56	0.85	$C_9H_{12}NO_4$	10.46	1.30
$C_{13}H_{24}O$	14.47	1.17	$C_{11}H_{17}O_3$	12.28	1.29	$C_9H_{14}N_2O_3$	10.83	1.13
$C_{13}H_{26}N$	14.85	1.03	$C_{11}H_{19}NO_2$	12.65	1.14	$C_9H_{16}N_3O_2$	11.20	0.97
$C_{14}H_{12}O$	15.36	1.30	$C_{11}H_{21}N_2O$	13.03	0.98	$C_9H_{18}N_4O$	11.58	0.82
$C_{14}H_{14}N$	15.73	1.16	$C_{11}H_{23}N_3$	13.40	0.83	$C_{10}H_2N_2O_3$	11.72	1.23
$C_{14}H_{28}$	15.58	1.13	$C_{12}H_5O_3$	13.16	1.40	$C_{10}H_4N_3O_2$	12.09	1.07
$C_{15}H_2N$	16.62	1.29	$C_{12}H_7NO_2$	13.54	1.25	$C_{10}H_6N_4O$	12.47	0.92
$C_{15}H_{16}$	16.47	1.27	$C_{12}H_9N_2O$	13.91	1.10	$C_{10}H_{14}O_4$	11.19	1.37
$C_{16}H_4$	17.35	1.41	$C_{12}H_{11}N_3$	14.29	0.95	$C_{10}H_{16}NO_3$	11.56	1.21
197			$C_{12}H_{21}O_2$	13.38	1.23	$C_{10}H_{18}N_2O_2$	11.94	1.05

续表

	M+1	M+2		M+1	M+2		M+1	M+2
$C_{10}H_{20}N_3O$	12.31	0.90	$C_{16}H_6$	17.39	1.42	$C_{12}H_9NO_2$	13.57	1.25
$C_{10}H_{22}N_4$	12.68	0.74	**199**			$C_{12}H_{11}N_2O$	13.95	1.10
$C_{11}H_2O_4$	12.08	1.47	$C_8H_{11}N_2O_4$	9.74	1.23	$C_{12}H_{13}N_3$	14.32	0.95
$C_{11}H_4NO_3$	12.45	1.31	$C_8H_{13}N_3O_3$	10.11	1.06	$C_{12}H_{23}O_2$	13.41	1.23
$C_{11}H_6N_2O_2$	12.82	1.16	$C_8H_{15}N_4O_2$	10.49	0.90	$C_{12}H_{25}NO$	13.79	1.08
$C_{11}H_8N_3O$	13.20	1.01	$C_9HN_3O_3$	11.00	1.15	$C_{12}H_{27}N_2$	14.16	0.93
$C_{11}H_{10}N_4$	13.57	0.85	$C_9H_3N_4O_2$	11.38	0.99	$C_{13}HN_3$	15.21	1.08
$C_{11}H_{18}O_3$	12.29	1.29	$C_9H_{13}NO_4$	10.47	1.30	$C_{13}H_{11}O_2$	14.30	1.35
$C_{11}H_{20}NO_2$	12.67	1.14	$C_9H_{15}N_2O_3$	10.85	1.14	$C_{13}H_{13}NO$	14.68	1.20
$C_{11}H_{22}N_2O$	13.04	0.99	$C_9H_{17}N_3O_2$	11.22	0.98	$C_{13}H_{15}N_2$	15.05	1.06
$C_{11}H_{24}N_3$	13.42	0.83	$C_9H_{19}N_4O$	11.59	0.82	$C_{13}H_{27}O$	14.52	1.18
$C_{12}H_6O_3$	13.18	1.40	$C_{10}HNO_4$	11.36	1.39	$C_{13}H_{29}N$	14.89	1.03
$C_{12}H_8NO_2$	13.56	1.25	$C_{10}H_3N_2O_3$	11.73	1.23	$C_{14}HNO$	15.57	1.33
$C_{12}H_{10}N_2O$	13.93	1.10	$C_{10}H_5N_3O_2$	12.11	1.07	$C_{14}H_3N_2$	15.94	1.19
$C_{12}H_{12}N_3$	14.30	0.95	$C_{10}H_7N_4O$	12.48	0.92	$C_{14}H_{15}O$	15.41	1.31
$C_{12}H_{22}O_2$	13.40	1.23	$C_{10}H_{15}O_4$	11.20	1.37	$C_{14}H_{17}N$	15.78	1.16
$C_{12}H_{24}NO$	13.77	1.08	$C_{10}H_{17}NO_3$	11.58	1.21	$C_{15}H_3O$	16.30	1.44
$C_{12}H_{26}N_2$	14.15	0.93	$C_{10}H_{19}N_2O_2$	11.95	1.01	$C_{15}H_5N$	16.67	1.30
$C_{13}H_{10}O_2$	14.29	1.35	$C_{10}H_{21}N_3O$	12.33	0.90	$C_{15}H_{19}$	16.51	1.28
$C_{13}H_{12}NO$	14.66	1.20	$C_{10}H_{23}N_4$	12.70	0.75	$C_{16}H_7$	17.40	1.42
$C_{13}H_{14}N_2$	15.04	1.05	$C_{11}H_3O_4$	12.09	1.47	**200**		
$C_{13}H_{26}O$	14.50	1.18	$C_{11}H_5NO_3$	12.47	1.31	$C_8H_{12}N_2O_4$	9.76	1.23
$C_{13}H_{28}N$	14.88	1.03	$C_{11}H_7N_2O_2$	12.84	1.16	$C_8H_{14}N_3O_3$	10.13	1.07
$C_{14}H_2N_2$	15.92	1.18	$C_{11}H_9N_3O$	13.21	1.01	$C_8H_{16}N_4O_2$	10.51	0.90
$C_{14}H_{14}O$	15.39	1.30	$C_{11}H_{11}N_4$	13.59	0.86	$C_9H_2N_3O_3$	11.02	1.15
$C_{14}H_{16}N$	15.77	1.16	$C_{11}H_{19}O_3$	12.31	1.29	$C_9H_4N_4O_2$	11.39	0.99
$C_{14}H_{30}$	15.61	1.14	$C_{11}H_{21}NO_2$	12.68	1.14	$C_9H_{14}NO_4$	10.49	1.30
$C_{15}H_2O$	16.28	1.44	$C_{11}H_{23}N_2O$	13.06	0.99	$C_9H_{16}N_2O_3$	10.86	1.14
$C_{15}H_4N$	16.65	1.30	$C_{11}H_{25}N_3$	13.43	0.84	$C_9H_{18}N_3O_2$	11.24	0.98
$C_{15}H_{18}$	16.50	1.27	$C_{12}H_7O_3$	13.20	1.40	$C_9H_{20}N_4O$	11.61	0.82

续表

	M+1	M+2		M+1	M+2		M+1	M+2
$C_{10}H_2NO_4$	11.38	1.39	$C_{14}H_2NO$	15.58	1.33	$C_{11}H_9N_2O_2$	12.87	1.16
$C_{10}H_4N_2O_3$	11.75	1.23	$C_{14}H_4N_2$	15.96	1.19	$C_{11}H_{11}N_3O$	13.25	1.01
$C_{10}H_6N_3O_2$	12.13	1.08	$C_{14}H_{16}O$	15.42	1.31	$C_{11}H_{13}N_4$	13.62	0.86
$C_{10}H_8N_4O$	12.50	0.92	$C_{14}H_{18}N$	15.80	1.17	$C_{11}H_{21}O$	12.34	1.30
$C_{10}H_{16}O_4$	11.22	1.37	$C_{15}H_4O$	16.31	1.44	$C_{11}H_{23}NO_2$	12.71	1.14
$C_{10}H_{18}NO_3$	11.59	1.21	$C_{15}H_6N$	16.69	1.30	$C_{11}H_{25}N_2O$	13.09	0.99
$C_{10}H_{20}N_2O_2$	11.97	1.06	$C_{15}H_{20}$	16.53	1.28	$C_{11}H_{27}N_3$	13.46	0.84
$C_{10}H_{22}N_3O$	12.34	0.90	$C_{16}H_8$	17.42	1.42	$C_{12}HN_4$	14.51	0.98
$C_{10}H_{24}N_4$	12.72	0.75	**201**			$C_{12}H_9O_3$	13.23	1.41
$C_{11}H_4O_4$	12.11	1.47	$C_8H_{13}N_2O_4$	9.77	1.23	$C_{12}H_{11}NO_2$	13.60	1.26
$C_{11}H_6NO_3$	12.48	1.32	$C_8H_{15}N_3O_3$	10.15	1.07	$C_{12}H_{13}N_2O$	13.98	1.11
$C_{11}H_8N_2O_2$	12.86	1.16	$C_8H_{17}N_4O_2$	10.52	0.90	$C_{12}H_{15}N_3$	14.35	0.96
$C_{11}H_{10}N_3O$	13.23	1.01	$C_9HN_2O_4$	10.66	1.32	$C_{12}H_{25}O_2$	13.45	1.23
$C_{11}H_{12}N_4$	13.60	0.86	$C_9H_3N_3O_3$	11.04	1.16	$C_{12}H_{27}NO$	13.82	1.08
$C_{11}H_{20}O_3$	12.32	1.30	$C_9H_5N_4O_2$	11.41	1.00	$C_{13}HN_2O$	14.87	1.23
$C_{11}H_{22}NO_2$	12.70	1.14	$C_9H_{15}NO_4$	10.50	1.30	$C_{13}H_3N_3$	15.24	1.08
$C_{11}H_{24}N_2O$	13.07	0.99	$C_9H_{17}N_2O_3$	10.88	1.14	$C_{13}H_{13}O_2$	14.33	1.35
$C_{11}H_{26}N_3$	13.45	0.84	$C_9H_{19}N_3O_2$	11.25	0.98	$C_{13}H_{15}NO$	14.71	1.21
$C_{12}H_8O_3$	13.21	1.40	$C_9H_{21}N_4O$	11.63	0.82	$C_{13}H_{17}N_2$	15.08	1.06
$C_{12}H_{10}NO_2$	13.59	1.25	$C_{10}H_3NO_4$	11.39	1.39	$C_{14}HO_2$	15.22	1.48
$C_{12}H_{12}N_2O$	13.96	1.10	$C_{10}H_5N_2O_3$	11.77	1.23	$C_{14}H_3NO$	15.60	1.33
$C_{12}H_{14}N_3$	13.34	0.96	$C_{10}H_7N_3O_2$	12.14	1.08	$C_{14}H_5N_2$	15.97	1.19
$C_{12}H_{24}O_2$	13.43	1.23	$C_{10}H_9N_4O$	12.52	0.92	$C_{14}H_{17}O$	15.44	1.31
$C_{12}H_{26}NO$	13.80	1.08	$C_{10}H_{17}O_4$	11.23	1.37	$C_{14}H_{18}N$	15.81	1.17
$C_{12}H_{28}N_2$	14.18	0.93	$C_{10}H_{19}NO_3$	11.61	1.22	$C_{15}H_5O$	16.33	1.45
$C_{13}H_2N_3$	15.22	1.08	$C_{10}H_{21}N_2O_2$	11.98	1.06	$C_{15}H_7N$	16.70	1.31
$C_{13}H_{12}O_2$	14.32	1.35	$C_{10}H_{23}N_3O$	12.36	0.90	$C_{15}H_{21}$	16.55	1.28
$C_{13}H_{14}NO$	14.69	1.20	$C_{10}H_{25}N_4$	12.73	0.75	$C_{16}H_9$	17.43	1.43
$C_{13}H_{16}N_2$	15.07	1.06	$C_{11}H_5O_4$	12.12	1.47	**202**		
$C_{13}H_{28}O$	14.54	1.18	$C_{11}H_7NO_3$	12.50	1.32	$C_8H_{14}N_2O_4$	9.79	1.23

续表

	M+1	M+2		M+1	M+2		M+1	M+2
$C_8H_{16}N_3O_3$	10.16	1.07	$C_{12}H_{16}N_3$	14.37	0.96	$C_{10}H_{11}N_4O$	12.55	0.93
$C_8H_{18}N_4O_2$	10.54	0.91	$C_{12}H_{26}O_2$	13.46	1.24	$C_{10}H_{19}O_4$	11.27	1.38
$C_9H_2N_2O_4$	10.68	1.32	$C_{13}H_2N_2O$	14.88	1.23	$C_{10}H_{21}NO_3$	11.64	1.22
$C_9H_4N_3O_3$	11.05	1.16	$C_{13}H_4N_3$	15.26	1.09	$C_{10}H_{23}N_2O_2$	12.02	1.06
$C_9H_6N_4O_2$	11.43	1.00	$C_{13}H_{14}O_2$	14.35	1.35	$C_{10}H_{25}N_3O$	12.39	0.91
$C_9H_{16}NO_4$	10.52	1.30	$C_{13}H_{16}NO$	14.72	1.21	$C_{11}H_7O_4$	12.16	1.48
$C_9H_{18}N_2O_3$	10.89	1.14	$C_{13}H_{18}N_2$	15.10	1.06	$C_{11}H_9NO_3$	12.53	1.32
$C_9H_{20}N_3O_2$	11.27	0.98	$C_{14}H_2O_2$	15.24	1.48	$C_{11}H_{11}N_2O_2$	12.90	1.17
$C_9H_{22}N_4O$	11.64	0.82	$C_{14}H_4NO$	15.61	1.34	$C_{11}H_{13}N_3O$	13.28	1.02
$C_{10}H_4NO_4$	11.41	1.39	$C_{14}H_6N_2$	15.99	1.19	$C_{11}H_{15}N_4$	13.65	0.86
$C_{10}H_6N_2O_3$	11.78	1.24	$C_{14}H_{18}O$	15.46	1.31	$C_{11}H_{23}O_3$	12.37	1.30
$C_{10}H_8N_3O_2$	12.16	1.08	$C_{14}H_{20}N$	15.83	1.17	$C_{11}H_{25}NO_2$	12.75	1.15
$C_{10}H_{10}N_4O$	12.53	0.92	$C_{15}H_6O$	16.34	1.45	$C_{12}HN_3O$	14.17	1.13
$C_{10}H_{18}O_4$	11.25	1.38	$C_{15}H_8N$	16.72	1.31	$C_{12}H_3N_4$	14.54	0.98
$C_{10}H_{20}NO_3$	11.63	1.22	$C_{15}H_{22}$	16.56	1.28	$C_{12}H_{11}O_3$	13.26	1.41
$C_{10}H_{22}N_2O_2$	12.00	1.06	$C_{16}H_{10}$	17.45	1.43	$C_{12}H_{13}NO_2$	13.64	1.26
$C_{10}H_{24}N_3O$	12.37	0.91	**203**			$C_{12}H_{15}N_2O$	14.01	1.11
$C_{10}H_{26}N_4$	12.75	0.75	$C_8H_{15}N_2O_4$	9.80	1.23	$C_{12}H_{17}N_3$	14.38	0.96
$C_{11}H_6O_4$	12.14	1.47	$C_8H_{17}N_3O_3$	10.18	1.07	$C_{13}HNO_2$	14.52	1.38
$C_{11}H_8NO_3$	12.51	1.32	$C_8H_{19}N_4O_2$	10.55	0.91	$C_{13}H_3N_2O$	14.90	1.23
$C_{11}H_{10}N_2O_2$	12.89	1.17	$C_9H_3N_2O_4$	10.69	1.32	$C_{13}H_5N_3$	15.27	1.09
$C_{11}H_{12}N_3O$	13.26	1.01	$C_9H_5N_3O_3$	11.07	1.16	$C_{13}H_{15}O_2$	14.37	1.36
$C_{11}H_{14}N_4$	13.64	0.86	$C_9H_7N_4O_2$	11.44	1.00	$C_{13}H_{17}NO$	14.74	1.21
$C_{11}H_{22}O_3$	12.36	1.30	$C_9H_{17}NO_4$	10.54	1.30	$C_{13}H_{19}N_2$	15.12	1.06
$C_{11}H_{24}NO_2$	12.73	1.15	$C_9H_{19}N_2O_3$	10.91	1.14	$C_{14}H_3O_2$	15.26	1.48
$C_{11}H_{26}N_2O$	13.11	0.99	$C_9H_{21}N_3O_2$	11.28	0.98	$C_{14}H_5NO$	15.63	1.34
$C_{12}H_2N_4$	14.53	0.98	$C_9H_{23}N_4O$	11.66	0.82	$C_{14}H_7N_2$	16.00	1.20
$C_{12}H_{10}O_3$	13.25	1.41	$C_{10}H_5NO_4$	11.42	1.40	$C_{14}H_{19}O$	15.47	1.32
$C_{12}H_{12}NO_2$	13.62	1.26	$C_{10}H_7N_2O_3$	11.80	1.24	$C_{14}H_{21}N$	15.85	1.17
$C_{12}H_{14}N_2O$	13.99	1.11	$C_{10}H_9N_3O_2$	12.17	1.08	$C_{15}H_7O$	16.36	1.45

续表

	M+1	M+2		M+1	M+2		M+1	M+2
$C_{15}H_9N$	16.73	1.31	$C_{12}H_{14}NO_2$	13.65	1.26	$C_{10}H_{11}N_3O_2$	12.21	1.09
$C_{15}H_{23}$	16.58	1.29	$C_{12}H_{16}N_2O$	14.03	1.11	$C_{10}H_{13}N_4O$	12.58	0.93
$C_{16}H_{11}$	17.47	1.43	$C_{12}H_{18}N_3$	14.40	0.96	$C_{10}H_{21}O_4$	11.30	1.38
204			$C_{13}H_2NO_2$	14.54	1.38	$C_{10}H_{23}NO_3$	11.67	1.22
$C_8H_{16}N_2O_4$	9.82	1.24	$C_{13}H_4N_2O$	14.91	1.24	$C_{11}HN_4O$	13.47	1.04
$C_8H_{18}N_3O_3$	10.19	1.07	$C_{13}H_6N_3$	15.29	1.09	$C_{11}H_9O_4$	12.19	1.48
$C_8H_{20}N_4O_2$	10.57	0.91	$C_{13}H_{16}O_2$	14.38	1.36	$C_{11}H_{11}NO_3$	12.56	1.33
$C_9H_4N_2O_4$	10.71	1.32	$C_{13}H_{18}NO$	14.76	1.21	$C_{11}H_{13}N_2O_2$	12.94	1.17
$C_9H_6N_3O_3$	11.08	1.16	$C_{13}H_{20}N_2$	15.13	1.07	$C_{11}H_{15}N_3O$	13.31	1.02
$C_9H_8N_4O_2$	11.46	1.00	$C_{14}H_4O_2$	15.27	1.49	$C_{11}H_{17}N_4$	13.68	0.87
$C_9H_{18}NO_4$	10.55	1.31	$C_{14}H_6NO$	16.65	1.34	$C_{12}HN_2O_2$	13.82	1.29
$C_9H_{20}N_2O_3$	10.93	1.14	$C_{14}H_8N_2$	16.02	1.20	$C_{12}H_3N_3O$	14.20	1.14
$C_9H_{22}N_3O_2$	11.30	0.98	$C_{14}H_{20}O$	15.49	1.32	$C_{12}H_5N_4$	14.57	0.99
$C_9H_{24}N_4O$	11.67	0.83	$C_{14}H_{22}N$	15.86	1.18	$C_{12}H_{13}O_3$	13.29	1.41
$C_{10}H_6NO_4$	11.44	1.40	$C_{15}H_8O$	16.38	1.45	$C_{12}H_{15}NO_2$	13.67	1.26
$C_{10}H_8N_2O_3$	11.81	1.24	$C_{15}H_{10}N$	16.75	1.31	$C_{12}H_{17}N_2O$	14.04	1.11
$C_{10}H_{10}N_3O_2$	12.19	1.08	$C_{15}H_{24}$	16.59	1.29	$C_{12}H_{19}N_3$	14.42	0.97
$C_{10}H_{12}N_4O$	12.56	0.93	$C_{16}H_{12}$	17.48	1.43	$C_{13}HO_3$	14.18	1.53
$C_{10}H_{20}O_4$	11.28	1.38	**205**			$C_{13}H_3NO_2$	14.56	1.38
$C_{10}H_{22}NO_3$	11.66	1.22	$C_8H_{17}N_2O_4$	9.84	1.24	$C_{13}H_5N_2O$	14.93	1.24
$C_{10}H_{24}N_2O_2$	12.03	1.06	$C_8H_{19}N_3O_3$	10.21	1.07	$C_{13}H_7N_3$	15.30	1.09
$C_{11}H_8O_4$	12.17	1.48	$C_8H_{21}N_4O_2$	10.59	0.91	$C_{13}H_{17}O_2$	14.40	1.36
$C_{11}H_{10}NO_3$	12.55	1.32	$C_9H_5N_2O_4$	10.73	1.32	$C_{13}H_{19}NO$	14.47	1.21
$C_{11}H_{12}N_2O_2$	12.92	1.17	$C_9H_7N_3O_3$	11.10	1.16	$C_{13}H_{21}N_2$	15.15	1.07
$C_{11}H_{14}N_3O$	13.29	1.02	$C_9H_9N_4O_2$	11.47	1.00	$C_{14}H_5O_2$	15.29	1.49
$C_{11}H_{16}N_4$	13.67	0.87	$C_9H_{19}NO_4$	10.57	1.31	$C_{14}H_7NO$	15.66	1.34
$C_{11}H_{24}O_3$	12.39	1.30	$C_9H_{21}N_2O_3$	10.94	1.15	$C_{14}H_9N_2$	16.04	1.20
$C_{12}H_2N_3O$	14.18	1.13	$C_9H_{23}N_3O_2$	11.32	0.99	$C_{14}H_{21}O$	15.50	1.32
$C_{12}H_4N_4$	14.56	0.99	$C_{10}H_7NO_4$	11.46	1.40	$C_{14}H_{23}N$	15.88	1.18
$C_{12}H_{12}O_3$	13.28	1.41	$C_{10}H_9N_2O_3$	11.83	1.24	$C_{15}H_9O$	16.39	1.46

续表

	M+1	M+2		M+1	M+2		M+1	M+2
$C_{15}H_{11}N$	16.77	1.32	$C_{12}H_{20}N_3$	14.43	0.97	$C_{11}H_3N_4O$	13.50	1.04
$C_{15}H_{25}$	16.61	1.29	$C_{13}H_2O_3$	14.20	1.53	$C_{11}H_{11}O_4$	12.22	1.48
$C_{16}H_{13}$	17.50	1.44	$C_{13}H_4NO_2$	14.57	1.39	$C_{11}H_{13}NO_3$	12.59	1.33
$C_{17}H$	18.39	1.59	$C_{13}H_6N_2O$	14.95	1.24	$C_{11}H_{15}N_2O_2$	12.97	1.18
206			$C_{13}H_8N_3$	15.32	1.10	$C_{11}H_{17}N_3O$	13.34	1.02
$C_8H_{18}N_2O_4$	9.85	1.24	$C_{13}H_{18}O_2$	14.41	1.38	$C_{11}H_{19}N_4$	13.72	0.87
$C_8H_{20}N_3O_3$	10.23	1.08	$C_{13}H_{20}NO$	14.79	1.22	$C_{12}HNO_3$	13.48	1.44
$C_8H_{22}N_4O_2$	10.60	0.91	$C_{13}H_{22}N_2$	15.16	1.07	$C_{12}H_3N_2O_2$	13.86	1.29
$C_9H_6N_2O_4$	10.74	1.32	$C_{14}H_6O_2$	15.30	1.49	$C_{12}H_5N_3O$	14.23	1.14
$C_9H_8N_3O_3$	11.12	1.16	$C_{14}H_8NO$	15.68	1.35	$C_{12}H_7N_4$	14.61	0.99
$C_9H_{10}N_4O_2$	11.49	1.01	$C_{14}H_{10}N_2$	16.05	1.21	$C_{12}H_{15}O_3$	13.33	1.42
$C_9H_{20}NO_4$	10.58	1.31	$C_{14}H_{22}O$	15.52	1.32	$C_{12}H_{17}NO_2$	13.70	1.27
$C_9H_{22}N_2O_3$	10.96	1.15	$C_{14}H_{24}N$	15.89	1.18	$C_{12}H_{19}N_2O$	14.07	1.12
$C_{10}H_8NO_4$	11.47	1.40	$C_{15}H_{10}O$	16.41	1.46	$C_{12}H_{21}N_3$	14.45	0.97
$C_{10}H_{10}N_2O_3$	11.85	1.24	$C_{15}H_{12}N$	16.78	1.32	$C_{13}H_3O_3$	14.21	1.54
$C_{10}H_{12}N_3O_2$	12.22	1.09	$C_{15}H_{25}$	16.63	1.29	$C_{13}H_5NO_2$	14.59	1.39
$C_{10}H_{14}N_4O$	12.6	0.93	$C_{16}H_{14}$	17.51	1.44	$C_{13}H_7N_2O$	14.96	1.24
$C_{10}H_{22}O_4$	11.31	1.38	$C_{17}H_2$	18.40	1.59	$C_{13}H_9N_3$	15.34	1.10
$C_{11}H_2N_4O$	13.48	1.04	**207**			$C_{13}H_{19}O_2$	14.43	1.37
$C_{11}H_{10}O_4$	12.20	1.48	$C_8H_{19}N_2O_4$	9.87	1.24	$C_{13}H_{21}NO$	14.80	1.22
$C_{11}H_{12}NO_3$	12.58	1.33	$C_8H_{21}N_3O_3$	10.24	1.08	$C_{13}H_{23}N_2$	15.18	1.07
$C_{11}H_{14}N_2O_2$	12.59	1.17	$C_9H_7N_2O_4$	10.76	1.33	$C_{14}H_7O_2$	15.32	1.49
$C_{11}H_{16}N_3O$	13.33	1.02	$C_9H_9N_3O_3$	11.13	1.17	$C_{14}H_9NO$	15.69	1.35
$C_{11}H_{18}N_4$	13.70	0.87	$C_9H_{11}N_4O_2$	11.51	1.01	$C_{14}H_{11}N_2$	16.07	1.21
$C_{12}H_2N_2O_2$	13.84	1.29	$C_9H_{21}NO_4$	10.60	1.31	$C_{14}H_{23}O$	15.54	1.33
$C_{12}H_4N_3O$	14.22	1.14	$C_{10}H_9NO_4$	11.49	1.40	$C_{14}H_{25}N$	15.91	1.18
$C_{12}H_6N_4$	14.59	0.99	$C_{10}H_{11}N_2O_3$	11.86	1.25	$C_{15}H_{11}O$	16.42	1.46
$C_{12}H_{14}O_3$	13.31	1.42	$C_{10}H_{13}N_3O_2$	12.24	1.09	$C_{15}H_{13}N$	16.8	1.32
$C_{12}H_{16}NO_2$	13.68	1.27	$C_{11}H_{15}N_4O$	12.61	0.83	$C_{15}H_{27}$	16.64	1.30
$C_{12}H_{18}N_2O$	14.06	1.12	$C_{11}HN_3O_2$	13.13	1.20	$C_{16}HN$	17.69	1.47

续表

	M+1	M+2		M+1	M+2		M+1	M+2
$C_{16}H_{15}$	17.53	1.44	$C_{13}H_{20}O_2$	14.45	1.37	$C_{11}H_{21}N_4$	13.75	0.88
$C_{17}H_3$	18.42	1.60	$C_{13}H_{22}NO$	14.82	1.22	$C_{12}HO_4$	13.14	1.60
208			$C_{13}H_{24}N_2$	15.20	1.08	$C_{12}H_3NO_3$	13.51	1.44
$C_8H_{20}N_2O_4$	9.88	1.24	$C_{14}H_8O_2$	15.34	1.50	$C_{12}H_5N_2O_2$	13.89	1.29
$C_9H_8N_2O_4$	10.77	1.33	$C_{14}H_{10}NO$	15.71	1.35	$C_{12}H_7N_3O$	14.26	1.15
$C_9H_{10}N_3O_3$	11.15	1.17	$C_{14}H_{12}N_2$	16.08	1.21	$C_{12}H_9N_4$	14.64	1.00
$C_9H_{12}N_4O_2$	11.52	1.01	$C_{14}H_{24}O$	15.55	1.33	$C_{12}H_{17}O_3$	13.36	1.42
$C_{10}H_{10}NO_4$	11.50	1.40	$C_{14}H_{26}N$	15.93	1.19	$C_{12}H_{19}NO_2$	13.73	1.27
$C_{10}H_{12}N_2O_3$	11.88	1.25	$C_{15}H_{12}O$	16.44	1.46	$C_{12}H_{21}N_2O$	14.11	1.12
$C_{10}H_{14}N_3O_2$	12.25	1.09	$C_{15}H_{14}N$	16.81	1.33	$C_{12}H_{23}N_3$	14.48	0.98
$C_{10}H_{16}N_4O$	12.63	0.94	$C_{15}H_{28}$	16.66	1.30	$C_{12}H_5O_3$	14.25	1.54
$C_{11}H_2N_3O_2$	13.14	1.20	$C_{16}H_2N$	17.70	1.47	$C_{13}H_7NO_2$	14.62	1.39
$C_{11}H_4N_4O$	13.52	1.05	$C_{16}H_{16}$	17.55	1.45	$C_{13}H_9N_2O$	14.99	1.25
$C_{11}H_{12}O_4$	12.24	1.49	$C_{17}H_4$	18.43	1.60	$C_{13}H_{11}N_3$	15.37	1.10
$C_{11}H_{14}NO_3$	12.61	1.33	**209**			$C_{13}H_{21}O_2$	14.46	1.37
$C_{11}H_{16}N_2O_2$	12.98	1.18	$C_9H_9N_2O_4$	10.79	1.33	$C_{13}H_{23}NO$	14.84	1.22
$C_{11}H_{18}N_3O$	13.38	1.03	$C_9H_{11}N_3O_3$	11.16	1.17	$C_{13}H_{25}N_2$	15.21	1.08
$C_{11}H_{20}N_4$	13.73	0.88	$C_9H_{13}N_4O_2$	11.54	1.01	$C_{14}H_9O_2$	15.35	1.50
$C_{12}H_2NO_3$	13.50	1.44	$C_{10}HN_4O_2$	12.43	1.11	$C_{14}H_{11}NO$	15.73	1.35
$C_{12}H_4N_2O_2$	13.87	1.29	$C_{10}H_{11}NO_4$	11.52	1.41	$C_{14}H_{13}N_2$	16.10	1.21
$C_{12}H_6N_3O$	14.25	1.14	$C_{10}H_{13}N_2O_3$	11.89	1.25	$C_1H_{25}O$	15.57	1.33
$C_{12}H_8N_4$	14.62	1.00	$C_{10}H_{15}N_2O_2$	12.27	1.09	$C_{14}H_{27}N$	15.94	1.19
$C_{12}H_{16}O_3$	13.34	1.42	$C_{10}H_{17}N_4O$	12.64	0.94	$C_{15}HN_2$	16.99	1.35
$C_{12}H_{18}NO_2$	13.72	1.27	$C_{11}HN_2O_3$	12.78	1.35	$C_{15}H_{13}O$	16.46	1.47
$C_{12}H_{20}N_2O$	14.09	1.12	$C_{11}H_3N_3O_2$	13.16	1.20	$C_{15}H_{15}N$	16.83	1.33
$C_{12}H_{22}N_3$	14.46	0.97	$C_{11}H_5N_4O$	13.53	1.05	$C_{15}H_{29}$	16.67	1.30
$C_{13}H_4O_3$	14.23	1.54	$C_{11}H_{13}O_4$	12.25	1.49	$C_{16}HO$	17.35	1.61
$C_{13}H_6NO_2$	14.60	1.39	$C_{11}H_{15}NO_3$	12.63	1.33	$C_{16}H_3N$	17.72	1.48
$C_{13}H_8N_2O$	14.98	1.24	$C_{11}H_{17}N_2O_2$	13.00	1.18	$C_{16}H_{17}$	17.56	1.45
$C_{13}H_{10}N_3$	15.35	1.10	$C_{11}H_{19}N_3O$	13.37	1.03	$C_{17}H_5$	18.45	1.60

续表

	M+1	M+2		M+1	M+2		M+1	M+2
210			$C_{13}H_{22}O_2$	14.48	1.37	$C_{11}H_{15}O_4$	12.28	1.49
$C_9H_{10}N_2O_4$	10.81	1.33	$C_{13}H_{24}NO$	14.85	1.23	$C_{11}H_{17}NO_3$	12.66	1.34
$C_9H_{12}N_3O_3$	11.18	1.17	$C_{13}H_{26}N_2$	15.23	1.08	$C_{11}H_{19}N_2O_2$	13.03	1.18
$C_9H_{14}N_4O_2$	11.55	1.01	$C_{14}H_{10}O_2$	15.37	1.50	$C_{11}H_{21}N_3O$	13.41	1.03
$C_{10}H_2N_4O_2$	12.44	1.11	$C_{14}H_{12}NO$	15.74	1.36	$C_{11}H_{23}N_4$	13.78	0.88
$C_{10}H_{12}NO_4$	11.54	1.41	$C_{14}H_{14}N_2$	16.12	1.22	$C_{12}H_3O_4$	13.17	1.60
$C_{10}H_{14}N_2O_3$	11.91	1.25	$C_{14}H_{26}O$	15.58	1.33	$C_{12}H_5NO_3$	13.55	1.45
$C_{10}H_{16}N_3O_2$	12.29	1.09	$C_{14}H_{28}N$	15.96	1.19	$C_{12}H_7N_2O_2$	13.92	1.30
$C_{10}H_{18}N_4O$	12.66	0.94	$C_{15}H_2N_2$	17.00	1.36	$C_{12}H_9N_3O$	14.30	1.15
$C_{11}H_2N_2O_3$	12.80	1.35	$C_{15}H_{14}O$	16.47	1.47	$C_{12}H_{11}N_4$	14.67	1.60
$C_{11}H_4N_3O_2$	13.17	1.20	$C_{15}H_{16}N$	16.85	1.33	$C_{12}H_{19}O_3$	13.39	1.43
$C_{11}H_6N_4O$	13.55	1.05	$C_{15}H_{30}$	16.69	1.31	$C_{12}H_{21}NO_2$	13.76	1.28
$C_{11}H_{14}O_4$	12.27	1.49	$C_{16}H_2O$	17.36	1.61	$C_{12}H_{23}N_2O$	14.14	1.13
$C_{11}H_{16}NO_3$	12.64	1.34	$C_{16}H_4N$	17.74	1.48	$C_{12}H_{25}N_3$	14.51	0.98
$C_{11}H_{18}N_2O_2$	13.02	1.18	$C_{16}H_{18}$	17.58	1.45	$C_{13}H_7O_3$	14.28	1.54
$C_{11}H_{20}N_3O_1$	13.39	1.03	$C_{17}H_6$	18.47	1.61	$C_{13}H_9NO_2$	14.65	1.40
$C_{11}H_{22}N_4$	13.76	0.88	**211**			$C_{13}H_{11}N_2O$	15.03	1.25
$C_{12}H_2O_4$	13.16	1.60	$C_9H_{11}N_2O_4$	10.82	1.33	$C_{13}H_{13}N_3$	15.40	1.11
$C_{12}H_4NO_3$	13.53	1.45	$C_9H_{13}N_3O_3$	11.20	1.17	$C_{13}H_{23}O_2$	14.49	1.38
$C_{12}H_5N_2O_2$	13.90	1.30	$C_9H_{15}N_4O_2$	11.57	1.01	$C_{13}H_{25}NO$	14.87	1.23
$C_{12}H_8N_3O$	14.28	1.15	$C_{10}HN_3O_3$	12.08	1.27	$C_{13}H_{27}N_2$	15.24	1.08
$C_{12}H_{10}N_4$	14.65	1.00	$C_{10}H_3N_4O_2$	12.46	1.12	$C_{14}HN_3$	16.29	1.24
$C_{12}H_{18}O_3$	13.37	1.43	$C_{10}H_{13}NO_4$	11.55	1.41	$C_{14}H_{11}O_2$	15.38	1.50
$C_{12}H_{20}NO_2$	13.75	1.28	$C_{10}H_{15}N_2O_3$	11.93	1.25	$C_{14}H_{13}NO$	15.76	1.36
$C_{12}H_{22}N_2O$	14.12	1.13	$C_{10}H_{17}N_3O_2$	12.30	1.10	$C_{14}H_{15}N_2$	16.13	1.22
$C_{12}H_{24}N_3$	14.50	0.98	$C_{10}H_{19}N_4O$	12.68	0.94	$C_{14}H_{27}O$	15.60	1.34
$C_{13}H_6O_3$	14.26	1.54	$C_{11}HNO_4$	12.44	1.51	$C_{14}H_{29}N$	15.97	1.19
$C_{13}H_8NO_2$	14.64	1.40	$C_{11}H_3N_2O_3$	12.82	1.36	$C_{15}HNO$	16.65	1.50
$C_{13}H_{10}N_2O$	15.01	1.25	$C_{11}H_5N_3O_2$	13.19	1.20	$C_{15}H_3N_2$	17.02	1.36
$C_{13}H_{12}N_3$	15.38	1.11	$C_{11}H_7N_4O$	13.56	1.05	$C_{15}H_{15}O$	16.49	1.47

续表

	M+1	M+2		M+1	M+2		M+1	M+2
$C_{15}H_{17}N$	16.86	1.33	$C_{12}H_{20}O_3$	13.41	1.43	$C_{10}HN_2O_4$	11.74	1.43
$C_{15}H_{31}$	16.71	1.31	$C_{12}H_{22}NO_2$	13.78	1.28	$C_{10}H_3N_3O_2$	12.12	1.27
$C_{16}H_3O$	17.38	1.62	$C_{12}H_{24}N_2O$	14.15	1.13	$C_{10}H_5N_4O_2$	12.40	1.12
$C_{16}H_5N$	17.75	1.48	$C_{12}H_{26}N_3$	14.53	0.98	$C_{10}H_{15}NO_4$	11.58	1.41
$C_{16}H_{19}$	17.59	1.45	$C_{13}H_8O_3$	14.29	1.55	$C_{10}H_{17}N_2O_3$	11.96	1.26
$C_{17}H_7$	18.48	1.61	$C_{13}H_{10}NO_2$	14.67	1.40	$C_{10}H_{19}N_3O_2$	12.33	1.10
212			$C_{13}H_{12}N_2O$	15.04	1.25	$C_{10}H_{21}N_4O$	12.71	0.95
$C_9H_{12}N_2O_4$	10.84	1.34	$C_{13}H_{14}N_3$	15.42	1.11	$C_{11}H_3NO_4$	12.47	1.51
$C_9H_{14}N_3O_3$	11.21	1.18	$C_{13}H_{24}O_2$	14.51	1.38	$C_{11}H_5N_2O_3$	12.85	1.36
$C_9H_{16}N_4O_2$	11.59	1.02	$C_{13}H_{26}NO$	14.88	1.23	$C_{11}H_7N_3O_2$	13.22	1.21
$C_{10}H_2N_3O_3$	12.10	1.27	$C_{13}H_{28}N_2$	15.26	1.09	$C_{11}H_9N_4O$	13.60	1.06
$C_{10}H_4N_4O_2$	12.47	1.12	$C_{14}H_2N_3$	16.31	1.25	$C_{11}H_{17}O_4$	12.32	1.50
$C_{10}H_{14}NO_4$	11.57	1.41	$C_{14}H_{12}O_2$	15.40	1.50	$C_{11}H_{19}NO_3$	12.69	1.34
$C_{10}H_{16}N_2O_3$	11.94	1.25	$C_{14}H_{14}NO$	15.77	1.36	$C_{11}H_{21}N_2O_2$	13.06	1.29
$C_{10}H_{18}N_3O_2$	12.32	1.10	$C_{14}H_{16}N_2$	16.15	1.22	$C_{11}H_{23}N_3O$	13.44	1.04
$C_{10}H_{20}N_4O$	12.69	0.94	$C_{14}H_{28}O$	15.62	1.34	$C_{11}H_{25}N_4$	13.81	0.89
$C_{11}H_2NO_4$	12.46	1.51	$C_{14}H_{30}N$	15.99	1.20	$C_{12}H_5O_4$	13.20	1.60
$C_{11}H_4N_2O_3$	12.83	1.36	$C_{15}H_2NO$	16.66	1.50	$C_{12}H_7NO_3$	13.58	1.45
$C_{11}H_6N_3O_2$	13.21	1.21	$C_{15}H_4N_2$	17.04	1.36	$C_{12}H_9N_2O_2$	13.95	1.30
$C_{11}H_8N_4O$	13.58	1.06	$C_{15}H_{16}O$	16.50	1.47	$C_{12}H_{11}N_3O$	14.33	1.15
$C_{11}H_{16}O_4$	12.30	1.49	$C_{15}H_{18}N$	16.88	1.34	$C_{12}H_{13}N_4$	14.70	1.01
$C_{11}H_{18}NO_3$	12.67	1.34	$C_{15}H_{32}$	16.72	1.31	$C_{12}H_{21}O_3$	13.42	1.43
$C_{11}H_{20}N_2O_2$	13.05	1.19	$C_{16}H_4O$	17.39	1.62	$C_{12}H_{23}NO_2$	13.80	1.28
$C_{11}H_{22}N_3O$	13.42	1.03	$C_{16}H_6N$	17.77	1.48	$C_{12}H_{25}N_2O$	14.17	1.13
$C_{11}H_{24}N_4$	13.80	0.88	$C_{16}H_{20}$	17.61	1.46	$C_{12}H_{27}N_3$	14.54	0.99
$C_{12}H_4O_4$	13.19	1.60	$C_{17}H_8$	18.50	1.61	$C_{13}HN_4$	15.59	1.14
$C_{12}H_6NO_3$	13.56	1.45	**213**			$C_{13}H_9O_3$	14.31	1.55
$C_{12}H_8N_2O_2$	13.94	1.30	$C_9H_3N_2O_4$	10.86	1.34	$C_{13}H_{11}NO_2$	14.68	1.40
$C_{12}H_{10}N_3O$	14.31	1.15	$C_9H_{15}N_3O_3$	11.23	1.18	$C_{13}H_{13}N_2O$	15.06	1.26
$C_{12}H_{12}N_4$	14.69	1.01	$C_9H_{17}N_4O_2$	11.60	1.02	$C_{13}H_{15}N_3$	15.43	1.11

续表

	M+1	M+2		M+1	M+2		M+1	M+2
$C_{13}H_{25}O_2$	14.53	1.38	$C_{11}H_4NO_4$	12.49	1.52	$C_{14}H_{18}N_2$	16.18	1.23
$C_{13}H_{27}NO$	14.90	1.23	$C_{11}H_6N_2O_3$	12.86	1.36	$C_{14}H_{30}O$	15.65	1.34
$C_{13}H_{29}N_2$	15.28	1.09	$C_{11}H_8N_3O_2$	13.24	1.21	$C_{15}H_2O_2$	16.32	1.64
$C_{14}HN_2O$	15.95	1.39	$C_{11}H_{10}N_4O$	13.61	1.06	$C_{15}H_4NO$	16.69	1.51
$C_{14}H_3N_3$	16.32	1.25	$C_{11}H_{18}O_4$	12.33	1.50	$C_{15}H_6N_2$	17.07	1.37
$C_{14}H_{13}O_2$	15.42	1.51	$C_{11}H_{20}NO_3$	12.71	1.34	$C_{15}H_{18}O$	16.54	1.48
$C_{14}H_{15}NO$	15.79	1.36	$C_{11}H_{22}N_2O_2$	13.08	1.19	$C_{15}H_{20}N$	16.91	1.34
$C_{14}H_{17}N_2$	16.16	1.22	$C_{11}H_{24}N_3O$	13.45	1.04	$C_{16}H_6O$	17.43	1.63
$C_{14}H_{29}O$	15.63	1.34	$C_{11}H_{26}N_4$	13.83	0.89	$C_{16}H_8N$	17.80	1.49
$C_{14}H_{31}N$	16.01	1.20	$C_{12}H_6O_4$	13.22	1.61	$C_{16}H_{22}$	17.64	1.46
$C_{15}HO_2$	16.30	1.64	$C_{12}H_8NO_3$	13.59	1.45	$C_{17}H_{10}$	18.53	1.62
$C_{15}H_3NO$	16.68	1.50	$C_{12}H_{10}N_2O_2$	13.97	1.31	**215**		
$C_{15}H_5N_2$	17.05	1.36	$C_{12}H_{12}N_3O$	14.34	1.16	$C_9H_{15}N_2O_4$	10.89	1.34
$C_{15}H_{17}O$	16.52	1.48	$C_{12}H_{14}N_4$	14.72	1.01	$C_9H_{17}N_3O_3$	11.26	1.18
$C_{15}H_{19}N$	16.90	1.34	$C_{12}H_{22}O_3$	13.44	1.43	$C_9H_{19}N_4O_2$	11.63	1.02
$C_{16}H_5O$	17.41	1.62	$C_{12}H_{24}NO_2$	13.81	1.26	$C_{10}H_3N_2O_4$	11.77	1.44
$C_{16}H_7N$	17.78	1.49	$C_{12}H_{26}N_2O$	14.19	1.14	$C_{10}H_5N_3O_3$	12.15	1.28
$C_{16}H_{21}$	17.63	1.46	$C_{12}H_{28}N_3$	14.56	1.98	$C_{10}H_7N_4O_2$	12.52	1.12
$C_{17}H_9$	18.51	1.61	$C_{13}H_2N_4$	15.61	1.72	$C_{10}H_{17}NO_4$	11.62	1.42
214			$C_{13}H_{10}O_3$	14.33	1.55	$C_{10}H_{19}N_2O_3$	11.99	1.26
$C_9H_{14}N_2O_4$	10.87	1.34	$C_{13}H_{12}NO_2$	14.70	1.40	$C_{10}H_{21}N_3O_2$	12.37	1.10
$C_9H_{16}N_3O_3$	11.24	1.18	$C_{13}H_{14}N_2O$	15.07	1.26	$C_{10}H_{23}N_4O$	12.74	0.95
$C_9H_{18}N_4O_2$	11.62	1.02	$C_{13}H_{15}N_3$	15.45	1.12	$C_{11}H_5NO_4$	12.50	1.52
$C_{10}H_2N_2O_4$	11.76	1.43	$C_{13}H_{26}O_2$	14.54	1.38	$C_{11}H_7N_2O_3$	12.88	1.37
$C_{10}H_4N_3O_3$	12.13	1.28	$C_{13}H_{28}NO$	14.92	1.24	$C_{11}H_9N_3O_2$	13.25	1.21
$C_{10}H_6N_4O_2$	12.51	1.12	$C_{13}H_{30}N_2$	15.29	1.09	$C_{11}H_{11}N_4O$	13.63	1.06
$C_{10}H_{16}NO_4$	11.60	1.42	$C_{14}H_2N_2O$	15.96	1.39	$C_{11}H_{19}O_4$	12.35	1.50
$C_{10}H_{18}N_2O_3$	11.97	1.26	$C_{14}H_4N_3$	16.34	1.25	$C_{11}H_{21}NO_3$	12.72	1.35
$C_{10}H_{20}N_3O_2$	12.35	1.10	$C_{14}H_{14}O_2$	15.43	1.51	$C_{11}H_{23}N_2O_2$	13.10	1.19
$C_{10}H_{22}N_4O$	12.72	0.95	$C_{14}H_{16}NO$	15.81	1.37	$C_{11}H_{25}N_3O$	13.47	1.04

续表

	M+1	M+2		M+1	M+2		M+1	M+2
$C_{11}H_{27}N_4$	13.84	0.89	$C_{16}H_9N$	17.82	1.49	$C_{12}H_{28}N_2O$	14.22	1.14
$C_{12}H_7O_4$	13.24	1.61	$C_{16}H_{23}$	17.66	1.47	$C_{13}H_2N_3O$	15.26	1.29
$C_{12}H_9NO_3$	13.61	1.46	$C_{17}H_{11}$	18.55	1.62	$C_{13}H_4N_4$	15.64	1.14
$C_{12}H_{11}N_2O_2$	13.98	1.31	**216**			$C_{13}H_{12}O_3$	14.36	1.56
$C_{12}H_{13}N_3O$	14.36	1.16	$C_9H_{16}N_2O_4$	10.90	1.34	$C_{13}H_{14}NO_2$	14.73	1.41
$C_{12}H_{15}N_4$	14.73	1.01	$C_9H_{18}N_3O_3$	11.28	1.18	$C_{13}H_{16}N_2O$	15.11	1.26
$C_{12}H_{23}O_3$	13.45	1.44	$C_9H_{20}N_4O_2$	11.65	1.02	$C_{13}H_{18}N_3$	15.48	1.12
$C_{12}H_{25}NO_2$	13.83	1.29	$C_{10}H_4N_2O_4$	11.79	1.44	$C_{13}H_{28}O_2$	14.57	1.39
$C_{12}H_{27}N_2O$	14.20	1.14	$C_{10}H_6N_3O_3$	12.16	1.28	$C_{14}H_2NO_2$	15.62	1.54
$C_{12}H_{29}N_3$	14.58	0.99	$C_{10}H_8N_4O_2$	12.54	1.13	$C_{14}H_4N_2O$	15.99	1.40
$C_{13}HN_3O$	15.25	1.28	$C_{10}H_{18}NO_4$	11.63	1.42	$C_{14}H_6N_3$	16.37	1.26
$C_{13}H_3N_4$	15.62	1.14	$C_{10}H_{20}N_2O_3$	12.01	1.26	$C_{14}H_{16}O_2$	15.46	1.51
$C_{13}H_{11}O_3$	14.34	1.55	$C_{10}H_{22}N_3O_2$	12.38	1.11	$C_{14}H_{18}NO$	15.84	1.37
$C_{13}H_{13}NO_2$	14.72	1.41	$C_{10}H_{24}N_4O$	12.76	0.95	$C_{14}H_{20}N_2$	16.21	1.23
$C_{13}H_{15}N_2O$	15.09	1.26	$C_{11}H_6NO_4$	12.52	1.52	$C_{15}H_4O_2$	16.35	1.65
$C_{13}H_{17}N_3$	15.46	1.12	$C_{11}H_8N_2O_3$	12.90	1.37	$C_{15}H_6NO$	16.73	1.51
$C_{13}H_{27}O_2$	14.56	1.38	$C_{11}H_{10}N_3O_2$	13.27	1.21	$C_{15}H_8N_2$	17.10	1.37
$C_{13}H_{29}NO$	14.93	1.24	$C_{11}H_{12}N_4O$	13.64	1.06	$C_{15}H_{20}O$	16.57	1.49
$C_{14}HNO_2$	15.60	1.54	$C_{11}H_{20}O_4$	12.36	1.50	$C_{15}H_{22}N$	16.94	1.35
$C_{14}H_3N_2O$	15.98	1.39	$C_{11}H_{22}NO_3$	12.74	1.35	$C_{16}H_8O$	17.46	1.63
$C_{14}H_5N_3$	16.35	1.25	$C_{11}H_{24}N_2O_2$	13.11	1.19	$C_{16}H_{10}N$	17.83	1.50
$C_{14}H_{15}O_2$	15.45	1.51	$C_{11}H_{26}N_3O$	13.49	1.04	$C_{16}H_{24}$	17.67	1.47
$C_{14}H_{17}NO$	15.82	1.37	$C_{11}H_{28}N_4$	13.86	0.89	$C_{17}H_{12}$	18.56	1.62
$C_{14}H_{19}N_2$	16.20	1.23	$C_{12}H_8O_4$	13.25	1.61	**217**		
$C_{15}H_3O_2$	16.34	1.65	$C_{12}H_{10}NO_3$	13.63	1.46	$C_9H_{17}N_2O_4$	10.92	1.34
$C_{15}H_5NO$	16.71	1.51	$C_{12}H_{12}N_2O_2$	14.00	1.31	$C_9H_{19}N_3O_3$	11.29	1.18
$C_{15}H_7N_2$	17.08	1.37	$C_{12}H_{14}N_3O$	14.38	1.16	$C_9H_{21}N_4O_2$	11.67	1.03
$C_{15}H_{19}O$	16.55	1.48	$C_{12}H_{16}N_4$	14.75	1.01	$C_{10}H_5N_2O_4$	11.31	1.44
$C_{15}H_{21}N$	16.93	1.34	$C_{12}H_{24}O_3$	13.47	1.44	$C_{10}H_7N_3O_3$	12.18	1.28
$C_{16}H_7O$	17.44	1.63	$C_{12}H_{26}NO_2$	13.84	1.29	$C_{10}H_9N_4O_2$	12.55	1.13

续表

	M+1	M+2		M+1	M+2		M+1	M+2
$C_{10}H_{13}NO_4$	11.65	1.42	$C_{14}H_7N_3$	16.39	1.26	$C_{11}H_{24}NO_3$	12.77	1.35
$C_{10}H_{21}N_2O_3$	12.02	1.26	$C_{14}H_{17}O_2$	15.48	1.52	$C_{11}H_{28}N_2O_2$	13.14	1.20
$C_{10}H_{23}N_3O_2$	12.40	1.11	$C_{14}H_{19}NO$	15.58	1.37	$C_{12}H_2N_4O$	14.56	1.19
$C_{10}H_{25}N_4O$	12.77	0.95	$C_{14}H_{21}N_2$	16.23	1.23	$C_{12}H_{10}O_4$	13.28	1.61
$C_{11}H_7NO_4$	12.54	1.52	$C_{15}H_5O_2$	16.37	1.65	$C_{12}H_{12}NO_3$	13.66	1.46
$C_{11}H_9N_2O_3$	12.91	1.37	$C_{15}H_7NO$	16.74	1.51	$C_{12}H_{14}N_2O_2$	14.03	1.31
$C_{11}H_{11}N_3O_2$	13.29	1.22	$C_{15}H_9N_2$	17.12	1.38	$C_{12}H_{16}N_3O$	14.41	1.17
$C_{11}H_{13}N_4O$	13.66	1.07	$C_{15}H_{21}O$	16.58	1.49	$C_{12}H_{18}N_4$	14.78	1.02
$C_{11}H_{21}O_4$	12.38	1.50	$C_{15}H_{23}N$	16.96	1.35	$C_{12}H_{26}O_3$	13.50	1.44
$C_{11}H_{23}NO_3$	12.75	1.35	$C_{16}H_9O$	17.47	1.63	$C_{13}H_2N_2O_2$	14.92	1.44
$C_{11}H_{25}N_2O_2$	13.13	1.20	$C_{16}H_{11}N$	17.85	1.50	$C_{13}H_4N_3O$	15.30	1.29
$C_{11}H_{27}N_3O$	13.50	1.05	$C_{16}H_{25}$	17.69	1.47	$C_{13}H_6N_4$	15.67	1.15
$C_{12}HN_4O$	14.55	1.19	$C_{17}H_{13}$	18.58	1.63	$C_{13}H_{14}O_3$	14.39	1.56
$C_{12}H_9O_4$	13.27	1.61	$C_{18}H$	19.47	1.79	$C_{13}H_{16}NO_2$	14.76	1.41
$C_{12}H_{11}NO_3$	13.64	1.46	**218**			$C_{13}H_{18}N_2O$	15.14	1.27
$C_{12}H_{13}N_2O_2$	14.02	1.31	$C_9H_{18}N_2O_4$	10.93	1.35	$C_{13}H_{20}N_3$	15.51	1.13
$C_{12}H_{15}N_3O$	14.39	1.16	$C_9H_{20}N_3O_3$	11.31	1.19	$C_{14}H_2O_3$	15.28	1.69
$C_{12}H_{17}N_4$	14.77	1.02	$C_9H_{22}N_4O_2$	11.68	1.03	$C_{14}H_4NO_2$	15.65	1.54
$C_{12}H_{25}O_3$	13.49	1.44	$C_{10}H_6N_2O_4$	11.32	1.44	$C_{14}H_6N_2O$	16.03	1.40
$C_{12}H_{27}NO_2$	13.86	1.29	$C_{10}H_8N_3O_3$	12.20	1.28	$C_{14}H_6N_3$	16.40	1.26
$C_{13}HN_2O_2$	14.91	1.43	$C_{10}H_{10}N_4O_2$	12.57	1.13	$C_{14}H_{18}O_2$	15.50	1.52
$C_{13}H_3N_3O$	15.28	1.29	$C_{10}H_{20}NO_4$	11.66	1.42	$C_{14}H_{20}NO$	15.87	1.38
$C_{13}H_5N_4$	15.65	1.15	$C_{10}H_{22}N_2O_3$	12.04	1.27	$C_{14}H_{22}N_2$	16.24	1.24
$C_{13}H_{13}O_3$	14.37	1.56	$C_{10}H_{24}N_3O_2$	12.41	1.11	$C_{15}H_6O_2$	16.38	1.66
$C_{13}H_{15}NO_2$	14.75	1.41	$C_{10}H_{26}N_4O$	12.79	0.96	$C_{15}H_8NO$	16.76	1.52
$C_{13}H_{17}N_2O$	15.12	1.27	$C_{11}H_8NO_4$	12.55	1.52	$C_{15}H_{10}N_2$	17.13	1.38
$C_{13}H_{19}N_3$	15.50	1.12	$C_{11}H_{10}N_2O_3$	12.93	1.37	$C_{15}H_{22}O$	16.60	1.49
$C_{14}HO_3$	15.26	1.68	$C_{11}H_{12}N_3O_2$	13.30	1.22	$C_{15}H_{24}N$	16.98	1.35
$C_{14}H_3NO_2$	15.64	1.54	$C_{11}H_{14}N_4O$	13.68	1.07	$C_{16}H_{10}O$	17.49	1.64
$C_{14}H_5N_2O$	16.01	1.40	$C_{11}H_{22}O_4$	12.40	1.51	$C_{16}H_{12}N$	17.86	1.50

续表

	M+1	M+2		M+1	M+2		M+1	M+2
$C_{16}H_{26}$	17.71	1.47	$C_{13}H_{15}O_3$	14.41	1.56	$C_{10}H_{24}N_2O_3$	12.07	1.27
$C_{17}H_{14}$	18.59	1.63	$C_{13}H_{17}NO_2$	14.78	1.42	$C_{11}H_{10}NO_4$	12.58	1.53
$C_{18}H_2$	19.48	1.79	$C_{13}H_{19}N_2O$	15.15	1.27	$C_{11}H_{12}N_2O_3$	12.96	1.38
219			$C_{13}H_{21}N_3$	15.53	1.13	$C_{11}H_{14}N_3O_2$	13.33	1.22
$C_9H_{19}N_2O_4$	10.95	1.35	$C_{14}H_3O_3$	15.29	1.69	$C_{11}H_{16}N_4O$	13.71	1.07
$C_9H_{21}N_3O_3$	11.32	1.19	$C_{14}H_5NO_2$	15.67	1.55	$C_{11}H_{24}O_4$	12.43	1.51
$C_9H_{23}N_4O_2$	11.70	1.03	$C_{14}H_7N_2O$	16.04	1.40	$C_{12}H_2N_3O_2$	14.22	1.34
$C_{10}H_7N_2O_4$	11.84	1.44	$C_{14}H_9N_3$	16.42	1.26	$C_{12}H_4N_4O$	14.60	1.19
$C_{10}H_9N_3O_3$	12.21	1.29	$C_{14}H_{19}O_2$	15.51	1.52	$C_{12}H_{12}O_4$	13.32	1.62
$C_{10}H_{11}N_4O_2$	12.59	1.13	$C_{14}H_{21}NO$	15.89	1.38	$C_{12}H_{14}NO_3$	13.69	1.47
$C_{10}H_{21}NO_4$	11.68	1.42	$C_{14}H_{23}N_2$	16.26	1.24	$C_{12}H_{16}N_2O_2$	14.06	1.32
$C_{10}H_{23}N_2O_3$	12.05	1.27	$C_{15}H_7O_2$	16.40	1.66	$C_{12}H_{18}N_3O$	14.44	1.17
$C_{10}H_{25}N_3O_2$	12.43	1.11	$C_{15}H_9NO$	16.77	1.52	$C_{12}H_{20}N_4$	14.81	1.02
$C_{11}H_9NO_4$	12.57	1.53	$C_{15}H_{11}N_2$	17.15	1.38	$C_{13}H_2NO_3$	14.58	1.59
$C_{11}H_{11}N_2O_3$	12.94	1.37	$C_{15}H_{23}O$	16.62	1.49	$C_{13}H_4N_2O_2$	14.95	1.44
$C_{11}H_{13}N_3O_2$	13.32	1.22	$C_{15}H_{25}N$	16.99	1.36	$C_{13}H_6N_3O$	15.33	1.30
$C_{11}H_{15}N_4O$	13.69	1.07	$C_{16}H_{11}O$	17.51	1.64	$C_{13}H_8N_4$	15.70	1.15
$C_{11}H_{23}O_4$	12.41	1.51	$C_{16}H_{13}N$	17.88	1.50	$C_{13}H_{16}O_3$	14.42	1.57
$C_{11}H_{25}NO_3$	12.79	1.35	$C_{16}H_{27}$	17.72	1.48	$C_{13}H_{18}NO_2$	14.80	1.42
$C_{12}HN_3O_2$	14.21	1.34	$C_{17}HN$	18.77	1.66	$C_{13}H_{20}N_2O$	15.17	1.27
$C_{12}H_3N_4O$	14.58	1.19	$C_{17}H_{15}$	18.61	1.63	$C_{13}H_{22}N_3$	15.54	1.13
$C_{12}H_{11}O_4$	13.30	1.62	$C_{18}H_3$	19.50	1.80	$C_{14}H_4O_3$	15.31	1.69
$C_{12}H_{12}NO_3$	13.67	1.47	**220**			$C_{14}H_6NO_2$	15.68	1.55
$C_{12}H_{15}N_2O_2$	14.05	1.32	$C_9H_{20}N_2O_4$	10.97	1.35	$C_{14}H_8N_2O$	16.06	1.41
$C_{12}H_{17}N_3O$	14.42	1.17	$C_9H_{22}N_3O_3$	11.34	1.19	$C_{14}H_{10}N_3$	16.43	1.27
$C_{12}H_{19}N_4$	14.80	1.02	$C_9H_{24}N_4O_2$	11.71	1.03	$C_{14}H_{20}O_2$	15.53	1.52
$C_{13}HNO_3$	14.56	1.59	$C_{10}H_8N_2O_4$	11.85	1.44	$C_{14}H_{22}NO$	15.90	1.38
$C_{13}H_3N_2O_2$	14.94	1.44	$C_{10}H_{10}N_3O_3$	12.23	1.29	$C_{14}H_{24}N_2$	16.28	1.20
$C_{13}H_5N_3O$	15.31	1.29	$C_{10}H_{12}N_4O_2$	12.60	1.13	$C_{15}H_8O_2$	16.42	1.66
$C_{13}H_7N_4$	15.69	1.15	$C_{10}H_{22}NO_4$	11.70	1.43	$C_{15}H_{10}NO$	16.79	1.52

续表

	M+1	M+2		M+1	M+2		M+1	M+2
$C_{15}H_{12}N_2$	17.16	1.38	$C_{13}H_3NO_3$	14.60	1.59	$C_{10}H_{10}N_2O_4$	11.89	1.45
$C_{15}H_{24}O$	16.63	1.50	$C_{13}H_5N_2O_2$	14.97	1.44	$C_{10}H_{12}N_3O_3$	12.26	1.29
$C_{15}H_{26}N$	17.01	1.36	$C_{13}H_7N_3O$	15.34	1.30	$C_{10}H_{14}N_4O_2$	12.63	1.14
$C_{16}H_{12}O$	17.52	1.64	$C_{13}H_9N_4$	15.72	1.16	$C_{11}H_2N_4O_2$	13.52	1.25
$C_{16}H_{14}N$	17.90	1.51	$C_{13}H_{17}O_3$	14.44	1.57	$C_{11}H_{14}N_2O_3$	12.99	1.38
$C_{16}H_{28}$	17.74	1.48	$C_{13}H_{19}NO_2$	14.81	1.42	$C_{11}H_{16}N_3O_2$	13.37	1.23
$C_{17}H_2N$	18.78	1.66	$C_{13}H_{21}N_2O$	15.19	1.28	$C_{11}H_{18}N_4O$	13.74	1.08
$C_{17}H_{16}$	18.63	1.64	$C_{13}H_{23}N_3$	15.56	1.13	$C_{12}H_2N_2O_3$	13.88	1.49
$C_{18}H_4$	19.52	1.80	$C_{14}H_5O_3$	15.33	1.69	$C_{12}H_4N_3O_2$	14.25	1.34
221			$C_{14}H_7NO_2$	15.70	1.55	$C_{12}H_6N_4O$	14.63	1.20
$C_9H_{21}N_2O_4$	10.98	1.35	$C_{14}H_9N_2O$	16.07	1.41	$C_{12}H_{14}O_4$	13.35	1.62
$C_9H_{23}N_3O_3$	11.36	1.19	$C_{13}H_{11}N_3$	16.45	1.27	$C_{12}H_{16}NO_3$	13.72	1.47
$C_{10}H_9N_2O_4$	11.87	1.45	$C_{14}H_{21}O_2$	15.54	1.53	$C_{12}H_{18}N_2O_2$	14.10	1.32
$C_{10}H_{11}N_3O_3$	12.24	1.29	$C_{14}H_{23}NO$	15.92	1.38	$C_{12}H_{20}N_3O$	14.47	1.18
$C_{10}H_{13}N_4O_2$	12.62	1.14	$C_{14}H_{25}N_2$	16.29	1.24	$C_{12}H_{22}N_4$	14.85	1.03
$C_{10}H_{23}NO_4$	11.71	1.43	$C_{15}H_9O_2$	16.43	1.66	$C_{13}H_2O_4$	14.24	1.74
$C_{11}HN_4O_2$	13.51	1.25	$C_{15}H_{11}NO$	16.81	1.52	$C_{13}H_4NO_3$	14.61	1.59
$C_{11}H_{11}NO_4$	12.60	1.53	$C_{15}H_{13}N_2$	17.18	1.39	$C_{13}H_6N_2O_2$	14.99	1.45
$C_{11}H_{13}N_2O_3$	12.98	1.38	$C_{15}H_{25}O$	16.65	1.50	$C_{13}H_8N_3O$	15.36	1.30
$C_{11}H_{15}N_3O_2$	13.35	1.23	$C_{15}H_{27}N$	17.02	1.36	$C_{13}H_{10}N_4$	15.73	1.16
$C_{11}H_{17}N_4O$	13.72	1.08	$C_{16}HN_2$	18.07	1.54	$C_{13}H_{18}O_3$	14.45	1.57
$C_{12}HN_2O_3$	13.86	1.49	$C_{16}H_{13}O$	17.54	1.64	$C_{13}H_{20}NO_2$	14.83	1.42
$C_{12}H_3N_3O_2$	14.24	1.34	$C_{16}H_{15}N$	17.91	1.51	$C_{13}H_{22}N_2O$	15.20	1.28
$C_{12}H_5N_4O$	14.61	1.20	$C_{16}H_{29}$	17.75	1.48	$C_{13}H_{24}N_3$	15.58	1.14
$C_{12}H_{13}O_4$	13.33	1.62	$C_{17}HO$	18.43	1.80	$C_{14}H_6O_3$	15.34	1.70
$C_{12}H_{15}NO_3$	13.71	1.47	$C_{17}H_3N$	18.80	1.67	$C_{14}H_8NO_2$	15.72	1.55
$C_{12}H_{17}N_2O_2$	14.08	1.32	$C_{17}H_{17}$	18.64	1.64	$C_{14}H_{10}N_2O$	16.09	1.41
$C_{12}H_{19}N_3O$	14.46	1.17	$C_{18}H_5$	19.53	1.80	$C_{14}H_{12}N_3$	16.47	1.27
$C_{12}H_{21}N_4$	14.83	1.03	**222**			$C_{14}H_{22}O_2$	15.56	1.53
$C_{13}HO_4$	14.22	1.74	$C_9H_{22}N_2O_4$	11.00	1.35	$C_{14}H_{24}NO$	15.93	1.39

续表

	M+1	M+2		M+1	M+2		M+1	M+2
$C_{14}H_{26}N_2$	16.31	1.25	$C_{12}H_{19}N_2O_2$	14.11	1.33	$C_{17}H_5N$	18.83	1.67
$C_{15}H_{10}O_2$	16.45	1.67	$C_{12}H_{21}N_3O$	14.49	1.18	$C_{17}H_{19}$	18.67	1.64
$C_{15}H_{12}NO$	16.82	1.53	$C_{12}H_{23}N_4$	14.86	1.03	$C_{18}H_7$	19.56	1.81
$C_{15}H_{14}N_2$	17.20	1.39	$C_{13}H_3O_4$	14.25	1.74	**224**		
$C_{15}H_{26}O$	16.66	1.50	$C_{13}H_5NO_3$	14.63	1.59	$C_{10}H_{12}N_2O_4$	11.92	1.45
$C_{15}H_{28}N$	17.04	1.36	$C_{13}H_7N_2O_2$	15.00	1.45	$C_{10}H_{14}N_3O_3$	12.29	1.30
$C_{16}H_2N_2$	18.09	1.54	$C_{13}H_{11}N_4$	15.75	1.16	$C_{10}H_{16}N_4O_2$	12.67	1.14
$C_{16}H_{14}O$	17.55	1.65	$C_{13}H_{19}O_3$	14.47	1.57	$C_{11}H_2N_3O_3$	13.18	1.40
$C_{16}H_{16}N$	17.93	1.51	$C_{13}H_{21}NO_2$	14.84	1.43	$C_{11}H_4N_4O_2$	13.56	1.25
$C_{16}H_{30}$	17.77	1.49	$C_{13}H_{23}N_2O$	15.22	1.28	$C_{11}H_{14}NO_4$	12.65	1.54
$C_{17}H_2O$	18.44	1.80	$C_{13}H_{25}N_3$	15.59	1.14	$C_{11}H_{16}N_2O_3$	13.02	1.38
$C_{17}H_4N$	18.82	1.67	$C_{14}H_7O_3$	15.36	1.70	$C_{11}H_{18}N_3O_2$	13.4	1.23
$C_{17}H_{18}$	18.66	1.64	$C_{14}H_9NO_2$	15.73	1.56	$C_{11}H_{20}N_4O$	13.77	1.08
$C_{18}H_6$	19.55	1.81	$C_{14}H_{11}N_2O$	16.11	1.41	$C_{12}H_2NO_4$	13.54	1.65
223			$C_{14}H_{13}N_3$	16.48	1.27	$C_{12}H_4N_2O_3$	13.91	1.50
$C_{10}H_{11}N_2O_4$	11.90	1.45	$C_{14}H_{23}O_2$	15.58	1.53	$C_{12}H_6N_3O_2$	14.29	1.35
$C_{10}H_{13}N_3O_3$	12.28	1.29	$C_{14}H_{25}NO$	15.95	1.39	$C_{12}H_8N_4O$	14.66	1.20
$C_{10}H_{15}N_4O_2$	12.65	1.14	$C_{14}H_{27}N_2$	16.32	1.25	$C_{12}H_{16}O_4$	13.38	1.63
$C_{11}HN_3O_3$	13.16	1.40	$C_{15}HN_3$	17.37	1.42	$C_{12}H_{18}NO_3$	13.75	1.48
$C_{11}H_3N_4O_2$	13.54	1.25	$C_{15}H_{11}O_2$	16.46	1.67	$C_{12}H_{20}N_2O_2$	14.13	1.33
$C_{11}H_{13}NO_4$	12.63	1.53	$C_{15}H_{13}NO$	16.84	1.53	$C_{12}H_{22}N_3O$	14.50	1.13
$C_{11}H_{15}N_2O_3$	13.01	1.38	$C_{15}H_{15}N_2$	17.21	1.39	$C_{12}H_{24}N_4$	14.88	1.03
$C_{11}H_{17}N_3O_2$	13.38	1.23	$C_{15}H_{27}O$	16.68	1.50	$C_{13}H_4O_4$	14.27	1.74
$C_{11}H_{19}N_4O$	13.76	1.08	$C_{15}H_{29}N$	17.06	1.37	$C_{13}H_6NO_3$	14.64	1.60
$C_{12}HNO_4$	13.52	1.65	$C_{16}HNO$	17.73	1.68	$C_{13}H_8N_2O_2$	15.02	1.45
$C_{12}H_3N_2O_3$	13.90	1.50	$C_{16}H_3N_2$	18.10	1.54	$C_{13}H_{10}N_3O$	15.39	1.31
$C_{12}H_5N_3O_2$	14.27	1.35	$C_{16}H_{15}O$	17.57	1.65	$C_{13}H_{12}N_4$	15.77	1.16
$C_{12}H_7N_4O$	14.64	1.20	$C_{16}H_{17}N$	17.94	1.52	$C_{13}H_{20}O_3$	14.49	1.57
$C_{12}H_{15}O_4$	13.36	1.62	$C_{16}H_{31}$	17.79	1.49	$C_{13}H_{22}NO_2$	14.86	1.43
$C_{12}H_{17}NO_3$	13.74	1.47	$C_{17}H_3O$	18.46	1.80	$C_{13}H_{24}N_2O$	15.23	1.28

续表

	M+1	M+2		M+1	M+2		M+1	M+2
$C_{13}H_{26}N_3$	15.61	1.14	$C_{11}H_{15}NO_4$	12.66	1.54	$C_{15}HN_2O$	17.03	1.56
$C_{14}H_8O_3$	15.37	1.70	$C_{11}H_{17}N_2O_3$	13.04	1.39	$C_{15}H_3N_3$	17.40	1.42
$C_{14}H_{10}NO_2$	15.75	1.56	$C_{11}H_{19}N_3O_2$	13.41	1.23	$C_{15}H_{13}O_2$	16.50	1.67
$C_{14}H_{12}N_2O$	16.12	1.42	$C_{11}H_{21}N_4O$	13.79	1.08	$C_{15}H_{15}NO$	16.87	1.54
$C_{14}H_{14}N_3$	16.50	1.28	$C_{12}H_3NO_4$	13.55	1.65	$C_{15}H_{17}N_2$	17.24	1.40
$C_{14}H_{24}O_2$	15.59	1.53	$C_{12}H_5N_2O_3$	13.93	1.50	$C_{15}H_{29}O$	16.71	1.51
$C_{14}H_{26}NO$	15.97	1.39	$C_{12}H_7N_3O_2$	14.30	1.35	$C_{15}H_{31}N$	17.09	1.37
$C_{14}H_{28}N_2$	16.34	1.25	$C_{12}H_9N_4O$	14.68	1.20	$C_{16}HO_2$	17.38	1.82
$C_{15}H_2N_3$	17.39	1.42	$C_{12}H_{17}O_4$	13.40	1.63	$C_{16}H_3NO$	17.76	1.68
$C_{15}H_{12}O_2$	16.48	1.67	$C_{12}H_{19}NO_3$	13.77	1.48	$C_{16}H_5N_2$	18.13	1.55
$C_{15}H_{14}NO$	16.85	1.53	$C_{12}H_{21}N_2O_2$	14.14	1.33	$C_{16}H_{17}O$	17.60	1.66
$C_{15}H_{16}N_2$	17.23	1.40	$C_{12}H_{23}N_3O$	14.52	1.18	$C_{16}H_{19}N$	17.93	1.52
$C_{15}H_{28}O$	16.70	1.51	$C_{12}H_{25}N_4$	14.89	1.04	$C_{16}H_{33}$	17.82	1.49
$C_{15}H_{30}N$	17.07	1.37	$C_{13}H_5O_4$	14.28	1.75	$C_{17}H_5O$	18.49	1.81
$C_{16}H_2NO$	17.74	1.68	$C_{13}H_7NO_3$	14.66	1.60	$C_{17}H_7N$	18.86	1.68
$C_{16}H_4N_2$	18.12	1.55	$C_{13}H_9N_2O_2$	15.03	1.45	$C_{17}H_{21}$	18.71	1.65
$C_{16}H_{16}O$	17.59	1.65	$C_{13}H_{11}N_3O$	15.41	1.31	$C_{18}H_9$	19.60	1.81
$C_{16}H_{18}N$	17.96	1.52	$C_{13}H_{13}N_4$	15.78	1.17	**226**		
$C_{16}H_{32}$	17.80	1.49	$C_{13}H_{21}O_3$	14.50	1.58	$C_{10}H_{14}N_2O_4$	11.95	1.46
$C_{17}H_4O$	18.47	1.81	$C_{13}H_{23}NO_2$	14.88	1.43	$C_{10}H_{16}N_3O_3$	12.32	1.30
$C_{17}H_6N$	18.85	1.68	$C_{13}H_{25}N_2O$	15.25	1.29	$C_{10}H_{18}N_4O_2$	12.70	1.15
$C_{17}H_{20}$	18.69	1.65	$C_{13}H_{27}N_3$	15.62	1.14	$C_{11}H_2N_2O_4$	12.84	1.56
$C_{18}H_8$	19.58	1.81	$C_{14}HN_4$	16.67	1.30	$C_{11}H_4N_3O_3$	13.21	1.41
225			$C_{14}H_9O_3$	15.39	1.70	$C_{11}H_6N_4O_2$	13.59	1.26
$C_{10}H_{13}N_2O_4$	11.93	1.45	$C_{14}H_{11}NO_2$	15.76	1.56	$C_{11}H_{16}NO_4$	12.68	1.54
$C_{10}H_{15}N_3O_3$	12.31	1.30	$C_{14}H_{13}N_2O$	16.14	1.42	$C_{11}H_{18}N_2O_3$	13.06	1.39
$C_{10}H_{17}N_4O_2$	12.68	1.14	$C_{14}H_{15}N_3$	16.51	1.28	$C_{11}H_{20}N_3O_2$	13.43	1.24
$C_{11}HN_2O_4$	12.82	1.56	$C_{14}H_{25}O_2$	15.61	1.54	$C_{11}H_{22}N_4O$	13.80	1.09
$C_{11}H_3N_3O_3$	13.20	1.41	$C_{14}H_{27}NO$	15.98	1.39	$C_{12}H_4NO_4$	13.57	1.65
$C_{11}H_5N_4O_2$	13.57	1.25	$C_{14}H_{29}N_2$	16.36	1.25	$C_{12}H_6N_2O_3$	13.94	1.50

续表

	M+1	M+2		M+1	M+2		M+1	M+2
$C_{12}H_8N_3O_2$	14.32	1.35	$C_{15}H_{32}N$	17.14	1.37	$C_{12}H_{27}N_4$	14.93	1.04
$C_{12}H_{10}N_4O$	14.69	1.21	$C_{16}H_2O_2$	17.40	1.82	$C_{13}H_7O_4$	14.32	1.75
$C_{12}H_{18}O_4$	13.41	1.63	$C_{16}H_4NO$	17.77	1.69	$C_{13}H_9NO_3$	14.69	1.60
$C_{12}H_{20}NO_3$	13.79	1.48	$C_{16}H_6N_2$	18.15	1.55	$C_{13}H_{11}N_2O_2$	15.07	1.46
$C_{12}H_{22}N_2O_2$	14.16	1.33	$C_{16}H_{18}O$	17.62	1.66	$C_{13}H_{13}N_3O$	15.44	1.31
$C_{12}H_{24}N_3O$	14.54	1.18	$C_{16}H_{20}N$	17.99	1.52	$C_{13}H_{15}N_4$	15.81	1.17
$C_{12}H_{26}N_4$	14.91	1.04	$C_{16}H_{34}$	17.83	1.50	$C_{13}H_{23}O_3$	14.53	1.58
$C_{13}H_6O_4$	14.30	1.75	$C_{17}H_6O$	18.51	1.81	$C_{13}H_{25}NO_2$	14.91	1.44
$C_{13}H_8NO_3$	14.68	1.60	$C_{17}H_8N$	18.88	1.68	$C_{13}H_{27}N_2O$	15.28	1.29
$C_{13}H_{10}N_2O_2$	15.05	1.46	$C_{17}H_{22}$	18.72	1.65	$C_{13}H_{29}N_3$	15.66	1.15
$C_{13}H_{12}N_3O$	15.42	1.31	$C_{18}H_{10}$	19.61	1.82	$C_{14}HN_3O$	16.33	1.45
$C_{13}H_{14}N_4$	15.80	1.17	**227**			$C_{14}H_3N_4$	16.70	1.31
$C_{13}H_{22}O_3$	14.52	1.58	$C_{10}H_{15}N_2O_4$	11.97	1.46	$C_{14}H_{11}O_3$	15.42	1.71
$C_{13}H_{24}NO_2$	14.89	1.43	$C_{10}H_{17}N_3O_3$	12.34	1.30	$C_{14}H_{13}NO_2$	15.80	1.57
$C_{13}H_{26}N_2O$	15.27	1.29	$C_{10}H_{19}N_4O_2$	12.71	1.15	$C_{14}H_{15}N_2O$	16.17	1.42
$C_{13}H_{28}N_3$	15.64	1.15	$C_{11}H_3N_2O_4$	12.85	1.56	$C_{14}H_{17}N_3$	16.55	1.28
$C_{14}H_2N_4$	16.69	1.31	$C_{11}H_5N_3O_3$	13.23	1.41	$C_{14}H_{27}O_2$	15.64	1.54
$C_{14}H_{10}O_3$	15.41	1.71	$C_{11}H_7N_4O_2$	13.60	1.26	$C_{14}H_{29}NO$	16.01	1.40
$C_{14}H_{12}NO_2$	15.78	1.56	$C_{11}H_{17}NO_4$	12.70	1.54	$C_{14}H_{31}N_2$	16.39	1.26
$C_{14}H_{14}N_2O$	16.15	1.42	$C_{11}H_{19}N_2O_3$	13.07	1.39	$C_{15}HNO_2$	16.69	1.70
$C_{14}H_{16}N_3$	16.53	1.28	$C_{11}H_{21}N_3O_2$	13.45	1.24	$C_{15}H_3N_2O$	17.06	1.57
$C_{14}H_{26}O_2$	15.62	1.54	$C_{11}H_{23}N_4O$	13.82	1.09	$C_{15}H_5N_3$	17.43	1.43
$C_{14}H_{28}NO$	16.00	1.40	$C_{12}H_5NO_4$	13.59	1.65	$C_{15}H_{15}O_2$	16.53	1.68
$C_{14}H_{30}N_2$	16.37	1.26	$C_{12}H_7N_2O_3$	13.96	1.50	$C_{15}H_{17}NO$	16.90	1.54
$C_{15}H_2N_2O$	17.04	1.56	$C_{12}H_9N_3O_2$	14.33	1.36	$C_{15}H_{19}N_2$	17.28	1.40
$C_{15}H_4N_3$	17.42	1.43	$C_{12}H_{11}N_4O$	14.71	1.21	$C_{15}H_{31}O$	16.74	1.51
$C_{15}H_{14}O_2$	16.51	1.68	$C_{12}H_{19}O_4$	13.43	1.63	$C_{15}H_{33}N$	17.12	1.38
$C_{15}H_{16}NO$	16.89	1.54	$C_{12}H_{21}NO_3$	13.80	1.48	$C_{16}H_3O_2$	17.42	1.82
$C_{15}H_{18}N_2$	17.26	1.40	$C_{12}H_{23}N_2O_2$	14.18	1.33	$C_{16}H_5NO$	17.79	1.69
$C_{15}H_{30}O$	16.73	1.51	$C_{12}H_{25}N_3O$	14.55	1.19	$C_{16}H_7N_2$	18.17	1.55

续表

	M+1	M+2		M+1	M+2		M+1	M+2
$C_{16}H_{19}O$	17.63	1.66	$C_{13}H_{16}N_4$	15.83	1.17	**229**		
$C_{16}H_{21}N$	18.01	1.53	$C_{13}H_{24}O_3$	14.55	1.58	$C_{10}H_{17}N_2O_4$	12.00	1.46
$C_{17}H_7O$	18.52	1.82	$C_{13}H_{26}NO_2$	14.92	1.44	$C_{10}H_{19}N_3O_3$	12.37	1.31
$C_{17}H_9N$	18.90	1.69	$C_{13}H_{28}N_2O$	15.30	1.29	$C_{10}H_{21}N_4O_2$	12.75	1.15
$C_{17}H_{23}$	18.74	1.66	$C_{13}H_{30}N_3$	15.67	1.15	$C_{11}H_5N_2O_4$	12.89	1.57
$C_{18}H_{11}$	19.63	1.82	$C_{14}H_2N_3O$	16.34	1.45	$C_{11}H_7N_3O_3$	13.26	1.41
228			$C_{14}H_4N_4$	16.72	1.31	$C_{11}H_9N_4O_2$	13.64	1.26
$C_{10}H_{16}N_2O_4$	11.98	1.46	$C_{14}H_{12}O_3$	15.44	1.71	$C_{11}H_{19}NO_4$	12.73	1.55
$C_{10}H_{18}N_3O_3$	12.36	1.30	$C_{14}H_{14}NO_2$	15.81	1.57	$C_{11}H_{21}N_2O_3$	13.10	1.39
$C_{10}H_{20}N_4O_2$	12.73	1.15	$C_{14}H_{16}N_2O$	16.19	1.43	$C_{11}H_{23}N_3O_2$	13.48	1.24
$C_{11}H_4N_2O_4$	12.87	1.56	$C_{14}H_{18}N_3$	16.56	1.29	$C_{11}H_{25}N_4O$	13.85	1.09
$C_{11}H_6N_3O_3$	13.24	1.41	$C_{14}H_{28}O_2$	15.66	1.54	$C_{12}H_7NO_4$	13.62	1.66
$C_{11}H_8N_4O_2$	13.62	1.26	$C_{14}H_{30}NO$	16.03	1.40	$C_{12}H_9N_2O_3$	13.99	1.51
$C_{11}H_{18}NO_4$	12.71	1.55	$C_{14}H_{32}N_2$	16.40	1.26	$C_{12}H_{11}N_3O_2$	14.37	1.36
$C_{11}H_{20}N_2O_3$	13.09	1.39	$C_{15}H_2NO_2$	16.70	1.71	$C_{12}H_{13}N_4O$	14.74	1.21
$C_{11}H_{22}N_3O_2$	13.46	1.24	$C_{15}H_4N_2O$	17.08	1.57	$C_{12}H_{21}O_4$	13.46	1.64
$C_{11}H_{24}N_4O$	13.84	1.09	$C_{15}H_6N_3$	17.45	1.43	$C_{12}H_{23}NO_3$	13.83	1.49
$C_{12}H_6NO_4$	13.60	1.66	$C_{15}H_{16}O_2$	16.54	1.68	$C_{12}H_{25}N_2O_2$	14.21	1.34
$C_{12}H_8N_2O_3$	13.98	1.51	$C_{15}H_{18}NO$	16.92	1.54	$C_{12}H_{27}N_3O$	14.58	1.19
$C_{12}H_{10}N_3O_2$	14.35	1.36	$C_{15}H_{20}N_2$	17.29	1.41	$C_{12}H_{29}N_4$	14.96	1.05
$C_{12}H_{12}N_4O$	14.72	1.21	$C_{15}H_{32}O$	16.76	1.52	$C_{13}HN_4O$	15.63	1.34
$C_{12}H_{20}O_4$	13.44	1.64	$C_{16}H_4O_2$	17.43	1.83	$C_{13}H_9O_4$	14.35	1.76
$C_{12}H_{22}NO_3$	13.82	1.49	$C_{16}H_6NO$	17.81	1.69	$C_{13}H_{11}NO_3$	14.72	1.61
$C_{12}H_{24}N_2O_2$	14.19	1.34	$C_{16}H_8N_2$	18.18	1.56	$C_{13}H_{12}N_2O_2$	15.10	1.46
$C_{12}H_{26}N_3O$	14.57	1.19	$C_{16}H_{20}O$	17.65	1.66	$C_{13}H_{15}N_3O$	15.47	1.32
$C_{12}H_{28}N_4$	14.94	1.04	$C_{16}H_{22}N$	18.02	1.53	$C_{13}H_{17}N_4$	15.85	1.18
$C_{13}H_8O_4$	14.33	1.75	$C_{17}H_8O$	18.54	1.82	$C_{13}H_{25}O_3$	14.57	1.59
$C_{13}H_{10}NO_3$	14.71	1.61	$C_{17}H_{10}N$	18.91	1.69	$C_{13}H_{27}NO_2$	14.94	1.44
$C_{13}H_{12}N_2O_2$	15.08	1.46	$C_{17}H_{24}$	18.75	1.66	$C_{13}H_{29}N_2O$	15.31	1.30
$C_{13}H_{14}N_3O$	15.46	1.32	$C_{18}H_{12}$	19.64	1.82	$C_{13}H_{31}N_3$	15.69	1.15

续表

	M+1	M+2		M+1	M+2		M+1	M+2
$C_{14}HN_2O_2$	15.99	1.60	$C_{11}H_6N_2O_4$	12.90	1.57	$C_{14}H_{18}N_2O$	16.22	1.43
$C_{14}H_3N_3O$	16.36	1.45	$C_{11}H_8N_3O_3$	13.28	1.42	$C_{14}H_{20}N_3$	16.59	1.29
$C_{14}H_5N_4$	16.73	1.32	$C_{11}H_{10}N_4O_2$	13.65	1.27	$C_{14}H_{30}O_2$	15.69	1.55
$C_{14}H_{13}O_3$	15.45	1.71	$C_{11}H_{20}NO_4$	12.74	1.55	$C_{15}H_2O_3$	16.36	1.85
$C_{14}H_{15}NO$	15.83	1.57	$C_{11}H_{22}N_2O_3$	13.12	1.40	$C_{15}H_4NO_2$	16.73	1.71
$C_{14}H_{17}N_2O$	16.20	1.43	$C_{11}H_{24}N_3O_2$	13.49	1.24	$C_{15}H_6N_2O$	17.11	1.57
$C_{14}H_{19}N_3$	16.58	1.29	$C_{11}H_{26}N_4O$	13.87	1.00	$C_{15}H_8N_3$	17.48	1.44
$C_{14}H_{29}O_2$	15.67	1.55	$C_{12}H_8NO_4$	13.63	1.66	$C_{15}H_{18}O_2$	16.58	1.69
$C_{14}H_{31}NO$	16.05	1.41	$C_{12}H_{10}N_2O_3$	14.01	1.51	$C_{15}H_{20}NO$	16.95	1.55
$C_{15}HO_3$	16.34	1.85	$C_{12}H_{12}N_3O_2$	14.38	1.36	$C_{15}H_{22}N_2$	17.32	1.41
$C_{15}H_3N_1O_2$	16.72	1.71	$C_{12}H_{14}N_4O$	14.76	1.22	$C_{16}H_6O_2$	17.46	1.83
$C_{15}H_5N_2O$	17.09	1.57	$C_{12}H_{22}O_4$	13.48	1.64	$C_{16}H_8ON$	17.84	1.70
$C_{15}H_7N_3$	17.47	1.44	$C_{12}H_{24}NO_3$	13.85	1.49	$C_{16}H_{10}N_2$	18.21	1.56
$C_{15}H_{17}O_2$	16.56	1.68	$C_{12}H_{26}N_2O_2$	14.22	1.34	$C_{16}H_{22}O$	17.68	1.67
$C_{15}H_{19}NO$	16.93	1.55	$C_{12}H_{28}N_3O$	14.60	1.19	$C_{16}H_{24}N$	18.06	1.54
$C_{15}H_{21}N_2$	17.31	1.41	$C_{12}H_{30}N_4$	14.97	1.05	$C_{17}H_{10}O$	18.57	1.83
$C_{16}H_5O_2$	17.45	1.83	$C_{13}H_2N_4O$	15.65	1.35	$C_{17}H_{12}N$	18.94	1.69
$C_{16}H_7NO$	17.82	1.69	$C_{13}H_{10}O_4$	14.36	1.76	$C_{17}H_{26}$	18.79	1.67
$C_{16}H_9N_2$	18.20	1.56	$C_{13}H_{12}NO_3$	14.74	1.61	$C_{18}H_{14}$	19.68	1.83
$C_{16}H_{21}O$	17.67	1.67	$C_{13}H_{14}N_2O_2$	15.11	1.47	$C_{19}H_2$	20.56	2.00
$C_{16}H_{23}N$	18.04	1.53	$C_{13}H_{16}N_3O$	15.49	1.32	**231**		
$C_{17}H_9O$	18.55	1.82	$C_{13}H_{18}N_4$	15.86	1.18	$C_{10}H_{19}N_2O_4$	12.03	1.47
$C_{17}H_{11}N$	18.93	1.69	$C_{13}H_{26}O_3$	14.58	1.59	$C_{10}H_{21}N_3O_3$	12.40	1.31
$C_{17}H_{25}$	18.77	1.66	$C_{13}H_{28}NO_2$	14.96	1.44	$C_{10}H_{23}N_4O_2$	12.78	1.16
$C_{18}H_{13}$	19.66	1.33	$C_{13}H_{30}N_2O$	15.33	1.30	$C_{11}H_7N_2O_4$	12.92	1.57
$C_{19}H$	20.55	2.00	$C_{14}H_2N_2O_2$	16.00	1.60	$C_{11}H_9N_3O_3$	13.29	1.42
230			$C_{14}H_4N_3O$	16.38	1.46	$C_{11}H_{11}N_4O_2$	13.67	1.27
$C_{10}H_{18}N_2O_4$	12.01	1.46	$C_{14}H_6N_4$	16.75	1.32	$C_{11}H_{21}NO_4$	12.76	1.55
$C_{10}H_{20}N_3O_3$	12.39	1.31	$C_{14}H_{14}O_3$	15.47	1.72	$C_{11}H_{23}N_2O_3$	13.14	1.40
$C_{10}H_{22}N_4O_2$	12.76	1.15	$C_{14}H_{16}NO_2$	15.84	1.57	$C_{11}H_{25}N_3O_2$	13.51	1.25

续表

	M+1	M+2		M+1	M+2		M+1	M+2
$C_{11}H_{27}N_4O$	13.88	1.10	$C_{15}H_{19}O_2$	16.59	1.69	$C_{12}H_{26}NO_3$	13.88	1.49
$C_{12}H_9NO_4$	13.65	1.66	$C_{15}H_{21}NO$	16.97	1.55	$C_{12}H_{28}N_2O_2$	14.26	1.35
$C_{12}H_{11}N_2O_3$	14.02	1.51	$C_{15}H_{23}N_2$	17.34	1.42	$C_{13}H_2N_3O_2$	15.30	1.49
$C_{12}H_{13}N_3O_2$	14.40	1.37	$C_{16}H_7O_2$	17.48	1.84	$C_{13}H_4N_4O$	15.68	1.35
$C_{12}H_{15}N_4O$	14.77	1.22	$C_{16}H_9NO$	17.85	1.70	$C_{13}H_{12}O_4$	14.40	1.76
$C_{12}H_{23}O_4$	13.49	1.64	$C_{16}H_{11}N_2$	18.23	1.57	$C_{13}H_{14}NO_3$	14.77	1.62
$C_{12}H_{25}NO_3$	13.87	1.49	$C_{16}H_{23}O$	17.70	1.68	$C_{13}H_{16}N_2O_2$	15.15	1.47
$C_{12}H_{27}N_2O_2$	14.24	1.34	$C_{16}H_{25}N$	18.07	1.54	$C_{13}H_{18}N_3O$	15.52	1.33
$C_{12}H_{29}N_3O$	14.62	1.20	$C_{17}H_{11}O$	18.59	1.83	$C_{13}H_{20}N_4$	15.89	1.18
$C_{13}HN_3O_2$	15.29	1.49	$C_{17}H_{13}N$	18.96	1.70	$C_{13}H_{28}O_3$	14.61	1.59
$C_{13}H_3N_4O$	15.66	1.35	$C_{17}H_{27}$	18.80	1.67	$C_{14}H_2NO_3$	15.66	1.75
$C_{13}H_{11}O_4$	14.38	1.76	$C_{18}HN$	19.85	1.86	$C_{14}H_4N_2O_2$	16.03	1.60
$C_{13}H_{13}NO_3$	14.76	1.61	$C_{18}H_{15}$	19.69	1.83	$C_{14}H_8N_3O$	16.41	1.46
$C_{13}H_{15}N_2O_2$	15.13	1.47	$C_{19}H_3$	20.58	2.01	$C_{14}H_8N_4$	16.78	1.32
$C_{13}H_{17}N_3O$	15.50	1.32	**232**			$C_{14}H_{16}O_3$	15.50	1.72
$C_{13}H_{19}N_4$	15.88	1.18	$C_{10}H_{20}N_2O_4$	12.05	1.47	$C_{14}H_{18}NO_2$	15.88	1.58
$C_{13}H_{27}O_3$	14.60	1.59	$C_{10}H_{22}N_3O_3$	12.42	1.31	$C_{14}H_{20}N_2O$	16.25	1.44
$C_{13}H_{29}NO_2$	14.97	1.45	$C_{10}H_{24}N_4O_2$	12.79	1.16	$C_{14}H_{22}N_3$	16.63	1.30
$C_{14}HNO_3$	15.64	1.74	$C_{11}H_8N_2O_4$	12.93	1.57	$C_{15}H_4O_3$	16.39	1.86
$C_{14}H_3N_2O_2$	16.02	1.60	$C_{11}H_{10}N_3O_3$	13.31	1.42	$C_{15}H_6NO_2$	16.77	1.72
$C_{14}H_5N_3O$	16.39	1.46	$C_{11}H_{12}N_4O_2$	13.68	1.27	$C_{15}H_8N_2O$	17.14	1.58
$C_{14}H_7N_4$	16.77	1.32	$C_{11}H_{22}NO_4$	12.78	1.55	$C_{15}H_{10}N_3$	17.51	1.44
$C_{14}H_{15}O_3$	15.49	1.72	$C_{11}H_{24}N_2O_3$	13.15	1.40	$C_{15}H_{20}O_2$	16.61	1.69
$C_{14}H_{17}NO_2$	15.86	1.58	$C_{11}H_{26}N_3O_2$	13.53	1.25	$C_{15}H_{22}NO$	16.98	1.55
$C_{14}H_{19}N_2O$	16.23	1.44	$C_{11}H_{28}N_4O$	13.90	1.10	$C_{15}H_{24}N_2$	17.36	1.42
$C_{14}H_{21}N_3$	16.61	1.30	$C_{12}H_{10}NO_4$	13.67	1.66	$C_{16}H_8O_2$	17.50	1.84
$C_{15}H_3O_3$	16.37	1.86	$C_{12}H_{12}N_2O$	14.04	1.52	$C_{16}H_{10}NO$	17.87	1.70
$C_{15}H_5NO_2$	16.75	1.72	$C_{12}H_{14}N_3O_2$	14.41	1.37	$C_{16}H_{12}N_2$	18.25	1.57
$C_{15}H_7N_2O$	17.12	1.58	$C_{12}H_{16}N_4O$	14.79	1.22	$C_{16}H_{24}O$	17.71	1.68
$C_{15}H_9N_3$	17.50	1.44	$C_{12}H_{24}O_4$	13.51	1.64	$C_{16}H_{26}N$	18.09	1.54

续表

	M+1	M+2		M+1	M+2		M+1	M+2
$C_{17}H_{12}O$	18.60	1.83	$C_{13}H_{21}N_4$	15.91	1.19	**234**		
$C_{17}H_{14}N$	18.98	1.70	$C_{14}HO_4$	15.30	1.89	$C_{10}H_{22}N_2O_4$	12.08	1.47
$C_{17}H_{28}$	18.82	1.67	$C_{14}H_3NO_3$	15.68	1.75	$C_{10}H_{24}N_3O_3$	12.45	1.32
$C_{18}H_2N$	19.86	1.87	$C_{14}H_5N_2O_2$	16.05	1.61	$C_{10}H_{26}N_4O_2$	12.83	1.16
$C_{18}H_{16}$	19.71	1.84	$C_{14}H_7N_3O$	16.42	1.47	$C_{11}H_{10}N_2O_4$	12.97	1.58
$C_{19}H_4$	20.60	2.01	$C_{14}H_9N_4$	16.80	1.33	$C_{11}H_{12}N_3O_3$	13.34	1.42
233			$C_{14}H_{17}O_3$	15.52	1.72	$C_{11}H_{14}N_4O_2$	13.72	1.27
$C_{10}H_{21}N_2O_4$	12.06	1.47	$C_{14}H_{19}NO_2$	15.89	1.58	$C_{11}H_{24}NO_4$	12.81	1.56
$C_{10}H_{23}N_3O_3$	12.44	1.31	$C_{14}H_{21}N_2O$	16.27	1.44	$C_{11}H_{26}N_2O_3$	13.18	1.40
$C_{10}H_{25}N_4O_2$	12.81	1.16	$C_{14}H_{23}N_3$	16.64	1.30	$C_{12}H_2N_4O_2$	14.60	1.39
$C_{11}H_9N_2O_4$	12.95	1.57	$C_{15}H_5O_3$	16.41	1.66	$C_{12}H_{12}NO_4$	13.70	1.67
$C_{11}H_{11}N_3O_3$	13.32	1.42	$C_{15}H_7NO_2$	16.78	1.72	$C_{12}H_{14}N_2O_3$	14.07	1.52
$C_{11}H_{13}N_4O_2$	13.70	1.27	$C_{15}H_9N_2O$	17.16	1.58	$C_{12}H_{16}N_3O_2$	14.45	1.37
$C_{11}H_{23}NO_4$	12.79	1.56	$C_{15}H_{11}N_3$	17.53	1.45	$C_{12}H_{18}N_4O$	14.82	1.23
$C_{11}H_{25}N_2O_3$	13.17	1.40	$C_{15}H_{21}O_2$	16.62	1.70	$C_{12}H_{26}O_4$	13.54	1.65
$C_{11}H_{27}N_3O_2$	13.54	1.25	$C_{15}H_{23}NO$	17.00	1.56	$C_{13}H_2N_2O_3$	14.96	1.64
$C_{12}HN_4O_2$	14.59	1.39	$C_{15}H_{25}N_2$	17.37	1.42	$C_{13}H_4N_3O_2$	15.33	1.50
$C_{12}H_{11}NO_4$	13.68	1.67	$C_{16}H_9O_2$	17.51	1.84	$C_{13}H_6N_4O$	15.71	1.36
$C_{12}H_{13}N_2O_3$	14.06	1.52	$C_{16}H_{11}NO$	17.89	1.71	$C_{13}H_{14}O_4$	14.43	1.77
$C_{12}H_{15}N_3O_2$	14.43	1.57	$C_{16}H_{13}N_2$	18.26	1.57	$C_{13}H_{16}NO_3$	14.80	1.62
$C_{12}H_{17}N_4O$	14.80	1.22	$C_{16}H_{25}O$	17.73	1.68	$C_{13}H_{18}N_2O_2$	15.18	1.48
$C_{12}H_{25}O_4$	13.52	1.65	$C_{16}H_{27}N$	18.10	1.54	$C_{13}H_{20}N_3O$	15.55	1.33
$C_{12}H_{27}NO_3$	13.90	1.50	$C_{17}HN_2$	19.15	1.73	$C_{13}H_{22}N_4$	15.93	1.19
$C_{13}HN_2O_3$	14.94	1.64	$C_{17}H_{13}O$	19.62	1.83	$C_{14}H_2O_4$	15.32	1.89
$C_{13}H_3N_3O_2$	15.32	1.50	$C_{17}H_{15}N$	18.99	1.70	$C_{14}H_4NO_3$	15.69	1.75
$C_{13}H_5N_4O$	15.69	1.55	$C_{17}H_{29}$	18.83	1.67	$C_{14}H_6N_2O_2$	16.07	1.61
$C_{13}H_{13}O_4$	14.41	1.76	$C_{18}HO$	19.51	2.00	$C_{14}H_8N_3O$	16.44	1.47
$C_{13}H_{15}NO_3$	14.79	1.62	$C_{18}H_3N$	19.88	1.87	$C_{14}H_{10}N_4$	16.81	1.33
$C_{13}H_{17}N_2O_2$	15.16	1.47	$C_{18}H_{17}$	19.72	1.84	$C_{14}H_{18}O_3$	15.53	1.73
$C_{13}H_{19}N_3O$	15.54	1.33	$C_{19}H_5$	20.61	2.01	$C_{14}H_{20}NO_2$	15.91	1.58

续表

	M+1	M+2		M+1	M+2		M+1	M+2
$C_{14}H_{22}N_2O$	16.28	1.44	$C_{12}H_3N_4O_2$	14.62	1.40	$C_{16}HN_3$	18.45	1.61
$C_{14}H_{24}N_3$	16.66	1.30	$C_{12}H_{13}NO_4$	13.71	1.67	$C_{16}H_{11}O_2$	17.54	1.85
$C_{15}H_6O_3$	16.42	1.86	$C_{12}H_{15}N_2O_3$	14.09	1.52	$C_{16}H_{13}NO$	17.92	1.71
$C_{15}H_3NO_2$	16.80	1.72	$C_{12}H_{17}N_3O_2$	14.46	1.37	$C_{16}H_{15}N_2$	18.29	1.58
$C_{15}H_{10}N_2O$	17.17	1.59	$C_{12}H_{13}N_4O$	14.84	1.23	$C_{16}H_{27}O$	17.76	1.68
$C_{15}H_{12}N_3$	17.55	1.45	$C_{13}HNO_4$	14.60	1.79	$C_{16}H_{29}N$	18.14	1.55
$C_{15}H_{22}O_2$	16.64	1.70	$C_{13}H_3N_2O_3$	14.98	1.65	$C_{17}HNO$	18.81	1.87
$C_{15}H_{24}NO$	17.01	1.56	$C_{13}H_5N_3O_2$	15.35	1.50	$C_{17}H_3N_2$	19.18	1.74
$C_{15}H_{26}N_2$	17.39	1.42	$C_{13}H_7N_4O$	15.73	1.36	$C_{17}H_{15}O$	18.65	1.84
$C_{16}H_{10}O_2$	17.53	1.84	$C_{13}H_{15}O_4$	14.44	1.77	$C_{17}H_{17}N$	19.02	1.71
$C_{16}H_{12}NO$	17.90	1.71	$C_{13}H_{17}NO_3$	14.82	1.62	$C_{17}H_{31}$	18.87	1.68
$C_{16}H_{14}N_2$	18.28	1.58	$C_{13}H_{19}N_2O_2$	15.19	1.48	$C_{18}H_3O$	19.54	2.00
$C_{16}H_{26}O$	17.75	1.68	$C_{13}H_{21}N_3O$	15.57	1.33	$C_{18}H_5N$	19.91	1.88
$C_{16}H_{28}N$	18.12	1.55	$C_{13}H_{23}N_4$	15.94	1.19	$C_{18}H_{19}$	19.76	1.85
$C_{17}H_2N_2$	19.17	1.74	$C_{14}H_3O_4$	15.33	1.90	$C_{19}H_7$	20.64	2.02
$C_{17}H_{14}O$	18.63	1.84	$C_{14}H_5NO_3$	15.71	1.75	**236**		
$C_{17}H_{16}N$	19.01	1.71	$C_{14}H_7N_2O_2$	16.08	1.61	$C_{10}H_{24}N_2O_4$	12.11	1.48
$C_{17}H_{30}$	18.85	1.68	$C_{14}H_9N_3O$	16.46	1.47	$C_{11}H_{12}N_2O_4$	13.00	1.58
$C_{18}H_2O$	19.52	2.00	$C_{14}H_{11}N_4$	16.83	1.33	$C_{11}H_{14}N_3O_3$	13.37	1.43
$C_{18}H_4N$	19.90	1.87	$C_{14}H_{19}O_3$	15.55	1.73	$C_{11}H_{16}N_4O_2$	13.75	1.28
$C_{18}H_{18}$	19.74	1.84	$C_{14}H_{21}NO_2$	15.92	1.59	$C_{12}H_2N_3O_3$	14.26	1.55
$C_{19}H_6$	20.63	2.02	$C_{14}H_{23}N_2O$	16.30	1.45	$C_{12}H_4N_4O_2$	14.64	1.40
235			$C_{14}H_{25}N_3$	16.67	1.31	$C_{12}H_{14}NO_4$	13.73	1.67
$C_{10}H_{23}N_2O_4$	12.09	1.47	$C_{15}H_7O_3$	16.44	1.86	$C_{12}H_{16}N_2O_3$	14.10	1.52
$C_{10}H_{25}N_3O_3$	12.47	1.32	$C_{15}H_9NO_2$	16.81	1.73	$C_{12}H_{18}N_3O_2$	14.48	1.38
$C_{11}H_{11}N_2O_4$	12.98	1.58	$C_{15}H_{11}N_2O$	17.19	1.59	$C_{12}H_{20}N_4O$	14.85	1.23
$C_{11}H_{13}N_3O_3$	13.36	1.43	$C_{15}H_{13}N_3$	17.56	1.44	$C_{13}H_2NO_4$	14.62	1.79
$C_{11}H_{15}N_4O_2$	13.73	1.28	$C_{15}H_{23}O_2$	16.66	1.70	$C_{13}H_4N_2O_3$	14.99	1.65
$C_{11}H_{25}NO_4$	12.82	1.56	$C_{15}H_{25}NO$	17.03	1.56	$C_{13}H_6N_3O_2$	15.37	1.50
$C_{12}HN_3O_3$	14.25	1.54	$C_{15}H_{27}N_2$	17.40	1.43	$C_{13}H_8N_4O$	15.74	1.36

续表

	M+1	M+2		M+1	M+2		M+1	M+2
$C_{13}H_{16}O_4$	14.46	1.77	$C_{17}H_{18}N$	19.04	1.71	$C_{14}H_3N_4$	16.86	1.34
$C_{13}H_{18}NO_3$	14.84	1.63	$C_{17}H_{32}$	18.88	1.68	$C_{14}H_{21}O_3$	15.58	1.73
$C_{13}H_{20}N_2O_2$	15.21	1.48	$C_{18}H_4O$	19.55	2.01	$C_{14}H_{23}NO_2$	15.96	1.59
$C_{13}H_{22}N_3O$	15.58	1.34	$C_{18}H_6N$	19.93	1.88	$C_{14}H_{25}N_2O$	16.33	1.45
$C_{13}H_{24}N_4$	15.96	1.19	$C_{18}H_{20}$	19.77	1.85	$C_{14}H_{27}N_3$	16.71	1.31
$C_{14}H_4O_4$	15.35	1.90	$C_{19}H_8$	20.66	2.02	$C_{15}HN_4$	17.75	1.49
$C_{14}H_6NO_3$	15.72	1.76	**237**			$C_{15}H_9O_3$	16.47	1.87
$C_{14}H_8N_2O_2$	16.10	1.61	$C_{11}H_{13}N_2O_4$	13.01	1.58	$C_{15}H_{11}NO_2$	16.85	1.73
$C_{14}H_{10}N_3O$	16.47	1.47	$C_{11}H_{15}N_3O_3$	13.39	1.43	$C_{15}H_{13}N_2O$	17.22	1.59
$C_{14}H_{12}N_4$	16.85	1.33	$C_{11}H_{17}N_4O_2$	13.76	1.28	$C_{15}H_{15}N_3$	17.59	1.46
$C_{14}H_{20}O_3$	15.57	1.73	$C_{12}HN_2O_4$	13.90	1.70	$C_{15}H_{25}O_2$	16.69	1.71
$C_{14}H_{22}NO_2$	15.94	1.59	$C_{12}H_3N_3O_3$	19.28	1.55	$C_{15}H_{27}NO$	17.06	1.57
$C_{14}H_{24}N_2O$	16.31	1.45	$C_{12}H_5N_4O_2$	14.65	1.40	$C_{15}H_{29}N_2$	17.44	1.43
$C_{14}H_{26}N_3$	16.69	1.31	$C_{12}H_{15}NO_4$	13.75	1.68	$C_{16}HN_2O$	18.11	1.75
$C_{15}H_8O_3$	16.45	1.87	$C_{12}H_{17}N_2O_3$	14.12	1.53	$C_{16}H_3N_3$	18.48	1.61
$C_{15}H_{10}NO_2$	16.83	1.73	$C_{12}H_{19}N_3O_2$	14.49	1.38	$C_{16}H_{13}O_2$	17.58	1.85
$C_{15}H_{12}N_2O$	17.20	1.59	$C_{12}H_{21}N_4O$	14.87	0.23	$C_{16}H_{15}NO$	17.95	1.72
$C_{15}H_{14}N_3$	17.58	1.46	$C_{13}H_3NO_4$	14.63	1.80	$C_{16}H_{17}N_2$	18.33	1.58
$C_{15}H_{24}O_2$	16.67	1.70	$C_{13}H_5N_2O_3$	15.01	1.65	$C_{16}H_{29}O$	17.79	1.69
$C_{15}H_{26}NO$	17.05	1.56	$C_{13}H_7N_3O_2$	15.38	1.51	$C_{16}H_{31}N$	18.17	1.56
$C_{15}H_{28}N_2$	17.42	1.43	$C_{13}H_9N_4O$	15.76	1.36	$C_{17}HO_2$	18.46	2.01
$C_{16}H_2N_3$	18.47	1.61	$C_{13}H_{17}O_4$	14.48	1.77	$C_{17}H_3NO$	18.84	1.88
$C_{16}H_{12}O_2$	17.56	1.85	$C_{13}H_{19}NO_3$	14.35	1.63	$C_{17}H_5N_2$	19.21	1.75
$C_{16}H_{14}NO$	17.93	1.71	$C_{13}H_{21}N_2O_2$	15.23	1.48	$C_{17}H_{17}O$	18.68	1.85
$C_{16}H_{16}N_2$	18.31	1.58	$C_{13}H_{23}N_3O$	15.60	1.34	$C_{17}H_{19}N$	19.06	1.72
$C_{16}H_{28}O$	17.78	1.69	$C_{13}H_{25}N_4$	15.97	1.20	$C_{17}H_{33}$	18.90	1.69
$C_{16}H_{30}N$	18.15	1.55	$C_{14}H_5O_4$	15.37	1.90	$C_{18}H_5O$	19.57	2.01
$C_{17}H_2NO$	18.82	1.87	$C_{14}H_7NO_3$	15.74	1.76	$C_{18}H_7N$	19.94	1.88
$C_{17}H_4N_2$	19.20	1.74	$C_{14}H_9N_2O_2$	16.11	1.62	$C_{18}H_{21}$	19.79	1.85
$C_{17}H_{16}O$	18.67	1.84	$C_{14}H_{11}N_3O$	16.49	1.48	$C_{19}H_9$	20.68	2.03

续表

	M+1	M+2		M+1	M+2		M+1	M+2
238			$C_{15}H_{10}O_3$	16.49	1.87	$C_{12}H_7N_4O_2$	14.68	1.41
$C_{11}H_{14}N_2O_4$	13.03	1.59	$C_{15}H_{12}NO_2$	16.86	1.73	$C_{12}H_{17}NO_4$	13.78	1.68
$C_{11}H_{16}N_3O_3$	13.40	1.43	$C_{15}H_{14}N_2O$	17.24	1.60	$C_{12}H_{19}N_2O_3$	14.15	1.53
$C_{11}H_{18}N_4O_2$	13.78	1.28	$C_{15}H_{18}N_3$	17.61	1.46	$C_{12}H_{21}N_3O_2$	14.53	1.38
$C_{12}H_2N_2O_4$	13.92	1.70	$C_{15}H_{25}O_2$	16.70	1.71	$C_{12}H_{22}N_4O$	14.90	1.24
$C_{12}H_4N_3O_3$	14.29	1.55	$C_{15}H_{28}NO$	17.08	1.57	$C_{13}H_5NO_4$	14.67	1.80
$C_{12}H_5N_4O_2$	14.67	1.40	$C_{15}H_{30}N_2$	17.45	1.43	$C_{13}H_7N_2O_3$	15.04	1.66
$C_{12}H_{16}NO_4$	13.76	1.68	$C_{16}H_2N_2O$	18.12	1.75	$C_{13}H_9N_3O_2$	15.41	1.51
$C_{12}H_{18}N_2O_3$	14.14	1.53	$C_{16}H_4N_3$	18.50	1.62	$C_{13}H_{11}N_4O$	15.79	1.37
$C_{12}H_{20}N_3O_2$	14.51	1.38	$C_{16}H_{14}O_2$	17.59	1.85	$C_{13}H_{19}O_4$	14.51	1.78
$C_{12}H_{22}N_4O$	14.88	1.24	$C_{16}H_{18}NO$	17.97	1.72	$C_{13}H_{21}NO_3$	14.88	1.63
$C_{13}H_4NO_4$	14.65	1.80	$C_{16}H_{18}N_2$	18.34	1.59	$C_{12}H_{23}N_2O_2$	15.26	1.49
$C_{13}H_6N_2O_3$	15.02	1.65	$C_{16}H_{30}O$	17.81	1.69	$C_{13}H_{25}N_3O$	15.63	1.34
$C_{13}H_8N_3O_2$	15.40	1.51	$C_{16}H_{32}N$	18.18	1.56	$C_{13}H_{27}N_4$	16.01	1.20
$C_{13}H_{10}N_4O$	15.77	1.37	$C_{17}H_2O_2$	18.48	2.01	$C_{14}H_7O_4$	15.40	1.91
$C_{13}H_{18}O_4$	14.49	1.78	$C_{17}H_4NO$	18.86	1.88	$C_{14}H_9NO_3$	15.77	1.76
$C_{13}H_{20}NO_3$	14.87	1.63	$C_{17}H_8N_2$	19.23	1.75	$C_{14}H_{11}N_2O_2$	16.15	1.62
$C_{13}H_{22}N_2O_2$	15.24	1.49	$C_{17}H_{18}O$	18.70	1.85	$C_{14}H_{13}N_3O$	16.52	1.48
$C_{13}H_{24}N_3O$	15.62	1.34	$C_{17}H_{20}N$	19.07	1.72	$C_{14}H_{15}N_4$	16.89	1.34
$C_{13}H_{26}N_4$	15.99	1.20	$C_{17}H_{34}$	18.91	1.69	$C_{14}H_{23}O_3$	15.61	1.74
$C_{14}H_6O_4$	15.38	1.90	$C_{18}H_6O$	19.59	2.01	$C_{14}H_{25}NO_2$	15.99	1.60
$C_{14}H_8NO_3$	15.76	1.76	$C_{18}H_8N$	19.96	1.89	$C_{14}H_{27}N_2O$	16.36	1.46
$C_{14}H_{10}N_2O_2$	16.13	1.62	$C_{18}H_{22}$	19.80	1.86	$C_{14}H_{29}N_3$	16.74	1.32
$C_{14}H_{12}N_3O$	16.50	1.48	$C_{19}H_{10}$	20.69	2.03	$C_{15}HN_3O$	17.41	1.63
$C_{14}H_{14}N_4$	16.88	1.34	**239**			$C_{15}H_3N_4$	17.78	1.49
$C_{14}H_{22}O_3$	15.60	1.74	$C_{11}H_{15}N_2O_4$	13.05	1.59	$C_{15}H_{11}O_3$	16.50	1.88
$C_{14}H_{24}NO_2$	15.97	1.59	$C_{11}H_{17}N_3O_3$	13.42	1.44	$C_{15}H_{13}NO_2$	16.88	1.74
$C_{14}H_{26}N_2O$	16.35	1.45	$C_{11}H_{19}N_4O_2$	13.80	1.29	$C_{15}H_{15}N_2O$	17.25	1.60
$C_{14}H_{28}N_3$	16.72	1.31	$C_{12}H_3N_2O_4$	13.93	1.70	$C_{15}H_{17}N_3$	17.63	1.46
$C_{15}H_2N_4$	17.77	1.49	$C_{12}H_5N_3O_3$	14.31	1.55	$C_{15}H_{27}O_2$	16.72	1.71

续表

	M+1	M+2		M+1	M+2		M+1	M+2
$C_{15}H_{29}NO$	17.09	1.57	$C_{12}H_{24}N_4O$	14.92	1.24	$C_{16}H_5N_3$	18.53	1.62
$C_{15}H_{31}N_2$	17.47	1.44	$C_{13}H_8NO_4$	14.68	1.80	$C_{16}H_{16}O_2$	17.62	1.86
$C_{16}HNO_2$	17.77	1.88	$C_{13}H_8N_2O_3$	15.06	1.66	$C_{16}H_{18}NO$	18.00	1.73
$C_{16}H_3N_2O$	18.14	1.75	$C_{13}H_{10}N_3O_2$	15.43	1.51	$C_{16}H_{20}N_2$	18.37	1.59
$C_{16}H_5N_3$	18.51	1.62	$C_{13}H_{12}N_4O$	15.81	1.37	$C_{16}H_{22}O$	17.84	1.70
$C_{16}H_{15}O_2$	17.61	1.86	$C_{13}H_{20}O_4$	14.52	1.78	$C_{16}H_{34}N$	18.22	1.86
$C_{16}H_{17}NO$	17.98	1.72	$C_{13}H_{22}NO_3$	14.90	1.63	$C_{17}H_4O_2$	18.51	2.02
$C_{16}H_{19}N_2$	18.36	1.59	$C_{13}H_{24}N_2O_2$	15.27	1.49	$C_{17}H_6NO$	18.89	1.88
$C_{16}H_{31}O$	17.83	1.70	$C_{13}H_{26}N_3O$	15.65	1.35	$C_{17}H_8N_2$	19.26	1.75
$C_{16}H_{33}N$	18.20	1.56	$C_{13}H_{28}N_4$	16.02	1.20	$C_{17}H_{20}O$	18.73	1.86
$C_{17}H_3O_2$	18.50	2.01	$C_{14}H_8O_4$	15.41	1.91	$C_{17}H_{22}N$	19.10	1.72
$C_{17}H_5NO$	18.87	1.88	$C_{14}H_{10}NO_3$	15.79	1.77	$C_{17}H_{36}$	18.95	1.70
$C_{17}H_7N_2$	19.25	1.75	$C_{14}H_{12}N_2O_2$	16.16	1.62	$C_{18}H_8O$	19.62	2.02
$C_{17}H_{19}O$	18.71	1.85	$C_{14}H_{14}N_3O$	16.54	1.48	$C_{18}H_{10}N$	19.99	1.89
$C_{17}H_{21}N$	19.09	1.72	$C_{14}H_{16}N_4$	16.91	1.35	$C_{18}H_{24}$	19.84	1.86
$C_{17}H_{35}$	18.93	1.69	$C_{14}H_{24}O_3$	15.63	1.74	$C_{19}H_{12}$	20.72	2.04
$C_{18}H_7O$	19.60	2.02	$C_{14}H_{26}NO_2$	16.00	1.60	**241**		
$C_{18}H_9N$	19.98	1.89	$C_{14}H_{28}N_2O$	16.38	1.46	$C_{11}H_{17}N_2O_4$	13.08	1.59
$C_{18}H_{23}$	19.82	1.86	$C_{14}H_{30}N_3$	16.75	1.32	$C_{11}H_{18}N_3O_3$	13.45	1.44
$C_{19}H_{11}$	20.71	2.03	$C_{15}H_2N_3O$	17.42	1.63	$C_{11}H_{21}N_4O_2$	13.83	1.29
240			$C_{15}H_4N_4$	17.80	1.49	$C_{12}H_5N_2O_4$	13.97	1.71
$C_{11}H_{16}N_2O_4$	13.06	1.59	$C_{15}H_{12}O_3$	16.52	1.88	$C_{12}H_7N_3O_3$	14.34	1.56
$C_{11}H_{18}N_3O_3$	13.44	1.44	$C_{15}H_{14}NO_2$	16.89	1.74	$C_{12}H_9N_4O_2$	14.72	1.41
$C_{11}H_{20}N_4O_2$	13.81	1.29	$C_{15}H_{16}N_2O$	17.27	1.60	$C_{12}H_{19}NO_4$	13.81	1.68
$C_{12}H_4N_2O_4$	13.95	1.70	$C_{15}H_{18}N_3$	17.64	1.47	$C_{12}H_{21}N_2O_3$	14.18	1.54
$C_{12}H_6N_3O_3$	14.33	1.56	$C_{15}H_{28}O_2$	16.74	1.71	$C_{12}H_{23}N_3O_2$	14.56	1.39
$C_{12}H_8N_4O_2$	14.70	1.41	$C_{15}H_{30}NO$	17.11	1.58	$C_{12}H_{25}N_4O$	14.93	1.24
$C_{12}H_{18}NO_4$	13.79	1.63	$C_{15}H_{32}N_2$	17.48	1.44	$C_{13}H_7NO_4$	14.70	1.81
$C_{12}H_{20}N_2O_3$	14.17	1.53	$C_{16}H_2NO_2$	17.78	1.89	$C_{13}H_9N_2O_3$	15.07	1.66
$C_{12}H_{22}N_3O_2$	14.54	1.39	$C_{16}H_4N_2O$	18.16	1.75	$C_{13}H_{11}N_3O_2$	15.45	1.52

续表

	M+1	M+2		M+1	M+2		M+1	M+2
$C_{13}H_{13}N_4O$	15.82	1.37	$C_{16}H_{17}O_2$	17.64	1.86	$C_{13}H_{24}NO_3$	14.93	1.64
$C_{13}H_{21}O_4$	14.54	1.78	$C_{16}H_{21}N_2$	18.39	1.60	$C_{13}H_{26}N_2O_2$	15.31	1.49
$C_{13}H_{23}NO_3$	14.92	1.64	$C_{15}H_{33}O$	17.86	1.70	$C_{13}H_{28}N_3O$	15.68	1.35
$C_{13}H_{25}N_2O_2$	15.29	1.49	$C_{16}H_{35}N$	18.23	1.57	$C_{13}H_{30}N_4$	16.05	1.21
$C_{13}H_{27}N_3O$	15.66	1.35	$C_{17}H_5O_2$	18.53	2.02	$C_{14}H_2N_4O$	16.73	1.51
$C_{13}H_{29}N_4$	16.04	1.21	$C_{17}H_7NO$	18.90	1.89	$C_{14}H_{10}O_4$	15.45	1.91
$C_{14}HN_4O$	16.71	1.51	$C_{17}H_9N_2$	19.28	1.76	$C_{14}H_{12}NO_3$	15.82	1.77
$C_{14}H_9O_4$	15.43	1.91	$C_{17}H_{21}O$	18.75	1.86	$C_{14}H_{14}N_2O_2$	16.19	1.63
$C_{14}H_{11}NO_3$	15.80	1.77	$C_{17}H_{23}N$	19.12	1.73	$C_{14}H_{16}N_3O$	16.57	1.49
$C_{14}H_{13}N_2O_2$	16.18	1.63	$C_{18}H_9O$	19.63	2.02	$C_{14}H_{18}N_4$	16.94	1.35
$C_{14}H_{15}N_3O$	16.55	1.49	$C_{18}H_{11}N$	20.01	1.90	$C_{14}H_{26}O_3$	15.66	1.75
$C_{14}H_{17}N_4$	16.93	1.35	$C_{18}H_{25}$	19.85	1.87	$C_{14}H_{29}NO_2$	16.04	1.60
$C_{14}H_{25}O_3$	15.65	1.74	$C_{19}H_{13}$	20.74	2.04	$C_{14}H_{30}N_2O$	16.41	1.46
$C_{14}H_{27}NO_2$	16.02	1.60	$C_{20}H$	21.63	2.22	$C_{14}H_{32}N_3$	16.79	1.32
$C_{14}H_{29}N_2O$	16.39	1.46	**242**			$C_{15}H_2N_2O_2$	17.08	1.77
$C_{14}H_{31}N_3$	16.77	1.32	$C_{11}H_{18}N_2O_4$	13.09	1.59	$C_{15}H_4N_3O$	17.46	1.63
$C_{15}HN_2O_2$	17.07	1.77	$C_{11}H_{20}N_3O_3$	13.47	1.44	$C_{15}H_6N_4$	17.83	1.5
$C_{15}H_3N_3O$	17.44	1.63	$C_{11}H_{22}N_4O_2$	13.84	1.29	$C_{15}H_{14}O_3$	16.55	1.88
$C_{15}H_5N_4$	17.82	1.50	$C_{12}H_6N_2O_4$	13.98	1.71	$C_{15}H_{16}NO_2$	16.93	1.74
$C_{15}H_{13}O_3$	16.53	1.88	$C_{12}H_8N_3O_3$	14.36	1.56	$C_{15}H_{18}N_2O$	17.30	1.61
$C_{15}H_{15}NO_2$	16.91	1.74	$C_{12}H_{10}N_4O_2$	14.73	1.41	$C_{15}H_{20}N_3$	17.67	1.47
$C_{15}H_{17}N_2O$	17.26	1.60	$C_{12}H_{20}NO_4$	13.83	1.69	$C_{15}H_{30}O_2$	16.77	1.72
$C_{15}H_{19}N_3$	17.66	1.47	$C_{12}H_{22}N_2O_3$	14.20	1.54	$C_{15}H_{32}NO$	17.14	1.58
$C_{15}H_{29}O_2$	16.75	1.72	$C_{12}H_{24}N_3O_2$	14.57	1.39	$C_{15}H_{34}N_2$	17.52	1.45
$C_{15}H_{31}NO$	17.13	1.58	$C_{12}H_{26}N_4O$	14.95	1.24	$C_{16}H_2O_3$	17.44	2.03
$C_{15}H_{33}N_2$	17.50	1.44	$C_{13}H_8NO_4$	14.71	1.81	$C_{16}H_4NO_2$	17.81	1.89
$C_{16}HO_3$	17.42	2.03	$C_{13}H_{10}N_2O_3$	15.09	1.66	$C_{16}H_6N_2O$	18.19	1.76
$C_{16}H_3NO_2$	17.8	1.89	$C_{13}H_{12}N_3O_2$	15.46	1.52	$C_{16}H_9N_3$	18.56	1.63
$C_{16}H_5N_2O$	18.17	1.76	$C_{13}H_{14}N_4O$	15.84	1.38	$C_{16}H_{18}O_2$	17.66	1.87
$C_{16}H_7N_3$	18.55	1.62	$C_{13}H_{22}O_4$	14.56	1.79	$C_{16}H_{20}NO$	18.03	1.73

续表

	M+1	M+2		M+1	M+2		M+1	M+2
$C_{16}H_{22}N_2$	18.41	1.60	$C_{13}H_{29}N_3O$	15.70	1.35	$C_{17}H_7O_2$	18.56	2.02
$C_{16}H_{34}O$	17.87	1.70	$C_{13}H_{31}N_4$	16.07	1.21	$C_{17}H_9NO$	18.94	1.89
$C_{17}H_6O_2$	18.54	2.02	$C_{14}HN_3O_2$	16.37	1.66	$C_{17}H_{11}N_2$	19.31	1.76
$C_{17}H_9NO$	18.92	1.89	$C_{14}H_3N_4O$	16.74	1.52	$C_{17}H_{23}O$	18.78	1.86
$C_{17}H_{10}N_2$	19.29	1.76	$C_{14}H_{11}O_4$	15.46	1.92	$C_{17}H_{25}N$	19.15	1.73
$C_{17}H_{22}O$	18.76	1.86	$C_{14}H_{13}NO_3$	15.84	1.77	$C_{18}H_{11}O$	19.67	2.03
$C_{17}H_{24}N$	19.14	1.73	$C_{14}H_{15}N_2O_2$	16.21	1.63	$C_{18}H_{13}N$	20.04	1.90
$C_{18}H_{10}O$	19.65	2.03	$C_{14}H_{17}N_3O$	16.53	1.49	$C_{18}H_{27}$	19.88	1.87
$C_{18}H_{12}N$	20.02	1.90	$C_{14}H_{19}N_4$	16.96	1.35	$C_{18}HN$	20.93	2.08
$C_{18}H_{28}$	19.87	1.87	$C_{14}H_{27}O_3$	15.68	1.75	$C_{19}H_{15}$	20.77	2.05
$C_{19}H_{14}$	20.76	2.04	$C_{14}H_{29}NO_2$	16.05	1.81	$C_{20}H_8$	21.66	2.23
$C_{20}H_2$	21.64	2.23	$C_{14}H_{31}N_2O$	16.43	1.47	**244**		
243			$C_{14}H_{33}N_3$	16.8	1.33	$C_{11}H_{20}N_2O_4$	13.13	1.60
$C_{11}H_{19}N_2O_4$	13.11	1.60	$C_{15}HNO_3$	16.72	1.91	$C_{11}H_{22}N_3O_3$	13.50	1.45
$C_{11}H_{21}N_3O_3$	13.48	1.44	$C_{15}H_3N_2O_2$	17.10	1.77	$C_{11}H_{24}N_4O_2$	13.88	1.30
$C_{11}H_{23}N_4O_2$	13.86	1.29	$C_{15}H_5N_3O$	17.47	1.64	$C_{12}H_8N_2O_4$	14.01	1.71
$C_{12}H_7N_2O_4$	14.00	1.71	$C_{15}H_7N_4$	17.85	1.50	$C_{12}H_{10}N_3O_3$	14.39	1.56
$C_{12}H_9N_3O_3$	14.37	1.56	$C_{15}H_{15}O_{13}$	16.57	1.89	$C_{12}H_{12}N_4O_2$	14.76	1.42
$C_{12}H_{11}N_4O_2$	14.75	1.42	$C_{15}H_{17}NO_2$	16.94	1.75	$C_{12}H_{22}NO_4$	13.86	1.69
$C_{12}H_{21}NO_4$	13.84	1.69	$C_{15}H_{19}N_2O$	17.32	1.61	$C_{12}H_{24}N_2O_3$	14.23	1.54
$C_{12}H_{23}N_2O_3$	14.22	1.54	$C_{15}H_{21}N_3$	17.69	1.47	$C_{12}H_{26}N_3O_2$	14.61	1.40
$C_{12}H_{25}N_3O_2$	14.59	1.39	$C_{15}H_{31}O_2$	16.78	1.72	$C_{12}H_{28}N_4O$	14.98	1.25
$C_{12}H_{27}N_4O$	14.96	1.25	$C_{15}H_{33}NO$	17.16	1.58	$C_{13}H_{10}NO_4$	14.75	1.81
$C_{13}H_9NO_4$	14.73	1.81	$C_{16}H_3O_3$	17.46	2.03	$C_{13}H_{12}N_2O_3$	15.12	1.67
$C_{13}H_{11}N_2O_3$	15.10	1.66	$C_{16}H_5NO_2$	17.83	1.90	$C_{13}H_{14}N_3O_2$	15.49	1.52
$C_{13}H_{13}N_3O_2$	15.48	1.52	$C_{16}H_7N_2O$	18.20	1.76	$C_{13}H_{16}N_4O$	15.87	1.08
$C_{13}H_{13}N_4O$	15.85	1.38	$C_{16}H_9N_3$	18.58	1.63	$C_{13}H_{24}O_4$	14.59	1.79
$C_{13}H_{23}O_4$	14.57	1.79	$C_{16}H_{13}O_2$	17.67	1.87	$C_{13}H_{26}NO_3$	14.96	1.64
$C_{13}H_{25}NO_3$	14.95	1.64	$C_{16}H_{21}NO$	18.05	1.73	$C_{13}H_{28}N_2O_2$	15.34	1.50
$C_{13}H_{27}N_2O_2$	15.32	1.50	$C_{16}H_{23}N_2$	18.42	1.60	$C_{13}H_{30}N_3O$	15.71	1.36

续表

	M+1	M+2		M+1	M+2		M+1	M+2
$C_{13}H_{32}N_4$	16.09	1.21	$C_{17}H_{24}O$	18.79	1.87	$C_{14}H_5N_4O$	16.77	1.52
$C_{14}H_2N_3O_2$	16.38	1.66	$C_{17}H_{26}N$	19.17	1.74	$C_{14}H_{13}O_4$	15.49	1.92
$C_{14}H_4N_4O$	16.76	1.52	$C_{18}H_{12}O$	19.68	2.03	$C_{14}H_{15}NO_3$	15.87	1.78
$C_{14}H_{12}N_4$	15.48	1.92	$C_{18}H_{14}N$	20.06	1.91	$C_{14}H_{17}N_2O_2$	16.24	1.64
$C_{14}H_{14}NO_3$	15.85	1.78	$C_{18}H_{28}$	19.90	1.87	$C_{14}H_{19}N_3O$	16.62	1.50
$C_{14}H_{16}N_2O_2$	16.23	1.63	$C_{19}H_2N$	20.95	2.08	$C_{14}H_{21}N_4$	16.99	1.36
$C_{14}H_{18}N_3O$	16.60	1.49	$C_{19}H_{16}$	20.79	2.05	$C_{14}H_{29}O_3$	15.71	1.75
$C_{14}H_{20}N_4$	16.97	1.36	$C_{20}H_4$	21.68	2.23	$C_{14}H_{31}NO_2$	16.00	1.61
$C_{14}H_{28}O_3$	15.69	1.75	**245**			$C_{15}HO_4$	16.38	2.06
$C_{14}H_{30}NO_2$	16.07	1.61	$C_{11}H_{21}N_2O_4$	13.14	1.60	$C_{15}H_3NO_3$	16.76	1.92
$C_{14}H_{32}N_2O$	16.44	1.47	$C_{11}H_{23}N_3O_3$	13.52	1.45	$C_{15}H_5N_2O_2$	17.13	1.78
$C_{15}H_2NO_3$	16.74	1.91	$C_{11}H_{25}N_4O_2$	13.89	1.30	$C_{15}H_7N_3O$	17.50	1.64
$C_{15}H_4N_2O_2$	17.11	1.78	$C_{12}H_9N_2O_4$	14.03	1.71	$C_{15}H_9N_4$	17.88	1.51
$C_{15}H_6N_3O$	17.49	1.64	$C_{12}H_{11}N_3O_3$	14.41	1.57	$C_{15}H_{17}O_3$	16.60	1.89
$C_{15}H_8N_4$	17.86	1.50	$C_{12}H_{12}N_4O_2$	14.78	1.42	$C_{15}H_{19}NO_2$	16.97	1.75
$C_{15}H_{16}O_3$	16.58	1.89	$C_{12}H_{23}NO_4$	13.87	1.69	$C_{15}H_{21}N_2O$	17.35	1.62
$C_{15}H_{18}NO_2$	16.96	1.75	$C_{12}H_{25}N_2O_3$	14.25	1.54	$C_{15}H_{23}N_3$	17.72	1.48
$C_{15}H_{20}N_2O$	17.33	1.61	$C_{12}H_{27}N_3O_2$	14.62	1.40	$C_{16}H_5O_3$	17.49	2.04
$C_{15}H_{22}N_3$	17.71	1.48	$C_{12}H_{29}N_4O$	15.00	1.25	$C_{16}H_7NO_2$	17.86	1.90
$C_{15}H_{32}O_2$	16.80	1.72	$C_{13}HN_4O_2$	15.67	1.55	$C_{16}H_9N_2O$	18.24	1.77
$C_{16}H_4O_3$	17.47	2.03	$C_{13}H_{11}NO_4$	14.76	1.81	$C_{16}H_{11}N_3$	18.61	1.64
$C_{16}H_6NO_2$	17.85	1.90	$C_{13}H_{13}N_2O_3$	15.14	1.67	$C_{16}H_{21}O_2$	17.70	1.87
$C_{16}H_8N_2O$	18.22	1.77	$C_{13}H_{15}N_3O_2$	15.51	1.53	$C_{16}H_{23}NO$	18.08	1.74
$C_{16}H_{10}N_3$	18.59	1.63	$C_{13}H_{17}N_4O$	15.89	1.38	$C_{16}H_{25}N_2$	18.45	1.61
$C_{16}H_{20}O_2$	17.69	1.87	$C_{13}H_{25}O_4$	14.60	1.79	$C_{17}H_9O_2$	18.59	2.03
$C_{16}H_{22}NO$	18.06	1.74	$C_{13}H_{27}NO_3$	14.98	1.65	$C_{17}H_{11}NO$	18.97	1.90
$C_{16}H_{24}N_2$	18.44	1.60	$C_{13}H_{29}N_2O_2$	15.35	1.50	$C_{17}H_{13}N_2$	19.34	1.77
$C_{17}H_8O_2$	18.58	2.03	$C_{13}H_{31}N_3O$	15.73	1.36	$C_{17}H_{25}O$	18.81	1.87
$C_{17}H_{10}NO$	18.95	1.90	$C_{14}HN_2O_3$	16.03	1.80	$C_{17}H_{27}N$	19.18	1.74
$C_{17}H_{12}N_2$	19.33	1.77	$C_{14}H_5N_3O_2$	16.40	1.66	$C_{18}HN_2$	20.23	1.94

续表

	M+1	M+2		M+1	M+2		M+1	M+2
$C_{18}H_{13}O$	19.70	2.04	$C_{14}H_{18}NO_3$	15.88	1.73	$C_{19}H_2O$	20.60	2.21
$C_{18}H_{15}N$	20.07	1.91	$C_{14}H_{18}N_2O_2$	16.26	1.64	$C_{19}H_4N$	20.98	2.09
$C_{18}H_{29}$	19.92	1.88	$C_{14}H_{20}N_3O$	16.63	1.50	$C_{19}H_{18}$	20.82	2.06
$C_{18}H_{17}$	20.80	2.05	$C_{14}H_{22}N_4$	17.01	1.36	$C_{20}H_6$	21.71	2.24
$C_{19}HO$	20.59	2.21	$C_{14}H_{20}O_3$	15.73	1.76	**247**		
$C_{19}H_3N$	20.96	2.09	$C_{15}H_2O_4$	16.40	2.06	$C_{11}H_{23}N_2O_4$	13.17	1.60
$C_{20}H_5$	21.69	2.24	$C_{15}H_4NO_3$	16.77	1.92	$C_{11}H_{25}N_3O_3$	13.55	1.45
246			$C_{15}H_6N_2O_2$	17.15	1.78	$C_{11}H_{27}N_4O_2$	13.92	1.30
$C_{11}H_{22}N_2O_4$	13.16	1.60	$C_{15}H_8N_3O$	17.52	1.65	$C_{12}H_{11}N_2O_4$	14.06	1.72
$C_{11}H_{24}N_3O_3$	13.53	1.45	$C_{15}H_{10}N_4$	17.90	1.51	$C_{12}H_{13}N_3O_3$	14.44	1.57
$C_{11}H_{26}N_4O_2$	13.91	1.30	$C_{15}H_{18}O_3$	16.61	1.89	$C_{12}H_{15}N_4O_2$	14.81	1.42
$C_{12}H_{10}N_2O_4$	14.05	1.72	$C_{15}H_{20}NO_2$	16.99	1.76	$C_{12}H_{25}NO_4$	13.91	1.70
$C_{12}H_{12}N_3O_3$	14.42	1.57	$C_{15}H_{22}N_2O$	17.36	1.62	$C_{12}H_{27}N_2O_3$	14.28	1.55
$C_{12}H_{14}N_4O_2$	14.80	1.42	$C_{15}H_{24}N_3$	17.74	1.48	$C_{12}H_{29}N_3O_2$	14.65	1.40
$C_{12}H_{24}NO_4$	13.89	1.70	$C_{16}H_6O_3$	17.50	2.04	$C_{13}HN_3O_3$	15.33	1.70
$C_{12}H_{26}N_2O_3$	14.26	1.55	$C_{16}H_8NO_2$	17.88	1.90	$C_{13}H_3N_4O_2$	15.70	1.55
$C_{12}H_{28}N_3O_2$	14.64	1.40	$C_{16}H_{10}N_2O$	18.25	1.77	$C_{13}H_{13}NO_4$	14.79	1.82
$C_{12}H_{30}N_4O$	15.01	1.25	$C_{18}H_{12}N_3$	18.63	1.64	$C_{13}H_{15}N_2O_3$	15.17	1.67
$C_{13}H_2N_4O_2$	15.68	1.55	$C_{16}H_{22}O_2$	17.72	1.88	$C_{13}H_{17}N_3O_2$	15.54	1.53
$C_{13}H_{12}NO_4$	14.78	1.82	$C_{16}H_{24}NO$	18.09	1.74	$C_{13}H_{19}N_4O$	15.92	1.39
$C_{13}H_{14}N_2O_3$	15.15	1.67	$C_{16}H_{28}N_2$	18.47	1.61	$C_{13}H_{27}O_4$	14.64	1.80
$C_{13}H_{18}N_3O_2$	15.53	1.53	$C_{17}H_{10}O_2$	18.61	2.03	$C_{13}H_{29}NO_3$	15.01	1.65
$C_{13}H_{18}N_4O$	15.90	1.39	$C_{17}H_{12}NO$	18.98	1.90	$C_{14}HNO_4$	15.68	1.95
$C_{13}H_{28}O_4$	14.62	1.79	$C_{17}H_{14}N_2$	19.36	1.77	$C_{14}H_3N_2O_3$	16.06	1.81
$C_{13}H_{28}NO_3$	15.00	1.65	$C_{17}H_{26}O$	18.83	1.87	$C_{14}H_5N_3O_2$	16.43	1.67
$C_{13}H_{20}N_2O_2$	15.37	1.50	$C_{17}H_{28}N$	19.20	1.74	$C_{14}H_7N_4O$	16.81	1.53
$C_{14}H_2N_2O_3$	16.04	1.80	$C_{18}H_2N_2$	20.25	1.94	$C_{14}H_{15}O_4$	15.53	1.93
$C_{14}H_4N_3O_2$	16.42	1.66	$C_{18}H_{14}O$	19.71	2.04	$C_{14}H_{17}NO_3$	15.90	1.73
$C_{14}H_6N_4O$	16.79	1.53	$C_{18}H_{16}N$	20.09	1.91	$C_{14}H_{19}N_2O_2$	16.27	1.64
$C_{14}H_{14}O_4$	15.51	1.92	$C_{18}H_{20}$	19.93	1.88	$C_{14}H_{21}N_3O$	16.65	1.50

续表

	M+1	M+2		M+1	M+2		M+1	M+2
$C_{14}H_{23}N_4$	17.02	1.36	$C_{19}H_{19}$	20.84	2.06	$C_{15}H_{10}N_3O$	17.55	1.65
$C_{15}H_3O_4$	16.41	2.06	$C_{20}H_7$	21.72	2.24	$C_{15}H_{12}N_4$	17.93	1.52
$C_{15}H_5NO_3$	16.79	1.92	**248**			$C_{15}H_{20}O_3$	16.65	1.90
$C_{15}H_7N_2O_2$	17.16	1.78	$C_{11}H_{24}N_2O_4$	13.19	1.61	$C_{15}H_{22}NO_2$	17.02	1.76
$C_{15}H_9N_3O$	17.54	1.65	$C_{11}H_{26}N_3O_3$	13.56	1.45	$C_{15}H_{24}N_2O$	17.40	1.62
$C_{15}H_{11}N_4$	17.91	1.51	$C_{11}H_{28}N_4O_2$	13.94	1.31	$C_{15}H_{26}N_3$	17.77	1.49
$C_{15}H_{19}O_3$	16.63	1.90	$C_{12}H_{12}N_2O_4$	14.08	1.72	$C_{16}H_8O_3$	17.54	2.05
$C_{15}H_{21}NO_2$	17.01	1.76	$C_{12}H_{14}N_3O_3$	14.45	1.57	$C_{16}H_{10}NO_2$	17.91	1.91
$C_{15}H_{23}N_2O$	17.38	1.62	$C_{12}H_{16}N_4O_2$	14.83	1.43	$C_{16}H_{12}N_2O$	18.28	1.78
$C_{15}H_{25}N_3$	17.75	1.49	$C_{12}H_{26}NO_4$	13.92	1.70	$C_{16}H_{14}N_3$	18.66	1.65
$C_{16}H_7O_3$	17.52	2.04	$C_{12}H_{26}N_2O_3$	14.30	1.55	$C_{16}H_{24}O_2$	17.75	1.88
$C_{16}H_9NO_2$	17.89	1.91	$C_{13}H_2N_3O_3$	15.34	1.70	$C_{16}H_{26}NO$	18.13	1.75
$C_{16}H_{11}N_2O$	18.29	1.77	$C_{13}H_4N_4O_2$	15.72	1.56	$C_{16}H_{28}N_2$	18.50	1.62
$C_{16}H_{13}N_3$	18.64	1.64	$C_{13}H_{14}NO_4$	14.81	1.82	$C_{17}H_2N_3$	19.55	1.81
$C_{16}H_{23}O_2$	17.74	1.88	$C_{13}H_{16}N_2O_3$	15.18	1.68	$C_{17}H_{12}O_2$	18.64	2.04
$C_{16}H_{25}NO$	18.11	1.78	$C_{13}H_{18}N_3O_2$	15.56	1.53	$C_{17}H_{14}NO$	19.02	1.91
$C_{16}H_{27}N_2$	18.49	1.61	$C_{13}H_{20}N_4O$	15.93	1.39	$C_{17}H_{16}N_2$	19.39	1.78
$C_{17}HN_3$	19.53	1.81	$C_{13}H_{28}O_4$	14.65	1.80	$C_{17}H_{28}O$	18.86	1.88
$C_{17}H_{11}O_2$	18.62	2.04	$C_{14}H_2NO_4$	15.70	1.95	$C_{17}H_{30}N$	19.23	1.75
$C_{17}H_{13}NO$	19.00	1.91	$C_{14}H_4N_2O_3$	16.07	1.81	$C_{18}H_2NO$	19.90	2.08
$C_{17}H_{15}N_2$	19.37	1.78	$C_{14}H_6N_3O_2$	16.45	1.67	$C_{18}H_4N_2$	20.28	1.95
$C_{17}H_{27}O$	18.84	1.88	$C_{14}H_8N_4O$	16.82	1.53	$C_{18}H_{16}O$	19.75	2.04
$C_{17}H_{29}N$	19.22	1.75	$C_{14}H_{16}O_4$	15.54	1.93	$C_{18}H_{18}N$	20.12	1.92
$C_{18}HNO$	19.89	2.07	$C_{14}H_{18}NO_3$	15.92	1.79	$C_{18}H_{32}$	19.96	1.89
$C_{18}H_3N_2$	20.26	1.95	$C_{14}H_{20}N_2O_2$	16.29	1.64	$C_{19}H_4O$	20.64	2.22
$C_{18}H_{15}O$	19.73	2.04	$C_{14}H_{22}N_3O$	16.66	1.51	$C_{19}H_6N$	21.01	2.10
$C_{18}H_{17}N$	20.10	1.92	$C_{14}H_{24}N_4$	17.04	1.37	$C_{19}H_{20}$	20.85	2.06
$C_{18}H_{31}$	19.95	1.88	$C_{15}H_4O_4$	16.43	2.06	$C_{20}H_8$	21.74	2.25
$C_{19}H_3O$	20.62	2.22	$C_{15}H_6NO_3$	16.80	1.92	**249**		
$C_{19}H_5N$	20.99	2.09	$C_{15}H_8N_2O_2$	17.18	1.79	$C_{11}H_{25}N_2O_4$	13.21	1.61

续表

	M+1	M+2		M+1	M+2		M+1	M+2
$C_{11}H_{27}N_3O_3$	13.58	1.46	$C_{16}HN_4$	18.83	1.63	$C_{13}H_2N_2O_4$	15.00	1.85
$C_{12}H_{13}N_2O_4$	14.10	1.72	$C_{16}H_9O_3$	17.55	2.05	$C_{13}H_4N_3O_3$	15.37	1.71
$C_{12}H_{15}N_3O_3$	14.47	1.58	$C_{16}H_{11}NO_2$	17.93	1.91	$C_{13}H_6N_4O_2$	15.75	1.56
$C_{12}H_{17}N_4O_2$	14.84	1.43	$C_{16}H_{13}N_2O$	18.30	1.78	$C_{13}H_{16}NO_4$	14.84	1.83
$C_{12}H_{27}NO_4$	13.94	1.70	$C_{16}H_{15}N_3$	18.67	1.65	$C_{13}H_{18}N_2O_3$	15.22	1.63
$C_{13}HN_2O_4$	14.98	1.85	$C_{16}H_{25}O_2$	17.77	1.89	$C_{13}H_{20}N_3O_2$	15.59	1.54
$C_{13}H_3N_3O_3$	15.36	1.70	$C_{16}H_{27}NO$	18.14	1.75	$C_{13}H_{22}N_4O$	15.97	1.40
$C_{13}H_5N_4O_2$	15.73	1.56	$C_{16}H_{29}N_2$	18.52	1.62	$C_{14}H_4NO_4$	15.73	1.96
$C_{13}H_{15}NO_4$	14.83	1.82	$C_{17}HN_2O$	19.19	1.94	$C_{14}H_6N_2O_3$	16.11	1.82
$C_{13}H_{17}N_2O_3$	15.20	1.68	$C_{17}H_3N_3$	19.56	1.81	$C_{14}H_8N_3O_2$	16.48	1.67
$C_{13}H_{19}N_3O_2$	15.57	1.54	$C_{17}H_{13}O_2$	18.66	2.04	$C_{14}H_{10}N_4O$	16.85	1.54
$C_{13}H_{21}N_4O$	15.95	1.39	$C_{17}H_{15}NO$	19.03	1.91	$C_{14}H_{18}O_4$	15.57	1.93
$C_{14}H_3NO_4$	15.71	1.95	$C_{17}H_{17}N_2$	19.41	1.78	$C_{14}H_{20}NO_3$	15.95	1.79
$C_{14}H_5N_2O_3$	16.09	1.81	$C_{17}H_{29}O$	18.87	1.88	$C_{14}H_{22}N_2O_2$	16.32	1.65
$C_{14}H_7N_3O_2$	16.46	1.67	$C_{17}H_{31}N$	19.25	1.75	$C_{14}H_{24}N_3O$	16.70	1.51
$C_{14}H_9N_4O$	16.84	1.53	$C_{18}HO_2$	19.55	2.21	$C_{14}H_{26}N_4$	17.07	1.37
$C_{14}H_{17}O_4$	15.56	1.93	$C_{18}H_3NO$	19.92	2.08	$C_{15}H_6O_4$	16.46	2.07
$C_{14}H_{19}NO_3$	15.93	1.79	$C_{18}H_5N_2$	20.29	1.95	$C_{15}H_8NO_3$	16.84	1.93
$C_{14}H_{21}N_2O_2$	16.31	1.65	$C_{18}H_{17}O$	19.76	2.05	$C_{15}H_{10}N_2O_2$	17.21	1.79
$C_{14}H_{23}N_3O$	16.68	1.51	$C_{18}H_{19}N$	20.14	1.92	$C_{15}H_{12}N_3O$	17.58	1.66
$C_{14}H_{25}N_4$	17.05	1.37	$C_{18}H_{33}$	19.98	1.89	$C_{15}H_{14}N_4$	17.96	1.52
$C_{15}H_5O_4$	16.45	2.07	$C_{19}H_5O$	20.65	2.22	$C_{15}H_{22}O_3$	16.68	1.90
$C_{15}H_7NO_3$	16.82	1.93	$C_{19}H_7N$	21.03	2.10	$C_{15}H_{24}NO_2$	17.05	1.77
$C_{15}H_9N_2O_2$	17.19	1.79	$C_{19}H_{21}$	20.87	2.07	$C_{15}H_{26}N_2O$	17.43	1.63
$C_{15}H_{11}N_3O$	17.57	1.65	$C_{20}H_9$	21.76	2.25	$C_{15}H_{28}N_3$	17.80	1.49
$C_{15}H_{13}N_4$	17.94	1.52	**250**			$C_{16}H_2N_4$	18.85	1.68
$C_{15}H_{21}O_3$	16.66	1.90	$C_{11}H_{26}N_2O_4$	13.22	1.61	$C_{16}H_{10}O_3$	17.57	2.05
$C_{15}H_{23}NO_2$	17.04	1.76	$C_{12}H_{14}N_2O_4$	14.11	1.73	$C_{16}H_{12}NO_2$	17.94	1.92
$C_{15}H_{25}N_2O$	17.41	1.63	$C_{12}H_{16}N_3O_3$	14.49	1.58	$C_{16}H_{14}N_2O$	18.32	1.78
$C_{15}H_{27}N_3$	17.79	1.49	$C_{12}H_{18}N_4O_2$	14.86	1.43	$C_{16}H_{16}N_3$	18.69	1.65

续表

	M+1	M+2		M+1	M+2		M+1	M+2
$C_{16}H_{26}O_2$	17.78	1.89	$C_{17}H_{18}N_2$	19.42	1.79	$C_{18}H_{20}N$	20.15	1.92
$C_{16}H_{28}NO$	18.16	1.75	$C_{17}H_{30}O$	18.89	1.89	$C_{18}H_{34}$	20.00	1.89
$C_{16}H_{30}N_2$	18.53	1.62	$C_{17}H_{32}N$	19.26	1.76	$C_{19}H_6O$	20.67	2.23
$C_{17}H_2N_2O$	19.20	1.94	$C_{18}H_2O_2$	19.56	2.21	$C_{19}H_8N$	21.04	2.10
$C_{17}H_4N_3$	19.53	1.82	$C_{18}H_4NO$	19.94	2.08	$C_{19}H_{22}$	20.88	2.07
$C_{17}H_{14}O_2$	18.67	2.05	$C_{18}H_6N_2$	20.31	1.96	$C_{20}H_{10}$	21.77	2.25
$C_{17}H_{16}NO$	19.05	1.91	$C_{18}H_{18}O$	19.78	2.05			

附录5　习题答案

第2章　紫外-可见光谱

1～7. 略。

8. (a)299;(b)227。

9. (a)308;(b)234;(c)280。

第3章　红外光谱

1～9. 略。

10. (1)$CH_2{=}CH{-}CH_2{-}CH(CH_3)_2$;

(2)联苯 Ph-Ph;

(3) 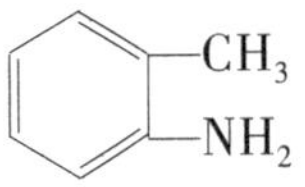 —CH_3 —NH_2 ;

(4)乙酸乙酯;

(5)对异丙基苯甲醛;

(6)$PH{-}CO{-}CH_3$;

(7)邻二甲苯;

(8)$CH_2{=}CH{-}CH_2{-}CN$;

(9)2-甲基丙醇。

第4章　核磁共振波谱法

1～10. 略。

11. $CH_3CH_2{-}O{-}\overset{\overset{O}{\|}}{C}{-}CH_2CH_2{-}\overset{\overset{O}{\|}}{C}{-}O{-}CH_2CH_3$ 。

12. C_9H_{12}: —$\underset{|}{\overset{CH_3}{}}CH{-}CH_3$　　C_8H_9OCl: Cl— —OCH_2CH_3

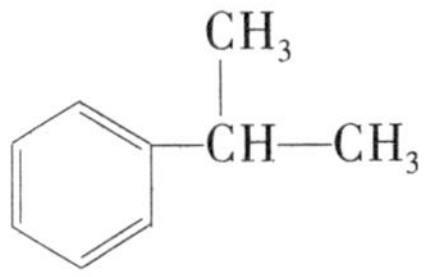

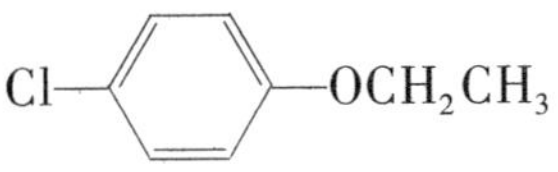

$C_9H_{12}S$: —$CH_2{-}S{-}CH_2{-}CH_3$ 。

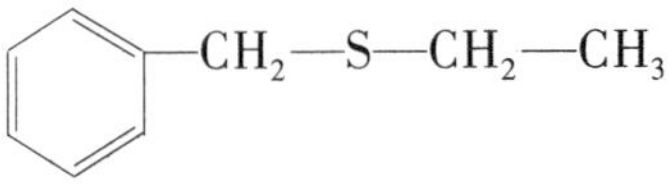

13. a：$C_6H_5-CH_2-O-\overset{O}{\overset{\|}{C}}-CH_2-CH_3$　b：$C_6H_5-CH_2-CH_2-O-\overset{O}{\overset{\|}{C}}-CH_3$

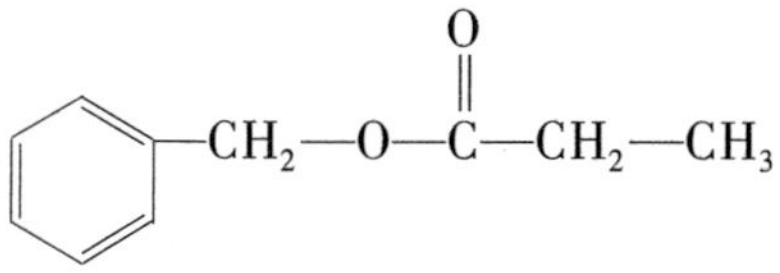

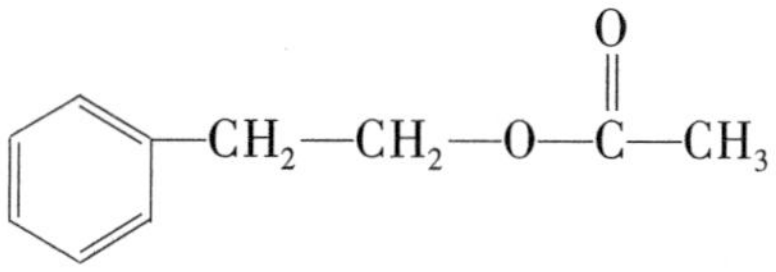

c：$CH_3-\overset{O}{\overset{\|}{C}}-C_6H_4-O-CH_2-CH_3$ 。

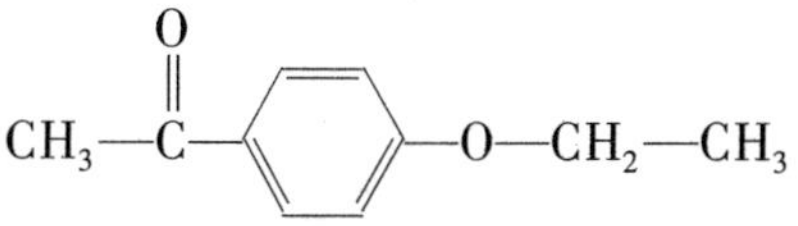

14. $HO-CH_2CH_2-CN$。

15. 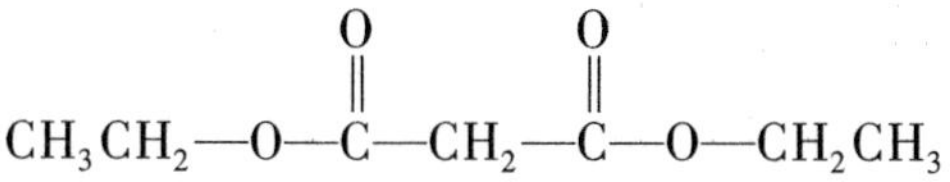 $CH_3CH_2-O-\overset{O}{\overset{\|}{C}}-CH_2-\overset{O}{\overset{\|}{C}}-O-CH_2CH_3$ 。

第5章　质谱

1. 可以和相差0.02、0.05、0.08、0.1个质量单位的离子分开。

2. C_2H_4。

3. 2-甲基-丁醇-2。

4. 不能。由氮数规律可知:化合物含氮个数为偶数,分子离子 m/e 应为偶数,故不可能是此结构。

5. 图A为4-甲基-2-戊酮,图B为3-甲基-2-戊酮。

6. A对应图5.35(c),B对应图5.35(a),C对应图5.35(b)。

7. 两种碎片离子峰;叔丁基离子峰强度最大。

8. 该化合物结构为甲基环戊烷。因为环戊烷中的甲基取代基容易去掉,环丁烷中的乙基容易去掉,而强峰出现在M=15处,故为甲基环戊烷。

9. 由质谱图中分子离子峰为198可知,该烷烃为 $C_{14}H_{30}$。又因为各离子峰之间均相差14,各离子峰顶点可以连成一条光滑的曲线,所以判断该化合物为正十四烷烃。

10. 由质谱图可知该溴代烷烃分子离子峰为108,已知溴的分子量为79,可得该化合物结构为 CH_3CH_2Br。

11. 该化合物为B。

12. 其结构为A。

13. 氯丁烷发生反应 $C_4H_9Cl \longrightarrow HCl+C_4H_8$,产生 $m/e=56$ 的峰。

14. 因为 $32.4=43^2/57$,所以是 $m/e=57$ 的母离子脱掉一个中性分子生成的 $m/e=43$ 的子离子。

第6章　综合解析

1. 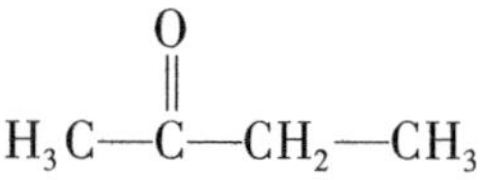 $H_3C-\overset{O}{\overset{\|}{C}}-CH_2-CH_3$ 。

2. C_6H_5—S—CH(CH_3)—CH_3 。

3. $H_3C—O—\overset{\overset{\displaystyle O}{\|}}{C}—CH_2—CH_2—CH_3$ 。

4. C_6H_5—O—CH_3 。

5. C_6H_5—CH_2—C(=O)—OH 。

6. $(H_3C)_2CH—\overset{\overset{\displaystyle O}{\|}}{C}—CH(CH_3)_2$ 。

7. $Br—CH_2—CH_2—CH(CH_3)_2$ 。

8. $I—CH_2—CH_3$ 。

9. $CH_2—CH_2—\overset{\overset{\displaystyle O}{\|}}{C}—O—CH_2—CH_3$ 。